U0254456

大学数学教程

微分方程与线性代数

陈　仲　编著

东南大学出版社
·南京·

内 容 提 要

本书是普通高校"独立学院"本科"微分方程与线性代数"课程的教材，包含常微分方程、行列式与矩阵、向量与线性方程组、特征值问题与二次型、线性空间与线性变换等五章. 其中近九成的篇幅是线性代数的内容，所以本书也可用作"线性代数"课程的教材.

本书在深度和广度上符合教育部审定的"高等数学课程教学基本要求"，并参照教育部考试中心颁发的报考硕士研究生《数学考试大纲》中数学一与数学三的知识范围. 编写的立足点是基础与应用并重，注重数学的思想和方法，注重几何背景和实际意义，部分内容有更新与优化，并适当地渗透现代数学思想，适合独立学院培养高素质应用型人才的目标.

本书结构严谨，难易适度，语言简洁，可作为独立学院、二级学院"微分方程与线性代数"或"线性代数"课程的教材，也可作为科技工作者自学"微分方程与线性代数"的参考书.

图书在版编目(CIP)数据

微分方程与线性代数 / 陈仲编著. —南京：东南大学出版社，2014.1(2017.1 重印)

ISBN 978-7-5641-4673-3

Ⅰ.①微… Ⅱ.①陈… Ⅲ.①微分方程②线性代数 Ⅳ.①O175②O151.2

中国版本图书馆 CIP 数据核字(2013)第 291287 号

微分方程与线性代数

出版发行 东南大学出版社
社　　址 南京市四牌楼 2 号(邮编：210096)
出 版 人 江建中
责任编辑 吉雄飞(办公电话：025-83793169)
经　　销 全国各地新华书店
印　　刷 常州市武进第三印刷有限公司
开　　本 700mm×1000mm　1/16
印　　张 16.75
字　　数 328 千字
版　　次 2014 年 1 月第 1 版
印　　次 2017 年 1 月第 3 次印刷
书　　号 ISBN 978-7-5641-4673-3
定　　价 32.00 元

前　言

在高等教育办学体制深化改革的大好形势下，高等教育的新模式“独立学院”应运而生．一流大学搞科研，培养研究型人才；高职高专学技术，培养技能型人才．依托一流名校的独立学院的培养目标是培养高素质的具有创新精神的应用型人才．高素质的应用型人才，是既要动手又能动脑，既能实践又能设计，既会应用又懂原理的高素质的、深受社会和大企业欢迎的人才．认清这个培养目标，对我们编写独立学院“大学数学”课程的教材具有指导意义．

可以说，数学是科学的“语言”，是学习一切自然科学的“钥匙”，数学素养已成为衡量一个国家科技水平的重要标志．独立学院“大学数学”课程，是培养应用型人才的重要的必修课，它不同于综合性大学的“大学数学”，也不同于一般高职高专院校的“大学数学”．我们编写本书的立足点是基础与应用并重，以提高数学素养为总目标．

在基础与应用并重的思想指导下，我们对原有“微分方程与线性代数”课程的教学内容进行全面筛选和优化，带着问题开展教学研究，编写教材与教学实践密切结合，在实践中编写，编写后再请教学团队实践，广泛征求意见，多次修改，期待完善．在编写过程中，努力做到：

(1) 在深度和广度上符合教育部审定的高等院校“高等数学课程教学基本要求”，并参照教育部考试中心颁发的报考硕士研究生《数学考试大纲》中数学一与数学三的知识范围．在独立学院中，有大约 20% 的优等生，他们因为高考失手，没有考上理想的高校，进入独立学院后，他们发奋努力，立志考研．我们编写教材时在深度上不可能为他们考虑太多，但在广度上我们应尽可能达到考研的知识范围．

(2) 注重数学的思想和方法，适当地渗透现代数学思想，运用部分近代数学的术语与符号，以求符合独立学院培养高素质应用型人才的目标．我们的教学任务除使学生获得“大学数学”的基本概念、基本理论和基本方法外，还要使学生受到一定的科学训练，学到数学思想方法，提高逻辑推理能力，为学生学习后继课程提供必要的数学基础，为学生大学毕业后胜任工作或继续深造积累潜在的能力．

(3) 通过教学研究，将一些经典定理、公式的结论或证明加以更新与优化，既改革了教学内容，又丰富了大学数学的内涵．

我们的目标是结构严谨、难易适度、语言简洁、适合培养目标、贴近教学实际、便于教与学.

本书包含常微分方程、行列式与矩阵、向量与线性方程组、特征值问题与二次型、线性空间与线性变换等五章，适用于独立学院文、理科各专业. 对“大学数学”要求高的系科、专业，如通信、电子、计算机等可全部讲授；对“大学数学”要求较高的系科、专业，如城资、地质、化学、环科、财管、国贸、金融、新闻等在讲授时可略去向量空间及其基变换、坐标变换、过渡矩阵等概念. 本书除一章微分方程外，近九成的篇幅是线性代数的内容，所以本书也可用作“线性代数”课程的教材. 本书可安排一个学期，每周 4 学时，共 64 学时讲授.

本书中四周加框的内容是重要公式、重要方法、重要定义，是要求学生熟记的主要知识点（由于加框条件的限制，这不是要求学生熟记的全部知识点）. 书中用 * 标出的段落为较难内容，供任课教师选用，一般留给有兴趣的学生课外阅读或查阅. 书中习题分 A，B 两组，A 组为基本要求，B 组为较高要求（供优秀学生和准备考研的学生选用），书末有习题答案与提示.

感谢南京大学金陵学院将本课程建设项目立项进行教材建议（项目编号为 0010111213）. 感谢南京大学金陵学院教务处和基础教学部对编者的关心和支持. 感谢姜东平、曹祥炎、黄卫华、孔敏、周国飞、邓建平、张玉莲、林小围、王夕予、王培、魏云峰、邵宝刚等教授和老师使用本书第一版在金陵学院面向数千学生讲授“微分方程与线性代数”课程，并给编者提供了许多宝贵的修改建议. 感谢东南大学出版社吉雄飞编辑的认真负责和悉心编审，使本书质量大有提高，并顺利出版.

书中不足与错误难免，敬请智者不吝赐教.

陈 仲

2013 年 12 月于南京大学

目　　录

1　常微分方程

在“微积分”课程中讲述的不定积分概念，实际上是求满足等式 $y' = f(x)$ 的未知函数$y = y(x)$. 微分方程这一数学分支就是由求不定积分起步发展起来的. 随着科学与技术的发展，人们发现大量的实际问题都可以用微分方程来描述，并通过解微分方程去寻求这些实际问题的变化规律. 物理、电子和天文等许多学科中提出越来越多的微分方程的问题.

1.1　微分方程基本概念

1.1.1　微分方程的定义

定义 1.1.1　含有一个自变量、一个未知函数以及未知函数的导数的等式称为**常微分方程**；含有至少两个自变量、一个未知函数以及未知函数的偏导数的等式称为**偏微分方程**. 常微分方程通常称为**微分方程**；偏微分方程通常称为**数学物理方程**或简称**数理方程**.

本书只研究常微分方程.

微分方程中所含导数的最高阶数称为微分方程的“**阶**”. 例如

$$y' = 3x^2 \tag{1}$$

$$y' = y \tag{2}$$

$$yy' + x = 0 \tag{3}$$

$$y'' + xy' + e^x y = \sin x \tag{4}$$

$$y'' = xy' + y^3 \tag{5}$$

$$y''' + xy' + x^3 y = \tan x \tag{6}$$

$$y^{(n)} = f(x, y, y', \cdots, y^{(n-1)}) \tag{7}$$

都是微分方程. 其中(1)，(2)，(3) 式是一阶微分方程；(4)，(5) 式是二阶微分方程；(6) 式是三阶微分方程；(7) 式是 n 阶微分方程. 值得注意的是，微分方程中可以不显含自变量 x，例如(2) 式；也可以不显含未知函数 y，例如(1) 式. 因此微分方程的定义可简说成

含有导数的等式称为微分方程

例 1 求下列曲线或曲线族所满足的微分方程：

(1) $e^y = x(1-y)$；

(2) $e^y = Cx(1-y)$ （C 为任意常数）；

(3) $y = C_1x + C_2e^{2x}$ （C_1, C_2 为任意常数）.

解 (1) 令 $F(x,y) = e^y - x(1-y)$，应用隐函数求导数公式，有

$$\frac{dy}{dx} = -\frac{F'_x}{F'_y} = -\frac{y-1}{e^y + x}$$

将 $e^y = x(1-y)$ 代入上式并化简即得所求微分方程为

$$y' = \frac{1-y}{x(2-y)}$$

(2) 令 $G(x,y) = e^y - Cx(1-y)$，应用隐函数求导公式，有

$$\frac{dy}{dx} = -\frac{G'_x}{G'_y} = -\frac{C(y-1)}{e^y + Cx}$$

将 $C = \dfrac{e^y}{x(1-y)}$ 代入上式并化简即得所求微分方程为

$$y' = \frac{1-y}{x(2-y)}$$

注 上面两小题得到的微分方程是一样的.

(3) 将原方程两边求导数得 $y' = C_1 + 2C_2e^{2x}$，再求导数得 $y'' = 4C_2e^{2x}$，由

$$\begin{cases} y = C_1x + C_2e^{2x}, \\ y' = C_1 + 2C_2e^{2x}, \\ y'' = 4C_2e^{2x} \end{cases}$$

消去 C_1, C_2 即得所求微分方程为

$$(1-2x)y'' + 4xy' - 4y = 0$$

例 2 将质量为 m kg 的小球从高度为 10 m 的地方以初速度 v_0 铅直向上抛出，空气阻力与速度的平方成比例（比例常数为 $k > 0$），小球上升到最高处的高度是 15 m，然后自由下落，求小球上抛与下落的运动所满足的微分方程.

解 首先建立坐标系，取 x 轴铅直向上，地面为原点(见图 1.1). 小球从 A 点处铅直向上抛出，A 点坐标为 $x=10$，设小球的运动规律为 $x=x(t)$，t 为时间，开始时刻记为 $t=0$. 则 $x'(t)$ 为瞬时速度，$x''(t)$ 为瞬时加速度. 根据牛顿运动定律，小球上抛运动所满足的微分方程为

图 1.1

$$mx''(t)=-mg-k(x'(t))^2,\quad x(0)=10,\quad x'(0)=v_0 \tag{8}$$

小球到达最高点后自由下落运动所满足的微分方程为

$$mx''(t)=-mg+k(x'(t))^2,\quad x(0)=15,\quad x'(0)=0 \tag{9}$$

这里方程(8) 中常数 k 前取负号是因为空气阻力的方向与坐标系 x 轴的方向相反；方程(9) 中常数 k 前取正号是因为空气阻力的方向与坐标系 x 轴的方向相同.

1.1.2 微分方程的分类

定义 1.1.2(线性与非线性微分方程) 将自变量视为常数，若 n 阶微分方程关于未知函数 y 以及它的各阶导数 $y,y',\cdots,y^{(n)}$ 这 $(n+1)$ 个变量是一次方程，则称此微分方程为**关于 y 的 n 阶线性微分方程**，否则称为 **n 阶非线性微分方程**.

关于 y 的 n 阶线性微分方程的标准形式是

$$\boxed{y^{(n)}+p_1(x)y^{(n-1)}+p_2(x)y^{(n-2)}+\cdots+p_n(x)y=f(x)} \tag{10}$$

其中，$p_i(x)(i=1,2,\cdots,n)$ 与 $f(x)$ 为已知函数.

例如上一小节所列的方程式中，(1)，(2) 两式是一阶线性微分方程；(3) 式是一阶非线性微分方程；(4) 式是二阶线性微分方程；(5) 式是二阶非线性微分方程；(6) 式是三阶线性微分方程；(7) 式由函数 f 的具体情况确定是否线性；(8)，(9) 两式是二阶非线性微分方程.

线性与非线性微分方程是微分方程的重要分类. 对于线性微分方程，人们研究得较多，很多理论问题都得到了解决，这也是本书讨论的主要内容. 对于非线性微分方程，特别是二阶以上的情况，研究的难度较大，在微分方程专业课程“微分方程定性与稳定性理论”中有专门研究，本书只介绍其中的一些特殊情况.

1.1.3 微分方程的通解与特解

容易验证 $y=x^3+1$ 与 $y=x^3+C$ 都满足方程(1) 式，我们将这种满足微分方程的函数统称为该**微分方程的解**，并将不含任意常数的微分方程的解称为该**微分方程的特解**，将含有一个任意常数的解称为**一阶微分方程的通解**.

又如易于验证下列 4 个函数

$$y_1=x,\quad y_2=C_1e^x+x,\quad y_3=(C_1+C_2)e^{2x}+x,\quad y_4=C_1e^x+C_2e^{2x}+x$$

都是二阶线性微分方程

$$y'' - 3y' + 2y = 2x - 3 \tag{11}$$

的解，其中只有 $y_1 = x$ 是微分方程(11) 的特解. 其他解都含有任意常数，那么 y_2，y_3，y_4 中哪个是通解呢？下面给出二阶以上的微分方程的通解的定义.

定义 1.1.3(微分方程的通解) n 阶微分方程的含有 n 个独立的任意常数 C_1，C_2，…，C_n 的解称为 **n 阶微分方程的通解**.

这里"独立"的含义是指含有 n 个任意常数的解的形式不能用含少于 n 个任意常数的解的形式所替代. 应用定义 1.1.3，可得上述(11) 式的通解是 $y_4 = C_1 e^x + C_2 e^{2x} + x$，这里任意常数 C_1 与 C_2 是独立的，一个也不能少. 在 $y_2 = C_1 e^x + x$ 中只含一个任意常数，故它不是(11) 式的通解；在 $y_3 = (C_1 + C_2)e^{2x} + x$ 中虽含有 2 个任意常数，但 C_1 与 C_2 显然不独立，所以 y_3 也不是(11) 式的通解.

微分方程的通解，有时以隐函数形式给出. 例如 $x^2 + y^2 = C$ 显然满足微分方程(3) 式. 微分方程的以隐函数形式给出的通解称为**通积分**. 为简单起见，我们有时将通积分也说成通解. 在本书的例题与习题答案中，微分方程的通解表达式中的 C，C_1，C_2 等总表示任意常数，以后一般不再一一说明.

1.1.4 微分方程的初值问题

在例 2 中，我们求得小球上抛运动所满足的微分方程(8) 是二阶微分方程，它的通解中应含有两个任意常数，为了确定这两个任意常数，(8) 式中有条件 $x(0) = 10$，$x'(0) = v_0$；同样小球到达最高点后自由下落运动所满足的微分方程(9) 中的条件 $x(0) = 15$，$x'(0) = 0$，也可确定其通解中的两个任意常数. 我们将此条件称为初始条件. 一般的，有下面的定义.

定义 1.1.4(初值问题) 对于 n 阶微分方程

$$y^{(n)} = f(x, y, y', \cdots, y^{(n-1)}) \tag{12}$$

给出条件：

$$\text{当 } x = x_0 \text{ 时，有 } y = y_0, y' = y_1, y'' = y_2, \cdots, y^{(n-1)} = y_{n-1} \tag{13}$$

其中 y_0，y_1，y_2，…，y_{n-1} 是给定的 n 个任意常数. 我们称(13) 式为 n 阶微分方程(12) 的**初始条件**，将求微分方程(12) 的满足初始条件(13) 的解的问题称为**初值问题**，并将微分方程(12) 的满足初始条件(13) 的解称为**特解**. 特解在 xOy 平面上的图形是通过点(x_0, y_0) 的一条曲线，称为**积分曲线**.

习题 1.1

A 组

1. 指出下列微分方程的阶数，是线性微分方程还是非线性微分方程？

1) $y' + y\sin x = \cos^2 x$；　　2) $xy' - x^2\ln y = 3x^2$；

3) $xy'' + x^2y' + x^3y = x^4$；　　4) $xy'' - 2yy' = x^2$；

5) $xy''' + 2y = x^2y^2$；　　6) $y''' + x^2y' + xy = \sin x$.

2. 设 C, C_1, C_2 是任意常数，求下列曲线所满足的微分方程：

1) $y = Ce^x$；　　2) $(x - C)^2 + y^2 = 1$；

3) $y = Cx + C^2$；　　4) $y = C_1e^x + C_2e^{2x}$；

5) $y = C_1x + C_2e^x$；　　6) $y = C_1x + C_2e^x + x^2$.

3. 验证下列初值问题的特解是所给的函数：

1) $x^2y' = -y - 1, y(1) = 1; y = 2e^{\frac{1}{x}-1} - 1$.

2) $y'' - 3y' + 2y = e^x, y(0) = 1, y'(0) = 2; y = 2e^{2x} - e^x - xe^x$.

1.2 一阶微分方程

这一节研究已解出导数的一阶微分方程

$$y' = f(x, y), \quad f \in C \tag{1}$$

或写成对称形式的一阶微分方程

$$P(x, y)dx + Q(x, y)dy = 0, \quad P, Q \in C^{(1)} \tag{2}$$

当一阶微分方程写成对称形式(2)时，变量 x, y 处于平等位置，可将 y 看做未知函数，有时也将 x 看做未知函数.

为叙述方便，在这一章我们常常将微分方程简称为**方程**.

在微分方程这门学科建立的初始阶段，数学家们把主要精力放在寻找通解的方法和技巧上. 但发现能用初等积分法求出通解的微分方程的类型非常有限，1841 年刘维尔①证明一个看似简单的黎卡提(Riccati)方程 $y' = x^2 + y^2$ 不能用初等积

①刘维尔(Liouville)，1809—1882，法国数学家.

分法求解.这就促使数学工作者把方向转到研究微分方程解的存在性与唯一性,建立了微分方程的定性与稳定性理论.

*1.2.1 解的存在性与唯一性

定理 1.2.1(皮卡[①]定理) 考虑初值问题

$$y' = f(x,y), \quad y(x_0) = y_0 \tag{3}$$

假设:

(1) 函数 $f(x,y)$ 在平面区域 $D = \{(x,y) \mid |x - x_0| < a, |y - y_0| < b\}$ 上连续;

(2) $\exists L > 0$,使得 $\forall (x,y_1),(x,y_2) \in D$,有

$$|f(x,y_1) - f(x,y_2)| \leqslant L|y_1 - y_2|$$

则初值问题(3)的特解 $y = \bar{y}(x)$ 存在并且唯一,满足

$$\bar{y}(x_0) = y_0, \quad |x - x_0| \leqslant h, \quad h = \min\left\{a, \frac{b}{M}\right\}, \quad M = \max_{(x,y)\in D}|f(x,y)|$$

此定理的证明从略[②].

皮卡定理从理论上解决了一阶微分方程初值问题解的存在性与唯一性,但并没有解决解的表示形式.

本章下面研究微分方程的可解类,它们的通解可用初等积分法与代数方法求出.

1.2.2 可分离变量的方程

设函数 $f(x)$,$g(y)$ 皆连续,形如

$$\boxed{\frac{\mathrm{d}y}{\mathrm{d}x} = f(x)g(y)} \tag{4}$$

的方程称为**可分离变量的方程**.

方程(4)通过积分就能求出其通解.事实上,若 $g(y) \neq 0$,用 $\frac{1}{g(y)}\mathrm{d}x$ 乘以方程(4)两边得

$$\frac{\mathrm{d}y}{g(y)} = f(x)\mathrm{d}x$$

---

①皮卡(Picard),1856—1941,法国数学家.

②皮卡定理的证明可参见《大学数学(下册)》,陈仲编,南京大学出版社,1998.

此式称为**变量已分离的方程**. 应用不定积分的换元积分法,上式两边积分得

$$\int \frac{1}{g(y)}\mathrm{d}y = \int f(x)\mathrm{d}x + C \tag{5}$$

此式中两个不定积分只表示一个原函数,积分常数已单独写出. 假设上式中两个不定积分的某个确定的原函数分别为 $G(y)$ 与 $F(x)$,则方程(4) 的通积分为

$$G(y) = F(x) + C \tag{6}$$

此外,若 $g(y) = 0$ 有根 $y = y_1$,则方程(4) 还有特解 $y = y_1$,它是在解题过程中丢失的,且常常不包含在通解表达式(6) 中. 此时要察看题目的要求,若题目是求通解,写出(6) 式就行,可不管有没有其他特解;若题目是"解方程",则除写出通解外,还要补上在解方程的过程中可能丢失的特解.

注 在本章中,我们约定所有的不定积分只表示一个原函数,而非原函数的全体,积分常数 C 就像(5) 式一样单独写出. 这是因为(5) 式中两个不定积分都取任意常数时,微分方程的通解就含有两个任意常数,它们是不独立的.

例 1 解方程 $y' = \dfrac{1-y}{x(2+y)}$.

解 这是可分离变量的方程. 分离变量得

$$\frac{2+y}{1-y}\mathrm{d}y = \frac{1}{x}\mathrm{d}x$$

两边积分得

$$-y - 3\ln|1-y| = \ln|x| + \ln|C|$$

化简即得所求通积分为 $\mathrm{e}^{-y} = Cx(1-y)^3$.

另由 $1-y=0$,得原方程还有特解 $y = 1$.

例 2 解方程 $2y' = (1-y^2)\tan x$.

解 这是可分离变量的方程. 分离变量得

$$\frac{2}{1-y^2}\mathrm{d}y = \tan x\mathrm{d}x$$

两边积分得

$$\ln\left|\frac{1+y}{1-y}\right| = -\ln|\cos x| + \ln|C| \Rightarrow \frac{1+y}{1-y} = \frac{C}{\cos x}$$

化简即得所求通解为 $y = \dfrac{C-\cos x}{C+\cos x}$.

另由 $1-y^2=0$,得原方程还有特解 $y=1$ 与 $y=-1$.

1.2.3 齐次方程

设函数 $f(u)$ 连续,形如

$$\boxed{\frac{\mathrm{d}y}{\mathrm{d}x}=f\left(\frac{y}{x}\right)} \tag{7}$$

的方程称为**齐次方程**.

方程(7) 的解法是作未知函数的变换. 令 $\frac{y}{x}=u$,视 u 为新的未知函数,自变量仍是 x. 由于 $y'=u+xu'$,代入(7) 式,原方程化为 $x\frac{\mathrm{d}u}{\mathrm{d}x}=f(u)-u$,这是可分离变量的方程,分离变量,两边积分得

$$\int\frac{1}{f(u)-u}\mathrm{d}u=\int\frac{1}{x}\mathrm{d}x=\ln|x|+C \tag{8}$$

假设 $\int\frac{1}{f(u)-u}\mathrm{d}u=F(u)$(一个原函数),则方程(7) 的通积分为

$$F\left(\frac{y}{x}\right)=\ln|x|+C$$

此外,若方程 $f(u)-u=0$ 有解 $u=u_0$,则原方程还有特解 $y=u_0x$.

例 3 解方程 $y'=\frac{x^2+y^2}{2xy}$.

解 这是齐次方程. 令 $\frac{y}{x}=u$,则 $y'=u+xu'$,代入原方程,并分离变量得

$$\frac{2u}{1-u^2}\mathrm{d}u=\frac{1}{x}\mathrm{d}x$$

两边积分得

$$-\ln|1-u^2|=\ln|x|-\ln|C| \tag{9}$$

将 $u=\frac{y}{x}$ 代入并化简便得所求通积分为

$$y^2=x^2-Cx$$

另外,$1-u^2=0$ 有根 $u=\pm1$,因此 $y=x$ 与 $y=-x$ 是原方程的特解(它们已包含在通解的表达式中,可由 $C=0$ 得到).

注 上面例 3 在由积分得到的(9) 式里要求 $C\neq0$,而最后通解表达式中的任意常数 C 又可以等于 0. 在解题过程中,像上面在括号中所作的说明,以后都可从

略,不再说明.

1.2.4 一阶线性方程

设函数 $P(x)$,$Q(x)$ 皆连续,形如

$$\boxed{y'+P(x)y=Q(x)} \tag{10}$$

的方程称为**关于 y 的一阶线性方程**.当(10)式中 $Q(x)\equiv 0$ 时,则化为特殊形式

$$\boxed{y'+P(x)y=0} \tag{11}$$

我们又称(10)式为**关于 y 的一阶线性非齐次方程**,称(11)式为**关于 y 的一阶线性齐次方程或方程(10)所对应的齐次方程.**

线性齐次方程(11)是可分离变量的方程,显然有 $y'+P(x)y=0$ 的通解是

$$\boxed{y=Ce^{-\int P(x)\mathrm{d}x}} \tag{12}$$

对于线性非齐次方程(10),我们用下一定理所提供的通解公式求解.

定理 1.2.2(一阶线性非齐次方程的通解公式) $y'+P(x)y=Q(x)$ 的通解是

$$\boxed{y=e^{-\int P(x)\mathrm{d}x}\left(C+\int Q(x)e^{\int P(x)\mathrm{d}x}\mathrm{d}x\right)} \tag{13}$$

证 用"**常数变易法**"证明.所谓常数变易法,就是将方程(10)所对应的齐次方程的通解(12)式中的常数 C 变为待定函数 $C(x)$,然后令方程(10)的通解为

$$y=C(x)e^{-\int P(x)\mathrm{d}x} \tag{14}$$

我们来选取函数 $C(x)$,使得(14)式成为(10)的通解.将(14)式代入(10)式并化简得

$$C'(x)=Q(x)e^{\int P(x)\mathrm{d}x}$$

两边积分得待定函数 $C(x)$ 为

$$C(x)=C+\int Q(x)e^{\int P(x)\mathrm{d}x}\mathrm{d}x$$

将此式代入(14)式即得通解公式(13). □

注 1 公式(13)中含有 3 个不定积分,按约定它们都表示一个原函数,不带积分常数.

注 2 由于连续函数的原函数可用变上限的定积分表示,所以公式(13)也表示为

$$\boxed{y=e^{-\int_{x_0}^{x}P(x)\mathrm{d}x}\left(C+\int_{x_0}^{x}Q(x)e^{\int_{x_0}^{x}P(x)\mathrm{d}x}\mathrm{d}x\right)} \tag{15}$$

因而方程(10) 的满足初始条件 $y(x_0)=y_0$ 的特解可表示为

$$y=\mathrm{e}^{-\int_{x_0}^{x}P(x)\mathrm{d}x}\left(y_0+\int_{x_0}^{x}Q(x)\mathrm{e}^{\int_{x_0}^{x}P(x)\mathrm{d}x}\mathrm{d}x\right) \tag{16}$$

注 3 一阶线性非齐次方程(10) 的通解公式(13) 中含有两项,第一项

$$Y(x)=C\mathrm{e}^{-\int P(x)\mathrm{d}x}$$

是对应的齐次方程(11) 的通解;第二项

$$\tilde{y}(x)=\mathrm{e}^{-\int P(x)\mathrm{d}x}\cdot\int Q(x)\mathrm{e}^{\int P(x)\mathrm{d}x}\mathrm{d}x$$

容易验证它是方程(10) 本身的一个特解. 于是方程(10) 的通解为

$$y=Y(x)+\tilde{y}(x)$$

上面讨论的是关于未知函数 y 的一阶线性方程. 有时候,我们也可以将 x 视为未知函数,将 y 视为自变量得到关于 x 的一阶线性方程

$$\frac{\mathrm{d}x}{\mathrm{d}y}+P(y)x=Q(y) \tag{17}$$

则与通解公式(13) 相对应,我们有 $x'+P(y)x=Q(y)$ 的通解是

$$\boxed{x=\mathrm{e}^{-\int P(y)\mathrm{d}y}\left(C+\int Q(y)\mathrm{e}^{\int P(y)\mathrm{d}y}\mathrm{d}y\right)} \tag{18}$$

例 4 解方程 $y'+y\tan x=\sec x$.

解 应用一阶线性方程的通解公式(13),则通解为

$$y=\mathrm{e}^{-\int\tan x\mathrm{d}x}\left(C+\int\sec x\cdot\mathrm{e}^{\int\tan x\mathrm{d}x}\mathrm{d}x\right)=\cos x\left(C+\int\sec x\cdot\frac{1}{\cos x}\mathrm{d}x\right)$$
$$=\cos x(C+\tan x)=C\cos x+\sin x$$

例 5 解方程 $y'=\dfrac{y}{x+y^3}$.

解 将 x 视为未知函数,原方程化为

$$\frac{\mathrm{d}x}{\mathrm{d}y}-\frac{1}{y}x=y^2$$

这是关于 x 的一阶线性方程,应用通解公式(18),则通解为

$$x=\mathrm{e}^{\int\frac{1}{y}\mathrm{d}y}\left(C+\int y^2\mathrm{e}^{-\int\frac{1}{y}\mathrm{d}y}\mathrm{d}y\right)=y\left(C+\int y^2\frac{1}{y}\mathrm{d}y\right)=Cy+\frac{1}{2}y^3$$

1.2.5 全微分方程

当微分方程

$$P(x,y)\mathrm{d}x+Q(x,y)\mathrm{d}y=0 \tag{19}$$

的左边等于某可微函数 $u(x,y)$ 的全微分时，称方程(19)为**全微分方程**，称 $u(x,y)$ 为 $P(x,y)\mathrm{d}x+Q(x,y)\mathrm{d}y$ 的**原函数**.

定理 1.2.3 设函数 $P(x,y)$，$Q(x,y)$ 皆连续可微，则

$$\boxed{\begin{gathered}P(x,y)\mathrm{d}x+Q(x,y)\mathrm{d}y=0\ \text{是全微分方程}\\ \Leftrightarrow \frac{\partial}{\partial x}Q(x,y)\equiv\frac{\partial}{\partial y}P(x,y)\end{gathered}}$$

该定理在"微积分"课程中已有证明，这里不再赘述.

当方程(19)为全微分方程时，$P(x,y)\mathrm{d}x+Q(x,y)\mathrm{d}y$ 的一个原函数 $u(x,y)$ 由公式

$$\boxed{u(x,y)=\int_{x_0}^{x}P(x,y_0)\mathrm{d}x+\int_{y_0}^{y}Q(x,y)\mathrm{d}y} \tag{20}$$

或

$$\boxed{u(x,y)=\int_{x_0}^{x}P(x,y)\mathrm{d}x+\int_{y_0}^{y}Q(x_0,y)\mathrm{d}y} \tag{21}$$

求得. 于是微分方程(19)的通积分为

$$u(x,y)=C$$

例 6 解方程 $y(3x^2-y^3+\mathrm{e}^{xy})\mathrm{d}x+x(x^2-4y^3+\mathrm{e}^{xy})\mathrm{d}y=0$.

解 记 $P(x,y)=y(3x^2-y^3+\mathrm{e}^{xy})$，$Q(x,y)=x(x^2-4y^3+\mathrm{e}^{xy})$，由于

$$Q'_x(x,y)=P'_y(x,y)=3x^2-4y^3+\mathrm{e}^{xy}(1+xy)$$

所以原方程为全微分方程. 下面用 3 种方法求原函数与通积分.

方法 1 应用公式(20)求原函数，取 $(x_0,y_0)=(0,0)$，则

$$\begin{aligned}u(x,y)&=\int_0^x P(x,0)\mathrm{d}x+\int_0^y Q(x,y)\mathrm{d}y=\int_0^x 0\mathrm{d}x+\int_0^y x(x^2-4y^3+\mathrm{e}^{xy})\mathrm{d}y\\&=x^3y-xy^4+\mathrm{e}^{xy}-1\end{aligned}$$

于是所求通积分为 $x^3y-xy^4+\mathrm{e}^{xy}=C$.

方法 2 用分项凑微分的方法求原函数. 由于

$$3x^2y\mathrm{d}x+x^3\mathrm{d}y=y\mathrm{d}(x^3)+x^3\mathrm{d}y=\mathrm{d}(x^3y)$$

$$-y^4\mathrm{d}x-4xy^3\mathrm{d}y=-(y^4\mathrm{d}x+x\mathrm{d}(y^4))=-\mathrm{d}(xy^4)$$

$$y\mathrm{e}^{xy}\mathrm{d}x+x\mathrm{e}^{xy}\mathrm{d}y=\mathrm{e}^{xy}(y\mathrm{d}x+x\mathrm{d}y)=\mathrm{e}^{xy}\mathrm{d}(xy)=\mathrm{d}(\mathrm{e}^{xy})$$

因此

$$y(3x^2-y^3+\mathrm{e}^{xy})\mathrm{d}x+x(x^2-4y^3+\mathrm{e}^{xy})\mathrm{d}y=\mathrm{d}(x^3y-xy^4+\mathrm{e}^{xy})$$

所以原函数为 $u(x,y)=x^3y-xy^4+\mathrm{e}^{xy}$,于是所求通积分为 $x^3y-xy^4+\mathrm{e}^{xy}=C$.

方法 3 用求含参数的不定积分求原函数. 由于

$$P(x,y)\mathrm{d}x+Q(x,y)\mathrm{d}y=\mathrm{d}u(x,y)\Leftrightarrow\frac{\partial u}{\partial x}=P(x,y),\frac{\partial u}{\partial y}=Q(x,y)$$

将 $\frac{\partial u}{\partial x}=P(x,y)$ 两边对 x 积分(视 y 为参数),有

$$\begin{aligned}u(x,y)&=\int P(x,y)\mathrm{d}x=\int y(3x^2-y^3+\mathrm{e}^{xy})\mathrm{d}x\\&=x^3y-y^4x+\mathrm{e}^{xy}+C(y)\end{aligned}\tag{22}$$

令

$$\frac{\partial u}{\partial y}=x^3-4xy^3+x\mathrm{e}^{xy}+C'(y)=Q(x,y)=x(x^2-4y^3+\mathrm{e}^{xy})$$

则 $C'(y)=0$. 取 $C(y)=0$,代入(22)式即得原函数为 $u(x,y)=x^3y-y^4x+\mathrm{e}^{xy}$,于是所求通积分为 $x^3y-xy^4+\mathrm{e}^{xy}=C$.

1.2.6 可用变量代换法求解的一阶微分方程

前几小节研究了一阶微分方程的 4 个可解的标准类型,这里介绍利用变量代换法将 4 类微分方程化为上述可解类.

1) **方程类型** $y'=f(ax+by+c)$

求解方法 令 $ax+by+c=u$. 则 $a+by'=u'$,原方程化为可分离变量的方程

$$\frac{\mathrm{d}u}{\mathrm{d}x}=a+bf(u)$$

例 7 解方程 $y'=(x+2y+3)^2$.

解 令 $x+2y+3=u$,则 $1+2y'=u'$,原方程化为可分离变量的方程

$$\frac{\mathrm{d}u}{\mathrm{d}x}=1+2u^2$$

分离变量并积分得 $\arctan(\sqrt{2}u)=\sqrt{2}x+C$,于是原方程的通积分为

$$\sqrt{2}(x+2y+3)=\tan(\sqrt{2}x+C)$$

2) **方程类型** $y'=f\left(\dfrac{a_1x+b_1y+c_1}{a_2x+b_2y+c_2}\right)$

求解方法 (1) 当 $\begin{vmatrix} a_1 & b_1 \\ a_2 & b_2 \end{vmatrix}=0$ 时,有 $\dfrac{a_2}{a_1}=\dfrac{b_2}{b_1}=\lambda$,令 $a_1x+b_1y=u$,则 $a_1+b_1y'=u'$,原方程化为可分离变量的方程

$$\frac{\mathrm{d}u}{\mathrm{d}x}=a_1+b_1f\left(\frac{u+c_1}{\lambda u+c_2}\right)$$

(2) 当 $\begin{vmatrix} a_1 & b_1 \\ a_2 & b_2 \end{vmatrix}\neq 0$ 时,应用克莱姆法则,方程组

$$\begin{cases} a_1x+b_1y+c_1=0, \\ a_2x+b_2y+c_2=0 \end{cases}$$

有唯一解 $(x,y)=(x_0,y_0)$. 作变换 $\begin{cases} x=v+x_0, \\ y=u+y_0, \end{cases}$ 则原微分方程化为齐次方程

$$\frac{\mathrm{d}u}{\mathrm{d}v}=f\left(\frac{a_1v+b_1u}{a_2v+b_2u}\right)$$

3) **方程类型** $y'+P(x)y=Q(x)y^{\lambda}(\lambda\neq 0,1)$(称为**伯努利[①]方程**)

求解方法 令 $y^{1-\lambda}=u$,则原方程化为关于 u 的一阶线性方程

$$\frac{\mathrm{d}u}{\mathrm{d}x}+(1-\lambda)P(x)u=(1-\lambda)Q(x)$$

例 8(同例 3) 解方程 $y'=\dfrac{x^2+y^2}{2xy}$.

解 以 x 为未知函数,原方程化为伯努利方程

$$y'-\frac{1}{2x}y=\frac{x}{2}y^{-1}$$

令 $y^2=u$,将此方程化为一阶线性方程

$$\frac{\mathrm{d}u}{\mathrm{d}x}-\frac{1}{x}u=x$$

应用一阶线性方程的通解公式,则原方程的通积分为

---

①雅各布·伯努利(Jakob Bernoulli),1654—1705,瑞士数学家.

$$y^2 = u = \mathrm{e}^{\int \frac{1}{x}\mathrm{d}x}\left(C + \int x\mathrm{e}^{-\int \frac{1}{x}\mathrm{d}x}\mathrm{d}x\right) = x\left(C + \int x \cdot \frac{1}{x}\mathrm{d}x\right) = x(C + x)$$

即 $y^2 = Cx + x^2$.

4) **方程类型** $f'(y)\dfrac{\mathrm{d}y}{\mathrm{d}x} + P(x)f(y) = Q(x)$

求解方法　令 $f(y) = u$,则原方程化为关于 u 的一阶线性方程

$$\frac{\mathrm{d}u}{\mathrm{d}x} + P(x)u = Q(x)$$

例 9　解方程 $y' = \tan y \cdot (1 + \sin x \sin y)$.

解　原方程化为

$$\cos y \cdot y' - \sin y = \sin x \cdot \sin^2 y$$

令 $\sin y = u$,则上式化为伯努利方程

$$\frac{\mathrm{d}u}{\mathrm{d}x} - u = \sin x \cdot u^2$$

令 $\dfrac{1}{u} = v$,则上式化为一阶线性方程

$$\frac{\mathrm{d}v}{\mathrm{d}x} + v = -\sin x$$

应用一阶线性方程的通解公式得

$$v = \mathrm{e}^{-\int \mathrm{d}x}\left(C - \int \sin x \mathrm{e}^{\int \mathrm{d}x}\mathrm{d}x\right) = \mathrm{e}^{-x}\left(C - \int \mathrm{e}^x \sin x \mathrm{d}x\right) = C\mathrm{e}^{-x} + \frac{1}{2}(\cos x - \sin x)$$

于是原方程的通积分为

$$\csc y = C\mathrm{e}^{-x} + \frac{1}{2}(\cos x - \sin x)$$

此外,由 $u = 0$ 可知 $y = k\pi (k \in \mathbf{Z})$ 是原方程的特解.

习题 1.2

A 组

1. 解下列可分离变量的方程:

1) $xy' - y\ln y = 0$;　　2) $xy\mathrm{d}x + (1 + x^2)\mathrm{d}y = 0$;

3) $x\sec y\mathrm{d}x + (1 + x)\mathrm{d}y = 0$;　　4) $y' = 2^{x+y}$;

5) $y\ln x\mathrm{d}x + x\ln y\mathrm{d}y = 0$；　　6) $(\mathrm{e}^{x+y} - \mathrm{e}^{x})\mathrm{d}x + (\mathrm{e}^{x+y} + \mathrm{e}^{y})\mathrm{d}y = 0$；

7) $x^2y^2y' + 1 = y$.

2. 解下列齐次方程：

1) $y^2 + x^2y' = xyy'$；　　2) $(x^2 + y^2)y' = 2xy$；

3) $xy' - y = x\tan\dfrac{y}{x}$；　　4) $xy' = y - x\mathrm{e}^{\frac{y}{x}}$；

5) $xy' = y\cos\left(\ln\dfrac{y}{x}\right)$.

3. 解下列线性方程：

1) $(4x + 2y)\mathrm{d}x - (1 + 2x)\mathrm{d}y = 0$；　　2) $(xy + \mathrm{e}^{x})\mathrm{d}x - x\mathrm{d}y = 0$；

3) $(y + x^2\cos x)\mathrm{d}x - x\mathrm{d}y = 0$；　　4) $xy' + (1 + x)y = 3x^2\mathrm{e}^{-x}$；

5) $\mathrm{d}x + (x - 2\mathrm{e}^{y})\mathrm{d}y = 0$；　　6) $y\mathrm{d}x + (y^2 - 3x)\mathrm{d}y = 0$.

4. 解下列全微分方程：

1) $\dfrac{1 - xy\ln x}{x^2y}\mathrm{d}x + \dfrac{1}{xy^2}\mathrm{d}y = 0$；

2) $y(3y + \sin(2xy))\mathrm{d}x + x(6y + \sin(2xy))\mathrm{d}y = 0$；

3) $(2x\sin y + 2x + 3y\cos x)\mathrm{d}x + (x^2\cos y + 3\sin x)\mathrm{d}y = 0$；

4) $(y^3 + \ln x)\mathrm{d}y + \dfrac{y}{x}\mathrm{d}x = 0$.

5. 确定常数 A，使得 $\left(\dfrac{1}{x^2} + \dfrac{1}{y^2}\right)\mathrm{d}x + \dfrac{1 + Ax}{y^3}\mathrm{d}y = 0$ 为全微分方程，并求其通解.

6. 用变量代换法解下列方程：

1) $y' = \sqrt{4x + 2y - 1}$；　　2) $y' = \dfrac{1}{(x + y)^2}$；

3) $(y + 2)\mathrm{d}x = (2x + y - 4)\mathrm{d}y$；　　4) $(x + y^2)\mathrm{d}x - xy\mathrm{d}y = 0$；

5) $xy' + 2y + x^5y^3\mathrm{e}^{x} = 0$；　　6) $(x^2 - 1)y'\sin y + 2x\cos y = 2x - 2x^3$；

7) $\mathrm{e}^{y}\left(y' - \dfrac{2}{x}\right) = 1$.

B组

1. 解方程 $y' = \dfrac{y+2}{x+1} + \tan\dfrac{y-2x}{x+1}$.

2. 解方程 $x\mathrm{d}x - (x^2 - 2y + 1)\mathrm{d}y = 0$.

3. 求函数 $P(x,y)$，使得 $P(x,y)\mathrm{d}x + (2x^2y^3 + x^4y)\mathrm{d}y = 0$ 为全微分方程，并求其通解.

1.3 二阶微分方程

二阶微分方程的标准形式是

$$\boxed{y'' = f(x,y,y'), \quad f \in C} \tag{1}$$

方程(1) 的初始条件是 $y(x_0) = y_0, y'(x_0) = y_1$，其中 x_0, y_0, y_1 为已知常数. 当函数 f 满足一定的条件时，对于方程(1) 的初值问题，有与第 1.2 节的皮卡定理类似的解的存在性与唯一性定理，这里从略.

下面研究二阶微分方程的可解类型. 其一，当方程(1) 是非线性方程时，欲求其通解，甚至是求一个特解都是非常困难的，但当方程(1) 的右边缺少某些变量时，用降阶法有时能求出通解；其二，当方程(1) 是二阶线性方程，特别是二阶常系数线性方程时，求解的问题已得到圆满解决，本节将用较多篇幅重点介绍这一内容.

1.3.1 可降阶的二阶方程

当方程(1) 的右边缺少某些变量时可用降阶法求解，下面分 3 类介绍.

1) **方程类型** $\boxed{y'' = f(x)}$ (2)

求解方法 方程(2) 用两次不定积分就可解决，积分一次降阶一次.

例 1 解方程 $y'' = \sin^2 x$.

解 方程两边积分一次得

$$y' = \int \sin^2 x\mathrm{d}x + C_1 = \int \frac{1-\cos 2x}{2}\mathrm{d}x + C_1 = \frac{1}{2}x - \frac{1}{4}\sin 2x + C_1$$

上式两端再积分一次即得所求通解为

$$y = \int\left(\frac{1}{2}x - \frac{1}{4}\sin 2x + C_1\right)\mathrm{d}x + C_2 = \frac{1}{4}x^2 + \frac{1}{8}\cos 2x + C_1 x + C_2$$

2）**方程类型** $\boxed{y'' = f(x, y')}$ (3)

求解方法 方程(3)的特征是右边不显含变量 y. 作未知函数的变换，令 $y' = u$，视 u 为新的未知函数，自变量仍是 x，则方程(3)化为一阶方程

$$u' = f(x, u) \tag{4}$$

若方程(4)是上一节介绍的可解类，则方程(3)可解.

例 2 求方程 $xy'' = y' \ln \frac{y'}{x}$ 的通解.

解 此方程不显含变量 y. 令 $y' = u$，视 u 为新的未知函数，自变量仍是 x，则原方程化为一阶齐次方程

$$u' = \frac{u}{x} \ln \frac{u}{x}$$

令 $\frac{u}{x} = v$，则 $u' = v + xv'$，上式化为可分离变量的方程

$$x \frac{\mathrm{d}v}{\mathrm{d}x} = v(\ln v - 1)$$

分离变量，两边积分得

$$\ln | \ln v - 1 | = \ln | x | + \ln | C_1 |$$

化简得

$$y' = u = xv = x\exp(C_1 x + 1)$$

两边再积分即得原方程的通解为

$$\begin{aligned} y &= \int x\exp(C_1 x + 1)\mathrm{d}x + C_2 \\ &= \frac{1}{C_1}\left(x\exp(C_1 x + 1) - \int \exp(C_1 x + 1)\mathrm{d}x\right) + C_2 \\ &= \frac{1}{C_1} x\exp(C_1 x + 1) - \frac{1}{C_1^2}\exp(C_1 x + 1) + C_2 \end{aligned}$$

3）**方程类型** $\boxed{y'' = f(y, y')}$ (5)

求解方法 方程(5)的特征是右边不显含变量 x. 作未知函数与自变量的变换，令 $y' = u$，视 u 为新的未知函数，视 y 为新的自变量，则 $y'' = u\frac{\mathrm{d}u}{\mathrm{d}y}$，方程(5)化为一阶方程

$$u\frac{\mathrm{d}u}{\mathrm{d}y}=f(y,u) \tag{6}$$

若方程(6)是上一节介绍的可解类，则方程(5)可解.

例 3 求方程 $yy''=(y')^2$ 满足初始条件 $y(0)=1,y'(0)=2$ 的特解.

解 此方程不显含变量 x. 令 $y'=u$，视 u 为新的未知函数，视 y 为新的自变量，则 $y''=u\frac{\mathrm{d}u}{\mathrm{d}y}$，原方程化为一阶可分离变量的方程 $y\frac{\mathrm{d}u}{\mathrm{d}y}=u$，且 $u\Big|_{y=1}=2$. 容易解得 $u=2y$，即 $y'=2y$，分离变量再积分得 $y=Ce^{2x}$，由 $y(0)=1$，得 $C=1$，于是所求特解为 $y=e^{2x}$.

1.3.2 二阶线性方程通解的结构

二阶线性非齐次方程的标准形式为

$$\boxed{y''+p(x)y'+q(x)y=f(x)} \tag{7}$$

这里 $p(x),q(x),f(x)$ 是区间 $[a,b]$ 上的连续函数. 方程(7)所对应的线性齐次方程为

$$\boxed{y''+p(x)y'+q(x)y=0} \tag{8}$$

引进算子

$$L(D)=D^2+p(x)D+q(x)$$

其中 $D=\frac{\mathrm{d}}{\mathrm{d}x},D^2=\frac{\mathrm{d}^2}{\mathrm{d}x^2}$，则方程(7)和(8)可分别简写为

$$L(D)y=f(x) \tag{7}$$

$$L(D)y=0 \tag{8}$$

对于算子 $L(D)$，由于求导数运算是线性运算，所以 $L(D)$ 是线性微分算子，即有

$$L(D)(C_1y_1(x)+C_2y_2(x))=C_1L(D)y_1(x)+C_2L(D)y_2(x)$$

其中，C_1,C_2 是两个任意常数；$y_1(x),y_2(x)$ 是两个任意的二阶可导的函数.

1) 二阶线性方程解的性质

定理 1.3.1 设 $y_1(x),y_2(x)$ 是方程(8)的两个解，则它们的线性组合

$$Y(x)=C_1y_1(x)+C_2y_2(x)$$

仍是方程(8)的解(其中 C_1,C_2 是两个任意常数).

证 由条件可知 $\forall x \in [a,b]$,有

$$L(D)y_1(x)=0, \quad L(D)y_2(x)=0$$

于是 $\forall x \in [a,b]$,有

$$\begin{aligned} L(D)Y(x) &= L(D)(C_1 y_1(x)+C_2 y_2(x)) = C_1 L(D)y_1(x)+C_2 L(D)y_2(x) \\ &= 0+0=0 \end{aligned}$$

此式表明 $Y(x)$ 是方程(8) 的解. □

定理 1.3.2 方程(8) 的任一解 $Y(x)$ 与方程(7) 的任一解 $\bar{y}(x)$ 的和 $Y(x)+\bar{y}(x)$ 是方程(7) 的解.

证 由条件可知 $\forall x \in [a,b]$,有

$$L(D)Y(x)=0, \quad L(D)\bar{y}(x)=f(x)$$

于是 $\forall x \in [a,b]$,有

$$L(D)(Y(x)+\bar{y}(x)) = 0+f(x)=f(x)$$

此式表明 $Y(x)+\bar{y}(x)$ 是方程(7) 的解. □

定理 1.3.3 方程(7) 的任意两个解 $\bar{y}_1(x)$ 与 $\bar{y}_2(x)$ 的差 $\bar{y}_1(x)-\bar{y}_2(x)$ 是方程(8) 的解,而它们的均值$\frac{1}{2}(\bar{y}_1(x)+\bar{y}_2(x))$ 仍是方程(7) 的解.

证 由条件可知 $\forall x \in [a,b]$,有

$$L(D)\bar{y}_1(x)=f(x), \quad L(D)\bar{y}_2(x)=f(x)$$

于是 $\forall x \in [a,b]$,有

$$L(D)(\bar{y}_1(x)-\bar{y}_2(x)) = L(D)\bar{y}_1(x)-L(D)\bar{y}_2(x) = f(x)-f(x)=0$$

此式表明 $\bar{y}_1(x)-\bar{y}_2(x)$ 是方程(8) 的解.

又 $\forall x \in [a,b]$,有

$$\begin{aligned} L(D)\left(\frac{1}{2}(\bar{y}_1(x)+\bar{y}_2(x))\right) &= \frac{1}{2}(L(D)\bar{y}_1(x)+L(D)\bar{y}_2(x)) \\ &= \frac{1}{2}(f(x)+f(x)) = f(x) \end{aligned}$$

此式表明$\frac{1}{2}(\bar{y}_1(x)+\bar{y}_2(x))$ 是方程(7) 的解. □

2) 函数组线性相关与线性无关的定义

定义 1.3.1(线性相关与线性无关) 设函数 $y_1(x), y_2(x), \cdots, y_n(x)$ 皆在区间$[a,b]$ 上连续,若存在不全为零的常数 $k_1, k_2, \cdots, k_n$,使得 $\forall x \in [a,b]$,有

$$k_1 y_1(x) + k_2 y_2(x) + \cdots + k_n y_n(x) = 0 \tag{9}$$

则称函数 $y_1(x), y_2(x), \cdots, y_n(x)$ 在区间 $[a,b]$ 上线性相关；若恒等式(9) 当且仅当

$$k_1 = k_2 = \cdots = k_n = 0$$

时成立，则称这 n 个函数 $y_1(x), y_2(x), \cdots, y_n(x)$ 在区间 $[a,b]$ 上线性无关(或线性独立).

定理 1.3.4 若函数 $y_1(x), y_2(x)$ 在区间 $[a,b]$ 上连续，则函数 $y_1(x), y_2(x)$ 在区间 $[a,b]$ 上线性相关的充要条件是存在常数 k，使得 $\forall x \in [a,b]$，有

$$y_1(x) = k y_2(x) \quad 或 \quad y_2(x) = k y_1(x)$$

证 由定义 1.3.1，函数 $y_1(x), y_2(x)$ 在区间 $[a,b]$ 上线性相关的充要条件是存在不全为零的常数 k_1, k_2，使得 $\forall x \in [a,b]$，有

$$k_1 y_1(x) + k_2 y_2(x) = 0$$

若 $k_1 \neq 0$，则上式 $\Leftrightarrow y_1(x) = -\dfrac{k_2}{k_1} y_2(x)$，记 $k = -\dfrac{k_2}{k_1}$，则 $y_1(x) = k y_2(x)$；

若 $k_2 \neq 0$，则上式 $\Leftrightarrow y_2(x) = -\dfrac{k_1}{k_2} y_1(x)$，记 $k = -\dfrac{k_1}{k_2}$，则 $y_2(x) = k y_1(x)$.

□

例 4 判别下列函数组的线性相关性：

(1) $\sin^2 x, \cos^2 x, 1$，其中 $x \in (a,b)$；

(2) $1, x, x^2$，其中 $x \in (a,b)$；

(3) e^x, e^{2x}, e^{3x}，其中 $x \in (a,b)$.

解 (1) 取全不为零的常数 $k_1 = 1, k_2 = 1, k_3 = -1$，则 $\forall x \in (a,b)$，有

$$k_1 \sin^2 x + k_2 \cos^2 x + k_3 \cdot 1 = \sin^2 x + \cos^2 x - 1 = 0$$

所以 $\sin^2 x, \cos^2 x, 1$ 在 (a,b) 上线性相关.

(2) 用反证法. 若 $1, x, x^2$ 在 (a,b) 上线性相关，则存在不全为零的常数 k_1, k_2, k_3，使得 $\forall x \in (a,b)$，有

$$k_1 \cdot 1 + k_2 x + k_3 x^2 = 0$$

这表明区间 (a,b) 内的所有实数都是这个次数最高为 2 的实系数代数方程的实根，而这是不可能的，所以函数 $1, x, x^2$ 在 (a,b) 上线性无关.

(3) 令

$$k_1 e^x + k_2 e^{2x} + k_3 e^{3x} = 0, \quad x \in (a,b)$$

将方程两边求导数,并与原方程联立得

$$\begin{cases} e^{x}k_1 + e^{2x}k_2 + e^{3x}k_3 = 0, \\ e^{x}k_1 + 2e^{2x}k_2 + 3e^{3x}k_3 = 0, \\ e^{x}k_1 + 4e^{2x}k_2 + 9e^{3x}k_3 = 0 \end{cases} \tag{10}$$

由于 $\begin{vmatrix} e^{x} & e^{2x} & e^{3x} \\ e^{x} & 2e^{2x} & 3e^{3x} \\ e^{x} & 4e^{2x} & 9e^{3x} \end{vmatrix} = 2e^{6x} \neq 0$,应用克莱姆法则得方程组(10) 只有零解,即 $k_1 = k_2 = k_3 = 0$,因此函数 e^{x},e^{2x},e^{3x} 在(a,b) 上线性无关.

3) 二阶线性方程通解的结构

定理 1.3.5(通解结构定理 Ⅰ) 设 $y_1(x)$,$y_2(x)$ 是线性齐次方程(8) 的两个线性无关的特解,则它们的线性组合

$$\boxed{y = Y(x) \equiv C_1 y_1(x) + C_2 y_2(x)} \tag{11}$$

为方程(8) 的通解,其中 C_1,C_2 是两个任意常数.

证 由定理 1.3.1 知(11) 式是方程(8) 的解.(11) 式中含两个任意常数,当 $y_1(x)$,$y_2(x)$ 线性无关时,(11) 式不能用少于两个任意常数的表达式代替,故任意常数 C_1,C_2 是独立的,所以(11) 式是方程(8) 的通解. □

注 当 $y_1(x)$,$y_2(x)$ 线性相关时,C_1,C_2 就不独立了,因为此时

$$Y(x) \equiv C_1 y_1(x) + C_2 y_2(x) = C_1 k y_2(x) + C_2 y_2(x) = (C_1 k + C_2) y_2(x)$$

记 $C_1 k + C_2 = C$,则 $Y(x) \equiv C y_2(x)$,解式中只含一个任意常数.

定理 1.3.6(通解结构定理 Ⅱ) 设 $y_1(x)$,$y_2(x)$ 是线性齐次方程(8) 的两个线性无关的特解,$\tilde{y}(x)$ 是线性非齐次方程(7) 的任一特解,则方程(7) 的通解为

$$\boxed{y = Y(x) + \tilde{y}(x) = C_1 y_1(x) + C_2 y_2(x) + \tilde{y}(x)} \tag{12}$$

其中 C_1,C_2 是两个任意常数.

证 由定理 1.3.1 和定理 1.3.2 知(12) 式是方程(7) 的解.(12) 式中含两个任意常数,由于 $y_1(x)$,$y_2(x)$ 线性无关,可知 C_1,C_2 是独立的,由通解的定义便知(12) 式是方程(7) 的通解. □

上面的两个通解结构定理很重要,它是求解线性方程的理论基础.根据结构定理,欲求方程(8) 的通解,只需求其两个线性无关的特解;欲求方程(7) 的通解,必须先求它所对应的齐次方程(8) 的两个线性无关的特解,并求原方程(7) 本身的一个特解.然后应用这两个结构定理便可写出它们的通解.

定义 1.3.2(余函数) 线性齐次方程 $y'' + p(x)y' + q(x)y = 0$ 的通解

$$y = Y(x) = C_1 y_1(x) + C_2 y_2(x)$$

称为线性非齐次方程 $y'' + p(x)y' + q(x)y = f(x)$ 的**余函数**.

例 5 设已知方程 $y'' + p(x)y' + q(x)y = f(x)$ 有三个特解

$$y_1(x) = x, \quad y_2(x) = \mathrm{e}^x, \quad y_3(x) = \mathrm{e}^{2x}$$

试写出该方程的通解,并说明理由.

解 所求的通解为

$$y = C_1(\mathrm{e}^x - x) + C_2(\mathrm{e}^{2x} - x) + x$$

这是因为

$$y_2(x) - y_1(x) = \mathrm{e}^x - x, \quad y_3(x) - y_1(x) = \mathrm{e}^{2x} - x$$

是原方程所对应的齐次方程的两个特解,由于

$$\frac{y_2(x) - y_1(x)}{y_3(x) - y_1(x)} = \frac{\mathrm{e}^x - x}{\mathrm{e}^{2x} - x} \neq \text{常数}$$

所以 $\mathrm{e}^x - x$ 与 $\mathrm{e}^{2x} - x$ 线性无关,又由于 $y_1(x) = x$ 是原方程本身的一个特解,应用通解结构定理 Ⅱ,即得上述通解.

1.3.3 二阶常系数线性齐次方程的通解

二阶常系数线性齐次方程的标准形式为

$$\boxed{y'' + py' + qy = 0} \tag{13}$$

这里 $p, q \in \mathbf{R}$. 引进算子

$$L_1(D) = D^2 + pD + q$$

其中 $D = \frac{\mathrm{d}}{\mathrm{d}x}, D^2 = \frac{\mathrm{d}^2}{\mathrm{d}x^2}$,则方程(13) 可简写为

$$L_1(D)y = 0 \tag{13}$$

为了求二阶常系数线性齐次方程的通解,应用通解结构定理 Ⅰ,只需求其两个线性无关的特解便可. 下面我们用"**待定指数法**"求方程(13) 的形如 $y = \mathrm{e}^{\lambda x}$ 的特解,这里 λ 是实常数或复常数,x 是实变量. 首先我们来证明导数公式

$$\frac{\mathrm{d}}{\mathrm{d}x}\mathrm{e}^{\lambda x} = (\mathrm{e}^{\lambda x})' = \lambda \mathrm{e}^{\lambda x}$$

对复数 $\lambda = a + bi$ 仍成立. 事实上,由欧拉公式有

$$e^{\lambda x}=e^{(a+bi)x}=e^{ax}(\cos bx+i\sin bx)$$

将此式两端求导得

$$\begin{aligned}\frac{d}{dx}e^{\lambda x}&=ae^{ax}(\cos bx+i\sin bx)+e^{ax}(-b\sin bx+bi\cos bx)\\&=e^{ax}((a+bi)\cos bx+(ai-b)\sin bx)\\&=e^{ax}((a+bi)\cos bx+i(a+bi)\sin bx)\\&=(a+bi)e^{ax}(\cos bx+i\sin bx)=\lambda e^{\lambda x}\end{aligned}$$

将 $y=e^{\lambda x}$ 代入方程(13) 得

$$L_1(D)e^{\lambda x}=e^{\lambda x}(\lambda^2+p\lambda+q)=0$$

由于 $e^{\lambda x}\neq 0$，故有

$$\boxed{\lambda^2+p\lambda+q=0} \tag{14}$$

这表明：欲使 $y=e^{\lambda x}$ 是方程(13) 的特解，待定常数 λ 必须满足方程(14)；反之，若常数 λ 是方程(14) 的根，则 $y=e^{\lambda x}$ 方程(13) 的特解. 我们将代数方程(14) 称为微分方程(13) 的**特征方程**，将代数方程(14) 的根称为微分方程(13) 的**特征根**. 特征根与方程(13) 的特解一一对应. 下面根据特征根的不同情况写出微分方程(13) 的通解.

(1) 若 $p^2-4q>0$，则特征方程(14) 有两个相异的实根 λ_1 与 λ_2，则

$$y_1(x)=e^{\lambda_1 x} \quad 与 \quad y_2(x)=e^{\lambda_2 x}$$

是方程(13) 的两个线性无关的特解，故原方程(13) 的通解为

$$\boxed{y=C_1e^{\lambda_1 x}+C_2e^{\lambda_2 x}}$$

特别，当 $\lambda_1=0$，$\lambda_2\neq 0$ 时方程(13) 的通解为 $y=C_1+C_2e^{\lambda_2 x}$.

(2) 若 $p^2-4q=0$，则特征方程(14) 有二重实根 $\lambda_1=\lambda_2$，此时只能得到方程(13) 的一个非零特解

$$y_1(x)=e^{\lambda_1 x}$$

下面我们在 $\lambda_1=-\dfrac{p}{2}$，$\lambda_1^2+p\lambda_1+q=0$ 的条件下，寻求方程(13) 的另一个与 $y_1(x)$ 线性无关的形如 $y=u(x)y_1(x)=u(x)e^{\lambda_1 x}$ 的特解，其中 $u(x)$ 为待定函数(要求 $u(x)$ 非常值函数). 将其代入方程(13) 得

$$\begin{aligned}L_1(D)(u(x)e^{\lambda_1 x})&=(u(x)e^{\lambda_1 x})''+p(u(x)e^{\lambda_1 x})'+qu(x)e^{\lambda_1 x}\\&=(u''(x)e^{\lambda_1 x}+2\lambda_1u'(x)e^{\lambda_1 x}+\lambda_1^2u(x)e^{\lambda_1 x})\end{aligned}$$

$$
\begin{aligned}
&+p(u'(x)e^{\lambda_1 x}+\lambda_1 u(x)e^{\lambda_1 x})+qu(x)e^{\lambda_1 x}\\
&=u''(x)e^{\lambda_1 x}+(2\lambda_1+p)u'(x)e^{\lambda_1 x}\\
&\quad+(\lambda_1^2+p\lambda_1+q)u(x)e^{\lambda_1 x}\\
&=u''(x)e^{\lambda_1 x}=0
\end{aligned}
$$

由于 $e^{\lambda_1 x}\neq 0$，所以 $u''(x)=0$，此方程的通解为 $u(x)=C_1x+C_2$，取一个满足此式的最简单的函数 $u(x)=x$，即得方程(13) 的另一个与 $y_1(x)$ 线性无关的特解

$$y_2(x)=xy_1(x)=xe^{\lambda_1 x}$$

由此可得方程(13) 的通解为

$$\boxed{y=(C_1+C_2x)e^{\lambda_1 x}}$$

特别，当 $\lambda_1=\lambda_2=0$ 时方程(13) 的通解为 $y=C_1+C_2x$.

(3) 若 $p^2-4q<0$，则方程(14) 有一对共轭复根

$$\lambda_{1,2}=\alpha\pm\beta i\quad\left(\alpha=-\frac{p}{2},\beta=\frac{1}{2}\sqrt{4q-p^2}\right)$$

则方程(13) 有两个线性无关的特解

$$y_1(x)=e^{\lambda_1 x}=e^{\alpha x}(\cos\beta x+i\sin\beta x),\quad y_2(x)=e^{\lambda_2 x}=e^{\alpha x}(\cos\beta x-i\sin\beta x)$$

由于这两个特解都是复值解，因此是两个不理想的特解，为此作以下改进. 应用定理 1.3.1，可得

$$y_3(x)=\frac{1}{2}y_1(x)+\frac{1}{2}y_2(x)=e^{\alpha x}\cos\beta x,\quad y_4(x)=\frac{1}{2i}y_1(x)-\frac{1}{2i}y_2(x)=e^{\alpha x}\sin\beta x$$

也是方程(13) 的两个特解，它们显然是两个线性无关的实值函数，由此可得方程(13) 的通解为

$$\boxed{y=e^{\alpha x}(C_1\cos\beta x+C_2\sin\beta x)}$$

特别，$\lambda_{1,2}=\pm\beta i$ 时方程(13) 的通解为 $y=C_1\cos\beta x+C_2\sin\beta x$.

至此，二阶常系数线性齐次方程求通解的问题获得圆满解决.

例 6　求下列二阶常系数线性齐次方程的通解：

(1) $y''+y'-2y=0$；　　　　(2) $y''-6y'+9y=0$.

解　(1) 特征方程为 $\lambda^2+\lambda-2=0$，容易解出特征根为 $\lambda_1=-2,\lambda_2=1$，故原方程的通解为

$$y=C_1e^{-2x}+C_2e^{x}$$

(2) 特征方程为$\lambda^2-6\lambda+9=0$,容易解出特征根为$\lambda_1=\lambda_2=3$,故原方程的通解为

$$y=(C_1+C_2x)e^{3x}$$

例 7 求微分方程$y''-4y'+13y=0$满足初始条件$y(0)=1,y'(0)=-1$的特解.

解 特征方程为$\lambda^2-4\lambda+13=0$,容易解出特征根为$\lambda_{1,2}=2\pm3i$,故原方程的通解为

$$y=e^{2x}(C_1\cos3x+C_2\sin3x)$$

令$x=0$得$y(0)=C_1=1$,则$y=e^{2x}(\cos3x+C_2\sin3x)$,求导得

$$y'=e^{2x}((2+3C_2)\cos3x+(2C_2-3)\sin3x)$$

令$x=0$得$y'(0)=2+3C_2=-1$,则$C_2=-1$. 于是所求特解为

$$y=e^{2x}(\cos3x-\sin3x)$$

注 上面求解常系数线性齐次方程的三步骤(即写出特征方程、求出特征根、写出通解),对于高于二阶的常系数线性齐次方程仍然适用,方法是类似的. 下面举两个例子作介绍.

***例 8** 解方程$y'''+y''-2y'=0$.

解 特征方程为$\lambda^3+\lambda^2-2\lambda=0$,容易解出3个特征根为$\lambda=0,1,-2$,故原方程的通解为

$$y=C_1+C_2e^x+C_3e^{-2x}$$

***例 9** 解方程$y'''-y''+4y'-4y=0$.

解 特征方程为$\lambda^3-\lambda^2+4\lambda-4=0$,容易解出3个特征根为$\lambda=1,2i,-2i$,故原方程的通解为

$$y=C_1e^x+C_2\cos2x+C_3\sin2x$$

1.3.4 二阶常系数线性非齐次方程的特解与通解(待定系数法)

二阶常系数线性非齐次方程的标准形式为

$$\boxed{y''+py'+qy=f(x)} \tag{15}$$

这里p,q为实常数,$f(x)$是区间$[a,b]$上的连续函数. 利用上一小节的算子$L_1(D)=D^2+pD+q$,则方程(15)可简写为

$$L_1(D)y=f(x) \quad (15)$$

现在来考虑如何求二阶常系数线性非齐次方程(15)的通解. 根据通解结构定理Ⅱ,现在只需求方程(15)的一个特解 $\bar{y}(x)$,则方程(15)的通解便容易写出.

下面对几类特殊的函数 $f(x)$,采用**"待定系数法"**求方程(15)的一个特解. 对于 $f(x)$ 的其他一般的函数,求方程(15)的特解比较困难(参见下一小节).

当函数 $f(x)$ 是指数函数、多项式、正弦与余弦函数(包含它们的乘积)时,理论上可以证明此时方程(15)有特解 $\bar{y}(x)$ 与 $f(x)$ 具有相同的形式(或类似的形式),只是其中某些项的系数不同. 原因是上述这些函数的导数仍是同类型的函数. 所谓"待定系数法",就是写出特解 $\bar{y}(x)$ 的形式,将这种特解形式 $\bar{y}(x)$ 代入原方程(15),用求导运算与代数运算便可确定其中某些项的待定系数,从而获得特解 $\bar{y}(x)$.

现在将函数 $f(x)$ 分两种情况给出特解 $\bar{y}$ 的形式.

(1) $f(x)=\mathrm{e}^{\lambda x}P_n(x)$(其中 $P_n(x)$ 为 n 次多项式,$\lambda\in\mathbf{R}$)时,特解形式为

$$\bar{y}=\begin{cases}\mathrm{e}^{\lambda x}Q_n(x) & (\lambda\text{ 不是特征根});\\ x\mathrm{e}^{\lambda x}Q_n(x) & (\lambda\text{ 是单特征根});\\ x^2\mathrm{e}^{\lambda x}Q_n(x) & (\lambda\text{ 是二重特征根})\end{cases}$$

其中 $Q_n(x)$ 为 n 次多项式,系数为待定常数.

(2) $f(x)=\mathrm{e}^{\alpha x}(P_m^{(1)}(x)\cos\beta x+P_n^{(2)}(x)\sin\beta x)$(其中 $P_m^{(1)}(x)$ 与 $P_n^{(2)}(x)$ 分别是 m,n 次多项式,$\alpha,\beta\in\mathbf{R}$)时,特解形式为

$$\bar{y}=\begin{cases}\mathrm{e}^{\alpha x}(Q_l^{(1)}(x)\cos\beta x+Q_l^{(2)}(x)\sin\beta x) & (\alpha+\beta\mathrm{i}\text{ 不是特征根});\\ x\mathrm{e}^{\alpha x}(Q_l^{(1)}(x)\cos\beta x+Q_l^{(2)}(x)\sin\beta x) & (\alpha+\beta\mathrm{i}\text{ 是特征根})\end{cases}$$

其中 $Q_l^{(1)}(x),Q_l^{(2)}(x)$ 为 l 次多项式,$l=\max\{m,n\}$,系数为待定常数.

例 10 求下列二阶常系数线性非齐次方程的通解:

(1) $y''-3y'+2y=2x^2+1$; (2) $y''+y'-6y=6\mathrm{e}^{3x}$;

(3) $y''-y'=2x+1$; (4) $y''-y'=x\mathrm{e}^x$;

(5) $y''-2y'+10y=\sin 3x$; (6) $y''-2y'+10y=\mathrm{e}^x\cos x$.

解 (1) 特征方程为 $\lambda^2-3\lambda+2=0$,容易解出特征根为 $\lambda_1=1,\lambda_2=2$,故原方程的余函数为

$$Y(x)=C_1\mathrm{e}^x+C_2\mathrm{e}^{2x}$$

由于 $f(x)=\mathrm{e}^{0x}(2x^2+1)$,$\lambda=0$ 不是特征根,所以特解形式为 $\bar{y}=Ax^2+Bx+C$,将 $\bar{y}$ 与

$$\tilde{y}' = 2Ax + B, \quad \tilde{y}'' = 2A$$

一起代入原方程,比较两边 x 的同次幂的系数,可解得 $A = 1, B = 3, C = 4$,故 $\tilde{y} = x^2 + 3x + 4$. 于是原方程的通解为

$$y = Y(x) + \tilde{y} = C_1 e^x + C_2 e^{2x} + x^2 + 3x + 4$$

(2) 特征方程为 $\lambda^2 + \lambda - 6 = 0$,容易解出特征根为 $\lambda_1 = -3, \lambda_2 = 2$,故原方程的余函数为

$$Y(x) = C_1 e^{-3x} + C_2 e^{2x}$$

由于 $f(x) = 6e^{3x}$,$\lambda = 3$ 不是特征根,所以特解形式为 $\tilde{y} = Ae^{3x}$,将 $\tilde{y}$ 与

$$\tilde{y}' = 3Ae^{3x}, \quad \tilde{y}'' = 9Ae^{3x}$$

一起代入原方程,比较两边 x 的同次幂的系数,可解得 $A = 1$,故 $\tilde{y} = e^{3x}$. 于是原方程的通解为

$$y = Y(x) + \tilde{y} = C_1 e^{-3x} + C_2 e^{2x} + e^{3x}$$

(3) 特征方程为 $\lambda^2 - \lambda = 0$,容易解出特征根为 $\lambda_1 = 0, \lambda_2 = 1$,故原方程的余函数为

$$Y(x) = C_1 + C_2 e^x$$

由于 $f(x) = e^{0x}(2x + 1)$,$\lambda = 0$ 是单特征根,所以特解形式为 $\tilde{y} = x(Ax + B)$,将 $\tilde{y}$ 与

$$\tilde{y}' = 2Ax + B, \quad \tilde{y}'' = 2A$$

一起代入原方程,比较两边 x 的同次幂的系数,可解得 $A = -1, B = -3$,故 $\tilde{y} = -x(x + 3)$. 于是原方程的通解为

$$y = Y(x) + \tilde{y} = C_1 + C_2 e^x - x(x + 3)$$

(4) 特征方程同(3),余函数为

$$Y(x) = C_1 + C_2 e^x$$

由于 $f(x) = e^x x$,$\lambda = 1$ 是单特征根,所以特解形式为 $\tilde{y} = xe^x(Ax + B)$,将 $\tilde{y}$ 与

$$\tilde{y}' = e^x(Ax^2 + (2A + B)x + B), \quad \tilde{y}'' = e^x(Ax^2 + (4A + B)x + 2A + 2B)$$

一起代入原方程,比较两边 x 的同次幂的系数,可解得 $A = \frac{1}{2}, B = -1$,故 $\tilde{y} = \frac{1}{2}xe^x(x - 2)$. 于是原方程的通解为

$$y = Y(x) + \tilde{y} = C_1 + C_2 e^x + \frac{1}{2} x e^x (x-2)$$

(5) 特征方程为 $\lambda^2 - 2\lambda + 10 = 0$,容易解出特征根 $\lambda_{1,2} = 1 \pm 3i$,故原方程的余函数为

$$Y(x) = e^x (C_1 \cos 3x + C_2 \sin 3x)$$

由于 $f(x) = \sin 3x$,$\lambda = 3i$ 不是特征根,所以特解形式为 $\tilde{y} = A\cos 3x + B\sin 3x$,将 $\tilde{y}$ 与

$$\tilde{y}' = 3B\cos 3x - 3A\sin 3x, \quad \tilde{y}'' = -9A\cos 3x - 9B\sin 3x$$

一起代入原方程,比较两边三角函数的系数与 x 的同次幂的系数,可解得 $A = \frac{6}{37}$,$B = \frac{1}{37}$,故 $\tilde{y} = \frac{6}{37}\cos 3x + \frac{1}{37}\sin 3x$. 于是原方程的通解为

$$y = Y(x) + \tilde{y} = e^x (C_1 \cos 3x + C_2 \sin 3x) + \frac{6}{37}\cos 3x + \frac{1}{37}\sin 3x$$

(6) 特征方程同(5),余函数为

$$Y(x) = e^x (C_1 \cos 3x + C_2 \sin 3x)$$

由于 $f(x) = e^x \cos x$,$\lambda = 1 + i$ 不是特征根,所以特解形式为

$$\tilde{y} = e^x (A\cos x + B\sin x)$$

将 $\tilde{y}$ 与

$$\tilde{y}' = e^x ((A+B)\cos x + (B-A)\sin x), \quad \tilde{y}'' = e^x (2B\cos x - 2A\sin x)$$

一起代入原方程,比较两边三角函数的系数与 x 的同次幂的系数,可解得 $A = \frac{1}{8}$,$B = 0$,故 $\tilde{y} = \frac{1}{8} e^x \cos x$. 于是原方程的通解为

$$y = Y(x) + \tilde{y} = e^x (C_1 \cos 3x + C_2 \sin 3x) + \frac{1}{8} e^x \cos x$$

例 11　写出下列常系数线性非齐次方程的一个特解形式:

(1) $y'' - 2y' + y = x^3 e^x$;　　(2) $y'' - 6y' + 13y = x e^{3x} \sin 2x$.

解　(1) 特征方程为 $\lambda^2 - 2\lambda + 1 = 0$,容易解出特征根为 $\lambda_1 = \lambda_2 = 1$. 由于 $f(x) = x^3 e^x$,$\lambda = 1$ 是二重特征根,所以特解形式为

$$\tilde{y} = x^2 e^x (Ax^3 + Bx^2 + Cx + D)$$

(2) 特征方程为 $\lambda^2-6\lambda+13=0$，容易解出特征根为 $\lambda_{1,2}=3\pm 2\mathrm{i}$. 由于 $f(x)=\mathrm{e}^{3x}x\sin 2x$，$\lambda=3+2\mathrm{i}$ 是特征根，所以特解形式为

$$\tilde{y}=x\mathrm{e}^{3x}((Ax+B)\cos 2x+(Cx+D)\sin 2x)$$

注 上面求解常系数线性非齐次方程的三步骤(即求余函数、求一特解、写出通解)，对于高于二阶的常系数线性非齐次方程仍然适用，方法是类似的. 下面举一个例子作介绍.

***例 12** 解方程 $y^{(4)}+y'''-2y''=x\mathrm{e}^x$.

解 特征方程为 $\lambda^4+\lambda^3-2\lambda^2=0$，容易解出 4 个特征根为 $\lambda=0,0,1,-2$，故原方程的余函数为

$$Y(x)=C_1+C_2x+C_3\mathrm{e}^x+C_4\mathrm{e}^{-2x}$$

由于 $f(x)=\mathrm{e}^x x$，$\lambda=1$ 是单特征根，所以特解形式为 $\tilde{y}=x\mathrm{e}^x(Ax+B)$，将 $\tilde{y}$ 与

$$\tilde{y}'=\mathrm{e}^x(Ax^2+(2A+B)x+B)$$

$$\tilde{y}''=\mathrm{e}^x(Ax^2+(4A+B)x+2A+2B)$$

$$\tilde{y}'''=\mathrm{e}^x(Ax^2+(6A+B)x+6A+3B)$$

$$\tilde{y}^{(4)}=\mathrm{e}^x(Ax^2+(8A+B)x+12A+4B)$$

一起代入原方程，比较两边 x 的同次幂的系数，可解得 $A=\frac{1}{6}$，$B=-\frac{7}{9}$，故 $\tilde{y}=\frac{1}{18}x\mathrm{e}^x(3x-14)$. 于是原方程的通解为

$$y=Y(x)+\tilde{y}=C_1+C_2x+C_3\mathrm{e}^x+C_4\mathrm{e}^{-2x}+\frac{1}{18}x\mathrm{e}^x(3x-14)$$

下面考虑方程(15) 中函数 $f(x)$ 是两个或两个以上不同类函数相加时特解 $\tilde{y}$ 的求法.

***定理 1.3.7(叠加原理)** 设 $\tilde{y}_1(x)$ 与 $\tilde{y}_2(x)$ 分别是线性非齐次方程

$$y''+py'+qy=f_1(x) \quad 与 \quad y''+py'+qy=f_2(x)$$

的特解，则 $\tilde{y}=\tilde{y}_1(x)+\tilde{y}_2(x)$ 是线性非齐次方程

$$y''+py'+qy=f_1(x)+f_2(x) \tag{16}$$

的一个特解.

证 由题意，$\forall x\in[a,b]$，有

$$L_1(D)\tilde{y}_1(x)=f_1(x),\quad L_1(D)\tilde{y}_2(x)=f_2(x)$$

于是 $\forall x \in [a,b]$,有

$$\begin{aligned} L_1(D)\tilde{y} &= L_1(D)(\tilde{y}_1(x) + \tilde{y}_2(x)) = L_1(D)\tilde{y}_1(x) + L_1(D)\tilde{y}_2(x) \\ &= f_1(x) + f_2(x) \end{aligned}$$

此式表明 $\tilde{y}_1(x) + \tilde{y}_2(x)$ 是方程(16) 的特解. □

注 当方程(16) 式的右端是两个以上的函数相加时,有对应的叠加原理(不赘).

*__例 13__ 解方程 $y'' - 3y' + 2y = e^{-x} + 2\sin^2 x$.

解 特征方程为 $\lambda^2 - 3\lambda + 2 = 0$,容易解出特征根为 $\lambda_1 = 1, \lambda_2 = 2$,故原方程的余函数为

$$Y(x) = C_1 e^x + C_2 e^{2x}$$

因 $f(x) = e^{-x} + 2\sin^2 x = e^{-x} + 1 - \cos 2x$,记

$$f_1(x) = e^{-x}, \quad f_2(x) = 1, \quad f_3(x) = -\cos 2x$$

则与之对应的有

$$\tilde{y}_1(x) = Ae^{-x}, \quad \tilde{y}_2(x) = B, \quad \tilde{y}_3(x) = C\cos 2x + D\sin 2x$$

于是原方程的特解形式为

$$\tilde{y} = \tilde{y}_1(x) + \tilde{y}_2(x) + \tilde{y}_3(x) = Ae^{-x} + B + C\cos 2x + D\sin 2x$$

将 $\tilde{y}$ 与

$$\tilde{y}' = -Ae^{-x} - 2C\sin 2x + 2D\cos 2x, \quad \tilde{y}'' = Ae^{-x} - 4C\cos 2x - 4D\sin 2x$$

一起代入原方程得

$$6Ae^{-x} + 2B - 2(C + 3D)\cos 2x + 2(3C - D)\sin 2x = e^{-x} + 1 - \cos 2x$$

比较系数得

$$6A = 1, \quad 2B = 1, \quad -2C - 6D = -1, \quad 6C - 2D = 0$$

由此解得 $A = \frac{1}{6}, B = \frac{1}{2}, C = \frac{1}{20}, D = \frac{3}{20}$,故 $\tilde{y} = \frac{1}{6}e^{-x} + \frac{1}{2} + \frac{1}{20}\cos 2x + \frac{3}{20}\sin 2x$,于是原方程的通解为

$$y = Y(x) + \tilde{y} = C_1 e^x + C_2 e^{2x} + \frac{1}{6}e^{-x} + \frac{1}{2} + \frac{1}{20}(\cos 2x + 3\sin 2x)$$

*1.3.5 二阶常系数线性非齐次方程的特解(常数变易法)

与求一阶线性非齐次方程特解的常数变易法一样,我们也可以利用二阶线性

非齐次方程(7)的余函数采用“**常数变易法**”来求二阶线性非齐次方程(7)的一个特解.下面就二阶常系数线性非齐次方程(15)介绍这一方法.

设二阶常系数线性非齐次方程(15)的余函数为$Y(x)=C_1y_1(x)+C_2y_2(x)$,将其中常数C_1,C_2变为待定函数$C_1(x),C_2(x)$得

$$\boxed{\tilde{y}=C_1(x)y_1(x)+C_2(x)y_2(x)} \tag{17}$$

我们来选取$C_1(x)$与$C_2(x)$使得(17)式成为方程(15)的特解.将(17)式代入(15)式,因为

$$\tilde{y}'=C_1'(x)y_1(x)+C_2'(x)y_2(x)+C_1(x)y_1'(x)+C_2(x)y_2'(x) \tag{18}$$

这里右端已含4项相加,若再求二阶导数将含有8项相加,求解就很麻烦了.考虑到要确定两个函数$C_1(x)$与$C_2(x)$,必须有两个条件,将(17)式代入(15)式只能得到一个条件,我们还需补充一个条件.我们在上面$\tilde{y}'$的表达式(18)中令

$$C_1'(x)y_1(x)+C_2'(x)y_2(x)=0 \tag{19}$$

用(19)式作为补充的条件将会一举两得.因此时$\tilde{y}'=C_1(x)y_1'(x)+C_2(x)y_2'(x)$比(18)式简单了很多,这一步简单,后面步步简单.对此式再求导数得

$$\tilde{y}''=C_1'(x)y_1'(x)+C_2'(x)y_2'(x)+C_1(x)y_1''(x)+C_2(x)y_2''(x)$$

一起代入方程(15)得

$$\begin{aligned}C_1'(x)\,y_1'(x)+C_2'(x)y_2'(x)+C_1(x)(y_1''(x)+py_1'(x)+qy_1(x))\\+C_2(x)(y_2''(x)+py_2'(x)+qy_2(x))=f(x)\end{aligned}$$

利用$y_1(x),y_2(x)$是方程(15)所对应的齐次方程(13)的解,上式可化简为

$$C_1'(x)y_1'(x)+C_2'(x)y_2'(x)=f(x) \tag{20}$$

将(19),(20)两式联立得到关于$C_1'(x)$与$C_2'(x)$的方程组

$$\boxed{\begin{cases}C_1'(x)y_1(x)+C_2'(x)y_2(x)=0,\\C_1'(x)y_1'(x)+C_2'(x)y_2'(x)=f(x)\end{cases}} \tag{21}$$

应用克莱姆法则可解得

$$C_1'(x)=\frac{\begin{vmatrix}0 & y_2(x)\\ f(x) & y_2'(x)\end{vmatrix}}{\begin{vmatrix}y_1(x) & y_2(x)\\ y_1'(x) & y_2'(x)\end{vmatrix}}=\frac{-y_2(x)f(x)}{y_1(x)y_2'(x)-y_2(x)y_1'(x)}$$

$$C_2'(x)=\frac{\begin{vmatrix} y_1(x) & 0 \\ y_1'(x) & f(x) \end{vmatrix}}{\begin{vmatrix} y_1(x) & y_2(x) \\ y_1'(x) & y_2'(x) \end{vmatrix}}=\frac{y_1(x)f(x)}{y_1(x)y_2'(x)-y_2(x)y_1'(x)}$$

将上列两式分别积分求其一个原函数，就确定了 $C_1(x)$ 与 $C_2(x)$，代入(17) 式便求得了二阶常系数线性非齐次方程(15) 的一个特解 $\bar{y}(x)$.

例 14 解方程 $y''+y=\tan x$.

解 特征方程为 $\lambda^2+1=0$，解出特征根为 $\lambda_{1,2}=\pm\mathrm{i}$，故原方程的余函数为

$$Y(x)=C_1\cos x+C_2\sin x$$

令原方程的特解为

$$\bar{y}=C_1(x)\cos x+C_2(x)\sin x$$

则 $C_1'(x)$ 与 $C_2'(x)$ 满足方程组

$$\begin{cases} C_1'(x)\cos x+C_2'(x)\sin x=0, \\ -C_1'(x)\sin x+C_2'(x)\cos x=\tan x \end{cases}$$

应用克莱姆法则得

$$C_1'(x)=\frac{\begin{vmatrix} 0 & \sin x \\ \tan x & \cos x \end{vmatrix}}{\begin{vmatrix} \cos x & \sin x \\ -\sin x & \cos x \end{vmatrix}}=-\sin x\tan x$$

$$C_2'(x)=\frac{\begin{vmatrix} \cos x & 0 \\ -\sin x & \tan x \end{vmatrix}}{\begin{vmatrix} \cos x & \sin x \\ -\sin x & \cos x \end{vmatrix}}=\cos x\tan x=\sin x$$

两式分别积分(取一个原函数)，得

$$C_1(x)=-\int\sin x\tan x\mathrm{d}x=\int\frac{\cos^2x-1}{\cos x}\mathrm{d}x=\sin x-\ln|\sec x+\tan x|$$

$$C_2(x)=\int\sin x\mathrm{d}x=-\cos x$$

所以原方程有特解

$$\bar{y}=(\sin x-\ln|\sec x+\tan x|)\cos x-\cos x\sin x=-\cos x\ln|\sec x+\tan x|$$

于是原方程的通解为

$$y=Y(x)+\tilde{y}=C_1\cos x+C_2\sin x-\cos x\ln|\sec x+\tan x|$$

*1.3.6　特殊的二阶变系数线性方程

二阶变系数线性方程一般来说是很难求解的，我们只能求解其中一些特殊的方程，例如通过变量变换可将变系数线性方程化为常系数线性方程的欧拉方程；或方程中系数具有特殊形式可降为一阶的变系数线性方程；或知道一个特解通过变量变换将方程降为一阶的变系数线性方程.

1）欧拉方程

欧拉方程是一类典型的可以化为常系数线性方程的方程，它的标准形式是

$$\boxed{x^2y''+pxy'+qy=f(x)} \tag{22}$$

其中 $p,q\in\mathbf{R}$，$f(x)\in C$. 当 $x\neq 0$ 时，作自变量的变换，令 $t=\ln|x|$，则

$$\frac{\mathrm{d}y}{\mathrm{d}x}=\frac{1}{x}\frac{\mathrm{d}y}{\mathrm{d}t},\frac{\mathrm{d}^2y}{\mathrm{d}x^2}=-\frac{1}{x^2}\frac{\mathrm{d}y}{\mathrm{d}t}+\frac{1}{x^2}\frac{\mathrm{d}^2y}{\mathrm{d}t^2}\Rightarrow x\frac{\mathrm{d}y}{\mathrm{d}x}=\frac{\mathrm{d}y}{\mathrm{d}t},x^2\frac{\mathrm{d}^2y}{\mathrm{d}x^2}=\frac{\mathrm{d}^2y}{\mathrm{d}t^2}-\frac{\mathrm{d}y}{\mathrm{d}t}$$

将右式代入方程(22)可得

$$\frac{\mathrm{d}^2y}{\mathrm{d}t^2}+(p-1)\frac{\mathrm{d}y}{\mathrm{d}t}+qy=f(\mathrm{e}^t)\quad(t=\ln|x|)$$

这是二阶常系数线性方程，求得通解后将 $t=\ln|x|$ 代入便得原欧拉方程(22)的通解.

例 15　方程 $x^2y''+xy'-y=\ln^2x$.

解　这是欧拉方程，这里 $x>0$. 令 $x=\mathrm{e}^t$，则

$$x\frac{\mathrm{d}y}{\mathrm{d}x}=\frac{\mathrm{d}y}{\mathrm{d}t},\quad x^2\frac{\mathrm{d}^2y}{\mathrm{d}x^2}=\frac{\mathrm{d}^2y}{\mathrm{d}t^2}-\frac{\mathrm{d}y}{\mathrm{d}t}$$

代入原方程并化简得$\frac{\mathrm{d}^2y}{\mathrm{d}t^2}-y=t^2$，此为二阶常系数线性非齐次方程，容易求得其通解为 $y=C_1\mathrm{e}^{-t}+C_2\mathrm{e}^t-t^2-2$，于是原方程的通解为

$$y=\frac{C_1}{x}+C_2x-\ln^2x-2$$

2）系数具有特殊形式可降阶的方程

形如

$$\boxed{y''+p(x)y'+p'(x)y=f(x)}$$

的方程(即方程(7)中 $q(x)=p'(x)$)，可写为 $(y'+p(x)y)'=f(x)$，两边积分得

$$y' + p(x)y = \int f(x)\mathrm{d}x + C_1$$

此为一阶线性方程,余下解法略.

例 16 解方程 $y'' + y'\tan x + y\sec^2 x = \sin x$.

解 原方程化为 $(y' + y\tan x)' = \sin x$,两边积分得

$$y' + y\tan x = -\cos x + C_1$$

应用一阶线性方程的通解公式,得所求通解为

$$\begin{aligned} y &= \mathrm{e}^{-\int \tan x \mathrm{d}x}\left(C_2 + \int (C_1 - \cos x)\mathrm{e}^{\int \tan x \mathrm{d}x}\mathrm{d}x\right) \\ &= \cos x \cdot \left(C_2 + \int (C_1 - \cos x)\frac{1}{\cos x}\mathrm{d}x\right) \\ &= C_2\cos x + C_1\cos x \cdot \ln|\sec x + \tan x| - x\cos x \end{aligned}$$

3) 已知线性齐次方程的一个特解的方程

若已知或能求出线性齐次方程 $y'' + p(x)y' + q(x)y = 0$ 的一个特解 $y = y_1(x)$,则可用未知函数的变换 $y = y_1(x)u$ 解线性方程

$$y'' + p(x)y' + q(x)y = f(x) \quad (\text{或 } y'' + p(x)y' + q(x)y = 0) \tag{23}$$

这是因为将未知函数的变换 $y = y_1(x)u$ 代入方程(23),可得

$$\begin{aligned} &(y_1(x)u)'' + p(x)(y_1(x)u)' + q(x)y_1(x)u \\ &= (y_1(x)u'' + 2y_1'(x)u' + y_1''(x)u) \\ &\quad + p(x)(y_1(x)u' + y_1'(x)u) + q(x)y_1(x)u \\ &= y_1(x)u'' + (2y_1'(x) + p(x)y_1(x))u' \\ &\quad + (y_1''(x) + p(x)y_1'(x) + q(x)y_1(x))u \\ &= y_1(x)u'' + (2y_1'(x) + p(x)y_1(x))u' = f(x) \end{aligned}$$

这是关于 $v = u'$ 的一阶线性方程 $v' + \left(\dfrac{2y_1'(x)}{y_1(x)} + p(x)\right)v = \dfrac{f(x)}{y_1(x)}$,可应用一阶线性方程的通解公式求解.

例 17(参见第 1.1 节例 1(3)) 解方程 $(1 - 2x)y'' + 4xy' - 4y = 0$.

解 用观察法得原方程有特解 $y = x$,令 $y = xu$,代入原方程得

$$u'' + \left(\frac{2}{x} + \frac{4x}{1 - 2x}\right)u' = 0$$

这是关于 u' 的一阶线性齐次方程,应用其通解公式得

$$u' = C_1\mathrm{e}^{-\int\left(\frac{2}{x} - 2 - \frac{2}{2x-1}\right)\mathrm{d}x} = C_1\frac{2x - 1}{x^2}\mathrm{e}^{2x}$$

两边积分得

$$u=\int C_1\frac{2x-1}{x^2}e^{2x}dx+C_2=C_1\int\frac{2}{x}e^{2x}dx+C_1\int e^{2x}d\frac{1}{x}+C_2$$

$$=C_1\int\frac{2}{x}e^{2x}dx+C_1e^{2x}\frac{1}{x}-C_1\int\frac{2}{x}e^{2x}dx+C_2$$

$$=C_1e^{2x}\frac{1}{x}+C_2$$

于是原方程的通解为 $y=xu=C_1e^{2x}+C_2x$.

*1.3.7 二阶变系数线性方程的幂级数解法

考虑二阶线性方程

$$y''+p(x)y'+q(x)y=f(x) \tag{24}$$

假设函数 $p(x)$,$q(x)$,$f(x)$ 在区间 $|x|<\mathbf{R}$ 上可展开为收敛幂级数. 在微分方程解析理论中有结论:方程(24) 在区间 $|x|<\mathbf{R}$ 上存在唯一的幂级数解

$$y=\sum_{n=0}^{\infty}a_nx^n$$

下面通过工程技术中常见的勒让德[①]方程 $(1-x^2)y''-2xy'+p(p+1)y=0$ 来说明幂级数解法的解题步骤.

例 18 求勒让德方程 $(1-x^2)y''-2xy'+2y=0$ 满足初始条件 $y(0)=-1$,$y'(0)=2$ 的特解.

解 由于 $p(x)=\dfrac{-2x}{1-x^2}$,$q(x)=\dfrac{2}{1-x^2}$ 在 $|x|<1$ 上显然可展开为幂级数. 所以原方程存在唯一的幂级数解. 设 $y=\sum\limits_{n=0}^{\infty}a_nx^n$,则

$$a_0=y(0)=-1,\quad a_1=y'(0)=2$$

$$y'=\sum_{n=1}^{\infty}na_nx^{n-1},\quad y''=\sum_{n=2}^{\infty}n(n-1)a_nx^{n-2}=\sum_{n=0}^{\infty}(n+2)(n+1)a_{n+2}x^n$$

一起代入原方程得

$$2a_2+2a_0+6a_3x+\sum_{n=2}^{\infty}[(n+2)(n+1)a_{n+2}-(n+2)(n-1)a_n]x^n=0$$

由此可推出

---

①勒让德(Legendre),1752—1833,法国数学家.

$$a_2 = -a_0, \quad a_3 = 0, \quad a_{n+2} = \frac{n-1}{n+1}a_n \quad (n = 2,3,\cdots)$$

应用此递推公式与初始条件可得

$$a_0 = -1, \quad a_2 = 1, \quad a_{2n} = \frac{1}{2n-1} \quad (n = 2,3,\cdots)$$

$$a_1 = 2, \quad a_3 = 0, \quad a_{2n+1} = 0 \quad (n = 2,3,\cdots)$$

于是原初值问题的幂级数解为

$$y = -1 + 2x + \sum_{n=1}^{\infty} \frac{1}{2n-1}x^{2n} \quad (|x| < 1)$$

令 $f(x) = \sum\limits_{n=1}^{\infty} \frac{1}{2n-1}x^{2n-1}$,逐项求导数得

$$f'(x) = \sum_{n=1}^{\infty} x^{2n-2} = \frac{1}{1-x^2} \quad (|x| < 1)$$

此式两边积分得

$$f(x) = f(0) + \frac{1}{2}\ln\frac{1+x}{1-x} = \frac{1}{2}\ln\frac{1+x}{1-x}$$

于是原初值问题的特解为

$$y = -1 + 2x + \frac{x}{2}\ln\frac{1+x}{1-x} \quad (|x| < 1)$$

习题 1.3

A 组

1. 求下列方程的通解:

1) $x^2y'' = (y')^2$;　　2) $(1+e^x)y'' + y' = 0$;

3) $y'' = 2yy'$;　　4) $y'' + (y')^2 = \frac{1}{2}e^{-y}$.

2. 已知某二阶线性非齐次方程有 3 个特解 $y_1 = 1, y_2 = x, y_3 = x^2$,试直接写出此方程的通解.

3. 已知某二阶常系数线性非齐次方程有 3 个特解 $y_1 = x, y_2 = x - 2e^x, y_3 = x - 3e^{2x}$,试直接写出此方程的通解,并写出原方程.

4. 已知方程 $y'' + \alpha y' + \beta y = \gamma e^x$ 有一个特解 $\tilde{y} = xe^x + e^{-x}$,试求 α, β, γ,并写

出其通解.

5. 解下列方程：

1) $2y''-5y'+2y=0$；　　2) $y''-4y'+5y=0$.

6. 解下列方程：

1) $y''-2y'-3y=\mathrm{e}^{4x}$；　　2) $y''+y=4x\mathrm{e}^{x}$；

3) $y''-y=-x^2$；　　4) $y''-3y'+2y=\sin x$；

5) $y''-5y'+4y=4x^2\mathrm{e}^{2x}$；　　6) $y''+y=x\sin x$；

7) $y''-y'=2\cos^2 x$；　　8) $y''+9y=x\cos 3x$.

*7. 解下列方程：

1) $2y'''+3y''+2y'=0$；　　2) $y'''-6y''+11y'-6y=0$；

3) $y'''-3y'+2y=0$；　　4) $y'''-6y''+11y'-6y=\mathrm{e}^{4x}$.

*8. 解下列方程：

1) $x^2y''+y=3x^2$；　　2) $x^2y''-xy'+2y=x\ln x$；

3) $y''+\dfrac{1}{x}y'-\dfrac{1}{x^2}y=\mathrm{e}^{x}$.

*9. 用常数变易法解下列方程：

1) $y''-3y'+2y=\sin \mathrm{e}^{x}$；　　2) $y''-2y'+y=\dfrac{1}{x}\mathrm{e}^{x}$；

3) $y''+y=2\sec^3 x$；　　4) $y''+y=\csc x$.

B 组

1. 证明：方程 $y''+k^2y=f(x)$ 满足初始条件 $y(0)=y'(0)=0$ 的特解可表示为

$$\tilde{y}=\frac{1}{k}\int_0^x f(t)\sin k(x-t)\,\mathrm{d}t$$

其中 $k>0$，$f(x)$ 为连续函数.

2. 就参数 λ 的不同值，求方程 $y''-2y'+\lambda y=\mathrm{e}^{x}\sin 2x$ 的一个特解.

3. 求二阶可导函数 $f(x)$，使其满足 $f'(x)=\dfrac{1}{2}+\int_0^x(f(t)+t\sin t)\,\mathrm{d}t$，且 $f(0)=1$.

4. 已知常系数线性非齐次方程的通解为

$$y = e^{-x}(C_1 + C_2 x + C_3 x^2) + e^x$$

试求原方程.

5. 求二阶变系数线性齐次方程 $y'' - 2xy' - 4y = 0$ 满足初始条件 $y(0) = 0$, $y'(0) = 1$ 的特解.

1.4 微分方程的应用

微分方程在几何学、物理学和现代科技的各个领域都有着广泛的应用,本节讲解几个一阶方程与二阶方程的应用题.

1.4.1 一阶微分方程的应用题

例 1(几何应用) 求过点(1,1)的曲线,使其上任一点的切线、该点到原点线段以及 y 轴所围图形的面积为常数 a^2.

解 在曲线 $y = y(x)$ 上任取点 $P(x,y)$,过点 P 的切线 PQ 的方程为

$$Y - y = y'(X - x)$$

这里 (X,Y) 为切线 PQ 上点的流动坐标. 设切线 PQ 与 y 轴的交点为 Q(见图 1.2),则点 Q 的坐标为 $(0, y - xy')$. 由题意得所求曲线所满足的微分方程为

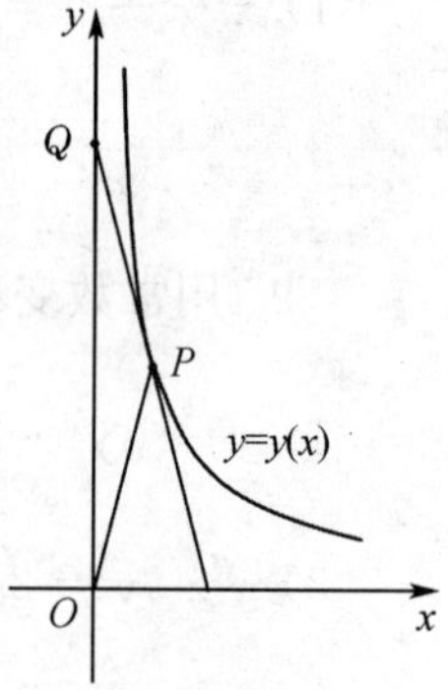

图 1.2

$$x(y - xy') = 2a^2 \Leftrightarrow y' - \frac{1}{x}y = -\frac{2a^2}{x^2}$$

这是一阶线性方程,应用其通解公式得

$$y = \exp\left(\int \frac{1}{x}dx\right) \cdot \left[C - \int \frac{2a^2}{x^2}\exp\left(-\int \frac{1}{x}dx\right)dx\right]$$

$$= x\left(C - \int \frac{2a^2}{x^3}dx\right) = Cx + \frac{a^2}{x}$$

用(1,1)代入可得 $C = 1 - a^2$,于是所求曲线的方程为 $y = x - a^2\left(x - \frac{1}{x}\right)$.

例 2(物理应用) 已知一镜面的形状为旋转曲面,当平行光线射向镜面时,反射光线聚集于镜面内一定点,求该镜面的方程和上述定点的位置.

解 建立平面直角坐标系,坐标原点在定点处,x 轴平行于入射光线. 设镜面是由 O-xy 平面的曲线 $y = y(x)$ 绕 x 轴旋转而成(见图 1.3). 在曲线 $y = y(x)$ 上任取一点 $P(x,y)(y \geqslant 0)$,过点 P 作曲线的切线交 x 轴于 Q,因入射

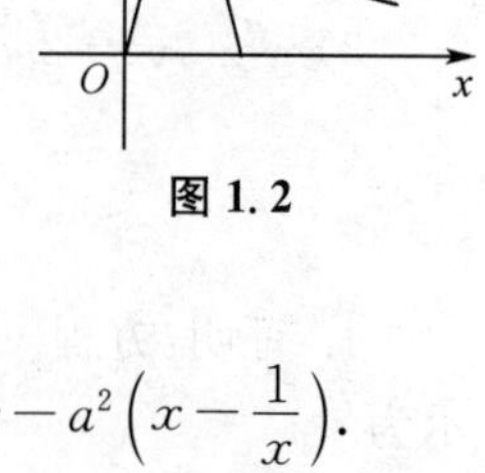

图 1.3

角等于反射角，则 $\angle PQO = \angle QPO$（记 $\angle PQO = \theta$），因此 $OP = OQ$，作 PM 垂直于 x 轴，M 为垂足. 因

$$|OP| = \sqrt{x^2+y^2}, \quad |QM| = \frac{y}{\tan\theta} = \frac{y}{y'}, \quad |OM| = |x|$$

$$|OP| = |OQ| = \begin{cases} |QM| - |OM| = \dfrac{y}{y'} - x, & x \geqslant 0, \\ |QM| + |OM| = \dfrac{y}{y'} - x, & x \leqslant 0 \end{cases}$$

所以有 $\sqrt{x^2+y^2} = \dfrac{y}{y'} - x(y \geqslant 0)$，此式可化为

$$\frac{\mathrm{d}x}{\mathrm{d}y} = \frac{x}{y} + \sqrt{1 + \left(\frac{x}{y}\right)^2} \tag{1}$$

此为齐次方程，令 $\dfrac{x}{y} = u$，则 $\dfrac{\mathrm{d}x}{\mathrm{d}y} = u + y\dfrac{\mathrm{d}u}{\mathrm{d}y}$，代入(1)式，并分离变量得

$$\frac{\mathrm{d}u}{\sqrt{1+u^2}} = \frac{\mathrm{d}y}{y}$$

积分得

$$\ln(u + \sqrt{1+u^2}) = \ln|y| + \ln|C|$$

将 $u = \dfrac{x}{y}$ 代入并化简即得所求曲线方程为 $x = \dfrac{C}{2}y^2 - \dfrac{1}{2C}(C > 0)$. 再应用空间解析几何中得到的公式，此曲线绕 x 轴旋转一周的旋转抛物面的方程为

$$x = \frac{C}{2}(y^2 + z^2) - \frac{1}{2C} \quad (C > 0)$$

反射光线聚集的定点在镜面的对称轴上，距旋转抛物面的顶点的距离为 $\dfrac{1}{2C}$.

例 3（物理应用）　一放射性物质在 30 天中衰变原有质量的 $\dfrac{1}{10}$，根据物理实验知道衰变速度与剩余物质的质量成比例，问经过多少时间放射性物质剩下原有质量的 $\dfrac{1}{100}$？

解　设放射性物质的质量为 $m(t)$，t 为时间（单位：天），则 $m'(t)$ 为衰变速度，$m(0)$ 为原有质量，$m(30) = \dfrac{9}{10}m(0)$. 由题意有

$$m'(t) = -km(t) \quad (k > 0 \text{ 为比例常数})$$

这是一阶线性齐次方程，容易求得通解为

$$m(t)=C\exp\left(-\int k\mathrm{d}t\right)=C\mathrm{e}^{-kt}$$

分别将 $t=0$ 与 $t=30$ 代入可解得 $C=m(0)$，$k=\frac{1}{30}\ln\frac{10}{9}$，于是放射性物质的衰变规律为

$$m(t)=m(0)\exp\left(-\frac{t}{30}\ln\frac{10}{9}\right)=m(0)\left(\frac{9}{10}\right)^{\frac{t}{30}}$$

继令 $m(t)=\frac{1}{100}m(0)$，代入上式得

$$\frac{1}{100}m(0)=m(0)\left(\frac{9}{10}\right)^{\frac{t}{30}}\Rightarrow t=\frac{60}{1-2\lg 3}\approx\frac{60}{0.045\,8}=1\,311(\text{天})$$

即放射性物质经过大约 1 311 天衰变剩下原有质量的$\frac{1}{100}$.

例 4(数学应用)　设函数 $f(x)$ 可导，$f(0)=3$，$f'(0)=-6$，且 $\forall\, x,y\in\mathbf{R}$ 有

$$f(x)f(y)=3f(x+y)$$

求函数 $f(x)$.

解　应用导数的定义有

$$\begin{aligned}f'(x)&=\lim_{y\to 0}\frac{f(x+y)-f(x)}{y}=\lim_{y\to 0}\frac{3f(x+y)-3f(x)}{3y}\\&=\lim_{y\to 0}\frac{f(x)f(y)-3f(x)}{3y}=\lim_{y\to 0}\frac{f(x)(f(y)-3)}{3y}\\&=\frac{f(x)}{3}\lim_{y\to 0}\frac{f(y)-f(0)}{y}=\frac{f(x)}{3}f'(0)=-2f(x)\end{aligned}$$

于是所求函数满足微分方程 $y'=-2y$ 和初始条件 $y(0)=3$. 容易解得此初值问题的特解为

$$f(x)=3\mathrm{e}^{-2x}$$

此即为所求的函数.

1.4.2　二阶微分方程的应用题

例 5(物理应用)　一粒质量为 m kg 的子弹以 300 m/s 的速度垂直射入厚度为 20 cm 的木板，受到的阻力与子弹的速度的平方成正比，如果子弹穿出木板时的速度为 100 m/s，求子弹穿过木板所需的时间.

解 设运动规律为 $x(t)$,t 为时间(单位:s),则 $x(0)=0$,$x'(0)=300$. 设子弹穿过木板所需的时间为 T,则 $x(T)=0.2$,$x'(T)=100$. 根据牛顿第二定律,得子弹的运动方程为

$$mx''(t)=-k(x'(t))^2 \tag{2}$$

其中 k 为比例常数($k>0$). 这是可降阶的二阶方程. 令 $x'(t)=v(t)$,则 $x''(t)=v'(t)$,方程(2) 化为

$$v'(t)=-\frac{k}{m}v^2(t)$$

这是可分离变量的方程,分离变量得 $\frac{\mathrm{d}v}{v^2}=-\frac{k}{m}\mathrm{d}t$,两边积分得

$$-\frac{1}{v}=-\frac{k}{m}t-C_1 \tag{3}$$

由于 $v(0)=x'(0)=300$,$v(T)=x'(T)=100$,代入上式得

$$C_1=\frac{1}{300},\quad \frac{k}{m}=\frac{1}{150T}$$

方程(3) 化为 $\frac{\mathrm{d}t}{\mathrm{d}x}-\frac{1}{150T}t=\frac{1}{300}$,这是关于 t 的一阶线性方程,应用其通解公式得

$$\begin{aligned} t &= \mathrm{e}^{\int\frac{1}{150T}\mathrm{d}x}\left(C_2+\int\frac{1}{300}\mathrm{e}^{-\int\frac{1}{150T}\mathrm{d}x}\mathrm{d}x\right)=\mathrm{e}^{\frac{1}{150T}x}\left(C_2+\int\frac{1}{300}\mathrm{e}^{-\frac{1}{150T}x}\mathrm{d}x\right)\\ &= \mathrm{e}^{\frac{1}{150T}x}\left(C_2-\frac{T}{2}\mathrm{e}^{-\frac{1}{150T}x}\right)=C_2\mathrm{e}^{\frac{1}{150T}x}-\frac{T}{2}\end{aligned}$$

分别用 $t=0$ 与 $t=T$ 代入上式得 $C_2=\frac{T}{2}$,$T=\frac{T}{2}(\mathrm{e}^{\frac{1}{750T}}-1)$,于是

$$T=\frac{1}{750\ln 3}\approx 0.0012(\mathrm{s})$$

即子弹穿过木板的时间大约为 0.0012 s.

例 6(物理应用) 考虑电容为 C 的电容器的放电现象. 图 1.4 中 R 为电阻,L 为线圈的自感系数,K 为开关. 设 Q 为电容器的储存电荷,I 为线路中的电流,求电流的变化规律.

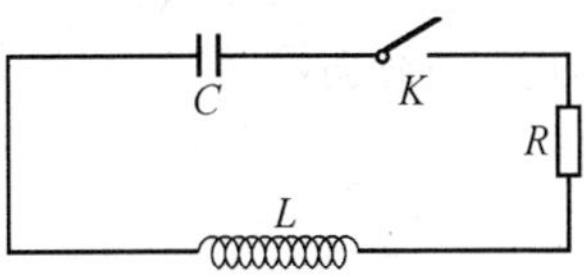

图 1.4

解 根据电学的基尔霍夫(Kirchhoff) 第二定律,有

$$L\frac{\mathrm{d}I}{\mathrm{d}t}+RI+\frac{Q}{C}=0$$

此式两边求导得 $L\dfrac{\mathrm{d}^2I}{\mathrm{d}t^2}+R\dfrac{\mathrm{d}I}{\mathrm{d}t}+\dfrac{1}{C}I=0\left(因\ I=\dfrac{\mathrm{d}Q}{\mathrm{d}t}\right)$,记$\dfrac{R}{L}=2h,\dfrac{1}{LC}=k^2$,则上式化为

$$\frac{\mathrm{d}^2I}{\mathrm{d}t^2}+2h\frac{\mathrm{d}I}{\mathrm{d}t}+k^2I=0 \tag{4}$$

这是二阶常系数线性齐次方程,其特征方程为 $\lambda^2+2h\lambda+k^2=0$. 考虑电阻较小,当 $R^2<\dfrac{4L}{C}$ 时,方程(4) 的两个特征根为共轭复根 $\lambda_{1,2}=-h\perp\sqrt{k^2-h^2}\,\mathrm{i}$,丁是方程(4) 的通解为

$$I(t)=\mathrm{e}^{-ht}(C_1\cos\sqrt{k^2-h^2}\,t+C_2\sin\sqrt{k^2-h^2}\,t)$$

此即线路中电流的变化规律.

例 7(数学应用) 设函数 $f(x)$ 的二阶导数连续,$f(0)=0,f'(0)=-2$,且使曲线积分

$$\int_\Gamma yf(x)\mathrm{d}x+(f'(x)-x^3)\mathrm{d}y$$

与路线无关,求函数 $f(x)$.

解 记 $P(x,y)=yf(x),Q(x,y)=f'(x)-x^3$,因曲线积分与路线无关,其充要条件是$Q'_x=P'_y$,即

$$f''(x)-f(x)=3x^2 \tag{5}$$

这是二阶常系数线性非齐次方程,易于求得余函数为

$$Y(x)=C_1\mathrm{e}^x+C_2\mathrm{e}^{-x}$$

令其特解为 $\tilde{f}=Ax^2+Bx+C$,代入方程(5) 可解得 $A=-3,B=0,C=-6$,故特解为 $\tilde{f}=-3x^2-6$,于是方程(5) 的通解为

$$f(x)=Y(x)+\tilde{f}=C_1\mathrm{e}^x+C_2\mathrm{e}^{-x}-3x^2-6$$

由于 $f(0)=0,f'(0)=-2$,代入上式及其导数表达式可解得 $C_1=2,C_2=4$,于是所求函数为

$$f(x)=2\mathrm{e}^x+4\mathrm{e}^{-x}-3x^2-6$$

习题 1.4

A 组

1. 求一曲线,使得曲线上任一点的切线、过切点平行于 y 轴的直线和 x 轴所围

三角形的面积等于常数 a^2.

2. 求一曲线,使坐标原点到曲线上任一点的切线的距离等于切点的横坐标.

3. 求一曲线,使得曲线上任一点的切线、过切点平行于 y 轴的直线以及两坐标轴所围的梯形的面积等于常数 $3a^2$.

4. 连接两点 $A(0,1)$,$B(1,0)$ 的一条曲线,它位于弦 AB 的上方,$P(x,y)$ 为曲线上任一点,已知曲线和弦 AP 之间的的图形的面积为 x^3,求曲线的方程.

5. 将 100 ℃ 的物体放在 20 ℃ 的房间中,经过 20min 物体的温度降至 60 ℃. 设房间的温度保持不变,且物体冷却的速度与物体和房间的温度差成比例,问需多少时间物体的温度降至 30 ℃?

6. 将一质量为 0.4 kg 的足球以 20 m/s 的速度上抛,已知空气阻力与速度的平方成比例,且测得速度为 1 m/s 时的空气阻力为 0.48 g,试求足球上升到最高点所需的时间和高度.

7. 求一可导函数 $f(x)$,使得 $f'(0)=1$,且 $\forall x,y\in\mathbf{R}$,有

$$f(x+y)=\frac{f(x)+f(y)}{1-f(x)f(y)}$$

8. 求一可导函数 $f(x)$,使得

$$\int_0^x f(t)\,\mathrm{d}t=x+\int_0^x tf(x-t)\,\mathrm{d}t$$

9. 已知火车沿水平直线方向运动,且火车的质量为 m,火车的牵引力为 F,阻力为$a+bv$,这里 a,b 为非零正常数,v 为火车的速度. 设火车的初始位移和初始速度皆为 0,求火车的运动规律.

B 组

1. 一条链子长 8 m,其中一部分置于水平桌面上,垂下部分长 1 m. 桌上部分的一端先用手压住,且桌上部分成一直线与桌的边缘垂直,放手后链子自动滑下(磨擦力不计),问链子全部滑过桌面需多少时间?

2. 一条链子挂在光滑的圆钉上,使得一边垂下 8 m,另一边垂下 10 m,放手后链子自动滑下,问链子滑过圆钉需多少时间?

3. 已知函数 $f(x)$ 在$[0,+\infty)$ 上可导,$f(0)=1$,且满足等式

$$f'(x)+f(x)-\frac{1}{1+x}\int_0^x f(t)\,\mathrm{d}t=0$$

1) 求函数 $f'(x)$;

2) 求证:当 $x\geqslant 0$ 时,$\mathrm{e}^{-x}\leqslant f(x)\leqslant 1$.

2 行列式与矩阵

随着现代科学技术，特别是计算机科学的迅猛发展，线性代数的理论、方法被广泛应用于自然科学、社会科学和现代科技的各个领域.

先来看一个实例. 一食品加工厂收到某食品 30 kg 的订单，要求此食品含蛋白质 7%、碳水化合物 53%、脂肪 16%、糖 5%. 该工厂准备用 5 种原料(记为 $A_i(i=1,2,3,4,5)$)配制，这 5 种原料含上述成分的比例如下表(省去 %)：

	A_1	A_2	A_3	A_4	A_5
蛋白质	6	8	6	8	7
碳水化合物	53	54	58	52	45
脂肪	17	24	14	15	10
糖	3	4	8	6	2

试问：用这 5 种原料能配制符合订单的食品吗？如果能，有多少种配方？

用数学来处理这个问题的方法是设配制这种食品所用的 5 种原料的含量分别为 x_i kg$(i=1,2,3,4,5)(x_i \geqslant 0)$，则有

$$\begin{cases} x_1+x_2+x_3+x_4+x_5=30, \\ 6x_1+8x_2+6x_3+8x_4+7x_5=30\times 7, \\ 53x_1+54x_2+58x_3+52x_4+45x_5=30\times 53, \\ 17x_1+24x_2+14x_3+15x_4+10x_5=30\times 16, \\ 3x_1+4x_2+8x_3+6x_4+2x_5=30\times 5 \end{cases} \tag{1}$$

这是关于未知量 x_1,x_2,x_3,x_4,x_5 的线性方程组. 若线性方程组(1) 无解，则无法配制这种食品；若线性方程组(1) 有唯一解，则可配制这种食品，且配方唯一；若线性方程组(1) 有无穷多解，则有无穷多种配方配制这种食品.

诸如此类求解线性方程组的问题，最早出现在我国古代《九章算术》一书中. 线性方程组解的上述三种情况的研究，现在已得到圆满解决，这要归咎于"行列式"、"矩阵"、"向量" 等线性代数的知识. 当线性方程组有无穷多解时，为了弄清解集的结构，"矩阵的秩"、"向量组的线性无关性"、"线性空间" 等重要概念得到应用与深化.

这一章首先讲授线性代数的基本内容 —— 行列式与矩阵；第 3 和 4 两章分别

讲授线性代数的重要内容——向量与线性方程组、特征值问题和二次型；最后第5章介绍向量空间概念的抽象与推广——线性空间与线性变换.

2.1　行列式

在"微积分"课程中，大家已知道二阶与三阶行列式的计算，下面我们来系统介绍行列式的一般概念.

2.1.1　*n* 阶行列式的定义

定义 2.1.1(行列式)　设 $a_{ij} \in \mathbf{R}, i,j = 1,2,\cdots,n$，我们称

$$\begin{vmatrix} a_{11} & a_{12} & \cdots & a_{1n} \\ a_{21} & a_{22} & \cdots & a_{2n} \\ \vdots & \vdots & & \vdots \\ a_{n1} & a_{n2} & \cdots & a_{nn} \end{vmatrix}$$

为 ***n* 阶行列式**，记为

$$D_n \xlongequal{\text{def}} \begin{vmatrix} a_{11} & a_{12} & \cdots & a_{1n} \\ a_{21} & a_{22} & \cdots & a_{2n} \\ \vdots & \vdots & & \vdots \\ a_{n1} & a_{n2} & \cdots & a_{nn} \end{vmatrix} \tag{1}$$

或记为 $|\boldsymbol{A}|$；称 a_{ij} 为行列式 D_n 的**元素**或 **(i,j) 元**；横排称为**行**，纵排称为**列**.

关于行列式，下面我们用一个实数来定义行列式 D_n 的值，就像二阶行列式 $D_2 = \begin{vmatrix} a_{11} & a_{12} \\ a_{21} & a_{22} \end{vmatrix}$ 可用数 $a_{11}a_{22} - a_{12}a_{21}$ 表示一样.

定义 2.1.2(余子式、代数余子式)　设行列式 D_n 如(1)式所示，在行列式 D_n 中划去元素 a_{ij} 所在的第 i 行的所有元素与第 j 列的所有元素，余下的元素相对位置不变所形成的 $(n-1)$ 阶行列式，称为元素 a_{ij} 的**余子式**，记为 $M_{ij}(i,j = 1,2,\cdots,n)$；称 $A_{ij} = (-1)^{i+j}M_{ij}$ 为元素 a_{ij} 的**代数余子式**.

定义 2.1.3(行列式的值)　设行列式 D_n 如(1)式所示.

(1) 当 $n = 1$ 时，$D_1 = \det(a_{11}) \xlongequal{\text{def}} a_{11}$①；

(2) 当 $n > 1$ 时，有

①一阶行列式不要记为 $|a_{11}|$，以免与绝对值符号混淆.

$$D_n \xlongequal{\text{def}} \sum_{j=1}^{n} (-1)^{1+j} a_{1j} M_{1j} = \sum_{j=1}^{n} a_{1j} A_{1j} \tag{2}$$

其中,M_{1j} 为 a_{1j} 的余子式;A_{1j} 为 a_{1j} 的代数余子式.

此定义称为**行列式按第 1 行展开的定义**.它是递推式定义,事实上:

(1) 当 $n=1$ 时,$D_1 = \det(a_{11}) \xlongequal{\text{def}} a_{11}$;

(2) 当 $n=2$ 时,$D_2 = \begin{vmatrix} a_{11} & a_{12} \\ a_{21} & a_{22} \end{vmatrix} = a_{11}A_{11} + a_{12}A_{12} = a_{11}a_{22} - a_{12}a_{21}$;

(3) 当 $n=3$ 时,有

$$D_3 = \begin{vmatrix} a_{11} & a_{12} & a_{13} \\ a_{21} & a_{22} & a_{23} \\ a_{31} & a_{32} & a_{33} \end{vmatrix} = a_{11}A_{11} + a_{12}A_{12} + a_{13}A_{13}$$

$$= a_{11}\begin{vmatrix} a_{22} & a_{23} \\ a_{32} & a_{33} \end{vmatrix} - a_{12}\begin{vmatrix} a_{21} & a_{23} \\ a_{31} & a_{33} \end{vmatrix} + a_{13}\begin{vmatrix} a_{21} & a_{22} \\ a_{31} & a_{32} \end{vmatrix}$$

因 D_2 已有定义,所以上式中行列式 D_3 的值可求,并且与使用对角线法则求得的结果是一样的.

依此类推,n 阶行列式 $D_n(n>3)$ 的值即可求得.

例 1 求行列式① $D_4 = \begin{vmatrix} 1 & 2 & 3 & 4 \\ 2 & 3 & 4 & 5 \\ 3 & 4 & 5 & 6 \\ 4 & 5 & 6 & 7 \end{vmatrix}$.

解 应用行列式的定义,有

$$D_4 = 1 \cdot \begin{vmatrix} 3 & 4 & 5 \\ 4 & 5 & 6 \\ 5 & 6 & 7 \end{vmatrix} - 2 \cdot \begin{vmatrix} 2 & 4 & 5 \\ 3 & 5 & 6 \\ 4 & 6 & 7 \end{vmatrix} + 3 \cdot \begin{vmatrix} 2 & 3 & 5 \\ 3 & 4 & 6 \\ 4 & 5 & 7 \end{vmatrix} - 4\begin{vmatrix} 2 & 3 & 4 \\ 3 & 4 & 5 \\ 4 & 5 & 6 \end{vmatrix}$$

应用对角线法则,有

$$\begin{vmatrix} 3 & 4 & 5 \\ 4 & 5 & 6 \\ 5 & 6 & 7 \end{vmatrix} = 105 + 120 + 120 - 125 - 112 - 108 = 0$$

①求行列式的值常常简称为**求行列式**.

$$\begin{vmatrix} 2 & 4 & 5 \\ 3 & 5 & 6 \\ 4 & 6 & 7 \end{vmatrix} = 70 + 96 + 90 - 100 - 84 - 72 = 0$$

$$\begin{vmatrix} 2 & 3 & 5 \\ 3 & 4 & 6 \\ 4 & 5 & 7 \end{vmatrix} = 56 + 72 + 75 - 80 - 63 - 60 = 0$$

$$\begin{vmatrix} 2 & 3 & 4 \\ 3 & 4 & 5 \\ 4 & 5 & 6 \end{vmatrix} = 48 + 60 + 60 - 64 - 54 - 50 = 0$$

于是 $D_4 = 0$.

例 2　求下三角行列式

$$D_n = \begin{vmatrix} \lambda_1 & & & O \\ & \lambda_2 & & \\ & & \ddots & \\ * & & & \lambda_n \end{vmatrix}$$

这里 $\lambda_1, \lambda_2, \cdots, \lambda_n$ 称为**主对角元**，O 表示主对角元上方的所有元皆为 0，$*$ 表示主对角元下方的元素是不全为 0 的实数.

解　应用行列式的定义，有

$$D_n = \lambda_1 \begin{vmatrix} \lambda_2 & & O \\ & \ddots & \\ * & & \lambda_n \end{vmatrix} + 0 = \lambda_1 \left(\lambda_2 \begin{vmatrix} \lambda_3 & & O \\ & \ddots & \\ * & & \lambda_n \end{vmatrix} + 0 \right)$$

$$= \lambda_1 \lambda_2 \lambda_3 \cdots \lambda_{n-2} \begin{vmatrix} \lambda_{n-1} & 0 \\ a_{n,n-1} & \lambda_n \end{vmatrix} = \lambda_1 \lambda_2 \lambda_3 \cdots \lambda_{n-1} \lambda_n$$

所以下三角行列式等于主对角元的乘积.

例 3　求拟下三角行列式

$$D_n = \begin{vmatrix} O & & & \mu_1 \\ & & \mu_2 & \\ & \begin{matrix} & \cdot \\ \cdot & \end{matrix} & & \\ \mu_n & & & * \end{vmatrix}$$

这里 $\mu_1, \mu_2, \cdots, \mu_n$ 称为**次对角元**，O 表示次对角元上方的所有元皆为 0，$*$ 表示次对角元下方的元素是不全为 0 的实数.

解　应用行列式的定义，有

$$D_n = 0 + (-1)^{1+n}\mu_1 \begin{vmatrix} O & & \mu_2 \\ & \iddots & \\ \mu_n & & * \end{vmatrix}$$

$$= (-1)^{(1+n)+n}\mu_1 \left(0 + \mu_2 \begin{vmatrix} O & & \mu_3 \\ & \iddots & \\ \mu_n & & * \end{vmatrix} \right)$$

$$= (-1)^{(1+n)+n}\mu_1\mu_2 \begin{vmatrix} O & & \mu_3 \\ & \iddots & \\ \mu_n & & * \end{vmatrix}$$

$$= \cdots = (-1)^{(1+n)+n+(n-1)+\cdots+4}\mu_1\mu_2\cdots\mu_{n-2} \begin{vmatrix} 0 & \mu_{n-1} \\ \mu_n & a_{nn} \end{vmatrix}$$

$$= (-1)^{(1+n)+n+(n-1)+\cdots+4+3}\mu_1\mu_2\mu_3\cdots\mu_{n-1}\mu_n$$

$$= (-1)^{\frac{1}{2}(n+4)(n-1)}\mu_1\mu_2\mu_3\cdots\mu_{n-1}\mu_n$$

$$= (-1)^{\frac{1}{2}n(n-1)}\mu_1\mu_2\mu_3\cdots\mu_{n-1}\mu_n$$

即

拟下三角行列式 $=\pm$(次对角元的乘积)

当$\frac{1}{2}n(n-1)$ 为奇数时取“$-$”号，当$\frac{1}{2}n(n-1)$ 为偶数时取“$+$”号.

下面应用行列式的定义与数学归纳法证明行列式也可按第 1 列展开.

定理 2.1.1 设行列式 D_n 如(1) 式所示，则

$$\boxed{D_n = \sum_{i=1}^{n}(-1)^{i+1}a_{i1}M_{i1} = \sum_{i=1}^{n}a_{i1}A_{i1}} \tag{3$_n$}$$

***证** $n=2$ 时，由于 $A_{11}=a_{22}$，$A_{21}=-a_{12}$，所以

$$D_2 = a_{11}a_{22} - a_{12}a_{21} = a_{11}a_{22} + a_{21}(-a_{12}) = a_{11}A_{11} + a_{21}A_{21}$$

即$(3)_2$ 成立.

归纳假设$(3)_{n-1}$ 成立，首先将 D_n 按第 1 行展开得

$$D_n = a_{11}A_{11} + \sum_{j=2}^{n}(-1)^{1+j}a_{1j}M_{1j} \tag{4}$$

其中 $M_{1j}(j=2,3,\cdots,n)$ 是$(n-1)$ 阶行列式，且它们的第 1 列的元素相同，都是 $\begin{bmatrix} a_{21} \\ a_{31} \\ \vdots \\ a_{n1} \end{bmatrix}$. 设行列式 M_{1j} 中 $a_{i1}(i=2,3,\cdots,n)$ 的余子式为$(M_{1j})_{i1}$，它是将行列式 D_n 划去

第 1 行与第 i 行,并划去第 1 列与第 j 列后得到的 $(n-2)$ 阶行列式. 由于 $(M_{11})_{ij}$ 也是将行列式 D_n 划去第 1 行与第 i 行,并划去第 1 列与第 j 列后得到的 $(n-2)$ 阶行列式,所以 $(M_{1j})_{i1}=(M_{11})_{ij}$.

按归纳假设,在(4) 式中 M_{1j} 可按第 1 列展开得

$$M_{1j}=\sum_{i=2}^{n}(-1)^{(i-1)+1}a_{i1}(M_{1j})_{i1}=\sum_{i=2}^{n}(-1)^{i}a_{i1}(M_{11})_{ij} \tag{5}$$

将(5) 式代入(4) 式得

$$D_n=a_{11}A_{11}+\sum_{j=2}^{n}\sum_{i=2}^{n}(-1)^{1+i+j}a_{1j}a_{i1}(M_{11})_{ij} \tag{6}$$

另一方面,将 D_n 按第 1 列展开,其值记为 D,则

$$D=a_{11}A_{11}+\sum_{i=2}^{n}(-1)^{i+1}a_{i1}M_{i1} \tag{7}$$

其中 $M_{i1}(i=2,3,\cdots,n)$ 是 $(n-1)$ 阶行列式,它们的第 1 行的元素相同,都是 $(a_{12},a_{13},\cdots,a_{1n})$. 设行列式 M_{i1} 中 $a_{1j}(j=2,3,\cdots,n)$ 的余子式记为 $(M_{i1})_{1j}$,它是将行列式 D_n 划去第 1 行与第 i 行,并划去第 1 列与第 j 列后得到的 $(n-2)$ 阶行列式. 由于 $(M_{11})_{ij}$ 也是将行列式 D_n 划去第 1 行与第 i 行,并划去第 1 列与第 j 列后得到的 $(n-2)$ 阶行列式,所以 $(M_{i1})_{1j}=(M_{11})_{ij}$.

按行列式的定义,在(7) 式中,M_{i1} 可按第 1 行展开得

$$M_{i1}=\sum_{j=2}^{n}(-1)^{1+(j-1)}a_{1j}(M_{i1})_{1j}=\sum_{j=2}^{n}(-1)^{j}a_{1j}(M_{11})_{ij} \tag{8}$$

将(8) 式代入(7) 式得

$$D=a_{11}A_{11}+\sum_{i=2}^{n}\sum_{j=2}^{n}(-1)^{1+i+j}a_{i1}a_{1j}(M_{11})_{ij} \tag{9}$$

比较(6) 式与(9) 式,可得 $D_n=D$,即 $(3)_n$ 成立. □

例 4 求上三角行列式

$$D_n=\begin{vmatrix}\lambda_1 & & & * \\ & \lambda_2 & & \\ & & \ddots & \\ O & & & \lambda_n\end{vmatrix}$$

这里 $\lambda_1,\lambda_2,\cdots,\lambda_n$ 为**主对角元**,O 表示主对角元下方的所有元皆为 0,$*$ 表示主对角元上方的元素是不全为 0 的实数.

解 将行列式按第 1 列展开,有

$$D_n=\lambda_1\begin{vmatrix}\lambda_2 & & *\\ & \ddots & \\ O & & \lambda_n\end{vmatrix}+0=\lambda_1\left(\lambda_2\begin{vmatrix}\lambda_3 & & *\\ & \ddots & \\ O & & \lambda_n\end{vmatrix}+0\right)$$

$$=\lambda_1\lambda_2\cdots\lambda_{n-2}\begin{vmatrix}\lambda_{n-1} & a_{n-1,n}\\ 0 & \lambda_n\end{vmatrix}=\lambda_1\lambda_2\lambda_3\cdots\lambda_{n-1}\lambda_n$$

所以上三角行列式等于主对角元的乘积.

2.1.2 行列式的性质

按行列式的定义计算四阶以上的行列式,在一般情况下是相当繁琐的.本小节研究行列式的性质,利用这些性质可将行列式化简,譬如化为上三角行列式或下三角行列式,然后再求值就比较简单了.

定理 2.1.2(性质 1)

行列式行列互换,其值不变

即

$$\begin{vmatrix}a_{11} & a_{21} & \cdots & a_{n1}\\ a_{12} & a_{22} & \cdots & a_{n2}\\ \vdots & \vdots & & \vdots\\ a_{1n} & a_{2n} & \cdots & a_{nn}\end{vmatrix}=\begin{vmatrix}a_{11} & a_{12} & \cdots & a_{1n}\\ a_{21} & a_{22} & \cdots & a_{2n}\\ \vdots & \vdots & & \vdots\\ a_{n1} & a_{n2} & \cdots & a_{nn}\end{vmatrix}$$

应用行列式可以按第 1 行展开,又可以按第 1 列展开的结论,利用数学归纳法即可证明,这里不赘.上式中左端的行列式称为 $|\boldsymbol{A}|$ 的**转置行列式**,记为 $|\boldsymbol{A}^{\mathrm{T}}|$.

由性质 1 可知,行列式对"行"所具有的性质,对其"列"也成立;反之亦然.基于此,下面对行列式的其他性质,只就"行"给出,对于"列"的情况,不再一一说明.

定理 2.1.3(性质 2)

行列式两行互换,其值变号

证 分三种情况证明.

(1) 先证第 1 行与第 2 行互换,其值变号.即证

$$|\boldsymbol{B}|=\begin{vmatrix}a_{21} & a_{22} & \cdots & a_{2n}\\ a_{11} & a_{12} & \cdots & a_{1n}\\ a_{31} & a_{32} & \cdots & a_{3n}\\ \vdots & \vdots & & \vdots\\ a_{n1} & a_{n2} & \cdots & a_{nn}\end{vmatrix}=-\begin{vmatrix}a_{11} & a_{12} & \cdots & a_{1n}\\ a_{21} & a_{22} & \cdots & a_{2n}\\ a_{31} & a_{32} & \cdots & a_{3n}\\ \vdots & \vdots & & \vdots\\ a_{n1} & a_{n2} & \cdots & a_{nn}\end{vmatrix}=-|\boldsymbol{A}| \qquad (10)_n$$

采用数学归纳法. 当 $n=2$ 时,因为

$$\begin{vmatrix} a_{21} & a_{22} \\ a_{11} & a_{12} \end{vmatrix} = a_{21}a_{12} - a_{22}a_{11} = -(a_{11}a_{22} - a_{12}a_{21}) = -D_2$$

所以$(10)_2$ 成立. 假设$(10)_{n-1}$ 成立,将$(10)_n$ 式左边按第 1 列展开得

$$|\boldsymbol{B}| = a_{21}\begin{vmatrix} a_{12} & a_{13} & \cdots & a_{1n} \\ a_{32} & a_{33} & \cdots & a_{3n} \\ a_{42} & a_{43} & \cdots & a_{4n} \\ \vdots & \vdots & & \vdots \\ a_{n2} & a_{n3} & \cdots & a_{nn} \end{vmatrix} - a_{11}\begin{vmatrix} a_{22} & a_{23} & \cdots & a_{2n} \\ a_{32} & a_{33} & \cdots & a_{3n} \\ a_{42} & a_{43} & \cdots & a_{4n} \\ \vdots & \vdots & & \vdots \\ a_{n2} & a_{n3} & \cdots & a_{nn} \end{vmatrix} + a_{31}\begin{vmatrix} a_{22} & a_{23} & \cdots & a_{2n} \\ a_{12} & a_{13} & \cdots & a_{1n} \\ a_{42} & a_{43} & \cdots & a_{4n} \\ \vdots & \vdots & & \vdots \\ a_{n2} & a_{n3} & \cdots & a_{nn} \end{vmatrix}$$

$$- \cdots + (-1)^{n+1}a_{n1}\begin{vmatrix} a_{22} & a_{23} & \cdots & a_{2n} \\ a_{12} & a_{13} & \cdots & a_{1n} \\ a_{32} & a_{33} & \cdots & a_{3n} \\ \vdots & \vdots & & \vdots \\ a_{n-1,2} & a_{n-1,3} & \cdots & a_{n-1,n} \end{vmatrix} \tag{11}$$

将行列式 $|\boldsymbol{A}|$ 按第 1 列展开得

$$|\boldsymbol{A}| = a_{11}\begin{vmatrix} a_{22} & a_{23} & \cdots & a_{2n} \\ a_{32} & a_{33} & \cdots & a_{3n} \\ a_{42} & a_{43} & \cdots & a_{4n} \\ \vdots & \vdots & & \vdots \\ a_{n2} & a_{n3} & \cdots & a_{nn} \end{vmatrix} - a_{21}\begin{vmatrix} a_{12} & a_{13} & \cdots & a_{1n} \\ a_{32} & a_{33} & \cdots & a_{3n} \\ a_{42} & a_{43} & \cdots & a_{4n} \\ \vdots & \vdots & & \vdots \\ a_{n2} & a_{n3} & \cdots & a_{nn} \end{vmatrix} + a_{31}\begin{vmatrix} a_{12} & a_{13} & \cdots & a_{1n} \\ a_{22} & a_{23} & \cdots & a_{2n} \\ a_{42} & a_{43} & \cdots & a_{4n} \\ \vdots & \vdots & & \vdots \\ a_{n2} & a_{n3} & \cdots & a_{nn} \end{vmatrix}$$

$$- \cdots + (-1)^{n+1}a_{n1}\begin{vmatrix} a_{12} & a_{13} & \cdots & a_{1n} \\ a_{22} & a_{23} & \cdots & a_{2n} \\ a_{32} & a_{33} & \cdots & a_{3n} \\ \vdots & \vdots & & \vdots \\ a_{n-1,2} & a_{n-1,3} & \cdots & a_{n-1,n} \end{vmatrix} \tag{12}$$

逐项比较(11) 式与(12) 式,可以看出:(11) 式中第一项与(12) 式中第二项仅差一个符号;(11) 式中第二项与(12) 式中第一项仅差一个符号;(11) 式中第二项后的所有项与(12) 式中第二项后的所有对应项仅有第一行与第二行互换外没有其他差别,因它们都是$(n-1)$ 阶行列式,根据归纳假设,它们也仅差一个符号. 因此得到 $|\boldsymbol{B}| = -|\boldsymbol{A}|$,即$(10)_n$ 成立.

(2) 相邻的第 i 行与第$(i+1)$ 行互换$(i=2,3,\cdots,n-1)$,其值变号. 证明方法与上面(1) 完全相同,不赘.

(3) 最后证明:不相邻的第 i 行与第 j 行互换,其值变号.不妨设 $i<j$,令 $j-i=k(2\leqslant k\leqslant n-1)$,我们采用相邻两行互换的方法,将第 i 行逐次与它的下一行互换 k 次,则第 i 行调到第 j 行,再将原第 j 行元素从第 $(j-1)$ 行逐次与它的上一行互换 $(k-1)$ 次调至原第 i 行位置,这样经过 $(2k-1)$(奇数) 次相邻两行的互换,将 $|\boldsymbol{A}|$ 的第 i 行与第 j 行实现互换.因为 $(-1)^{2k-1}=-1$,所以不相邻的第 i 行与第 j 行互换,其值变号. □

推论 1 行列式一行全为 0,其值为 0.

证 若元素全为 0 的这一行是第 1 行,将行列式按第 1 行展开,则其值为 0;若元素全为 0 的这一行不是第 1 行,将它与第 1 行互换(其值变号),则第 1 行元素全变为 0,将行列式按第 1 行展开,则其值为 0. □

推论 2 行列式两行相同,其值为 0.

证 将 $|\boldsymbol{A}|$ 的相同的两行互换得到的仍是 $|\boldsymbol{A}|$,又由于这两行互换,其值变号,所以 $|\boldsymbol{A}|=-|\boldsymbol{A}|$,故 $|\boldsymbol{A}|=0$. □

定理 2.1.4(性质 3)

行列式中一行的公因子可提出去

即

$$|\boldsymbol{B}|=\begin{vmatrix} a_{11} & a_{12} & \cdots & a_{1n} \\ \vdots & \vdots & & \vdots \\ ka_{i1} & ka_{i2} & \cdots & ka_{in} \\ \vdots & \vdots & & \vdots \\ a_{n1} & a_{n2} & \cdots & a_{nn} \end{vmatrix}=k\begin{vmatrix} a_{11} & a_{12} & \cdots & a_{1n} \\ \vdots & \vdots & & \vdots \\ a_{i1} & a_{i2} & \cdots & a_{in} \\ \vdots & \vdots & & \vdots \\ a_{n1} & a_{n2} & \cdots & a_{nn} \end{vmatrix}=k|\boldsymbol{A}| \qquad (13)$$

证 当 $i=1$ 时,将(13) 式左边按第 1 行展开得

$$|\boldsymbol{B}|=\sum_{j=1}^{n}ka_{1j}A_{1j}=k\sum_{j=1}^{n}a_{1j}A_{1j}=k|\boldsymbol{A}|$$

、

当 $i>1$ 时,将(13) 式两边的第 i 行与第 1 行互换,由性质 2 可知两边皆变号,且问题化为上述 $i=1$ 的情况,所以性质 3 对 $i>1$ 也成立. □

推论 行列式两行成比例,其值为 0.

证 设行列式的第 j 行元素是第 i 行元素的 k 倍,将比例常数 k 提出去后,行列式的第 i 行与第 j 行变为相同,应用性质 2 的推论 2,即得其值为 0. □

定理 2.1.5(性质 4)

行列式的某一行是两组数的和,则行列式等于另两个行列式的和,其中第一个行列式的这一行取第一组数,第二个行列式的这一行取第二组数,其他元素皆不变

即

$$\begin{vmatrix} a_{11} & a_{12} & \cdots & a_{1n} \\ \vdots & \vdots & & \vdots \\ b_{i1}+c_{i1} & b_{i2}+c_{i2} & \cdots & b_{in}+c_{in} \\ \vdots & \vdots & & \vdots \\ a_{n1} & a_{n2} & \cdots & a_{nn} \end{vmatrix} = \begin{vmatrix} a_{11} & a_{12} & \cdots & a_{1n} \\ \vdots & \vdots & & \vdots \\ b_{i1} & b_{i2} & \cdots & b_{in} \\ \vdots & \vdots & & \vdots \\ a_{n1} & a_{n2} & \cdots & a_{nn} \end{vmatrix} + \begin{vmatrix} a_{11} & a_{12} & \cdots & a_{1n} \\ \vdots & \vdots & & \vdots \\ c_{i1} & c_{i2} & \cdots & c_{in} \\ \vdots & \vdots & & \vdots \\ a_{n1} & a_{n2} & \cdots & a_{nn} \end{vmatrix} \tag{14}$$

证 将(14)式中的三个行列式依次记为 $|\boldsymbol{A}|$，$|\boldsymbol{B}|$，$|\boldsymbol{C}|$，欲证 $|\boldsymbol{A}|=|\boldsymbol{B}|+|\boldsymbol{C}|$. 当 $i=1$ 时，将 $|\boldsymbol{A}|$ 按第 1 行展开得

$$|\boldsymbol{A}|=\sum_{j=1}^{n}(b_{1j}+c_{1j})A_{1j}=\sum_{j=1}^{n}b_{1j}A_{1j}+\sum_{j=1}^{n}c_{1j}A_{1j}=|\boldsymbol{B}|+|\boldsymbol{C}|$$

当 $i>1$ 时，将(14)式两边的三个行列式的第 i 行与第 1 行互换，由性质 2 知三个行列式皆变号，且问题化为上述 $i=1$ 的情况，所以性质 4 对 $i>1$ 也成立. □

定理 2.1.6(性质 5)

行列式某行的 k 倍加到另一行上去，其值不变

即

$$|\boldsymbol{B}|=\begin{vmatrix} a_{11} & a_{12} & \cdots & a_{1n} \\ \vdots & \vdots & & \vdots \\ a_{i1}+ka_{j1} & a_{i2}+ka_{j2} & \cdots & a_{in}+ka_{jn} \\ \vdots & \vdots & & \vdots \\ a_{j1} & a_{j2} & \cdots & a_{jn} \\ \vdots & \vdots & & \vdots \\ a_{n1} & a_{n2} & \cdots & a_{nn} \end{vmatrix} = \begin{vmatrix} a_{11} & a_{12} & \cdots & a_{1n} \\ \vdots & \vdots & & \vdots \\ a_{i1} & a_{i2} & \cdots & a_{in} \\ \vdots & \vdots & & \vdots \\ a_{j1} & a_{j2} & \cdots & a_{jn} \\ \vdots & \vdots & & \vdots \\ a_{n1} & a_{n2} & \cdots & a_{nn} \end{vmatrix} = |\boldsymbol{A}| \tag{15}$$

证 (15)式左边行列式 $|\boldsymbol{B}|$ 是 $|\boldsymbol{A}|$ 的第 j 行的 k 倍加到第 i 行上去得到的，所以 $|\boldsymbol{B}|$ 的第 i 行是两组数的和，第一组数为 $a_{i1},a_{i2},\cdots,a_{in}$，第二组数为 ka_{j1}，ka_{j2}，$\cdots$，ka_{jn}. 应用性质 4，此行列式 $|\boldsymbol{B}|$ 等于另两个行列式的和，即

$$\begin{vmatrix} a_{11} & a_{12} & \cdots & a_{1n} \\ \vdots & \vdots & & \vdots \\ a_{i1}+ka_{j1} & a_{i2}+ka_{j2} & \cdots & a_{in}+ka_{jn} \\ \vdots & \vdots & & \vdots \\ a_{j1} & a_{j2} & \cdots & a_{jn} \\ \vdots & \vdots & & \vdots \\ a_{n1} & a_{n2} & \cdots & a_{nn} \end{vmatrix} = \begin{vmatrix} a_{11} & a_{12} & \cdots & a_{1n} \\ \vdots & \vdots & & \vdots \\ a_{i1} & a_{i2} & \cdots & a_{in} \\ \vdots & \vdots & & \vdots \\ a_{j1} & a_{j2} & \cdots & a_{jn} \\ \vdots & \vdots & & \vdots \\ a_{n1} & a_{n2} & \cdots & a_{nn} \end{vmatrix} + \begin{vmatrix} a_{11} & a_{12} & \cdots & a_{1n} \\ \vdots & \vdots & & \vdots \\ ka_{j1} & ka_{j2} & \cdots & ka_{jn} \\ \vdots & \vdots & & \vdots \\ a_{j1} & a_{j2} & \cdots & a_{jn} \\ \vdots & \vdots & & \vdots \\ a_{n1} & a_{n2} & \cdots & a_{nn} \end{vmatrix}$$

上式右边的第一个行列式就是 $|\boldsymbol{A}|$,第二个行列式的第 i 行与第 j 行成比例,其值为 0,于是 $|\boldsymbol{B}|=|\boldsymbol{A}|+0=|\boldsymbol{A}|$. □

在应用行列式的上述性质化简行列式时,主要是应用性质 2、性质 3 和性质 5,称为**三类变换**.为简化叙述,引进下列记号.

(1) 对第一类变换

$|\boldsymbol{A}| \xlongequal{r_i \leftrightarrow r_j} -|\boldsymbol{B}|$ 表示:交换行列式 $|\boldsymbol{A}|$ 的第 i 行与第 j 行,化为 $-|\boldsymbol{B}|$;

$|\boldsymbol{A}| \xlongequal{c_i \leftrightarrow c_j} -|\boldsymbol{B}|$ 表示:交换行列式 $|\boldsymbol{A}|$ 的第 i 列与第 j 列,化为 $-|\boldsymbol{B}|$.

(2) 对第二类变换

$|\boldsymbol{A}| \xlongequal{kr_i} \dfrac{1}{k}|\boldsymbol{B}|$ 表示:用非零常数 k 乘行列式 $|\boldsymbol{A}|$ 的第 i 行,化为 $\dfrac{1}{k}|\boldsymbol{B}|$;

$|\boldsymbol{A}| \xlongequal{kc_i} \dfrac{1}{k}|\boldsymbol{B}|$ 表示:用非零常数 k 乘行列式 $|\boldsymbol{A}|$ 的第 i 列,化为 $\dfrac{1}{k}|\boldsymbol{B}|$.

(3) 对第三类变换

$|\boldsymbol{A}| \xlongequal{r_i + kr_j} |\boldsymbol{B}|$ 表示:用非零常数 k 乘行列式 $|\boldsymbol{A}|$ 的第 j 行加到第 i 行上去,化为 $|\boldsymbol{B}|$;

$|\boldsymbol{A}| \xlongequal{c_i + kc_j} |\boldsymbol{B}|$ 表示:用非零常数 k 乘行列式 $|\boldsymbol{A}|$ 的第 j 列加到第 i 列上去,化为 $|\boldsymbol{B}|$.

例 5 计算 $|\boldsymbol{A}|=\begin{vmatrix} 2 & 3 & 2 & 0 \\ 3 & 4 & 4 & -1 \\ 5 & 3 & -2 & 6 \\ 2 & -1 & 2 & 2 \end{vmatrix}$.

解 应用行列式的性质,将行列式化为上三角形.

第一步:将(1,1)元化为 1.先提取第 3 列的公因子 2,然后 1 与 3 列互换,再利用(1,1)元将第 1 列的其他元素化为 0,即

$$|\boldsymbol{A}| \xlongequal{c_1 \leftrightarrow c_3} -2\begin{vmatrix} 1 & 3 & 2 & 0 \\ 2 & 4 & 3 & -1 \\ -1 & 3 & 5 & 6 \\ 1 & -1 & 2 & 2 \end{vmatrix} \xlongequal[r_4 - r_1]{\substack{r_2 - 2r_1 \\ r_3 + r_1}} -2\begin{vmatrix} 1 & 3 & 2 & 0 \\ 0 & -2 & -1 & -1 \\ 0 & 6 & 7 & 6 \\ 0 & -4 & 0 & 2 \end{vmatrix}$$

第二步:将(2,2)元化为 1.先提取第 2 列的公因子 -2,再利用(2,2)元将第 2 列(2,2)元下方的元素化为 0,即

$$|\boldsymbol{A}| = 4\begin{vmatrix} 1 & -1.5 & 2 & 0 \\ 0 & 1 & -1 & -1 \\ 0 & -3 & 7 & 6 \\ 0 & 2 & 0 & 2 \end{vmatrix} \xlongequal[r_4 - 2r_2]{r_3 + 3r_2} 4\begin{vmatrix} 1 & -1.5 & 2 & 0 \\ 0 & 1 & -1 & -1 \\ 0 & 0 & 4 & 3 \\ 0 & 0 & 2 & 4 \end{vmatrix}$$

第三步:将(3,3)元化为1,再化为上三角形,则

$$|\boldsymbol{A}|=4\begin{vmatrix}1&-1.5&2&0\\0&1&-1&-1\\0&0&4&3\\0&0&2&4\end{vmatrix}\xlongequal{c_3-c_4}4\begin{vmatrix}1&-1.5&2&0\\0&1&0&-1\\0&0&1&3\\0&0&-2&4\end{vmatrix}$$

$$\xlongequal{r_4+2r_3}4\begin{vmatrix}1&-1.5&2&0\\0&1&0&-1\\0&0&1&3\\0&0&0&10\end{vmatrix}=40$$

2.1.3 行列式的计算

行列式可按第1行或第1列展开的公式在应用时有时还不太方便.这一小节我们介绍行列式可按任1行或任1列展开的计算方法.

定理 2.1.7(拉普拉斯①展开定理) 设 $|\boldsymbol{A}|$ 为(1)式所示的行列式,则

$$|\boldsymbol{A}|=\sum_{j=1}^{n}a_{ij}A_{ij}\quad(\text{按第 } i \text{ 行展开})$$

$$|\boldsymbol{A}|=\sum_{i=1}^{n}a_{ij}A_{ij}\quad(\text{按第 } j \text{ 列展开})$$

这里 A_{ij} 为行列式 $|\boldsymbol{A}|$ 中元素 a_{ij} 的代数余子式.

证 由行列式的性质1,只要证明按行展开的公式就行.

将行列式 $|\boldsymbol{A}|$ 的第 i 行依次与其上一行交换 $(i-1)$ 次后调至第1行,得到行列式 $|\boldsymbol{B}|$. $|\boldsymbol{B}|$ 中第1行的元素 a_{1j} 的余子式记为 B_{1j},行列式 $|\boldsymbol{A}|$ 中第 i 行的元素 a_{ij} 的余子式为 M_{ij},则有 $B_{1j}=M_{ij}$. 将 $|\boldsymbol{B}|$ 按第1行展开得

$$|\boldsymbol{B}|=\sum_{j=1}^{n}(-1)^{1+j}a_{ij}B_{1j}=\sum_{j=1}^{n}(-1)^{1+j}a_{ij}M_{ij}$$

故

$$|\boldsymbol{A}|=(-1)^{i-1}|\boldsymbol{B}|=\sum_{j=1}^{n}(-1)^{i+j}a_{ij}M_{ij}=\sum_{j=1}^{n}a_{ij}A_{ij}$$ □

定理 2.1.8 设 $|\boldsymbol{A}|$ 为(1)式所示的行列式,则

①拉普拉斯(Laplace),1749—1827,法国数学家.

$$\sum_{j=1}^{n} a_{ij}A_{kj} = 0 \quad (k \neq i), \quad \sum_{i=1}^{n} a_{ij}A_{ik} = 0 \quad (k \neq j)$$

这里 A_{ij} 为行列式 $|\boldsymbol{A}|$ 中元 a_{ij} 的代数余子式.

证　由行列式的性质1,只要证明上面公式的左式就行.将行列式 $|\boldsymbol{A}|$ 的第 i 行加到第 k 行上去,然后按第 k 行展开得

$$|\boldsymbol{A}| = \sum_{j=1}^{n}(a_{kj}+a_{ij})A_{kj} = \sum_{j=1}^{n} a_{kj}A_{kj} + \sum_{j=1}^{n} a_{ij}A_{kj} = |\boldsymbol{A}| + \sum_{j=1}^{n} a_{ij}A_{kj}$$

由此即得

$$\sum_{j=1}^{n} a_{ij}A_{kj} = 0 \quad (k \neq i)$$

□

***例 6**　设行列式 $|\boldsymbol{A}| = \begin{vmatrix} 2 & 3 & 2 & 0 \\ 3 & 4 & 4 & -1 \\ 5 & 3 & -2 & 6 \\ 2 & -1 & 2 & 2 \end{vmatrix}$,求:

(1) $A_{21}+A_{22}+A_{23}+A_{24}$;　　　　(2) $M_{21}+M_{22}+M_{23}+M_{24}$.

解　将行列式 $|\boldsymbol{A}|$ 的第2行分别改为(1,1,1,1)与(−1,1,−1,1),其他元素不变,记这两个行列式分别为 $|\boldsymbol{B}|$ 与 $|\boldsymbol{C}|$,将行列式按第2行展开得

$$|\boldsymbol{B}| = \begin{vmatrix} 2 & 3 & 2 & 0 \\ 1 & 1 & 1 & 1 \\ 5 & 3 & -2 & 6 \\ 2 & -1 & 2 & 2 \end{vmatrix} = A_{21}+A_{22}+A_{23}+A_{24}$$

$$\begin{aligned} |\boldsymbol{C}| &= \begin{vmatrix} 2 & 3 & 2 & 0 \\ -1 & 1 & -1 & 1 \\ 5 & 3 & -2 & 6 \\ 2 & -1 & 2 & 2 \end{vmatrix} \\ &= -(-1)^{2+1}M_{21} + (-1)^{2+2}M_{22} - (-1)^{2+3}M_{23} + (-1)^{2+4}M_{24} \\ &= M_{21}+M_{22}+M_{23}+M_{24} \end{aligned}$$

另一方面

$$|\boldsymbol{B}| = \begin{vmatrix} 2 & 3 & 2 & 0 \\ 1 & 1 & 1 & 1 \\ 5 & 3 & -2 & 6 \\ 2 & -1 & 2 & 2 \end{vmatrix} \xlongequal[c_4-c_1]{\substack{c_2-c_1 \\ c_3-c_1}} \begin{vmatrix} 2 & 1 & 0 & -2 \\ 1 & 0 & 0 & 0 \\ 5 & -2 & -7 & 1 \\ 2 & -3 & 0 & 0 \end{vmatrix}$$

$$=-\begin{vmatrix}1&0&-2\\-2&-7&1\\-3&0&0\end{vmatrix}=3\begin{vmatrix}0&-2\\-7&1\end{vmatrix}=-42$$

$$|\boldsymbol{C}|=\begin{vmatrix}2&3&2&0\\-1&1&-1&1\\5&3&-2&6\\2&-1&2&2\end{vmatrix}\xlongequal[c_4+c_1]{\substack{c_2+c_1\\c_3-c_1}}\begin{vmatrix}2&5&0&2\\-1&0&0&0\\5&8&-7&11\\2&1&0&4\end{vmatrix}$$

$$=\begin{vmatrix}5&0&2\\8&-7&11\\1&0&4\end{vmatrix}\xlongequal{c_3-4c_1}\begin{vmatrix}5&0&-18\\8&-7&-21\\1&0&0\end{vmatrix}$$

$$=\begin{vmatrix}0&-18\\-7&-21\end{vmatrix}=-126$$

于是 $A_{21}+A_{22}+A_{23}+A_{24}=-42, M_{21}+M_{22}+M_{23}+M_{24}=-126.$

例 7(同例 5)　计算 $|\boldsymbol{A}|=\begin{vmatrix}2&3&2&0\\3&4&4&-1\\5&3&-2&6\\2&-1&2&2\end{vmatrix}$.

解　先提起第 3 列的公因子 2,因第 4 列含元素 0 与 -1,故选第 4 列化简,得

$$|\boldsymbol{A}|=2\begin{vmatrix}2&3&1&0\\3&4&2&-1\\5&3&-1&6\\2&-1&1&2\end{vmatrix}\xlongequal[r_4+2r_2]{r_3+6r_2}2\begin{vmatrix}2&3&1&0\\3&4&2&-1\\23&27&11&0\\8&7&5&0\end{vmatrix}$$

按第 4 列展开得

$$|\boldsymbol{A}|=2(-1)^{2+4}(-1)\begin{vmatrix}2&3&1\\23&27&11\\8&7&5\end{vmatrix}=-2\begin{vmatrix}2&3&1\\23&27&11\\8&7&5\end{vmatrix}$$

化简第 3 列后再按第 3 列展开得

$$|\boldsymbol{A}|\xlongequal[r_3-5r_1]{r_2-11r_1}-2\begin{vmatrix}2&3&1\\1&-6&0\\-2&-8&0\end{vmatrix}=-2(-1)^{1+3}\begin{vmatrix}1&-6\\-2&-8\end{vmatrix}=-2(-8-12)=40$$

注　应用行列式的性质和拉普拉斯展开定理计算行列式的途径很多,不同的

思路就有不同的方法. 例 7 的解法明显比例 5 的解法简单的多.

例 8 计算 $2n$ 阶行列式

$$D_{2n}=\begin{vmatrix} a & & & & & b \\ & \ddots & & & \iddots & \\ & & a & b & & \\ & & b & a & & \\ & \iddots & & & \ddots & \\ b & & & & & a \end{vmatrix}$$

其中不是主对角元与次对角元的元素皆为 0.

解 当 $a=0$ 时,应用例 3 的结论得

$$D_{2n}=\begin{vmatrix} 0 & & & & & b \\ & \ddots & & & \iddots & \\ & & 0 & b & & \\ & & b & 0 & & \\ & \iddots & & & \ddots & \\ b & & & & & 0 \end{vmatrix}=(-1)^{\frac{1}{2}2n(2n-1)}b^{2n}=(-1)^n b^{2n}$$

$$=(-b^2)^n=(a^2-b^2)^n$$

当 $a\neq 0$ 时,依次作变换 $r_{2n}-\frac{b}{a}r_1,r_{2n-1}-\frac{b}{a}r_2,\cdots,r_{n+1}-\frac{b}{a}r_n$,可得

$$D_{2n}=\begin{vmatrix} a & & & & & b \\ & \ddots & & & \iddots & \\ & & a & b & & \\ & & 0 & a-\frac{b^2}{a} & & \\ & \iddots & & & \ddots & \\ 0 & & & & & a-\frac{b^2}{a} \end{vmatrix}=a^n\left(a-\frac{b^2}{a}\right)^n=(a^2-b^2)^n$$

例 9 计算 n 阶行列式

$$D_n=\begin{vmatrix} x & y & \cdots & y & y \\ y & x & \cdots & y & y \\ \vdots & \vdots & & \vdots & \vdots \\ y & y & \cdots & x & y \\ y & y & \cdots & y & x \end{vmatrix}$$

解　此行列式的特点是每一行的所有元素之和相同.下面介绍所谓"**加边后化零**"的方法."**加边**"就是将行列式 D_n 的各列(行)加到第1列(行)上去.本题加边到第1列后提取第1列的公因子得

$$D_n=(x+(n-1)y)\begin{vmatrix}1 & y & \cdots & y & y\\ 1 & x & \cdots & y & y\\ \vdots & \vdots & & \vdots & \vdots\\ 1 & y & \cdots & x & y\\ 1 & y & \cdots & y & x\end{vmatrix}$$

"**化零**"就是第1列(行)只留下一个元素,将其他元素皆化为0.本题选择留下(1,1)元,各行减去第1行,得

$$D_n=(x+(n-1)y)\begin{vmatrix}1 & y & \cdots & y & y\\ 0 & x-y & \cdots & 0 & 0\\ \vdots & \vdots & & \vdots & \vdots\\ 0 & 0 & \cdots & x-y & 0\\ 0 & 0 & \cdots & 0 & x-y\end{vmatrix}$$
$$=(x+(n-1)y)(x-y)^{n-1}$$

例10(范德蒙(Vandermonde)行列式)　证明:

$$V_n=\begin{vmatrix}1 & 1 & \cdots & 1 & 1\\ a_1 & a_2 & \cdots & a_{n-1} & a_n\\ a_1^2 & a_2^2 & \cdots & a_{n-1}^2 & a_n^2\\ \vdots & \vdots & & \vdots & \vdots\\ a_1^{n-1} & a_2^{n-1} & \cdots & a_{n-1}^{n-1} & a_n^{n-1}\end{vmatrix}=\prod_{1\leqslant i<j\leqslant n}(a_j-a_i) \qquad (16)_n$$

证　采用数学归纳法证明. $n=2$ 时,因

$$V_2=\begin{vmatrix}1 & 1\\ a_1 & a_2\end{vmatrix}=a_2-a_1$$

故 $(16)_2$ 成立.归纳假设 $(16)_{n-1}$ 成立,依次作变换 $r_n-a_1r_{n-1},r_{n-1}-a_1r_{n-2},\cdots,r_2-a_1r_1$,得

$$V_n=\begin{vmatrix}1 & 1 & \cdots & 1 & 1\\ 0 & a_2-a_1 & \cdots & a_{n-1}-a_1 & a_n-a_1\\ 0 & a_2(a_2-a_1) & \cdots & a_{n-1}(a_{n-1}-a_1) & a_n(a_n-a_1)\\ \vdots & \vdots & & \vdots & \vdots\\ 0 & a_2^{n-2}(a_2-a_1) & \cdots & a_{n-1}^{n-2}(a_{n-1}-a_1) & a_n^{n-2}(a_n-a_1)\end{vmatrix} \qquad (17)$$

将(17) 式按第 1 列展开，然后提取各列的公因子得

$$V_n=(a_n-a_1)(a_{n-1}-a_1)\cdots(a_2-a_1)\begin{vmatrix}1&1&\cdots&1&1\\a_2&a_3&\cdots&a_{n-1}&a_n\\a_2^2&a_3^2&\cdots&a_{n-1}^2&a_n^2\\\vdots&\vdots&&\vdots&\vdots\\a_2^{n-2}&a_3^{n-2}&\cdots&a_{n-1}^{n-2}&a_n^{n-2}\end{vmatrix}\tag{18}$$

(18) 式中的行列式是$(n-1)$ 阶范德蒙行列式，由归纳假设有

$$V_{n-1}=\begin{vmatrix}1&1&\cdots&1&1\\a_2&a_3&\cdots&a_{n-1}&a_n\\a_2^2&a_3^2&\cdots&a_{n-1}^2&a_n^2\\\vdots&\vdots&&\vdots&\vdots\\a_2^{n-2}&a_3^{n-2}&\cdots&a_{n-1}^{n-2}&a_n^{n-2}\end{vmatrix}=\prod_{2\leqslant i<j\leqslant n}(a_j-a_i)$$

将此式代入(18) 式即得

$$V_n=(a_n-a_1)(a_{n-1}-a_1)\cdots(a_2-a_1)\prod_{2\leqslant i<j\leqslant n}(a_j-a_i)=\prod_{1\leqslant i<j\leqslant n}(a_j-a_i)$$

故$(16)_n$ 成立. 于是$(16)_n$ 对一切 $n\in\mathbf{N}^*$ $(n\geqslant 2)$ 成立. □

例 11 计算 n 阶行列式

$$D_n=\begin{vmatrix}1-a&a&\cdots&0&0\\-1&1-a&\cdots&0&0\\\vdots&\vdots&&\vdots&\vdots\\0&0&\cdots&1-a&a\\0&0&\cdots&-1&1-a\end{vmatrix}$$

解法 1 将行列式按第 1 列展开得

$$D_n=(1-a)D_{n-1}+\begin{vmatrix}a&0&\cdots&0&0\\-1&1-a&\cdots&0&0\\\vdots&\vdots&&\vdots&\vdots\\0&0&\cdots&1-a&a\\0&0&\cdots&-1&1-a\end{vmatrix}=(1-a)D_{n-1}+aD_{n-2}$$

移项得递推公式

$$D_n+aD_{n-1}=D_{n-1}+aD_{n-2}=\cdots=D_2+aD_1=\begin{vmatrix}1-a&a\\-1&1-a\end{vmatrix}+a(1-a)=1$$

于是

$$
\begin{aligned}
D_n &= 1-aD_{n-1}=1-a(1-aD_{n-2})=1+(-a)+(-a)^2D_{n-2}=\cdots \\
&= 1+(-a)+(-a)^2+\cdots+(-a)^{n-1}D_1 \\
&= 1+(-a)+(-a)^2+\cdots+(-a)^{n-1}(1-a) \\
&= 1-a+a^2-\cdots+(-1)^n a^n
\end{aligned}
$$

解法 2 本题不具备加边后化零的条件,下面只采用“加边”. 将行列式的各列加到第 1 列上去,然后按第 1 列展开得

$$
D_n=\begin{vmatrix} 1 & a & \cdots & 0 & 0 \\ 0 & 1-a & \cdots & 0 & 0 \\ \vdots & \vdots & & \vdots & \vdots \\ 0 & 0 & \cdots & 1-a & a \\ -a & 0 & \cdots & -1 & 1-a \end{vmatrix}=D_{n-1}+(-a)(-1)^{n+1}a^{n-1}
$$

$$
=D_{n-1}+(-a)^n
$$

按上述递推公式递推得

$$
\begin{aligned}
D_n &= D_{n-1}+(-a)^n=D_{n-2}+(-a)^{n-1}+(-a)^n=D_1+(-a)^2+\cdots+(-a)^n \\
&= 1-a+a^2-\cdots+(-1)^n a^n
\end{aligned}
$$

习题 2.1

A 组

1. 利用行列式的性质计算:

1) $\begin{vmatrix} 1 & 2 & 3 & 4 \\ 2 & 3 & 4 & 1 \\ 3 & 4 & 1 & 2 \\ 4 & 1 & 2 & 3 \end{vmatrix}$; 2) $\begin{vmatrix} 0 & q & r & s \\ p & 0 & r & s \\ p & q & 0 & s \\ p & q & r & 0 \end{vmatrix}$;

3) $\begin{vmatrix} 1 & a_1 & 0 & 0 \\ -1 & 1-a_1 & a_2 & 0 \\ 0 & -1 & 1-a_2 & a_3 \\ 0 & 0 & -1 & 1-a_3 \end{vmatrix}$.

2. 求证:

$$
\begin{vmatrix} a_1+b_1 & b_1+c_1 & c_1+a_1 \\ a_2+b_2 & b_2+c_2 & c_2+a_2 \\ a_3+b_3 & b_3+c_3 & c_3+a_3 \end{vmatrix}=2\begin{vmatrix} a_1 & b_1 & c_1 \\ a_2 & b_2 & c_2 \\ a_3 & b_3 & c_3 \end{vmatrix}
$$

3. 计算下列 n 阶行列式($n \geqslant 2$):

1) $\begin{vmatrix} a & b & 0 & \cdots & 0 & 0 \\ 0 & a & b & \cdots & 0 & 0 \\ \vdots & \vdots & \vdots & & \vdots & \vdots \\ 0 & 0 & 0 & \cdots & a & b \\ b & 0 & 0 & \cdots & 0 & a \end{vmatrix}$;

2) $\begin{vmatrix} a_1-b & a_2 & a_3 & \cdots & a_{n-1} & a_n \\ a_1 & a_2-b & a_3 & \cdots & a_{n-1} & a_n \\ \vdots & \vdots & \vdots & & \vdots & \vdots \\ a_1 & a_2 & a_3 & \cdots & a_{n-1}-b & a_n \\ a_1 & a_2 & a_3 & \cdots & a_{n-1} & a_n-b \end{vmatrix}$;

3) $\begin{vmatrix} 1 & 2 & 3 & \cdots & (n-1) & n \\ 1 & 2^2 & 3^2 & \cdots & (n-1)^2 & n^2 \\ \vdots & \vdots & \vdots & & \vdots & \vdots \\ 1 & 2^{n-1} & 3^{n-1} & \cdots & (n-1)^{n-1} & n^{n-1} \\ 1 & 2^n & 3^n & \cdots & (n-1)^n & n^n \end{vmatrix}$;

4) $\begin{vmatrix} 0 & 0 & 0 & \cdots & 0 & 1 & 0 \\ 0 & 0 & 0 & \cdots & 2 & 0 & 0 \\ \vdots & \vdots & \vdots & & \vdots & \vdots & \vdots \\ 0 & n-2 & 0 & \cdots & 0 & 0 & 0 \\ n-1 & 0 & 0 & \cdots & 0 & 0 & 0 \\ 0 & 0 & 0 & \cdots & 0 & 0 & n \end{vmatrix}$.

4. 计算下列 n 阶行列式($n \geqslant 2$):

1) $\begin{vmatrix} 2 & 1 & 0 & \cdots & 0 & 0 \\ 1 & 2 & 1 & \cdots & 0 & 0 \\ 0 & 1 & 2 & \cdots & 0 & 0 \\ \vdots & \vdots & \vdots & & \vdots & \vdots \\ 0 & 0 & 0 & \cdots & 2 & 1 \\ 0 & 0 & 0 & \cdots & 1 & 2 \end{vmatrix}$;

2) $\begin{vmatrix} \alpha+\beta & \alpha\beta & 0 & \cdots & 0 & 0 \\ 1 & \alpha+\beta & \alpha\beta & \cdots & 0 & 0 \\ 0 & 1 & \alpha+\beta & \cdots & 0 & 0 \\ \vdots & \vdots & \vdots & & \vdots & \vdots \\ 0 & 0 & 0 & \cdots & \alpha+\beta & \alpha\beta \\ 0 & 0 & 0 & \cdots & 1 & \alpha+\beta \end{vmatrix}$ $(\alpha \neq \beta)$.

B 组

1. 用数学归纳法计算

$$\begin{vmatrix} a_0 & -1 & 0 & \cdots & 0 & 0 \\ a_1 & x & -1 & \cdots & 0 & 0 \\ a_2 & 0 & x & \cdots & 0 & 0 \\ \vdots & \vdots & \vdots & & \vdots & \vdots \\ a_{n-1} & 0 & 0 & \cdots & x & -1 \\ a_n & 0 & 0 & \cdots & 0 & x \end{vmatrix} \quad (n \geqslant 2)$$

2.2　矩阵的基本概念与运算

在第 2.1 节中，我们曾介绍食品加工厂能否用 5 种原料配制食品的问题可化为线性方程组的求解. 而解线性方程组只与未知量的系数和常数项有关，即只与数表

$$\begin{bmatrix} 1 & 1 & 1 & 1 & 1 & 30 \\ 6 & 8 & 6 & 8 & 7 & 210 \\ 53 & 54 & 58 & 52 & 45 & 1590 \\ 17 & 24 & 14 & 15 & 10 & 480 \\ 3 & 4 & 8 & 6 & 2 & 150 \end{bmatrix}$$

有关. 矩阵概念就产生于解线性方程组，上述数表就是矩阵. 矩阵是“线性代数”中的一个最基本的概念，是研究“线性代数”中几乎所有问题的重要工具.

2.2.1　矩阵的基本概念

1) 矩阵的定义

定义 2.2.1(矩阵)　$m\times n$ 个实数 a_{ij} $(i=1,2,\cdots,m;j=1,2,\cdots,n)$ 排成 m 行、n 列的矩形阵列

$$\begin{bmatrix} a_{11} & a_{12} & \cdots & a_{1n} \\ a_{21} & a_{22} & \cdots & a_{2n} \\ \vdots & \vdots & & \vdots \\ a_{m1} & a_{m2} & \cdots & a_{mn} \end{bmatrix} \tag{1}$$

称为 $\boldsymbol{m\times n}$ **矩阵**，简称为**矩阵**. 有时将矩阵(1)式简记为 $(a_{ij})_{m\times n}$，或用英文大写字母 $\boldsymbol{A}, \boldsymbol{A}_{m\times n}$ 等表示，其中数 a_{ij} 称为矩阵 $\boldsymbol{A}$ 的**元素**或 $\boldsymbol{(i,j)}$ **元**. 当 $m=n$ 时，称 $\boldsymbol{A}$ 为 $\boldsymbol{n}$ **阶**

矩阵或 n 阶方阵.

2）矩阵的相等

定义 2.2.2（矩阵的相等） 设有两个矩阵

$$\boldsymbol{A}=(a_{ij})_{m\times n},\quad \boldsymbol{B}=(b_{ij})_{m\times n}$$

若$\forall\, i=1,2,\cdots,m$ 及 $j=1,2,\cdots,n$，有 $a_{ij}=b_{ij}$，则称 $\boldsymbol{A}$ 与 $\boldsymbol{B}$ **相等**，记为 $\boldsymbol{A}=\boldsymbol{B}$.

3）矩阵的转置

定义 2.2.3（矩阵的转置） 设有 $m\times n$ 矩阵 $\boldsymbol{A}=(a_{ij})_{m\times n}$，则称 $n\times m$ 矩阵

$$\boldsymbol{B}=\begin{bmatrix} a_{11} & a_{21} & \cdots & a_{m1}\\ a_{12} & a_{22} & \cdots & a_{m2}\\ \vdots & \vdots & & \vdots\\ a_{1n} & a_{2n} & \cdots & a_{mn}\end{bmatrix}$$

为矩阵 $\boldsymbol{A}$ 的**转置矩阵**，记为 $\boldsymbol{B}=\boldsymbol{A}^{\mathrm{T}}$（或 $\boldsymbol{A}'$）. 显见有$(\boldsymbol{A}^{\mathrm{T}})^{\mathrm{T}}=\boldsymbol{A}$.

2.2.2 常用的特殊矩阵

(1) **零矩阵**：所有元素都是 0 的矩阵，记为 $\boldsymbol{O}$ 或 $\boldsymbol{O}_{m\times n}$.

(2) **单位矩阵**：主对角元 $a_{ii}=1(i=1,2,\cdots,n)$，非主对角元皆是 0 的 n 阶矩阵，记为

$$\boldsymbol{E}=\boldsymbol{E}_{n\times n}=\begin{bmatrix} 1 & 0 & \cdots & 0\\ 0 & 1 & \cdots & 0\\ \vdots & \vdots & & \vdots\\ 0 & 0 & \cdots & 1\end{bmatrix}=\begin{bmatrix} 1 & & & O\\ & 1 & & \\ & & \ddots & \\ O & & & 1\end{bmatrix}=\begin{bmatrix} 1 & & & \\ & 1 & & \\ & & \ddots & \\ & & & 1\end{bmatrix}$$

单位矩阵有时也记为 $\boldsymbol{I}$ 或 $\boldsymbol{I}_{n\times n}$.

(3) **对角矩阵**：主对角元 $a_{ii}(i=1,2,\cdots,n)$ 不全为 0，非主对角元皆是 0 的 n 阶矩阵，记为

$$\mathrm{diag}(\lambda_1,\lambda_2,\cdots,\lambda_n)=\begin{bmatrix} \lambda_1 & & & O\\ & \lambda_2 & & \\ & & \ddots & \\ O & & & \lambda_n\end{bmatrix}=\begin{bmatrix} \lambda_1 & & & \\ & \lambda_2 & & \\ & & \ddots & \\ & & & \lambda_n\end{bmatrix}$$

(4) **数量矩阵**：主对角元 $a_{ii}=\lambda(\lambda\neq 0,i=1,2,\cdots,n)$，非主对角元皆是 0 的 n 阶矩阵，记为

$$\mathrm{diag}(\lambda,\lambda,\cdots,\lambda)=\begin{bmatrix}\lambda & & & O\\ & \lambda & & \\ & & \ddots & \\ O & & & \lambda\end{bmatrix}=\begin{bmatrix}\lambda & & & \\ & \lambda & & \\ & & \ddots & \\ & & & \lambda\end{bmatrix}$$

(5) **上三角矩阵**:满足 $i<j$ 时a_{ij}不全为 0,$i>j$ 时$a_{ij}=0$ 的 n 阶矩阵,记为

$$\begin{bmatrix}\lambda_1 & & & *\\ & \lambda_2 & & \\ & & \ddots & \\ O & & & \lambda_n\end{bmatrix}=\begin{bmatrix}\lambda_1 & & & *\\ & \lambda_2 & & \\ & & \ddots & \\ & & & \lambda_n\end{bmatrix}$$

(6) **下三角矩阵**:满足 $i>j$ 时a_{ij}不全为 0,$i<j$ 时$a_{ij}=0$ 的 n 阶矩阵,记为

$$\begin{bmatrix}\lambda_1 & & & O\\ & \lambda_2 & & \\ & & \ddots & \\ * & & & \lambda_n\end{bmatrix}=\begin{bmatrix}\lambda_1 & & & \\ & \lambda_2 & & \\ & & \ddots & \\ * & & & \lambda_n\end{bmatrix}$$

(7) **对称矩阵**:满足 $a_{ij}=a_{ji}(i,j=1,2,\cdots,n)$ 的 n 阶矩阵. 例如

$$\begin{bmatrix}1 & 2 & 3\\ 2 & 4 & 5\\ 3 & 5 & 6\end{bmatrix}$$

是三阶对称矩阵.

(8) **反对称矩阵**:满足 $a_{ij}=-a_{ji}(i,j=1,2,\cdots,n)$ 的 n 阶矩阵. 例如

$$\begin{bmatrix}0 & 2 & 3\\ -2 & 0 & 5\\ -3 & -5 & 0\end{bmatrix}$$

是三阶反对称矩阵.

(9) **列向量**:只有一列的 $m\times 1$ 矩阵,记为 $\boldsymbol{\alpha}=\begin{bmatrix}a_1\\ a_2\\ \vdots\\ a_m\end{bmatrix}=(a_1,a_2,\cdots,a_m)^{\mathrm{T}}$.

(10) **行向量**:只有一行的 $1\times n$ 矩阵,记为 $\boldsymbol{\beta}=(a_1,a_2,\cdots,a_n)$.

对于对称矩阵与反对称矩阵,应用矩阵转置的定义可得下面的定理.

定理 2.2.1 n 阶矩阵$\boldsymbol{A}$ 为对称矩阵的充要条件是$\boldsymbol{A}^{\mathrm{T}}=\boldsymbol{A}$;$n$ 阶矩阵$\boldsymbol{A}$ 为反对称矩阵的充要条件是 $\boldsymbol{A}^{\mathrm{T}}=-\boldsymbol{A}$.

2.2.3 矩阵的运算

1) 矩阵的加法与数乘

定义 2.2.4(矩阵的加法与数乘) 设有两个矩阵

$$\boldsymbol{A}=(a_{ij})_{m\times n},\quad \boldsymbol{B}=(b_{ij})_{m\times n}$$

及数 $k\in\mathbf{R}$,则矩阵 $\boldsymbol{A}$ 与 $\boldsymbol{B}$ 的加法定义为

$$\boxed{\boldsymbol{A}+\boldsymbol{B}\xlongequal{\text{def}}(a_{ij}+b_{ij})_{m\times n}}$$

数 k 与矩阵 $\boldsymbol{A}$ 的数乘定义为

$$\boxed{k\boldsymbol{A}\xlongequal{\text{def}}(ka_{ij})_{m\times n}}$$

利用矩阵的加法与数乘,可得矩阵的减法为

$$\boxed{\boldsymbol{A}-\boldsymbol{B}\xlongequal{\text{def}}\boldsymbol{A}+(-\boldsymbol{B})=(a_{ij}-b_{ij})_{m\times n}}$$

对于矩阵的加法与数乘运算,有下列性质.

定理 2.2.2 设有 $m\times n$ 矩阵 $\boldsymbol{A},\boldsymbol{B},\boldsymbol{C}$,数 $k,l\in\mathbf{R}$,则

(1) $\boldsymbol{A}+\boldsymbol{B}=\boldsymbol{B}+\boldsymbol{A}$; (加法交换律)

(2) $(\boldsymbol{A}+\boldsymbol{B})+\boldsymbol{C}=\boldsymbol{A}+(\boldsymbol{B}+\boldsymbol{C})$; (加法结合律)

(3) $\boldsymbol{A}+\boldsymbol{O}=\boldsymbol{A}$ (称 $\boldsymbol{O}$ 为零元素); (存在零元素)

(4) $\boldsymbol{A}+(-\boldsymbol{A})=\boldsymbol{O}$ (称 $-\boldsymbol{A}$ 为 $\boldsymbol{A}$ 的负元素); (存在负元素)

(5) $1\boldsymbol{A}=\boldsymbol{A}$; (单位律)

(6) $k(l\boldsymbol{A})=(kl)\boldsymbol{A}$; (数乘结合律)

(7) $k(\boldsymbol{A}+\boldsymbol{B})=k\boldsymbol{A}+k\boldsymbol{B}$; (数乘分配律 Ⅰ)

(8) $(k+l)\boldsymbol{A}=k\boldsymbol{A}+l\boldsymbol{A}$. (数乘分配律 Ⅱ)

定理 2.2.3 设有 $m\times n$ 矩阵 $\boldsymbol{A},\boldsymbol{B}$,数 $k\in\mathbf{R}$,则

(1) $(\boldsymbol{A}+\boldsymbol{B})^{\mathrm{T}}=\boldsymbol{A}^{\mathrm{T}}+\boldsymbol{B}^{\mathrm{T}}$;

(2) $(k\boldsymbol{A})^{\mathrm{T}}=k\boldsymbol{A}^{\mathrm{T}}$.

这两个定理的证明由定义直接可证,这里从略.

例 1 设 $\boldsymbol{A}=\begin{bmatrix}1&3&2\\0&4&-1\\6&1&5\end{bmatrix}$,$\boldsymbol{B}=\begin{bmatrix}2&1&3\\1&-2&0\\0&4&2\end{bmatrix}$,求 $\boldsymbol{A}-2\boldsymbol{B}$.

解 $\boldsymbol{A}-2\boldsymbol{B}=\begin{bmatrix}1-2\times 2 & 3-2\times 1 & 2-2\times 3\\ 0-2\times 1 & 4-2\times(-2) & -1-2\times 0\\ 6-2\times 0 & 1-2\times 4 & 5-2\times 2\end{bmatrix}$

$$=\begin{bmatrix}-3 & 1 & -4\\ -2 & 8 & -1\\ 6 & -7 & 1\end{bmatrix}$$

2) 矩阵的乘法

在空间解析几何中大家已知道两个三维向量的内积(即数量级) 概念,现在先来定义两个 n 维列向量(或行向量) 的内积.

定义 2.2.5 设 $\boldsymbol{\alpha}=(a_1,a_2,\cdots,a_n)^{\mathrm{T}}$,$\boldsymbol{\beta}=(b_1,b_2,\cdots,b_n)^{\mathrm{T}}(a_i,b_i\in\mathbf{R},i=1,2,\cdots,n)$,则向量 $\boldsymbol{\alpha}$ 与 $\boldsymbol{\beta}$ 的内积定义为

$$(\boldsymbol{\alpha},\boldsymbol{\beta})=\boldsymbol{\alpha}\cdot\boldsymbol{\beta}=\boldsymbol{\alpha}^{\mathrm{T}}\cdot\boldsymbol{\beta}^{\mathrm{T}}\xlongequal{\text{def}}\sum_{i=1}^{n}a_ib_i$$

若 $\boldsymbol{\alpha}^{\mathrm{T}}$ 是 n 阶矩阵 $\boldsymbol{A}$ 的第 i 行行向量,$\boldsymbol{\beta}$ 是 n 阶矩阵 $\boldsymbol{B}$ 的第 j 列列向量,则矩阵 $\boldsymbol{A}$ 的第 i 行乘矩阵 $\boldsymbol{B}$ 的第 j 列定义为

$$\boldsymbol{\alpha}^{\mathrm{T}}\boldsymbol{\beta}=(a_1,a_2,\cdots,a_n)\begin{bmatrix}b_1\\ b_2\\ \vdots\\ b_n\end{bmatrix}\xlongequal{\text{def}}\boldsymbol{\alpha}\cdot\boldsymbol{\beta}$$

定义 2.2.6(矩阵的乘法) 设有矩阵

$$\boldsymbol{A}_{m\times n}=\begin{bmatrix}a_{11} & a_{12} & \cdots & a_{1n}\\ a_{21} & a_{22} & \cdots & a_{2n}\\ \vdots & \vdots & & \vdots\\ a_{m1} & a_{m2} & \cdots & a_{mn}\end{bmatrix},\quad \boldsymbol{B}_{n\times p}=\begin{bmatrix}b_{11} & b_{12} & \cdots & b_{1p}\\ b_{21} & b_{22} & \cdots & b_{2p}\\ \vdots & \vdots & & \vdots\\ b_{n1} & b_{n2} & \cdots & b_{np}\end{bmatrix}$$

则矩阵 $\boldsymbol{A}$ 与 $\boldsymbol{B}$ 的乘积 $\boldsymbol{AB}$ 定义为

$$\boldsymbol{AB}\xlongequal{\text{def}}\begin{bmatrix}c_{11} & c_{12} & \cdots & c_{1p}\\ c_{21} & c_{22} & \cdots & c_{2p}\\ \vdots & \vdots & & \vdots\\ c_{m1} & c_{m2} & \cdots & c_{mp}\end{bmatrix}$$

其中

$$c_{ij}=(a_{i1},a_{i2},\cdots,a_{in})\begin{bmatrix}b_{1j}\\b_{2j}\\\vdots\\b_{nj}\end{bmatrix}\quad(i=1,2,\cdots,m;j=1,2,\cdots,p)$$

即 $\boldsymbol{AB}$ 的 (i,j) 元等于左矩阵 $\boldsymbol{A}$ 的第 i 行乘右矩阵 $\boldsymbol{B}$ 的第 j 列.

值得注意的是,两个矩阵 $\boldsymbol{A}$ 与 $\boldsymbol{B}$ 相乘是有条件的,这就是左矩阵 $\boldsymbol{A}$ 的列数等于右矩阵 $\boldsymbol{B}$ 的行数,它们的乘积才有意义.

定理 2.2.4 设下列矩阵满足矩阵乘法规则,则

(1) $(\boldsymbol{AB})\boldsymbol{C}=\boldsymbol{A}(\boldsymbol{BC})$; **(结合律)**

(2) $\boldsymbol{A}(\boldsymbol{B}+\boldsymbol{C})=\boldsymbol{AB}+\boldsymbol{AC}$; **(左分配律)**

(3) $(\boldsymbol{A}+\boldsymbol{B})\boldsymbol{C}=\boldsymbol{AC}+\boldsymbol{BC}$; **(右分配律)**

(4) $k(\boldsymbol{AB})=(k\boldsymbol{A})\boldsymbol{B}=\boldsymbol{A}(k\boldsymbol{B})$;

(5) $(\boldsymbol{AB})^{\mathrm{T}}=\boldsymbol{B}^{\mathrm{T}}\boldsymbol{A}^{\mathrm{T}}$.

证 (1) 设 $\boldsymbol{A}=(a_{ij})_{m\times n}$, $\boldsymbol{B}=(b_{ij})_{n\times p}$, $\boldsymbol{C}=(c_{ij})_{p\times q}$,记 $\boldsymbol{AB}=(d_{ij})_{m\times p}$, $\boldsymbol{BC}=(e_{ij})_{n\times q}$,则

$$d_{ij}=(a_{i1},a_{i2},\cdots,a_{in})\begin{bmatrix}b_{1j}\\b_{2j}\\\vdots\\b_{nj}\end{bmatrix}=\sum_{r=1}^{n}a_{ir}b_{rj},\quad e_{ij}=(b_{i1},b_{i2},\cdots,b_{ip})\begin{bmatrix}c_{1j}\\c_{2j}\\\vdots\\c_{pj}\end{bmatrix}=\sum_{k=1}^{p}b_{ik}c_{kj}$$

于是

$$(\boldsymbol{AB})\boldsymbol{C}\text{ 的}(i,j)\text{ 元}=(d_{i1},d_{i2},\cdots,d_{ip})\begin{bmatrix}c_{1j}\\c_{2j}\\\vdots\\c_{pj}\end{bmatrix}=\sum_{k=1}^{p}d_{ik}c_{kj}=\sum_{k=1}^{p}\sum_{r=1}^{n}a_{ir}b_{rk}c_{kj}\quad(2)$$

$$\boldsymbol{A}(\boldsymbol{BC})\text{ 的}(i,j)\text{ 元}=(a_{i1},a_{i2},\cdots,a_{in})\begin{bmatrix}e_{1j}\\e_{2j}\\\vdots\\e_{nj}\end{bmatrix}=\sum_{r=1}^{n}a_{ir}e_{rj}=\sum_{r=1}^{n}\sum_{k=1}^{p}a_{ir}b_{rk}c_{kj}\quad(3)$$

比较(2),(3) 两式即得所求证的结论成立.

(2) 设 $\boldsymbol{A}=(a_{ij})_{m\times n}$, $\boldsymbol{B}=(b_{ij})_{n\times p}$, $\boldsymbol{C}=(c_{ij})_{n\times q}$,则

$$\boldsymbol{A}(\boldsymbol{B}+\boldsymbol{C})\text{ 的}(i,j)\text{ 元}=(a_{i1},a_{i2},\cdots,a_{in})\begin{bmatrix}b_{1j}+c_{1j}\\b_{2j}+c_{2j}\\\vdots\\b_{nj}+c_{nj}\end{bmatrix}=\sum_{r=1}^{n}a_{ir}(b_{rj}+c_{rj})$$

$$=\sum_{r=1}^{n}a_{ir}b_{rj}+\sum_{r=1}^{n}a_{ir}c_{rj}$$

$$=(a_{i1},a_{i2},\cdots,a_{in})\begin{bmatrix}b_{1j}\\b_{2j}\\\vdots\\b_{nj}\end{bmatrix}+(a_{i1},a_{i2},\cdots,a_{in})\begin{bmatrix}c_{1j}\\c_{2j}\\\vdots\\c_{nj}\end{bmatrix}$$

$$=\boldsymbol{AB}\text{ 的}(i,j)\text{ 元}+\boldsymbol{AC}\text{ 的}(i,j)\text{ 元}$$

(3) 设 $\boldsymbol{A}=(a_{ij})_{m\times n}$，$\boldsymbol{B}=(b_{ij})_{m\times n}$，$\boldsymbol{C}=(c_{ij})_{n\times p}$，则

$$(\boldsymbol{A}+\boldsymbol{B})\boldsymbol{C}\text{ 的}(i,j)\text{ 元}=(a_{i1}+b_{i1},a_{i2}+b_{i2},\cdots,a_{in}+b_{in})\begin{bmatrix}c_{1j}\\c_{2j}\\\vdots\\c_{nj}\end{bmatrix}$$

$$=\sum_{r=1}^{n}(a_{ir}+b_{ir})c_{rj}=\sum_{r=1}^{n}a_{ir}c_{rj}+\sum_{r=1}^{n}b_{ir}c_{rj}$$

$$=(a_{i1},a_{i2},\cdots,a_{in})\begin{bmatrix}c_{1j}\\c_{2j}\\\vdots\\c_{nj}\end{bmatrix}+(b_{i1},b_{i2},\cdots,b_{in})\begin{bmatrix}c_{1j}\\c_{2j}\\\vdots\\c_{nj}\end{bmatrix}$$

$$=\boldsymbol{AC}\text{ 的}(i,j)\text{ 元}+\boldsymbol{BC}\text{ 的}(i,j)\text{ 元}$$

(4) 设 $\boldsymbol{A}=(a_{ij})_{m\times n}$，$\boldsymbol{B}=(b_{ij})_{n\times p}$，则

$$k(\boldsymbol{AB})\text{ 的}(i,j)\text{ 元}=k(a_{i1},a_{i2},\cdots,a_{in})\begin{bmatrix}b_{1j}\\b_{2j}\\\vdots\\b_{nj}\end{bmatrix}=k\sum_{r=1}^{n}a_{ir}b_{rj}$$

$$(k\boldsymbol{A})\boldsymbol{B}\text{ 的}(i,j)\text{ 元}=(ka_{i1},ka_{i2},\cdots,ka_{in})\begin{bmatrix}b_{1j}\\b_{2j}\\\vdots\\b_{nj}\end{bmatrix}=\sum_{r=1}^{n}ka_{ir}b_{rj}=k\sum_{r=1}^{n}a_{ir}b_{rj}$$

$$\boldsymbol{A}(k\boldsymbol{B})\text{ 的}(i,j)\text{ 元}=(a_{i1},a_{i2},\cdots,a_{in})\begin{bmatrix}kb_{1j}\\kb_{2j}\\\vdots\\kb_{nj}\end{bmatrix}=\sum_{r=1}^{n}a_{ir}(kb_{rj})=k\sum_{r=1}^{n}a_{ir}b_{rj}$$

比较上列三式即得所求结论.

(5) 设 $\boldsymbol{A}=(a_{ij})_{m\times n}$,$\boldsymbol{B}=(b_{ij})_{n\times p}$,则

$$(\boldsymbol{AB})^{\mathrm{T}}\text{ 的}(i,j)\text{ 元}=\boldsymbol{AB}\text{ 的}(j,i)\text{ 元}=(a_{j1},a_{j2},\cdots,a_{jn})\begin{bmatrix}b_{1i}\\b_{2i}\\\vdots\\b_{ni}\end{bmatrix}=\sum_{r=1}^{n}a_{jr}b_{ri}\quad(4)$$

$$\boldsymbol{B}^{\mathrm{T}}\boldsymbol{A}^{\mathrm{T}}\text{ 的}(i,j)\text{ 元}=\begin{bmatrix}b_{1i}\\b_{2i}\\\vdots\\b_{ni}\end{bmatrix}^{\mathrm{T}}(a_{j1},a_{j2},\cdots,a_{jn})^{\mathrm{T}}=(b_{1i},b_{2i},\cdots,b_{ni})\begin{bmatrix}a_{j1}\\a_{j2}\\\vdots\\a_{jn}\end{bmatrix}=\sum_{r=1}^{n}b_{ri}a_{jr}\quad(5)$$

比较(4),(5) 两式即得所求结论. □

例 2 设 $\boldsymbol{A}=\begin{bmatrix}3&0\\1&2\\2&-1\end{bmatrix}$,$\boldsymbol{B}=\begin{bmatrix}1&2&3\\-1&1&0\end{bmatrix}$,求 $\boldsymbol{AB}$,$\boldsymbol{BA}$.

解 根据矩阵的乘法的定义,有

$$\boldsymbol{AB}=\begin{bmatrix}3&0\\1&2\\2&-1\end{bmatrix}\begin{bmatrix}1&2&3\\-1&1&0\end{bmatrix}$$

$$=\begin{bmatrix}3\times1+0\times(-1)&3\times2+0\times1&3\times3+0\times0\\1\times1+2\times(-1)&1\times2+2\times1&1\times3+2\times0\\2\times1+(-1)\times(-1)&2\times2+(-1)\times1&2\times3+(-1)\times0\end{bmatrix}$$

$$=\begin{bmatrix}3&6&9\\-1&4&3\\3&3&6\end{bmatrix}$$

$$\boldsymbol{BA}=\begin{bmatrix}1&2&3\\-1&1&0\end{bmatrix}\begin{bmatrix}3&0\\1&2\\2&-1\end{bmatrix}$$

$$=\begin{bmatrix}1\times3+2\times1+3\times2 & 1\times0+2\times2+3\times(-1)\\(-1)\times3+1\times1+0\times2 & (-1)\times0+1\times2+0\times(-1)\end{bmatrix}$$

$$=\begin{bmatrix}11 & 1\\-2 & 2\end{bmatrix}$$

例 3　设 $\boldsymbol{A}=\begin{bmatrix}0 & 1\\0 & -1\end{bmatrix}$,$\boldsymbol{B}=\begin{bmatrix}1 & -1\\0 & 0\end{bmatrix}$,$\boldsymbol{C}=\begin{bmatrix}1 & 2\\1 & 0\end{bmatrix}$,求 $\boldsymbol{AB}$,$\boldsymbol{BA}$,$\boldsymbol{BC}$.

解　根据矩阵的乘法的定义,有

$$\boldsymbol{AB}=\begin{bmatrix}0 & 1\\0 & -1\end{bmatrix}\begin{bmatrix}1 & -1\\0 & 0\end{bmatrix}=\begin{bmatrix}0\times1+1\times0 & 0\times(-1)+1\times0\\0\times1+(-1)\times0 & 0\times(-1)+(-1)\times0\end{bmatrix}$$

$$=\begin{bmatrix}0 & 0\\0 & 0\end{bmatrix}$$

$$\boldsymbol{BA}=\begin{bmatrix}1 & -1\\0 & 0\end{bmatrix}\begin{bmatrix}0 & 1\\0 & -1\end{bmatrix}=\begin{bmatrix}1\times0+(-1)\times0 & 1\times1+(-1)\times(-1)\\0\times0+0\times0 & 0\times1+0\times(-1)\end{bmatrix}$$

$$=\begin{bmatrix}0 & 2\\0 & 0\end{bmatrix}$$

$$\boldsymbol{BC}=\begin{bmatrix}1 & -1\\0 & 0\end{bmatrix}\begin{bmatrix}1 & 2\\1 & 0\end{bmatrix}=\begin{bmatrix}1\times1+(-1)\times1 & 1\times2+(-1)\times0\\0\times1+0\times1 & 0\times2+0\times0\end{bmatrix}=\begin{bmatrix}0 & 2\\0 & 0\end{bmatrix}$$

由例 3 可以看出三个重要事实:第一,矩阵乘法不满足交换律(此例中,$\boldsymbol{AB}\neq\boldsymbol{BA}$);第二,两个矩阵的乘积为零矩阵时,不能推出这两个矩阵中至少有一个为零矩阵(此例中,$\boldsymbol{AB}=\boldsymbol{O}$,但 $\boldsymbol{A}$ 与 $\boldsymbol{B}$ 皆是非零矩阵);第三,矩阵乘法不满足消去律(此例中,$\boldsymbol{BA}=\boldsymbol{BC}$,但 $\boldsymbol{A}\neq\boldsymbol{C}$).

例 4　设 $\boldsymbol{A}=(a_{ij})_{m\times n}$,$\boldsymbol{x}=(x_1,x_2,\cdots,x_n)^{\mathrm{T}}$,$\boldsymbol{y}=(y_1,y_2,\cdots,y_n)^{\mathrm{T}}$,求 $\boldsymbol{xy}^{\mathrm{T}}$,$\boldsymbol{x}^{\mathrm{T}}\boldsymbol{y}$,$\boldsymbol{Ax}$.

解　$\boldsymbol{xy}^{\mathrm{T}}=(x_1,x_2,\cdots,x_n)^{\mathrm{T}}(y_1,y_2,\cdots,y_n)=\begin{bmatrix}x_1\\x_2\\\vdots\\x_n\end{bmatrix}(y_1,y_2,\cdots,y_n)$

$$=\begin{bmatrix}x_1y_1 & x_1y_2 & \cdots & x_1y_n\\x_2y_1 & x_2y_2 & \cdots & x_2y_n\\\vdots & \vdots & & \vdots\\x_ny_1 & x_ny_2 & \cdots & x_ny_n\end{bmatrix}$$

$$\boldsymbol{x}^{\mathrm{T}}\boldsymbol{y}=(x_1,x_2,\cdots,x_n)(y_1,y_2,\cdots,y_n)^{\mathrm{T}}=(x_1,x_2,\cdots,x_n)\begin{bmatrix}y_1\\y_2\\\vdots\\y_n\end{bmatrix}$$

$$=x_1y_1+x_2y_2+\cdots+x_ny_n$$

$$\boldsymbol{A}\boldsymbol{x}=\begin{bmatrix}a_{11}&a_{12}&\cdots&a_{1n}\\a_{21}&a_{22}&\cdots&a_{2n}\\\vdots&\vdots&&\vdots\\a_{m1}&a_{m2}&\cdots&a_{mn}\end{bmatrix}\begin{bmatrix}x_1\\x_2\\\vdots\\x_n\end{bmatrix}=\begin{bmatrix}a_{11}x_1+a_{12}x_2+\cdots+a_{1n}x_n\\a_{21}x_1+a_{22}x_2+\cdots+a_{2n}x_n\\\vdots\\a_{m1}x_1+a_{m2}x_2+\cdots+a_{mn}x_n\end{bmatrix}$$

3) 矩阵的幂

设 $\boldsymbol{A}$ 为 n 阶矩阵，$k\in\mathbf{N}^*$，我们称

$$\boldsymbol{A}^k\overset{\text{def}}{=\!=}\underbrace{\boldsymbol{A}\boldsymbol{A}\cdots\boldsymbol{A}}_{k个}$$

为矩阵 $\boldsymbol{A}$ 的 k 次幂.

2.2.4 分块矩阵

1) 矩阵的分块

矩阵的分块是矩阵运算中常用的一种技巧，尤其是在处理一些高阶的矩阵时，会给运算带来极大的方便.

设 $\boldsymbol{A}$ 是一个矩阵，我们在它的行或列之间加上一些虚直线，把矩阵分成若干小块，便得到一个分块矩阵. 例如矩阵

$$\boldsymbol{A}=\left[\begin{array}{cc:cc}1&0&3&4\\0&2&5&6\\\hdashline 3&4&0&0\end{array}\right]$$

我们可以把它分成 4 块为

$$\boldsymbol{A}=\begin{bmatrix}\boldsymbol{A}_{11}&\boldsymbol{A}_{12}\\\boldsymbol{A}_{21}&\boldsymbol{A}_{22}\end{bmatrix}$$

其中

$$\boldsymbol{A}_{11}=\begin{bmatrix}1&0\\0&2\end{bmatrix},\quad \boldsymbol{A}_{12}=\begin{bmatrix}3&4\\5&6\end{bmatrix},\quad \boldsymbol{A}_{21}=[3\quad 4],\quad \boldsymbol{A}_{22}=[0\quad 0]$$

一般的，对于 $m\times n$ 矩阵

$$A=\begin{bmatrix}a_{11} & a_{12} & \cdots & a_{1n}\\ a_{21} & a_{22} & \cdots & a_{2n}\\ \vdots & \vdots & & \vdots\\ a_{m1} & a_{m2} & \cdots & a_{mn}\end{bmatrix}$$

在 $\boldsymbol{A}$ 的行之间划$(k-1)$条横线($(1\leqslant k\leqslant m)$,在 $\boldsymbol{A}$ 的列之间划$(l-1)$条竖线$(1\leqslant l\leqslant n)$,可把 $\boldsymbol{A}$ 分为 kl 块,得到分块矩阵

$$\boldsymbol{A}=\begin{bmatrix}\boldsymbol{A}_{11} & \boldsymbol{A}_{12} & \cdots & \boldsymbol{A}_{1l}\\ \boldsymbol{A}_{21} & \boldsymbol{A}_{22} & \cdots & \boldsymbol{A}_{2l}\\ \vdots & \vdots & & \vdots\\ \boldsymbol{A}_{k1} & \boldsymbol{A}_{k2} & \cdots & \boldsymbol{A}_{kl}\end{bmatrix} \tag{6}$$

其中 $\boldsymbol{A}_{ij}(i=1,2,\cdots,k;j=1,2,\cdots,l)$ 都是矩阵. 我们称(6)式为分块矩阵 $\boldsymbol{A}$ 的一个**分法**.

2) 分块矩阵的加法与数乘

设 $\boldsymbol{A},\boldsymbol{B}$ 是两个 $m\times n$ 矩阵,用同样的分法将 $\boldsymbol{A},\boldsymbol{B}$ 分块为

$$\boldsymbol{A}=\begin{bmatrix}\boldsymbol{A}_{11} & \boldsymbol{A}_{12} & \cdots & \boldsymbol{A}_{1l}\\ \boldsymbol{A}_{21} & \boldsymbol{A}_{22} & \cdots & \boldsymbol{A}_{2l}\\ \vdots & \vdots & & \vdots\\ \boldsymbol{A}_{k1} & \boldsymbol{A}_{k2} & \cdots & \boldsymbol{A}_{kl}\end{bmatrix},\quad \boldsymbol{B}=\begin{bmatrix}\boldsymbol{B}_{11} & \boldsymbol{B}_{12} & \cdots & \boldsymbol{B}_{1l}\\ \boldsymbol{B}_{21} & \boldsymbol{B}_{22} & \cdots & \boldsymbol{B}_{2l}\\ \vdots & \vdots & & \vdots\\ \boldsymbol{B}_{k1} & \boldsymbol{B}_{k2} & \cdots & \boldsymbol{B}_{kl}\end{bmatrix}$$

应用矩阵的加法与数乘,有

$$\boldsymbol{A}+\boldsymbol{B}=\begin{bmatrix}\boldsymbol{A}_{11}+\boldsymbol{B}_{11} & \boldsymbol{A}_{12}+\boldsymbol{B}_{12} & \cdots & \boldsymbol{A}_{1l}+\boldsymbol{B}_{1l}\\ \boldsymbol{A}_{21}+\boldsymbol{B}_{21} & \boldsymbol{A}_{22}+\boldsymbol{B}_{22} & \cdots & \boldsymbol{A}_{2l}+\boldsymbol{B}_{2l}\\ \vdots & \vdots & & \vdots\\ \boldsymbol{A}_{k1}+\boldsymbol{B}_{k1} & \boldsymbol{A}_{k2}+\boldsymbol{B}_{k2} & \cdots & \boldsymbol{A}_{kl}+\boldsymbol{B}_{kl}\end{bmatrix}$$

$$a\boldsymbol{A}=\begin{bmatrix}a\boldsymbol{A}_{11} & a\boldsymbol{A}_{12} & \cdots & a\boldsymbol{A}_{1l}\\ a\boldsymbol{A}_{21} & a\boldsymbol{A}_{22} & \cdots & a\boldsymbol{A}_{2l}\\ \vdots & \vdots & & \vdots\\ a\boldsymbol{A}_{k1} & a\boldsymbol{A}_{k2} & \cdots & a\boldsymbol{A}_{kl}\end{bmatrix}\quad (a\in\mathbf{R})$$

3) 分块矩阵的乘法

为了说明矩阵的分块乘法,我们先看一个例子.

例 5 设 $A=\begin{bmatrix}1&0&0&0&0\\0&1&0&0&0\\0&0&1&0&0\\1&2&3&1&0\\4&5&6&0&1\end{bmatrix}$，$B=\begin{bmatrix}1&2\\3&4\\5&6\\7&8\\9&0\end{bmatrix}$，求 AB.

解 首先应用矩阵的乘法，我们有

$$AB=\begin{bmatrix}1&0&0&0&0\\0&1&0&0&0\\0&0&1&0&0\\1&2&3&1&0\\4&5&6&0&1\end{bmatrix}\begin{bmatrix}1&2\\3&4\\5&6\\7&8\\9&0\end{bmatrix}=\begin{bmatrix}1&2\\3&4\\5&6\\29&36\\58&64\end{bmatrix}$$

为了用矩阵的分块乘法，我们观察到矩阵 A 的左上角是一个三阶单位矩阵，右下角是一个二阶单位矩阵，所以可将矩阵 A,B 如下分块：

$$A=\left[\begin{array}{ccc|cc}1&0&0&0&0\\0&1&0&0&0\\0&0&1&0&0\\\hline 1&2&3&1&0\\4&5&6&0&1\end{array}\right]=\begin{bmatrix}A_{11}&A_{12}\\A_{21}&A_{22}\end{bmatrix},\quad B=\left[\begin{array}{cc}1&2\\3&4\\5&6\\\hline 7&8\\9&0\end{array}\right]=\begin{bmatrix}B_{11}\\B_{21}\end{bmatrix}$$

其中

$$A_{11}=\begin{bmatrix}1&0&0\\0&1&0\\0&0&1\end{bmatrix},\quad A_{12}=\begin{bmatrix}0&0\\0&0\\0&0\end{bmatrix},\quad A_{21}=\begin{bmatrix}1&2&3\\4&5&6\end{bmatrix},\quad A_{22}=\begin{bmatrix}1&0\\0&1\end{bmatrix}$$

$$B_{11}=\begin{bmatrix}1&2\\3&4\\5&6\end{bmatrix},\quad B_{21}=\begin{bmatrix}7&8\\9&0\end{bmatrix}$$

下面我们将分块矩阵的小块看作矩阵的元素，按照通常矩阵的乘法把 A,B 相乘.用式子表出就是

$$AB=\begin{bmatrix}A_{11}&A_{12}\\A_{21}&A_{22}\end{bmatrix}\begin{bmatrix}B_{11}\\B_{21}\end{bmatrix}=\begin{bmatrix}A_{11}B_{11}+A_{12}B_{21}\\A_{21}B_{11}+A_{22}B_{21}\end{bmatrix}$$

由于

$$A_{11}B_{11}+A_{12}B_{21}=\begin{bmatrix}1&0&0\\0&1&0\\0&0&1\end{bmatrix}\begin{bmatrix}1&2\\3&4\\5&6\end{bmatrix}+\begin{bmatrix}0&0\\0&0\\0&0\end{bmatrix}\begin{bmatrix}7&8\\9&0\end{bmatrix}=\begin{bmatrix}1&2\\3&4\\5&6\end{bmatrix}$$

$$\boldsymbol{A}_{21}\boldsymbol{B}_{11}+\boldsymbol{A}_{22}\boldsymbol{B}_{21}=\begin{bmatrix}1 & 2 & 3\\4 & 5 & 6\end{bmatrix}\begin{bmatrix}1 & 2\\3 & 4\\5 & 6\end{bmatrix}+\begin{bmatrix}1 & 0\\0 & 1\end{bmatrix}\begin{bmatrix}7 & 8\\9 & 0\end{bmatrix}$$

$$=\begin{bmatrix}22 & 28\\49 & 64\end{bmatrix}+\begin{bmatrix}7 & 8\\9 & 0\end{bmatrix}=\begin{bmatrix}29 & 36\\58 & 64\end{bmatrix}$$

于是

$$\boldsymbol{AB}=\begin{bmatrix}\boldsymbol{A}_{11}\boldsymbol{B}_{11}+\boldsymbol{A}_{12}\boldsymbol{B}_{21}\\\boldsymbol{A}_{21}\boldsymbol{B}_{11}+\boldsymbol{A}_{22}\boldsymbol{B}_{21}\end{bmatrix}=\begin{bmatrix}1 & 2\\3 & 4\\5 & 6\\29 & 36\\58 & 64\end{bmatrix}$$

两种算法的结果显然是相同的.

下面我们来分析一下例 5 中矩阵分块的规则. 为了矩阵小块相乘满足乘法规则,左矩阵 $\boldsymbol{A}$ 中列的分法是 5 列分为 3 列 + 2 列;右矩阵 $\boldsymbol{B}$ 中行的分法是 5 行分为 3 行 + 2 行. 即左矩阵 $\boldsymbol{A}$ 的列的分法与右矩阵 $\boldsymbol{B}$ 的行的分法相同. 对于左矩阵 $\boldsymbol{A}$ 的行如何分没有要求,对于右矩阵 $\boldsymbol{B}$ 的列如何分没有要求.

下面来看一般情况. 设 $\boldsymbol{A}$ 是一个 $m\times n$ 矩阵,$\boldsymbol{B}$ 是一个 $n\times p$ 矩阵,将矩阵 $\boldsymbol{A}$ 与 $\boldsymbol{B}$ 按下法分块,其中矩阵 $\boldsymbol{A}$ 的列的分法与矩阵 $\boldsymbol{B}$ 的行的分法相同:

$$\boldsymbol{A}=\begin{array}{c}\begin{array}{cccc}n_1 & n_2 & \cdots & n_l\end{array}\\\begin{bmatrix}\boldsymbol{A}_{11} & \boldsymbol{A}_{12} & \cdots & \boldsymbol{A}_{1l}\\\boldsymbol{A}_{21} & \boldsymbol{A}_{22} & \cdots & \boldsymbol{A}_{2l}\\\vdots & \vdots & & \vdots\\\boldsymbol{A}_{k1} & \boldsymbol{A}_{k2} & \cdots & \boldsymbol{A}_{kl}\end{bmatrix}\end{array}\begin{array}{c}\\m_1\\m_2\\\vdots\\m_k\end{array},\quad \boldsymbol{B}=\begin{array}{c}\begin{array}{cccc}p_1 & p_2 & \cdots & p_s\end{array}\\\begin{bmatrix}\boldsymbol{B}_{11} & \boldsymbol{B}_{12} & \cdots & \boldsymbol{B}_{1s}\\\boldsymbol{B}_{21} & \boldsymbol{B}_{22} & \cdots & \boldsymbol{B}_{2s}\\\vdots & \vdots & & \vdots\\\boldsymbol{B}_{l1} & \boldsymbol{B}_{l2} & \cdots & \boldsymbol{B}_{ls}\end{bmatrix}\end{array}\begin{array}{c}\\n_1\\n_2\\\vdots\\n_l\end{array}\tag{7}$$

这里矩阵上面的数 $n_1,n_2,\cdots,n_l$ 与 $p_1,p_2,\cdots,p_s$ 分别表示它们下边的小块矩阵的列数,矩阵右边的数 $m_1,m_2,\cdots,m_k$ 与 $n_1,n_2,\cdots,n_l$ 分别表示它们左边的小块矩阵的行数,因而

$$m_1+m_2+\cdots+m_k=m,\quad n_1+n_2+\cdots+n_l=n,\quad p_1+p_2+\cdots+p_s=p\tag{8}$$

根据(7) 式中分块矩阵 $\boldsymbol{A}$ 与 $\boldsymbol{B}$ 的分法,乘积 $\boldsymbol{A}_{iq}\boldsymbol{B}_{qj}\,(q=1,2,\cdots,l)$ 都有意义,且为 $m_i\times p_j$ 矩阵,它们的和 $\boldsymbol{C}_{ij}=\sum\limits_{q=1}^{l}\boldsymbol{A}_{iq}\boldsymbol{B}_{qj}$ 也是 $m_i\times p_j$ 矩阵,则计算 $\boldsymbol{AB}$ 的分块矩阵的乘法是

$$\boldsymbol{AB} = \begin{bmatrix} \boldsymbol{A}_{11} & \boldsymbol{A}_{12} & \cdots & \boldsymbol{A}_{1l} \\ \boldsymbol{A}_{21} & \boldsymbol{A}_{22} & \cdots & \boldsymbol{A}_{2l} \\ \vdots & \vdots & & \vdots \\ \boldsymbol{A}_{k1} & \boldsymbol{A}_{k2} & \cdots & \boldsymbol{A}_{kl} \end{bmatrix} \begin{bmatrix} \boldsymbol{B}_{11} & \boldsymbol{B}_{12} & \cdots & \boldsymbol{B}_{1s} \\ \boldsymbol{B}_{21} & \boldsymbol{B}_{22} & \cdots & \boldsymbol{B}_{2s} \\ \vdots & \vdots & & \vdots \\ \boldsymbol{B}_{l1} & \boldsymbol{B}_{l2} & \cdots & \boldsymbol{B}_{ls} \end{bmatrix} = \begin{bmatrix} \boldsymbol{C}_{11} & \boldsymbol{C}_{12} & \cdots & \boldsymbol{C}_{1s} \\ \boldsymbol{C}_{21} & \boldsymbol{C}_{22} & \cdots & \boldsymbol{C}_{2s} \\ \vdots & \vdots & & \vdots \\ \boldsymbol{C}_{k1} & \boldsymbol{C}_{k2} & \cdots & \boldsymbol{C}_{ks} \end{bmatrix} \tag{9}$$

其中

$$\boldsymbol{C}_{ij} = (\boldsymbol{A}_{i1}, \boldsymbol{A}_{i2}, \cdots, \boldsymbol{A}_{il}) \begin{bmatrix} \boldsymbol{B}_{1j} \\ \boldsymbol{B}_{2j} \\ \vdots \\ \boldsymbol{B}_{lj} \end{bmatrix} = \sum_{q=1}^{l} \boldsymbol{A}_{iq} \boldsymbol{B}_{qj} \quad (i = 1,2,\cdots,k; j = 1,2,\cdots,s)$$

由(8)式可知(9)式右端的矩阵是 $m \times p$ 矩阵. 可以验证:用分块矩阵的乘法与用通常矩阵乘法所得矩阵乘积是相同的(验证过程从略).

4) 对角分块矩阵的加法、数乘与乘法

设 $\boldsymbol{A}_i (i = 1,2,\cdots,s)$ 是 n_i 阶矩阵,$n_1 + n_2 + \cdots + n_s = n$,形如

$$\mathrm{diag}(\boldsymbol{A}_1, \boldsymbol{A}_2, \cdots, \boldsymbol{A}_s) \xlongequal{\text{def}} \begin{bmatrix} \boldsymbol{A}_1 & \boldsymbol{O} & \cdots & \boldsymbol{O} & \boldsymbol{O} \\ \boldsymbol{O} & \boldsymbol{A}_2 & \cdots & \boldsymbol{O} & \boldsymbol{O} \\ \vdots & \vdots & & \vdots & \vdots \\ \boldsymbol{O} & \boldsymbol{O} & \cdots & \boldsymbol{A}_{s-1} & \boldsymbol{O} \\ \boldsymbol{O} & \boldsymbol{O} & \cdots & \boldsymbol{O} & \boldsymbol{A}_s \end{bmatrix} = \begin{bmatrix} \boldsymbol{A}_1 & & & & \\ & \boldsymbol{A}_2 & & & \\ & & \ddots & & \\ & & & \boldsymbol{A}_{s-1} & \\ & & & & \boldsymbol{A}_s \end{bmatrix}$$

的分块矩阵,称为 n 阶**对角分块矩阵**,或**准对角矩阵**.

设 $\boldsymbol{A} = \mathrm{diag}(\boldsymbol{A}_1, \boldsymbol{A}_2, \cdots, \boldsymbol{A}_s)$,$\boldsymbol{B} = \mathrm{diag}(\boldsymbol{B}_1, \boldsymbol{B}_2, \cdots, \boldsymbol{B}_s)$ 是两个对角分块矩阵,且 $\boldsymbol{A}_i$ 与 $\boldsymbol{B}_i$ 为同阶矩阵($i = 1,2,\cdots,s$),应用分块矩阵的加法、数乘与乘法,可得

$$\boxed{\begin{gathered} \boldsymbol{A} + \boldsymbol{B} = \mathrm{diag}(\boldsymbol{A}_1 + \boldsymbol{B}_1, \boldsymbol{A}_2 + \boldsymbol{B}_2, \cdots, \boldsymbol{A}_s + \boldsymbol{B}_s) \\ k\boldsymbol{A} = \mathrm{diag}(k\boldsymbol{A}_1, k\boldsymbol{A}_2, \cdots, k\boldsymbol{A}_s) \quad (k \in \mathbf{R}) \\ \boldsymbol{AB} = \mathrm{diag}(\boldsymbol{A}_1\boldsymbol{B}_1, \boldsymbol{A}_2\boldsymbol{B}_2, \cdots, \boldsymbol{A}_s\boldsymbol{B}_s) \end{gathered}}$$

2.2.5 矩阵的行列式

比较一下上一节研究的行列式 $|\boldsymbol{A}|$ 和这一节研究的矩阵 $\boldsymbol{A}$:

$$|\boldsymbol{A}| = \begin{vmatrix} a_{11} & a_{12} & \cdots & a_{1n} \\ a_{21} & a_{22} & \cdots & a_{2n} \\ \vdots & \vdots & & \vdots \\ a_{n1} & a_{n2} & \cdots & a_{nn} \end{vmatrix}, \quad \boldsymbol{A} = \begin{bmatrix} a_{11} & a_{12} & \cdots & a_{1n} \\ a_{21} & a_{22} & \cdots & a_{2n} \\ \vdots & \vdots & & \vdots \\ a_{n1} & a_{n2} & \cdots & a_{nn} \end{bmatrix}$$

我们看到，它们所含的元素 $a_{ij}(i,j=1,2,\cdots,n)$ 完全相同，因此行列式才表示为 $|\boldsymbol{A}|$，所以行列式 $|\boldsymbol{A}|$ 又称为**矩阵 $\boldsymbol{A}$ 的行列式**. 值得注意的是，行列式与矩阵是两个完全不同的概念，行列式(即行列式的值)表示一个实数，而矩阵是 $m\times n$ 个实数的数表.

下面来考虑矩阵数乘、分块矩阵和矩阵乘积的行列式.

定理 2.2.5 设 $\boldsymbol{A}=(a_{ij})_{n\times n}$，$k\in\mathbf{R}$，则

$$\boxed{|k\boldsymbol{A}|=k^n|\boldsymbol{A}|}$$

证 当 $k=0$ 时，结论显然成立；当 $k\neq 0$ 时，行列式 $|k\boldsymbol{A}|$ 的每一行有公因子 k，应用行列式的性质 3，将行列式 $|k\boldsymbol{A}|$ 每一行的公因子 k 提出去，即得所求结论. □

定理 2.2.6 设 $\boldsymbol{A}$，$\boldsymbol{B}$ 分别是 m 阶与 n 阶矩阵，则

$$\boxed{\Delta=\begin{vmatrix}\boldsymbol{A} & \boldsymbol{O}\\ \boldsymbol{C}_1 & \boldsymbol{B}\end{vmatrix}=\begin{vmatrix}\boldsymbol{A} & \boldsymbol{C}_2\\ \boldsymbol{O} & \boldsymbol{B}\end{vmatrix}=|\boldsymbol{A}||\boldsymbol{B}|}\tag{10}$$

其中 $\boldsymbol{C}_1$ 是任意的 $n\times m$ 矩阵，$\boldsymbol{C}_2$ 是任意的 $m\times n$ 矩阵.

证 利用行列式的性质 1，只要证明

$$\Delta=\begin{vmatrix}\boldsymbol{A} & \boldsymbol{O}\\ \boldsymbol{C}_1 & \boldsymbol{B}\end{vmatrix}=|\boldsymbol{A}||\boldsymbol{B}|$$

就行. 下面就矩阵 $\boldsymbol{A}$ 的阶数运用数学归纳法证明. 当 $m=1$ 时，将 $\Delta=\begin{vmatrix}a_{11} & \boldsymbol{O}\\ \boldsymbol{C}_1 & \boldsymbol{B}\end{vmatrix}$ 按第 1 行展开得

$$\Delta=\begin{vmatrix}a_{11} & \boldsymbol{O}\\ \boldsymbol{C}_1 & \boldsymbol{B}\end{vmatrix}=a_{11}|\boldsymbol{B}|$$

所以(10)式对 $m=1$ 成立. 假设(10)式对 $(m-1)$ 成立，则对 m，将 $\Delta=\begin{vmatrix}\boldsymbol{A} & \boldsymbol{O}\\ \boldsymbol{C}_1 & \boldsymbol{B}\end{vmatrix}$ 按第 1 行展开得

$$\Delta=\begin{vmatrix}\boldsymbol{A} & \boldsymbol{O}\\ \boldsymbol{C}_1 & \boldsymbol{B}\end{vmatrix}=\sum_{j=1}^{m}(-1)^{1+j}a_{1j}\begin{vmatrix}\boldsymbol{D}_{1j} & \boldsymbol{O}\\ * & \boldsymbol{B}\end{vmatrix}\tag{11}$$

这里 $\boldsymbol{D}_{1j}$ 是 $(m-1)$ 阶矩阵，$|\boldsymbol{D}_{1j}|=M_{1j}$，$M_{1j}$ 为行列式 $|\boldsymbol{A}|$ 中 a_{1j} 的余子式，它是 $(m-1)$ 阶行列式；$*$ 表示某个矩阵. 依归纳假设有

$$\begin{vmatrix}\boldsymbol{D}_{1j} & \boldsymbol{O}\\ * & \boldsymbol{B}\end{vmatrix}=|\boldsymbol{D}_{1j}||\boldsymbol{B}|=M_{1j}|\boldsymbol{B}|$$

将此式代入(11)式即得

$$\Delta=\begin{vmatrix}\boldsymbol{A} & \boldsymbol{O}\\ \boldsymbol{C}_1 & \boldsymbol{B}\end{vmatrix}=\sum_{j=1}^{m}(-1)^{1+j}a_{1j}\begin{vmatrix}\boldsymbol{D}_{1j} & \boldsymbol{O}\\ * & \boldsymbol{B}\end{vmatrix}=\sum_{j=1}^{m}(-1)^{1+j}a_{1j}M_{1j}\ |\boldsymbol{B}|=|\boldsymbol{A}|\,|\boldsymbol{B}|$$

因此(10) 式对 m 成立. 于是(10) 式对一切正整数 m 成立. □

定理 2.2.7(行列式乘法定理) 设 $\boldsymbol{A},\boldsymbol{B}$ 均为 n 阶矩阵,则

$$\boxed{|\boldsymbol{AB}|=|\boldsymbol{A}|\,|\boldsymbol{B}|}$$

***证** 设

$$\boldsymbol{A}=\begin{bmatrix}a_{11} & a_{12} & \cdots & a_{1n}\\ a_{21} & a_{22} & \cdots & a_{2n}\\ \vdots & \vdots & & \vdots\\ a_{n1} & a_{n2} & \cdots & a_{nn}\end{bmatrix},\quad \boldsymbol{B}=\begin{bmatrix}b_{11} & b_{12} & \cdots & b_{1n}\\ b_{21} & b_{22} & \cdots & b_{2n}\\ \vdots & \vdots & & \vdots\\ b_{n1} & b_{n2} & \cdots & b_{nn}\end{bmatrix}$$

应用定理 2.2.6,计算下面的 $2n$ 阶行列式得

$$\Delta=\begin{vmatrix}a_{11} & a_{12} & \cdots & a_{1n} & 0 & 0 & \cdots & 0\\ a_{21} & a_{22} & \cdots & a_{2n} & 0 & 0 & \cdots & 0\\ \vdots & \vdots & & \vdots & \vdots & \vdots & & \vdots\\ a_{n1} & a_{n2} & \cdots & a_{nn} & 0 & 0 & \cdots & 0\\ -1 & 0 & \cdots & 0 & b_{11} & b_{12} & \cdots & b_{1n}\\ 0 & -1 & \cdots & 0 & b_{21} & b_{22} & \cdots & b_{2n}\\ \vdots & \vdots & & \vdots & \vdots & \vdots & & \vdots\\ 0 & 0 & \cdots & -1 & b_{n1} & b_{n2} & \cdots & b_{nn}\end{vmatrix}=\begin{vmatrix}\boldsymbol{A} & \boldsymbol{O}\\ -\boldsymbol{E} & \boldsymbol{B}\end{vmatrix}=|\boldsymbol{A}|\,|\boldsymbol{B}| \tag{12}$$

下面用行列式的等值变换求上述的 $2n$ 阶行列式. 将 Δ 的第$(n+1)$ 行,$(n+2)$ 行,…,$(n+n)$ 行分别乘以 $a_{11},a_{12},\cdots,a_{1n}$ 后统统加到 Δ 的第1行;再将 Δ 的第$(n+1)$ 行,$(n+2)$ 行,…,$(n+n)$ 行分别乘以 $a_{21},a_{22},\cdots,a_{2n}$ 后统统加到 Δ 的第 2 行;…;最后将 Δ 的第$(n+1)$ 行,$(n+2)$ 行,…,$(n+n)$ 行分别乘以 $a_{n1},a_{n2},\cdots,a_{nn}$ 后统统加到 Δ 的第 n 行,则 Δ 化为

$$\Delta=\begin{vmatrix}0 & 0 & \cdots & 0 & c_{11} & c_{12} & \cdots & c_{1n}\\ 0 & 0 & \cdots & 0 & c_{21} & c_{22} & \cdots & c_{2n}\\ \vdots & \vdots & & \vdots & \vdots & \vdots & & \vdots\\ 0 & 0 & \cdots & 0 & c_{n1} & c_{n2} & \cdots & c_{nn}\\ -1 & 0 & \cdots & 0 & b_{11} & b_{12} & \cdots & b_{1n}\\ 0 & -1 & \cdots & 0 & b_{21} & b_{22} & \cdots & b_{2n}\\ \vdots & \vdots & & \vdots & \vdots & \vdots & & \vdots\\ 0 & 0 & \cdots & -1 & b_{n1} & b_{n2} & \cdots & b_{nn}\end{vmatrix} \tag{13}$$

其中

$$c_{ij}=\sum_{k=1}^{n}a_{ik}b_{kj}=(a_{i1},a_{i2},\cdots,a_{in})\begin{bmatrix}b_{1j}\\b_{2j}\\\vdots\\b_{nj}\end{bmatrix}$$

记 $\boldsymbol{C}=(c_{ij})_{n\times n}$，则 $\boldsymbol{C}=\boldsymbol{AB}$.

对(13)式施行如下相邻两列的变换，将 Δ 的第 $(n+1)$ 列顺次与其左边的 n 个列交换，然后让新得到的行列式的第 $(n+2)$ 列顺次与其左边的 n 个列交换，…，最后让第 $2n$ 列顺次与其左边的 n 个列交换，应用行列式的性质 2 与定理 2.2.6 得

$$\begin{aligned}\Delta&=(-1)^{n^2}\begin{vmatrix}\boldsymbol{C}&\boldsymbol{O}\\\boldsymbol{B}&-\boldsymbol{E}\end{vmatrix}=(-1)^{n^2}\ |\boldsymbol{C}||-\boldsymbol{E}|=(-1)^{n^2}(-1)^{n}\ |\boldsymbol{C}|\\&=(-1)^{n^2+n}\ |\boldsymbol{C}|=|\boldsymbol{C}|\end{aligned}\tag{14}$$

因为 $\boldsymbol{C}=\boldsymbol{AB}$，由(12)式与(14)式即得

$$|\boldsymbol{AB}|=|\boldsymbol{C}|=\Delta=|\boldsymbol{A}||\boldsymbol{B}|$$

□

习题 2.2

A 组

1. 计算下列各式：

1) $\boldsymbol{A}=\begin{bmatrix}1&1\\-1&-1\end{bmatrix}$，$\boldsymbol{B}=\begin{bmatrix}1&-1\\-1&1\end{bmatrix}$，试求 $\boldsymbol{A}+\boldsymbol{B}$，$\boldsymbol{AB}$；

2) $\boldsymbol{A}=\begin{bmatrix}2&1\\3&4\end{bmatrix}$，$\boldsymbol{B}=\begin{bmatrix}5&0\\0&5\end{bmatrix}$，试求 $3\boldsymbol{A}-2\boldsymbol{B}$，$\boldsymbol{BA}$；

3) $\begin{bmatrix}2&-1\\-4&0\\3&1\end{bmatrix}\begin{bmatrix}7&-9\\-8&10\end{bmatrix}$；　　4) $\begin{bmatrix}2&1&5\\1&3&2\end{bmatrix}\begin{bmatrix}3&4\\-1&2\\2&1\end{bmatrix}$；

5) $\begin{bmatrix}3&4\\-1&2\\2&1\end{bmatrix}\begin{bmatrix}2&1&5\\1&3&2\end{bmatrix}$；　　6) $(1,2,3,4)\begin{bmatrix}x\\y\\z\\u\end{bmatrix}$；

7) $\begin{bmatrix}x\\y\\z\\u\end{bmatrix}(1,2,3,4)$.

2. 设 $\boldsymbol{A}=\begin{bmatrix}\lambda & 1 & 0\\ 0 & \lambda & 1\\ 0 & 0 & \lambda\end{bmatrix}$,试求 $\boldsymbol{A}^2,\boldsymbol{A}^3,\boldsymbol{A}^n(n\in\mathbf{N}^*,n\geqslant 4)$.

3. 判断下列各式是否正确(判错时举出反例,判对时给出证明):

1) $(\boldsymbol{A}+\boldsymbol{B})^2=\boldsymbol{A}^2+2\boldsymbol{AB}+\boldsymbol{B}^2$;

2) $(\boldsymbol{A}+\boldsymbol{B})(\boldsymbol{A}-\boldsymbol{B})=\boldsymbol{A}^2-\boldsymbol{B}^2$.

4. 设

$$\boldsymbol{A}=\begin{bmatrix}1 & 0 & 0 & 0\\ -1 & 0 & 0 & 0\\ 1 & 2 & 1 & 3\end{bmatrix},\quad \boldsymbol{B}=\begin{bmatrix}1 & 0 & 3 & 2\\ -1 & 2 & 0 & 1\\ -2 & 4 & 1 & 1\\ -1 & 1 & 5 & 3\end{bmatrix}$$

试将 $\boldsymbol{A},\boldsymbol{B}$ 适当分块后按分块乘法规则计算 $\boldsymbol{AB}$.

5. 适当分块后,求下列行列式:

1) $\begin{vmatrix}2 & 1 & 0 & 0\\ 3 & 2 & 0 & 0\\ 0 & 0 & 1 & 8\\ 0 & 0 & -1 & -6\end{vmatrix}$; 2) $\begin{vmatrix}1 & 3 & 0 & 0 & 0\\ 2 & 8 & 0 & 0 & 0\\ 0 & 9 & 1 & 0 & 1\\ 1 & 3 & 2 & 3 & 2\\ 4 & 5 & 3 & 1 & 1\end{vmatrix}$; 3) $\begin{vmatrix}4 & 3 & 1 & 2\\ 1 & 3 & 3 & 5\\ 2 & 1 & 0 & 0\\ 5 & 3 & 0 & 0\end{vmatrix}$.

6. 设

$$\boldsymbol{A}=\begin{bmatrix}2 & 1 & 0 & 0\\ 3 & 2 & 0 & 0\\ 0 & 0 & 1 & 8\\ 0 & 0 & -1 & -6\end{bmatrix},\quad \boldsymbol{B}=\begin{bmatrix}4 & 3 & 1 & 2\\ 1 & 3 & 3 & 5\\ 2 & 1 & 0 & 0\\ 5 & 3 & 0 & 0\end{bmatrix}$$

试求 $|\boldsymbol{AB}|$.

B 组

1. 设 $\boldsymbol{A},\boldsymbol{B}$ 皆为 n 阶矩阵,求证:

1) $\begin{vmatrix}\boldsymbol{E} & \boldsymbol{B}\\ \boldsymbol{A} & \boldsymbol{E}\end{vmatrix}=|\boldsymbol{E}-\boldsymbol{AB}|$;

2) $|\boldsymbol{E}-\boldsymbol{AB}|=|\boldsymbol{E}-\boldsymbol{BA}|$.

2.3　矩阵的初等变换与初等矩阵

2.3.1　初等变换

矩阵的初等变换是线性代数的非常重要的方法.我们将看到,线性代数的许多核心内容都采用矩阵的初等变换解决.

定义 2.3.1(初等变换)　矩阵的初等行(列)变换是对矩阵施行下列三类变换:

(1) 交换两行(列); (2) 用非零常数乘矩阵的某一行(列); (3) 用非零常数乘矩阵的某一行(列)后加到另一行(列)上去

矩阵的初等行变换与矩阵的初等列变换统称为**矩阵的初等变换**.矩阵 $\boldsymbol{A}$ 经初等变换化为矩阵 $\boldsymbol{B}$,称矩阵 $\boldsymbol{A}$ 与 $\boldsymbol{B}$ **等价**,记为 $\boldsymbol{A} \cong \boldsymbol{B}$.

矩阵的等价显然具有下列性质:

(1) $\boldsymbol{A} \cong \boldsymbol{A}$;　　(**自反性**)

(2) 若 $\boldsymbol{A} \cong \boldsymbol{B}$,则 $\boldsymbol{B} \cong \boldsymbol{A}$;　　(**对称性**)

(3) 若 $\boldsymbol{A} \cong \boldsymbol{B}$,$\boldsymbol{B} \cong \boldsymbol{C}$,则 $\boldsymbol{A} \cong \boldsymbol{C}$.　　(**传递性**)

对矩阵作初等变换时,为简化叙述,类似于第 2.1 节中对于行列式的变换所采用的记号,我们引进下面的记号.

(1) 对第一类变换

$\boldsymbol{A} \xrightarrow{r_i \leftrightarrow r_j} \boldsymbol{B}$ 表示:交换矩阵 $\boldsymbol{A}$ 的第 i 行与第 j 行,化为矩阵 $\boldsymbol{B}$;

$\boldsymbol{A} \xrightarrow{c_i \leftrightarrow c_j} \boldsymbol{B}$ 表示:交换矩阵 $\boldsymbol{A}$ 的第 i 列与第 j 列,化为矩阵 $\boldsymbol{B}$.

(2) 对第二类变换

$\boldsymbol{A} \xrightarrow{kr_i} \boldsymbol{B}$ 表示:用非零常数 k 乘矩阵 $\boldsymbol{A}$ 的第 i 行,化为矩阵 $\boldsymbol{B}$;

$\boldsymbol{A} \xrightarrow{kc_i} \boldsymbol{B}$ 表示:用非零常数 k 乘矩阵 $\boldsymbol{A}$ 的第 i 列,化为矩阵 $\boldsymbol{B}$.

(3) 对第三类变换

$\boldsymbol{A} \xrightarrow{r_i + kr_j} \boldsymbol{B}$ 表示:用非零常数 k 乘矩阵 $\boldsymbol{A}$ 的第 j 行加到第 i 行上去,化为矩阵 $\boldsymbol{B}$;

$\boldsymbol{A} \xrightarrow{c_i + kc_j} \boldsymbol{B}$ 表示:用非零常数 k 乘矩阵 $\boldsymbol{A}$ 的第 j 列加到第 i 列上去,化为矩阵 $\boldsymbol{B}$.

2.3.2　初等矩阵

定义 2.3.2(初等矩阵)　对 n 阶单位矩阵 $\boldsymbol{E}$ 施行一次初等变换得到的矩阵称

为 $\boldsymbol{n}$ **阶初等矩阵.**

与三类初等变换相对应,有三种类型的初等矩阵,分别用下面三种记号表示.

(1) 交换 n 阶矩阵单位 $\boldsymbol{E}$ 的第 i 行与第 j 行,等价于交换此单位矩阵 $\boldsymbol{E}$ 的第 i 列与第 j 列,记为 $\boldsymbol{E}_{ij}$,即

$$\boxed{\boldsymbol{E}\xrightarrow{r_i\leftrightarrow r_j}\boldsymbol{E}_{ij},\quad \boldsymbol{E}\xrightarrow{c_i\leftrightarrow c_j}\boldsymbol{E}_{ij}}$$

(2) 用非零常数 k 乘 n 阶单位矩阵 $\boldsymbol{E}$ 的第 i 行,等价于用非零常数 k 乘此单位矩阵 $\boldsymbol{E}$ 的第 i 列,记为 $\boldsymbol{E}_i(k)$,即

$$\boxed{\boldsymbol{E}\xrightarrow{kr_i}\boldsymbol{E}_i(k),\quad \boldsymbol{E}\xrightarrow{kc_i}\boldsymbol{E}_i(k)}$$

(3) 用非零常数 k 乘 n 阶单位矩阵 $\boldsymbol{E}$ 的第 j 行加到第 i 行上去,等价于用非零常数 k 乘此单位矩阵 $\boldsymbol{E}$ 的第 i 列加到第 j 列上去,记为 $\boldsymbol{E}_{ij}(k)$,即

$$\boxed{\boldsymbol{E}\xrightarrow{r_i+kr_j}\boldsymbol{E}_{ij}(k),\quad \boldsymbol{E}\xrightarrow{c_j+kc_i}\boldsymbol{E}_{ij}(k)}$$

第一类初等矩阵的形式为

$$\boldsymbol{E}_{ij}=\begin{bmatrix}\boldsymbol{E} & & & & & & \\ & 0 & 0 & \cdots & 0 & 1 & \\ & 0 & 1 & & O & 0 & \\ & \vdots & & \ddots & & \vdots & \\ & 0 & O & & 1 & 0 & \\ & 1 & 0 & \cdots & 0 & 0 & \\ & & & & & & \boldsymbol{E}\end{bmatrix}\begin{matrix}\\ i\\ \\ \\ \\ j\\ \\ \end{matrix}$$

这里左上角是一个$(i-1)$阶单位矩阵,右下角是一个$(n-j)$阶单位矩阵,其他空处的元素皆为 0.

第二类初等矩阵的形式为

$$\boldsymbol{E}_i(k)=\begin{bmatrix}\boldsymbol{E} & & \\ & k & \\ & & \boldsymbol{E}\end{bmatrix}\begin{matrix}\\ i\\ \\ \end{matrix}$$

这里左上角是一个$(i-1)$阶单位矩阵,右下角是一个$(n-i)$阶单位矩阵,其他空处的元素皆为 0.

第三类初等矩阵的形式为

$$
\boldsymbol{E}_{ij}(k)=\begin{bmatrix}\boldsymbol{E} & & & & & & \\ & 1 & 0 & \cdots & 0 & k & \\ & 0 & 1 & & O & 0 & \\ & \vdots & & \ddots & & \vdots & \\ & 0 & O & & 1 & 0 & \\ & 0 & 0 & \cdots & 0 & 1 & \\ & & & & & & \boldsymbol{E}\end{bmatrix}\begin{matrix} \\ i \\ \\ \\ \\ j \\ \\ \end{matrix}
$$

这里左上角是一个$(i-1)$阶单位矩阵,右下角是一个$(n-j)$阶单位矩阵,其他空处的元素皆为 0.

由初等矩阵的定义与行列式的性质,直接可得下面的定理.

定理 2.3.1 初等矩阵的行列式不等于零,且

$$
\boxed{|\boldsymbol{E}_{ij}|=-1,\quad |\boldsymbol{E}_i(k)|=k,\quad |\boldsymbol{E}_{ij}(k)|=1}
$$

定理 2.3.2 设$\boldsymbol{A}$是$m\times n$矩阵,对$\boldsymbol{A}$施行一次初等行变换等价于用对应的m阶初等矩阵左乘矩阵$\boldsymbol{A}$;对$\boldsymbol{A}$施行一次初等列变换等价于用对应的n阶初等矩阵右乘矩阵$\boldsymbol{A}$(这里对应的初等矩阵是指对单位矩阵施行与对$\boldsymbol{A}$施行的同一初等变换而得到的矩阵).

此定理的证明从略. 下面就矩阵$\boldsymbol{A}_{3\times 4}$作一演示,替代一般性证明.

例 1 设 $\boldsymbol{A}=\begin{bmatrix}a_{11} & a_{12} & a_{13} & a_{14}\\ a_{21} & a_{22} & a_{23} & a_{24}\\ a_{31} & a_{32} & a_{33} & a_{34}\end{bmatrix}$,则

$$
\boldsymbol{E}_{13}\boldsymbol{A}=\begin{bmatrix}0&0&1\\0&1&0\\1&0&0\end{bmatrix}\begin{bmatrix}a_{11} & a_{12} & a_{13} & a_{14}\\ a_{21} & a_{22} & a_{23} & a_{24}\\ a_{31} & a_{32} & a_{33} & a_{34}\end{bmatrix}=\begin{bmatrix}a_{31} & a_{32} & a_{33} & a_{34}\\ a_{21} & a_{22} & a_{23} & a_{24}\\ a_{11} & a_{12} & a_{13} & a_{14}\end{bmatrix}
$$

$$
\boldsymbol{A}\boldsymbol{E}_{13}=\begin{bmatrix}a_{11} & a_{12} & a_{13} & a_{14}\\ a_{21} & a_{22} & a_{23} & a_{24}\\ a_{31} & a_{32} & a_{33} & a_{34}\end{bmatrix}\begin{bmatrix}0&0&1&0\\0&1&0&0\\1&0&0&0\\0&0&0&1\end{bmatrix}=\begin{bmatrix}a_{13} & a_{12} & a_{11} & a_{14}\\ a_{23} & a_{22} & a_{21} & a_{24}\\ a_{33} & a_{32} & a_{31} & a_{34}\end{bmatrix}
$$

从上面两式可以看出,用三阶初等矩阵$\boldsymbol{E}_{13}$左乘$\boldsymbol{A}$等价于将$\boldsymbol{A}$的第 1 行与第 3 行交换;用四阶初等矩阵$\boldsymbol{E}_{13}$右乘$\boldsymbol{A}$等价于将$\boldsymbol{A}$的第 1 列与第 3 列交换.

$$
\boldsymbol{E}_1(k)\boldsymbol{A}=\begin{bmatrix}k&0&0\\0&1&0\\0&0&1\end{bmatrix}\begin{bmatrix}a_{11} & a_{12} & a_{13} & a_{14}\\ a_{21} & a_{22} & a_{23} & a_{24}\\ a_{31} & a_{32} & a_{33} & a_{34}\end{bmatrix}=\begin{bmatrix}ka_{11} & ka_{12} & ka_{13} & ka_{14}\\ a_{21} & a_{22} & a_{23} & a_{24}\\ a_{31} & a_{32} & a_{33} & a_{34}\end{bmatrix}
$$

$$\boldsymbol{AE}_1(k)=\begin{bmatrix}a_{11}&a_{12}&a_{13}&a_{14}\\a_{21}&a_{22}&a_{23}&a_{24}\\a_{31}&a_{32}&a_{33}&a_{34}\end{bmatrix}\begin{bmatrix}k&0&0&0\\0&1&0&0\\0&0&1&0\\0&0&0&1\end{bmatrix}=\begin{bmatrix}ka_{11}&a_{12}&a_{13}&a_{14}\\ka_{21}&a_{22}&a_{23}&a_{24}\\ka_{31}&a_{32}&a_{33}&a_{34}\end{bmatrix}$$

从上面两式可以看出，用三阶初等矩阵 $\boldsymbol{E}_1(k)$ 左乘 $\boldsymbol{A}$ 等价于用常数 k 乘矩阵 $\boldsymbol{A}$ 的第 1 行；用四阶初等矩阵 $\boldsymbol{E}_1(k)$ 右乘 $\boldsymbol{A}$ 等价于用常数 k 乘矩阵 A 的第 1 列.

$$\boldsymbol{E}_{13}(k)\boldsymbol{A}=\begin{bmatrix}1&0&k\\0&1&0\\0&0&1\end{bmatrix}\begin{bmatrix}a_{11}&a_{12}&a_{13}&a_{14}\\a_{21}&a_{22}&a_{23}&a_{24}\\a_{31}&a_{32}&a_{33}&a_{34}\end{bmatrix}$$

$$=\begin{bmatrix}a_{11}+ka_{31}&a_{12}+ka_{32}&a_{13}+ka_{33}&a_{14}+ka_{34}\\a_{21}&a_{22}&a_{23}&a_{24}\\a_{31}&a_{32}&a_{33}&a_{34}\end{bmatrix}$$

$$\boldsymbol{AE}_{13}(k)=\begin{bmatrix}a_{11}&a_{12}&a_{13}&a_{14}\\a_{21}&a_{22}&a_{23}&a_{24}\\a_{31}&a_{32}&a_{33}&a_{34}\end{bmatrix}\begin{bmatrix}1&0&k&0\\0&1&0&0\\0&0&1&0\\0&0&0&1\end{bmatrix}=\begin{bmatrix}a_{11}&a_{12}&a_{13}+ka_{11}&a_{14}\\a_{21}&a_{22}&a_{23}+ka_{21}&a_{24}\\a_{31}&a_{32}&a_{33}+ka_{31}&a_{34}\end{bmatrix}$$

从上面两式可以看出，用三阶初等矩阵 $\boldsymbol{E}_{13}(k)$ 左乘 $\boldsymbol{A}$ 等价于用常数 k 乘矩阵 $\boldsymbol{A}$ 的第 3 行后加到第 1 行去；用四阶初等矩阵 $\boldsymbol{E}_{13}(k)$ 右乘 $\boldsymbol{A}$ 等价于用常数 k 乘矩阵 $\boldsymbol{A}$ 的第 1 列后加到第 3 列去.

2.3.3 阶梯形矩阵

现在来研究矩阵经初等行变换化为阶梯形矩阵的问题."线性代数"的许多重要问题都可通过将矩阵化为阶梯形矩阵来解决.

定义 2.3.3(阶梯形矩阵) 若矩阵 $\boldsymbol{B}$ 满足下列条件：

(1) 所有零行(即全部元素均为 0 的行)在非零行的下面；

(2) 每个非零行的首非零元(从左向右看)在上一行的首非零元的右边

则称 $\boldsymbol{B}$ 为阶梯形矩阵.

例如，下列矩阵

$$\begin{bmatrix}3&6&9&2&0\\0&2&0&0&3\\0&0&1&7&1\\0&0&0&4&0\\0&0&0&0&5\end{bmatrix},\quad\begin{bmatrix}1&6&7&9&0\\0&2&4&0&9\\0&0&0&3&5\\0&0&0&0&0\end{bmatrix},\quad\begin{bmatrix}0&3&2&5&0\\0&0&6&7&8\\0&0&0&4&5\\0&0&0&0&0\end{bmatrix}$$

都是阶梯形矩阵.

定义 2.3.4(最简阶梯形矩阵) 若矩阵 $\boldsymbol{B}$ 为阶梯形矩阵,且满足下列条件:

(1) 每个非零行的首非零元(从左向右看)是 1,简称为**首 1**;
(2) 首 1 所在列的其他元素皆为 0

则称 $\boldsymbol{B}$ 为**最简阶梯形矩阵**.

例如,下列矩阵

$$\begin{bmatrix} 1 & 0 & 0 & 0 & 0 \\ 0 & 1 & 0 & 0 & 0 \\ 0 & 0 & 1 & 0 & 0 \\ 0 & 0 & 0 & 1 & 0 \\ 0 & 0 & 0 & 0 & 1 \end{bmatrix}, \quad \begin{bmatrix} 1 & 0 & 7 & 0 & 0 \\ 0 & 1 & 4 & 0 & 9 \\ 0 & 0 & 0 & 1 & 5 \\ 0 & 0 & 0 & 0 & 0 \end{bmatrix}, \quad \begin{bmatrix} 0 & 1 & 0 & 2 & 0 & 8 \\ 0 & 0 & 1 & 3 & 0 & 1 \\ 0 & 0 & 0 & 0 & 1 & 5 \\ 0 & 0 & 0 & 0 & 0 & 0 \end{bmatrix}$$

都是最简阶梯形矩阵.

下面举例说明如何将矩阵通过初等行变换化为阶梯形矩阵与最简阶梯形矩阵.

例 2 设 $\boldsymbol{A}=\begin{bmatrix} 1 & 6 & 1 & 0 & 2 & 3 \\ 2 & 8 & -6 & -5 & 2 & 7 \\ 0 & 1 & 2 & 1 & 0 & -1 \\ 1 & 4 & -3 & -2 & 2 & 5 \end{bmatrix}$,将 $\boldsymbol{A}$ 通过初等行变换化为阶梯形矩阵与最简阶梯形矩阵.

解 施行初等行变换,有

$$\boldsymbol{A}\xrightarrow[r_4-r_1]{r_2-2r_1}\begin{bmatrix} 1 & 6 & 1 & 0 & 2 & 3 \\ 0 & -4 & -8 & -5 & -2 & 1 \\ 0 & 1 & 2 & 1 & 0 & -1 \\ 0 & -2 & -4 & -2 & 0 & 2 \end{bmatrix}\xrightarrow{r_2\leftrightarrow r_3}\begin{bmatrix} 1 & 6 & 1 & 0 & 2 & 3 \\ 0 & 1 & 2 & 1 & 0 & -1 \\ 0 & -4 & -8 & -5 & -2 & 1 \\ 0 & -2 & -4 & -2 & 0 & 2 \end{bmatrix}$$

$$\xrightarrow[r_4+2r_2]{r_3+4r_2}\begin{bmatrix} 1 & 6 & 1 & 0 & 2 & 3 \\ 0 & 1 & 2 & 1 & 0 & -1 \\ 0 & 0 & 0 & -1 & -2 & -3 \\ 0 & 0 & 0 & 0 & 0 & 0 \end{bmatrix}$$

这就是所求的阶梯形矩阵.

将上述阶梯形矩阵继续施行初等行变换,有

$$\begin{bmatrix} 1 & 6 & 1 & 0 & 2 & 3 \\ 0 & 1 & 2 & 1 & 0 & -1 \\ 0 & 0 & 0 & -1 & -2 & -3 \\ 0 & 0 & 0 & 0 & 0 & 0 \end{bmatrix}\xrightarrow{-r_3}\begin{bmatrix} 1 & 6 & 1 & 0 & 2 & 3 \\ 0 & 1 & 2 & 1 & 0 & -1 \\ 0 & 0 & 0 & 1 & 2 & 3 \\ 0 & 0 & 0 & 0 & 0 & 0 \end{bmatrix}\xrightarrow{r_2-r_3}\begin{bmatrix} 1 & 6 & 1 & 0 & 2 & 3 \\ 0 & 1 & 2 & 0 & -2 & -4 \\ 0 & 0 & 0 & 1 & 2 & 3 \\ 0 & 0 & 0 & 0 & 0 & 0 \end{bmatrix}$$

$$\xrightarrow{r_1-6r_2}\begin{bmatrix}1&0&-11&0&14&27\\0&1&2&0&-2&-4\\0&0&0&1&2&3\\0&0&0&0&0&0\end{bmatrix}$$

这就是所求的最简阶梯形矩阵.

上面我们将矩阵化为阶梯形矩阵与最简阶梯形矩阵的方法具有一般性,因此有下面的定理.

定理 2.3.3 任一矩阵总可经有限次初等行变换化为阶梯形矩阵,也可化为最简阶梯形矩阵,且阶梯形矩阵中非零行的行数等于最简阶梯形矩阵中非零行的行数.

应用定理 2.3.2,定理 2.3.3 可叙述如下:对于任一矩阵 $\boldsymbol{A}$,总存在阶梯形矩阵(或最简阶梯形矩阵)$\boldsymbol{B}$ 与有限个初等矩阵 $\boldsymbol{E}_1,\boldsymbol{E}_2,\cdots,\boldsymbol{E}_k$,使得

$$\boldsymbol{E}_k\cdots\boldsymbol{E}_2\boldsymbol{E}_1\boldsymbol{A}=\boldsymbol{B}$$

矩阵 $\boldsymbol{A}$ 经有限次初等行变换化为最简阶梯形矩阵后,若继续施行初等列变换,可使零列在非零列的右边,并将首 1 所在行的其他元素也化为 0. 因此有下面的定理.

定理 2.3.4 任一 $m\times n$ 矩阵 $\boldsymbol{A}$ 经有限次初等变换总可化为下列形式的**标准型矩阵**

$$\begin{bmatrix}\boldsymbol{E}_{r\times r}&\boldsymbol{O}_{r\times(n-r)}\\\boldsymbol{O}_{(m-r)\times r}&\boldsymbol{O}_{(m-r)\times(n-r)}\end{bmatrix}$$

这里左上角是一个 r 阶单位矩阵 $\boldsymbol{E}_{r\times r}$,其他元素(如果有的话)全为 0,$r$ 为矩阵 $\boldsymbol{A}$ 的阶梯形矩阵中非零行的行数.

例如,将例 2 中的矩阵 $\boldsymbol{A}$ 化为最简阶梯形后继续施行初等列变换,有

$$\begin{bmatrix}1&0&-11&0&14&27\\0&1&2&0&-2&-4\\0&0&0&1&2&3\\0&0&0&0&0&0\end{bmatrix}\xrightarrow[c_6-27c_1]{\substack{c_3+11c_1\\c_5-14c_1}}\begin{bmatrix}1&0&0&0&0&0\\0&1&2&0&-2&-4\\0&0&0&1&2&3\\0&0&0&0&0&0\end{bmatrix}$$

$$\xrightarrow[c_6+4c_2]{\substack{c_3-2c_2\\c_5+2c_2}}\begin{bmatrix}1&0&0&0&0&0\\0&1&0&0&0&0\\0&0&0&1&2&3\\0&0&0&0&0&0\end{bmatrix}\xrightarrow[c_6-3c_4]{c_5-2c_4}\begin{bmatrix}1&0&0&0&0&0\\0&1&0&0&0&0\\0&0&0&1&0&0\\0&0&0&0&0&0\end{bmatrix}$$

$$\xrightarrow{c_3 \leftrightarrow c_4} \begin{bmatrix} 1 & 0 & 0 & 0 & 0 & 0 \\ 0 & 1 & 0 & 0 & 0 & 0 \\ 0 & 0 & 1 & 0 & 0 & 0 \\ 0 & 0 & 0 & 0 & 0 & 0 \end{bmatrix}$$

这就是与 $\boldsymbol{A}$ 等价的标准型矩阵.

习题 2.3

A 组

1. 对下列每一对矩阵 $\boldsymbol{A},\boldsymbol{B}$,求一初等矩阵 $\boldsymbol{E}$,使得 $\boldsymbol{EA}=\boldsymbol{B}$.

1) $\boldsymbol{A}=\begin{bmatrix} 2 & 0 & -1 \\ 1 & -1 & 3 \\ 0 & 1 & 2 \end{bmatrix}$,$\boldsymbol{B}=\begin{bmatrix} 2 & 0 & -1 \\ 2 & -2 & 6 \\ 0 & 1 & 2 \end{bmatrix}$;

2) $\boldsymbol{A}=\begin{bmatrix} 2 & 1 & 3 \\ -2 & 4 & 5 \\ 3 & 1 & 4 \end{bmatrix}$,$\boldsymbol{B}=\begin{bmatrix} 2 & 1 & 3 \\ 3 & 1 & 4 \\ -2 & 4 & 5 \end{bmatrix}$;

3) $\boldsymbol{A}=\begin{bmatrix} 4 & -2 & 1 \\ 1 & 0 & 2 \\ -2 & 3 & 1 \end{bmatrix}$,$\boldsymbol{B}=\begin{bmatrix} 4 & -2 & 1 \\ 1 & 0 & 2 \\ 0 & 3 & 5 \end{bmatrix}$.

2. 对下列每一对矩阵 $\boldsymbol{A},\boldsymbol{B}$,求一初等矩阵 $\boldsymbol{E}$,使得 $\boldsymbol{AE}=\boldsymbol{B}$.

1) $\boldsymbol{A}=\begin{bmatrix} 4 & 1 & 3 \\ 2 & 1 & 4 \\ 1 & 3 & 2 \end{bmatrix}$,$\boldsymbol{B}=\begin{bmatrix} 3 & 1 & 4 \\ 4 & 1 & 2 \\ 2 & 3 & 1 \end{bmatrix}$;

2) $\boldsymbol{A}=\begin{bmatrix} 2 & 4 \\ 1 & 6 \end{bmatrix}$,$\boldsymbol{B}=\begin{bmatrix} 2 & 2 \\ 1 & 3 \end{bmatrix}$;

3) $\boldsymbol{A}=\begin{bmatrix} 4 & -2 & 3 \\ -2 & 4 & 2 \\ 6 & 1 & -2 \end{bmatrix}$,$\boldsymbol{B}=\begin{bmatrix} 4 & -2 & 1 \\ -2 & 4 & 6 \\ 6 & 1 & -1 \end{bmatrix}$.

3. 应用初等行变换,将矩阵 $\begin{bmatrix} 0 & 1 & 2 & 1 & -1 \\ 1 & 2 & 0 & 3 & 1 \\ 1 & 0 & -4 & 3 & 6 \\ 2 & 3 & -2 & 9 & 9 \end{bmatrix}$ 化为阶梯形矩阵.

4. 应用初等行变换,将矩阵 $\begin{bmatrix} 0 & 0 & 1 & 2 & 0 & 6 \\ 0 & 1 & 0 & 3 & 0 & 3 \\ 0 & 1 & 1 & 5 & 1 & 9 \\ 0 & 2 & 1 & 8 & 1 & 12 \end{bmatrix}$ 化为最简阶梯形矩阵.

5. 应用初等变换,将矩阵 $\begin{bmatrix} 0 & 0 & 1 & 2 & 0 & 6 \\ 0 & 1 & 0 & 3 & 0 & 3 \\ 0 & 1 & 1 & 5 & 1 & 9 \\ 0 & 2 & 1 & 8 & 1 & 12 \end{bmatrix}$ 化为标准型矩阵.

2.4 矩阵的秩

矩阵的秩是矩阵的一个重要数量特征,“线性代数”的许多性质可用矩阵的秩来刻画.这一节介绍矩阵的秩的基本概念,有关矩阵秩的运算性质,由于需要其他线性代数知识的支持,在下一节与下一章再继续研究.

2.4.1 矩阵的秩的定义

定义 2.4.1(矩阵的秩) 设 $\boldsymbol{A}$ 是 $m\times n$ 矩阵,在 $\boldsymbol{A}$ 中任取 k 行和 k 列($1\leqslant k\leqslant \min\{m,n\}$),位于这 k 行与 k 列的交点处的 $k\times k$ 个元素不改变相对次序排成的 k 阶行列式称为 $\boldsymbol{A}$ 的一个 **k 阶子式**. 若在 $\boldsymbol{A}$ 中有一个 r 阶子式不等于零,而所有的 $(r+1)$ 阶子式(如果存在的话)皆等于零,则称**矩阵 $\boldsymbol{A}$ 的秩**为 r,记为 $\mathrm{r}(\boldsymbol{A})=r$.

由矩阵的秩的定义,直接可得下面的定理.

定理 2.4.1 设 $\boldsymbol{A}$ 是 n 阶矩阵,则

$$\boxed{\mathrm{r}(\boldsymbol{A})=n \Leftrightarrow |\boldsymbol{A}|\neq 0}$$

当 n 阶矩阵 $\boldsymbol{A}$ 的秩等于 n 时,称 $\boldsymbol{A}$ 为**满秩矩阵**.

定理 2.4.2 矩阵 $\boldsymbol{A}$ 与它的转置 $\boldsymbol{A}^{\mathrm{T}}$ 有相同的秩,即

$$\boxed{\mathrm{r}(\boldsymbol{A})=\mathrm{r}(\boldsymbol{A}^{\mathrm{T}})}$$

证 因为行列式与其转置行列式相等,所以 $\boldsymbol{A}$ 的任一 k 阶子式与 $\boldsymbol{A}^{\mathrm{T}}$ 的 k 阶子式一一对应,由矩阵的秩的定义,即得所求结论. □

例 1 求下列矩阵的秩:

(1) $\begin{bmatrix} 1 & 2 & 3 \\ 2 & 1 & 0 \\ 2 & 0 & 1 \end{bmatrix}$; (2) $\begin{bmatrix} 1 & 0 & 0 & 1 \\ 2 & 0 & 0 & 2 \\ 1 & 0 & 4 & 3 \end{bmatrix}$; (3) $\begin{bmatrix} 1 & 2 & 0 & 4 & 8 \\ 2 & 0 & 3 & 1 & 2 \\ 0 & 0 & 0 & 0 & 0 \\ 3 & 0 & 0 & 0 & 0 \end{bmatrix}$.

解　记(1)中的矩阵为 $\boldsymbol{A}$,(2)中的矩阵为 $\boldsymbol{B}$,(3)中的矩阵为 $\boldsymbol{C}$.

(1) 因为

$$\begin{vmatrix} 1 & 2 & 3 \\ 2 & 1 & 0 \\ 2 & 0 & 1 \end{vmatrix} = -9 \neq 0$$

所以 $\boldsymbol{A}$ 是满秩矩阵,$\mathrm{r}(\boldsymbol{A}) = 3$.

(2) 在 $\boldsymbol{B}$ 中取第 1,3 行与第 1,3 列得到的二阶子式 $\begin{vmatrix} 1 & 0 \\ 1 & 4 \end{vmatrix} = 4 \neq 0$;在三阶子式中,有

$$\begin{vmatrix} 1 & 0 & 1 \\ 2 & 0 & 2 \\ 1 & 4 & 3 \end{vmatrix} = -4\begin{vmatrix} 1 & 1 \\ 2 & 2 \end{vmatrix} = 0$$

其他的三阶子式都要取到第 2 列 $\begin{bmatrix} 0 \\ 0 \\ 0 \end{bmatrix}$,所以这些三阶子式也等于 0. 于是 $\mathrm{r}(\boldsymbol{B}) = 2$.

(3) 在 $\boldsymbol{C}$ 中取第 1,2,4 行与第 1,3,4 列得到的三阶子式

$$\begin{vmatrix} 1 & 0 & 4 \\ 2 & 3 & 1 \\ 3 & 0 & 0 \end{vmatrix} = 3\begin{vmatrix} 0 & 4 \\ 3 & 1 \end{vmatrix} = -36 \neq 0$$

所有的四阶子式都要取到第 3 行,而第 3 行是零行,所以 $\boldsymbol{C}$ 的所有四阶子式皆等于 0. 于是 $\mathrm{r}(\boldsymbol{C}) = 3$.

2.4.2　用初等行变换求矩阵的秩

在上一小节的例子中,我们看到利用矩阵秩的定义求矩阵的秩是很麻烦的. 这一小节介绍如何利用阶梯形矩阵求矩阵的秩,此方法的理论根据是下面的定理.

定理 2.4.3　初等变换不改变矩阵的秩,即

$$\boxed{\boldsymbol{A} \cong \boldsymbol{B} \Rightarrow \mathrm{r}(\boldsymbol{A}) = \mathrm{r}(\boldsymbol{B})}$$

证　由定理 2.4.2 有 $\mathrm{r}(\boldsymbol{A}) = \mathrm{r}(\boldsymbol{A}^{\mathrm{T}})$,所以有关秩的性质对矩阵的行成立时,对矩阵的列也成立. 故下面只证明初等行变换不改变矩阵的秩.

(1) 对矩阵 $\boldsymbol{A}$ 施行第一类初等行变换,即交换矩阵的两行得矩阵 $\boldsymbol{B}$,则 $\boldsymbol{B}$ 的任一子式或者是 $\boldsymbol{A}$ 的子式,或者是 $\boldsymbol{A}$ 的某一子式改变正负号,不会改变 $\boldsymbol{A}$ 的子式是否等于零的结论,所以第一类初等行变换不改变矩阵的秩.

(2) 对矩阵 $\boldsymbol{A}$ 施行第二类初等行变换，即将矩阵的第 i 行乘以非零常数 k 得矩阵 $\boldsymbol{B}$. 当 $\boldsymbol{B}$ 的子式不含 $\boldsymbol{B}$ 的第 i 行元素时，该子式也是 $\boldsymbol{A}$ 的子式；当 $\boldsymbol{B}$ 的子式含 $\boldsymbol{B}$ 的第 i 行元素时，该子式是 $\boldsymbol{A}$ 的某个子式的 k 倍. 所以也不会改变 $\boldsymbol{A}$ 的子式是否等于零的结论，即第二类初等行变换不改变矩阵的秩.

(3) 对矩阵 $\boldsymbol{A}$ 施行第三类初等行变换，将 $m\times n$ 矩阵 $\boldsymbol{A}$ 的第 j 行乘以常数 k 后加到第 i 行得到矩阵 $\boldsymbol{B}$，即

$$\boldsymbol{A}=\begin{bmatrix} a_{11} & a_{12} & \cdots & a_{1n} \\ \vdots & \vdots & & \vdots \\ a_{i1} & a_{i2} & \cdots & a_{in} \\ \vdots & \vdots & & \vdots \\ a_{j1} & a_{j2} & \cdots & a_{jn} \\ \vdots & \vdots & & \vdots \\ a_{m1} & a_{m2} & \cdots & a_{mn} \end{bmatrix} \xrightarrow{r_i+kr_j} \boldsymbol{B}=\begin{bmatrix} a_{11} & a_{12} & \cdots & a_{1n} \\ \vdots & \vdots & & \vdots \\ a_{i1}+ka_{j1} & a_{i2}+ka_{j2} & \cdots & a_{in}+ka_{jn} \\ \vdots & \vdots & & \vdots \\ a_{j1} & a_{j2} & \cdots & a_{jn} \\ \vdots & \vdots & & \vdots \\ a_{m1} & a_{m2} & \cdots & a_{mn} \end{bmatrix}$$

设 $\mathrm{r}(\boldsymbol{A})=r,\mathrm{r}(\boldsymbol{B})=s$，首先证明 $s\leqslant r$. 若 $r=\min\{m,n\}$，由于 $s=\mathrm{r}(\boldsymbol{B})\leqslant\min\{m,n\}$，所以 $s\leqslant r$. 若 $r<\min\{m,n\}$，则矩阵 $\boldsymbol{A}$ 与 $\boldsymbol{B}$ 中一定都有 $(r+1)$ 阶子式. 在 $\boldsymbol{B}$ 中任取一个 $(r+1)$ 阶子式，记为 D. 下面分 3 种情况证明 $D=0$.

① 若 D 中不含矩阵 $\boldsymbol{B}$ 的第 i 行的元素，则 D 也是矩阵 $\boldsymbol{A}$ 的一个 $(r+1)$ 阶子式，所以 $D=0$.

② 若 D 中含矩阵 $\boldsymbol{B}$ 的第 i 行的元素，同时含矩阵 $\boldsymbol{B}$ 的第 j 行的元素，应用行列式的性质 5 作行列式变换，可去掉 D 中所有形如 $ka_{jp}(1\leqslant p\leqslant n)$ 的项，则行列式 D 化为矩阵 $\boldsymbol{A}$ 的一个 $(r+1)$ 阶子式，所以 $D=0$.

③ 若 D 中含矩阵 $\boldsymbol{B}$ 的第 i 行的元素，但不含矩阵 $\boldsymbol{B}$ 的第 j 行的元素，应用行列式的性质 4 将行列式 D 化为两个行列式的和，即 $D=C_1\pm kC_2$，这里 C_1 与 C_2 是矩阵 $\boldsymbol{A}$ 中两个 $(r+1)$ 阶子式，由于 $C_1=C_2=0$，所以 $D=0$.

综合上述 3 种情况，可得矩阵 $\boldsymbol{B}$ 的任一 $(r+1)$ 阶子式都为 0，于是 $s\leqslant r$.

另一方面，采用初等行变换可将矩阵 $\boldsymbol{B}$ 化为 $\boldsymbol{A}$，即

$$\boldsymbol{B}\xrightarrow{r_i-kr_j}\boldsymbol{A}$$

由上面的证明可得 $r\leqslant s$.

于是 $r=s$，即 $\mathrm{r}(\boldsymbol{A})=\mathrm{r}(\boldsymbol{B})$. □

定理 2.4.4

矩阵 $\boldsymbol{A}$ 的秩 $=$ $\boldsymbol{A}$ 的阶梯形矩阵中非零行的行数

证 由于初等变换不改变矩阵的秩，所以矩阵 $\boldsymbol{A}$ 的秩等于矩阵 $\boldsymbol{A}$ 的标准型矩

阵的秩. 而矩阵 $\boldsymbol{A}$ 的标准型矩阵的秩显然等于它的左上角的单位矩阵的阶数. 应用定理 2.3.4，即得 $\boldsymbol{A}$ 的秩又等于矩阵的阶梯形矩阵中非零行的行数. □

例 2　求矩阵 $\boldsymbol{A}=\begin{bmatrix}3&7&-2&1&0&2\\2&6&0&-2&2&3\\1&0&-3&1&3&-1\\1&6&3&-3&-1&4\end{bmatrix}$ 的秩.

解　利用矩阵的初等行变换化 $\boldsymbol{A}$ 为阶梯形矩阵，有

$$\boldsymbol{A}=\begin{bmatrix}3&7&-2&1&0&2\\2&6&0&-2&2&3\\1&0&-3&1&3&-1\\1&6&3&-3&-1&4\end{bmatrix}\xrightarrow{r_1\leftrightarrow r_3}\begin{bmatrix}1&0&-3&1&3&-1\\2&6&0&-2&2&3\\3&7&-2&1&0&2\\1&6&3&-3&-1&4\end{bmatrix}$$

$$\xrightarrow[\substack{r_3-3r_1\\r_4-r_1}]{r_2-2r_1}\begin{bmatrix}1&0&-3&1&3&-1\\0&6&6&-4&-4&5\\0&7&7&-2&-9&5\\0&6&6&-4&-4&5\end{bmatrix}\xrightarrow[r_4-r_2]{r_3-r_2}\begin{bmatrix}1&0&-3&1&3&-1\\0&6&6&-4&-4&5\\0&1&1&2&-5&0\\0&0&0&0&0&0\end{bmatrix}$$

$$\xrightarrow{r_2-6r_3}\begin{bmatrix}1&0&-3&1&3&-1\\0&0&0&-16&26&5\\0&1&1&2&-5&0\\0&0&0&0&0&0\end{bmatrix}\xrightarrow{r_2\leftrightarrow r_3}\begin{bmatrix}1&0&-3&1&3&-1\\0&1&1&2&-5&0\\0&0&0&-16&26&5\\0&0&0&0&0&0\end{bmatrix}$$

于是 $\mathrm{r}(\boldsymbol{A})=3$.

习题 2.4

A 组

1. 利用矩阵的秩的定义求下列矩阵的秩：

1) $\begin{bmatrix}1&2&3\\-1&1&0\\2&-1&1\end{bmatrix}$；　2) $\begin{bmatrix}3&0&0&3\\2&0&0&2\\1&2&0&3\end{bmatrix}$；　3) $\begin{bmatrix}1&2&0&4&2\\2&0&3&0&4\\0&3&0&6&0\\0&0&0&0&0\end{bmatrix}$.

2. 求矩阵 $\begin{bmatrix}2&1&11&2\\1&0&4&-1\\11&4&56&5\\2&-1&5&-6\end{bmatrix}$ 的秩.

3. 求矩阵$\begin{bmatrix}2&0&1&3&2\\1&1&-1&2&0\\3&1&0&5&2\end{bmatrix}$的秩.

4. 求矩阵$\begin{bmatrix}1&-1&2&3&4\\2&1&-1&2&0\\-1&2&1&1&3\\3&-7&8&9&13\\1&5&-8&-5&-12\end{bmatrix}$的秩.

2.5 可逆矩阵与逆矩阵

这一节研究行列式 $|\boldsymbol{A}|\neq 0$ 的矩阵 $\boldsymbol{A}$,它在"线性代数"中有着重要的作用.

2.5.1 可逆矩阵的定义

定义 2.5.1(可逆矩阵) 设 $\boldsymbol{A}$ 是 n 阶矩阵,若存在一个 n 阶矩阵 $\boldsymbol{B}$,使得

$$\boldsymbol{AB}=\boldsymbol{BA}=\boldsymbol{E}$$

这里 $\boldsymbol{E}$ 是 n 阶单位矩阵,则称 $\boldsymbol{A}$ 为**可逆矩阵**,或称为**非奇异矩阵**,并称 $\boldsymbol{B}$ 为 $\boldsymbol{A}$ 的**逆矩阵**;否则,称 $\boldsymbol{A}$ 为**不可逆矩阵**,或称为**奇异矩阵**.

例 1 设 $\boldsymbol{A}=\begin{bmatrix}3&1\\2&1\end{bmatrix}$,$\boldsymbol{B}=\begin{bmatrix}1&-1\\-2&3\end{bmatrix}$,直接计算得

$$\begin{bmatrix}3&1\\2&1\end{bmatrix}\begin{bmatrix}1&-1\\-2&3\end{bmatrix}=\begin{bmatrix}1&-1\\-2&3\end{bmatrix}\begin{bmatrix}3&1\\2&1\end{bmatrix}=\begin{bmatrix}1&0\\0&1\end{bmatrix}$$

即

$$\boldsymbol{AB}=\boldsymbol{BA}=\boldsymbol{E}$$

据定义 2.5.1,$\boldsymbol{A}=\begin{bmatrix}3&1\\2&1\end{bmatrix}$为可逆矩阵,其逆矩阵为$\boldsymbol{B}=\begin{bmatrix}1&-1\\-2&3\end{bmatrix}$.

定理 2.5.1 若 n 阶矩阵 $\boldsymbol{A}$ 可逆,则其逆矩阵唯一.

证 设 $\boldsymbol{B},\boldsymbol{C}$ 是 $\boldsymbol{A}$ 的两个逆矩阵,则有

$$\boldsymbol{AB}=\boldsymbol{BA}=\boldsymbol{E},\quad \boldsymbol{AC}=\boldsymbol{CA}=\boldsymbol{E}$$

于是

$$\boldsymbol{B}=\boldsymbol{BE}=\boldsymbol{B}(\boldsymbol{AC})=(\boldsymbol{BA})\boldsymbol{C}=\boldsymbol{EC}=\boldsymbol{C}$$

因此 $\boldsymbol{A}$ 的逆矩阵唯一. □

基于上述定理，我们将可逆矩阵 $\boldsymbol{A}$ 的逆矩阵记为 $\boldsymbol{A}^{-1}$，并有

$$\boldsymbol{A}\boldsymbol{A}^{-1}=\boldsymbol{A}^{-1}\boldsymbol{A}=\boldsymbol{E} \tag{1}$$

由(1)式可以看出，当 $\boldsymbol{A}$ 可逆时，$\boldsymbol{A}$ 的逆矩阵 $\boldsymbol{A}^{-1}$ 也可逆，$\boldsymbol{A}^{-1}$ 的逆矩阵是 $\boldsymbol{A}$，即

$$(\boldsymbol{A}^{-1})^{-1}=\boldsymbol{A}$$

2.5.2　矩阵可逆的充要条件与伴随矩阵

并非所有的矩阵都可逆，例如矩阵 $\boldsymbol{A}=\begin{bmatrix}1&2\\0&0\end{bmatrix}$，对于任意的二阶矩阵 $\boldsymbol{B}=\begin{bmatrix}b_{11}&b_{12}\\b_{21}&b_{22}\end{bmatrix}$，由于

$$\boldsymbol{AB}=\begin{bmatrix}1&2\\0&0\end{bmatrix}\begin{bmatrix}b_{11}&b_{12}\\b_{21}&b_{22}\end{bmatrix}=\begin{bmatrix}b_{11}+2b_{21}&b_{12}+2b_{22}\\0&0\end{bmatrix}\neq\begin{bmatrix}1&0\\0&1\end{bmatrix}$$

所以 $\boldsymbol{A}$ 是不可逆矩阵.

下面讨论矩阵 $\boldsymbol{A}$ 可逆的充要条件，以及当 $\boldsymbol{A}$ 可逆时如何求 $\boldsymbol{A}$ 的逆矩阵 $\boldsymbol{A}^{-1}$. 为此引进伴随矩阵概念.

定义 2.5.2(伴随矩阵)　设 n 阶矩阵

$$\boldsymbol{A}=\begin{bmatrix}a_{11}&a_{12}&\cdots&a_{1n}\\a_{21}&a_{22}&\cdots&a_{2n}\\\vdots&\vdots&&\vdots\\a_{n1}&a_{n2}&\cdots&a_{nn}\end{bmatrix}$$

则称 n 阶矩阵

$$\boldsymbol{A}^{*}\overset{\text{def}}{=\!=}\begin{bmatrix}A_{11}&A_{21}&\cdots&A_{n1}\\A_{12}&A_{22}&\cdots&A_{n2}\\\vdots&\vdots&&\vdots\\A_{1n}&A_{2n}&\cdots&A_{nn}\end{bmatrix}=(A_{ij})_{n\times n}^{\mathrm{T}}$$

其中 A_{ij} 为 $a_{ij}(i,j=1,2,\cdots,n)$ 的代数余子式

为 $\boldsymbol{A}$ 的**伴随矩阵**.

对于伴随矩阵，我们来证明一个重要的公式.

定理 2.5.2　设 $\boldsymbol{A}$ 是 n 阶矩阵，则

$$\boxed{\boldsymbol{A}\boldsymbol{A}^{*}=\boldsymbol{A}^{*}\boldsymbol{A}=|\boldsymbol{A}|\boldsymbol{E}} \tag{2}$$

证 应用矩阵的乘法规则与行列式可按任一行展开的拉普拉斯定理及定理 2.1.8,有

$$
\boldsymbol{AA}^* = \begin{bmatrix} a_{11} & a_{12} & \cdots & a_{1n} \\ a_{21} & a_{22} & \cdots & a_{2n} \\ \vdots & \vdots & & \vdots \\ a_{n1} & a_{n2} & \cdots & a_{nn} \end{bmatrix} \begin{bmatrix} A_{11} & A_{21} & \cdots & A_{n1} \\ A_{12} & A_{22} & \cdots & A_{n2} \\ \vdots & \vdots & & \vdots \\ A_{1n} & A_{2n} & \cdots & A_{nn} \end{bmatrix}
$$

$$
= \begin{bmatrix} \sum_{k=1}^{n} a_{1k}A_{1k} & \sum_{k=1}^{n} a_{1k}A_{2k} & \cdots & \sum_{k=1}^{n} a_{1k}A_{nk} \\ \sum_{k=1}^{n} a_{2k}A_{1k} & \sum_{k=1}^{n} a_{2k}A_{2k} & \cdots & \sum_{k=1}^{n} a_{2k}A_{nk} \\ \vdots & \vdots & & \vdots \\ \sum_{k=1}^{n} a_{nk}A_{1k} & \sum_{k=1}^{n} a_{nk}A_{2k} & \cdots & \sum_{k=1}^{n} a_{nk}A_{nk} \end{bmatrix}
$$

$$
= \begin{bmatrix} |\boldsymbol{A}| & & & \\ & |\boldsymbol{A}| & & \\ & & \ddots & \\ & & & |\boldsymbol{A}| \end{bmatrix} = |\boldsymbol{A}| \begin{bmatrix} 1 & & & \\ & 1 & & \\ & & \ddots & \\ & & & 1 \end{bmatrix}
$$

$$
= |\boldsymbol{A}|\boldsymbol{E}
$$

类似的,应用矩阵的乘法规则与行列式可按任一列展开的拉普拉斯定理及定理 2.1.8,可证 $\boldsymbol{A}^*\boldsymbol{A} = |\boldsymbol{A}|\boldsymbol{E}$,此不赘述. □

下一定理不仅给出矩阵可逆的充要条件,而且给出了一个求逆矩阵的方法.

定理 2.5.3 n 阶矩阵 $\boldsymbol{A}$ 可逆的充要条件是 $|\boldsymbol{A}| \neq 0$;并且当 $|\boldsymbol{A}| \neq 0$ 时,有

$$
\boxed{\boldsymbol{A}^{-1} = \frac{1}{|\boldsymbol{A}|}\boldsymbol{A}^*} \tag{3}
$$

证 (**必要性**)当 $\boldsymbol{A}$ 可逆时,则 $\boldsymbol{AA}^{-1} = \boldsymbol{A}^{-1}\boldsymbol{A} = \boldsymbol{E}$,由行列式乘法定理,有

$$
|\boldsymbol{A}||\boldsymbol{A}^{-1}| = |\boldsymbol{A}^{-1}||\boldsymbol{A}| = |\boldsymbol{E}| = 1
$$

因此 $|\boldsymbol{A}| \neq 0$.

(**充分性**)当 $|\boldsymbol{A}| \neq 0$ 时,由(2)式可得

$$
\boldsymbol{A}\left(\frac{1}{|\boldsymbol{A}|}\boldsymbol{A}^*\right) = \left(\frac{1}{|\boldsymbol{A}|}\boldsymbol{A}^*\right)\boldsymbol{A} = \boldsymbol{E} \tag{4}
$$

所以 $\boldsymbol{A}$ 可逆,并且由(4)式可得 $\boldsymbol{A}^{-1} = \frac{1}{|\boldsymbol{A}|}\boldsymbol{A}^*$,即(3)式成立. □

运用定理 2.5.3,我们可将可逆矩阵的定义作如下改进.

定理 2.5.4　n 阶矩阵 $\boldsymbol{A}$ 可逆的充要条件是存在 n 阶矩阵 $\boldsymbol{B}$,使得

$$\boldsymbol{AB}=\boldsymbol{E}$$

且当 $\boldsymbol{AB}=\boldsymbol{E}$ 时,$\boldsymbol{A}^{-1}=\boldsymbol{B}$.

证　(**必要性**)当 $\boldsymbol{A}$ 可逆时,$\boldsymbol{AA}^{-1}=\boldsymbol{A}^{-1}\boldsymbol{A}=\boldsymbol{E}$,取 $\boldsymbol{B}=\boldsymbol{A}^{-1}$,则 $\boldsymbol{AB}=\boldsymbol{E}$.

(**充分性**)若有 n 阶矩阵 $\boldsymbol{B}$,使得 $\boldsymbol{AB}=\boldsymbol{E}$,则由行列式乘法定理,有 $|\boldsymbol{A}||\boldsymbol{B}|=|\boldsymbol{E}|=1$,所以 $|\boldsymbol{A}|\neq 0$,据定理 2.5.3 得 $\boldsymbol{A}$ 可逆.

当 $\boldsymbol{AB}=\boldsymbol{E}$ 时,由上述证明得 $\boldsymbol{A}$ 可逆,用 $\boldsymbol{A}^{-1}$ 左乘等式 $\boldsymbol{E}=\boldsymbol{AB}$ 两边,得

$$\boldsymbol{A}^{-1}=\boldsymbol{A}^{-1}\boldsymbol{E}=\boldsymbol{A}^{-1}(\boldsymbol{AB})=(\boldsymbol{A}^{-1}\boldsymbol{A})\boldsymbol{B}=\boldsymbol{B}$$ □

例 2　设 $ad-bc\neq 0$,$\boldsymbol{A}=\begin{bmatrix}a&b\\c&d\end{bmatrix}$,求 $\boldsymbol{A}^{-1}$.

解　因 $|\boldsymbol{A}|=ad-bc\neq 0$,$A_{11}=d$,$A_{12}=-c$,$A_{21}=-b$,$A_{22}=a$,于是

$$\boldsymbol{A}^{-1}=\frac{1}{|\boldsymbol{A}|}\boldsymbol{A}^{*}=\frac{1}{ad-bc}\begin{bmatrix}A_{11}&A_{21}\\A_{12}&A_{22}\end{bmatrix}=\frac{1}{ad-bc}\begin{bmatrix}d&-b\\-c&a\end{bmatrix}$$

例 3　求 $\begin{bmatrix}2&1&0\\1&1&4\\2&0&1\end{bmatrix}^{-1}$.

解　记 $\boldsymbol{A}=\begin{bmatrix}2&1&0\\1&1&4\\2&0&1\end{bmatrix}$,则

$$|\boldsymbol{A}|=\begin{vmatrix}2&1&0\\1&1&4\\2&0&1\end{vmatrix}\xlongequal{r_1-r_2}\begin{vmatrix}1&0&-4\\1&1&4\\2&0&1\end{vmatrix}=\begin{vmatrix}1&-4\\2&1\end{vmatrix}=9$$

$$A_{11}=1,\quad A_{12}=7,\quad A_{13}=-2,\quad A_{21}=-1,\quad A_{22}=2$$

$$A_{23}=2,\quad A_{31}=4,\quad A_{32}=-8,\quad A_{33}=1$$

于是

$$\boldsymbol{A}^{-1}=\frac{1}{|\boldsymbol{A}|}\begin{bmatrix}A_{11}&A_{21}&A_{31}\\A_{12}&A_{22}&A_{32}\\A_{13}&A_{23}&A_{33}\end{bmatrix}=\frac{1}{9}\begin{bmatrix}1&-1&4\\7&2&-8\\-2&2&1\end{bmatrix}$$

注　公式 $\boldsymbol{A}^{-1}=\dfrac{1}{|\boldsymbol{A}|}\boldsymbol{A}^{*}$ 提供了一个求 n 阶矩阵的逆矩阵的方法,由于此式

右边含有(n^2+1)个行列式的计算，所以当$n\geqslant 4$时，计算量很大，此法并不可取.下面我们将介绍利用矩阵的初等变换求逆矩阵的一般方法.不过，公式

$$\boldsymbol{A}\boldsymbol{A}^*=\boldsymbol{A}^*\boldsymbol{A}=|\boldsymbol{A}|\boldsymbol{E}$$

在"线性代数"的理论证明中有很多重要的应用.

例 4 设n矩阵$\boldsymbol{A},\boldsymbol{B}$满足条件$\boldsymbol{AB}-\boldsymbol{A}+2\boldsymbol{E}=\boldsymbol{O}$，求矩阵$\boldsymbol{AB}-\boldsymbol{BA}+2\boldsymbol{A}$的秩.

解 原式化为$\boldsymbol{A}\left(\frac{1}{2}(\boldsymbol{E}-\boldsymbol{B})\right)=\boldsymbol{E}$，因此$\boldsymbol{A}$可逆.在$\boldsymbol{AB}=\boldsymbol{A}-2\boldsymbol{E}$两边左乘$\boldsymbol{A}^{-1}$得$\boldsymbol{B}=\boldsymbol{E}-2\boldsymbol{A}^{-1}$，此式两边右乘$\boldsymbol{A}$得$\boldsymbol{BA}=\boldsymbol{A}-2\boldsymbol{E}$，所以$\boldsymbol{AB}-\boldsymbol{BA}+2\boldsymbol{A}=2\boldsymbol{A}$，于是

$$\mathrm{r}(\boldsymbol{AB}-\boldsymbol{BA}+2\boldsymbol{A})=\mathrm{r}(2\boldsymbol{A})=\mathrm{r}(\boldsymbol{A})=n$$

2.5.3 乘积矩阵、转置矩阵与伴随矩阵的逆矩阵

定理 2.5.5 (1) 设$\boldsymbol{A},\boldsymbol{B}$都是$n$阶可逆矩阵，则$\boldsymbol{AB}$可逆，且

$$\boxed{(\boldsymbol{AB})^{-1}=\boldsymbol{B}^{-1}\boldsymbol{A}^{-1}} \tag{5}$$

(2) 设$\boldsymbol{A}$是n阶可逆矩阵，则$\boldsymbol{A}^{\mathrm{T}}$可逆，且

$$\boxed{(\boldsymbol{A}^{\mathrm{T}})^{-1}=(\boldsymbol{A}^{-1})^{\mathrm{T}}} \tag{6}$$

(3) 设$\boldsymbol{A}$是n阶可逆矩阵，则$\boldsymbol{A}^*$可逆，且

$$\boxed{(\boldsymbol{A}^*)^{-1}=\frac{1}{|\boldsymbol{A}|}\boldsymbol{A}} \tag{7}$$

证 (1) 因

$$(\boldsymbol{AB})(\boldsymbol{B}^{-1}\boldsymbol{A}^{-1})=\boldsymbol{A}(\boldsymbol{BB}^{-1})\boldsymbol{A}^{-1}=\boldsymbol{AA}^{-1}=\boldsymbol{E}$$

所以$(\boldsymbol{AB})^{-1}=\boldsymbol{B}^{-1}\boldsymbol{A}^{-1}$.

(2) 因

$$(\boldsymbol{A}^{\mathrm{T}})(\boldsymbol{A}^{-1})^{\mathrm{T}}=(\boldsymbol{A}^{-1}\boldsymbol{A})^{\mathrm{T}}=\boldsymbol{E}^{\mathrm{T}}=\boldsymbol{E}$$

所以$(\boldsymbol{A}^{\mathrm{T}})^{-1}=(\boldsymbol{A}^{-1})^{\mathrm{T}}$.

(3) 因

$$\boldsymbol{A}^*\left(\frac{1}{|\boldsymbol{A}|}\boldsymbol{A}\right)=\frac{1}{|\boldsymbol{A}|}\boldsymbol{A}^*\boldsymbol{A}=\frac{1}{|\boldsymbol{A}|}|\boldsymbol{A}|\boldsymbol{E}=\boldsymbol{E}$$

所以$(\boldsymbol{A}^*)^{-1}=\frac{1}{|\boldsymbol{A}|}\boldsymbol{A}$. □

例 5　设 $\boldsymbol{A}_1,\boldsymbol{A}_2,\cdots,\boldsymbol{A}_s$ 都是可逆矩阵(矩阵的阶数不一定相同),求证:

(1)
$$\begin{bmatrix} \boldsymbol{A}_1 & & & \\ & \boldsymbol{A}_2 & & \\ & & \ddots & \\ & & & \boldsymbol{A}_s \end{bmatrix}^{-1} = \begin{bmatrix} \boldsymbol{A}_1^{-1} & & & \\ & \boldsymbol{A}_2^{-1} & & \\ & & \ddots & \\ & & & \boldsymbol{A}_s^{-1} \end{bmatrix} \tag{8}$$

(2)
$$\begin{bmatrix} & & & \boldsymbol{A}_1 \\ & & \boldsymbol{A}_2 & \\ & \iddots & & \\ \boldsymbol{A}_s & & & \end{bmatrix}^{-1} = \begin{bmatrix} & & & \boldsymbol{A}_s^{-1} \\ & & \iddots & \\ & \boldsymbol{A}_2^{-1} & & \\ \boldsymbol{A}_1^{-1} & & & \end{bmatrix} \tag{9}$$

解　(1) 因为

$$\begin{bmatrix} \boldsymbol{A}_1 & & & \\ & \boldsymbol{A}_2 & & \\ & & \ddots & \\ & & & \boldsymbol{A}_s \end{bmatrix} \begin{bmatrix} \boldsymbol{A}_1^{-1} & & & \\ & \boldsymbol{A}_2^{-1} & & \\ & & \ddots & \\ & & & \boldsymbol{A}_s^{-1} \end{bmatrix} = \begin{bmatrix} \boldsymbol{E}_1 & & & \\ & \boldsymbol{E}_2 & & \\ & & \ddots & \\ & & & \boldsymbol{E}_s \end{bmatrix} = \boldsymbol{E}$$

所以

$$\begin{bmatrix} \boldsymbol{A}_1 & & & \\ & \boldsymbol{A}_2 & & \\ & & \ddots & \\ & & & \boldsymbol{A}_s \end{bmatrix}^{-1} = \begin{bmatrix} \boldsymbol{A}_1^{-1} & & & \\ & \boldsymbol{A}_2^{-1} & & \\ & & \ddots & \\ & & & \boldsymbol{A}_s^{-1} \end{bmatrix}$$

(2) 因为

$$\begin{bmatrix} & & & \boldsymbol{A}_1 \\ & & \boldsymbol{A}_2 & \\ & \iddots & & \\ \boldsymbol{A}_s & & & \end{bmatrix} \begin{bmatrix} & & & \boldsymbol{A}_s^{-1} \\ & & \iddots & \\ & \boldsymbol{A}_2^{-1} & & \\ \boldsymbol{A}_1^{-1} & & & \end{bmatrix} = \begin{bmatrix} \boldsymbol{E}_1 & & & \\ & \boldsymbol{E}_2 & & \\ & & \ddots & \\ & & & \boldsymbol{E}_s \end{bmatrix} = \boldsymbol{E}$$

所以

$$\begin{bmatrix} & & & \boldsymbol{A}_1 \\ & & \boldsymbol{A}_2 & \\ & \iddots & & \\ \boldsymbol{A}_s & & & \end{bmatrix}^{-1} = \begin{bmatrix} & & & \boldsymbol{A}_s^{-1} \\ & & \iddots & \\ & \boldsymbol{A}_2^{-1} & & \\ \boldsymbol{A}_1^{-1} & & & \end{bmatrix}$$
□

例 6　求三类初等矩阵 $\boldsymbol{E}_{ij}$，$\boldsymbol{E}_i(k)$，$\boldsymbol{E}_{ij}(k)$ 的逆矩阵.

解　(1) 将初等矩阵视为分块矩阵，应用例 5 中的公式(9) 得

$$\begin{bmatrix}0&0&\cdots&0&1\\0&1&&\boldsymbol{O}&0\\\vdots&&\ddots&&\vdots\\0&\boldsymbol{O}&&1&0\\1&0&\cdots&0&0\end{bmatrix}^{-1}=\begin{bmatrix}0&0&\cdots&0&1\\0&1&&\boldsymbol{O}&0\\\vdots&&\ddots&&\vdots\\0&\boldsymbol{O}&&1&0\\1&0&\cdots&0&0\end{bmatrix}$$

再应用例 5 中的公式(8) 得

$$(\boldsymbol{E}_{ij})^{-1}=\left(\begin{bmatrix}\boldsymbol{E}&&\\&\begin{bmatrix}0&0&\cdots&0&1\\0&1&&\boldsymbol{O}&0\\\vdots&&\ddots&&\vdots\\0&\boldsymbol{O}&&1&0\\1&0&\cdots&0&0\end{bmatrix}&\\&&\boldsymbol{E}\end{bmatrix}\begin{matrix}(i)\\ \\ \\ \\(j)\end{matrix}\right)^{-1}=\begin{bmatrix}\boldsymbol{E}&&\\&\begin{matrix}0&0&\cdots&0&1\\0&1&&\boldsymbol{O}&0\\\vdots&&\ddots&&\vdots\\0&\boldsymbol{O}&&1&0\\1&0&\cdots&0&0\end{matrix}&\\&&\boldsymbol{E}\end{bmatrix}\begin{matrix}(i)\\ \\ \\ \\(j)\end{matrix}=\boldsymbol{E}_{ij}$$

(2) 将初等矩阵视为分块矩阵，应用例 5 中的公式(8) 得

$$(\boldsymbol{E}_i(k))^{-1}=\left(\begin{bmatrix}\boldsymbol{E}&&\\&k&\\&&\boldsymbol{E}\end{bmatrix}(i)\right)^{-1}=\begin{bmatrix}\boldsymbol{E}&&\\&\dfrac{1}{k}&\\&&\boldsymbol{E}\end{bmatrix}(i)=\boldsymbol{E}_i\left(\frac{1}{k}\right)$$

(3) 由于 $\begin{bmatrix}1&0&\cdots&0&k\\0&1&&\boldsymbol{O}&0\\\vdots&&\ddots&&\vdots\\0&\boldsymbol{O}&&1&0\\0&0&\cdots&0&1\end{bmatrix}\begin{bmatrix}1&0&\cdots&0&-k\\0&1&&\boldsymbol{O}&0\\\vdots&&\ddots&&\vdots\\0&\boldsymbol{O}&&1&0\\0&0&\cdots&0&1\end{bmatrix}=\boldsymbol{E}$，所以

$$\begin{bmatrix}1&0&\cdots&0&k\\0&1&&\boldsymbol{O}&0\\\vdots&&\ddots&&\vdots\\0&\boldsymbol{O}&&1&0\\0&0&\cdots&0&1\end{bmatrix}^{-1}=\begin{bmatrix}1&0&\cdots&0&-k\\0&1&&\boldsymbol{O}&0\\\vdots&&\ddots&&\vdots\\0&\boldsymbol{O}&&1&0\\0&0&\cdots&0&1\end{bmatrix}$$

将初等矩阵 $\boldsymbol{E}_{ij}(k)$ 视为分块矩阵，应用例 5 中的公式(8) 得

$$(\boldsymbol{E}_{ij}(k))^{-1}=\left(\begin{bmatrix}\boldsymbol{E}&&&&&&\\&\begin{bmatrix}1&0&\cdots&0&k\\0&1&&\boldsymbol{O}&0\\\vdots&&\ddots&&\vdots\\0&\boldsymbol{O}&&1&0\\0&0&\cdots&0&1\end{bmatrix}&\begin{matrix}(i)\\\\\\\\(j)\end{matrix}\\&&\boldsymbol{E}\end{bmatrix}\right)^{-1}$$

$$=\begin{bmatrix}\boldsymbol{E}&&&&&&\\&1&0&\cdots&0&-k&\\&0&1&&\boldsymbol{O}&0&\\&\vdots&&\ddots&&\vdots&\\&0&\boldsymbol{O}&&1&0&\\&0&0&\cdots&0&1&\\&&&&&&\boldsymbol{E}\end{bmatrix}\begin{matrix}(i)\\\\\\\\(j)\end{matrix}=\boldsymbol{E}_{ij}(-k)$$

例 7 设 $\boldsymbol{A}$ 为三阶矩阵,将 $\boldsymbol{A}$ 的第 2 列加到第 1 列得矩阵 $\boldsymbol{B}$,再交换 $\boldsymbol{B}$ 的第 2 行与第 3 行得单位矩阵,记 $\boldsymbol{E}_1=\begin{bmatrix}1&0&0\\1&1&0\\0&0&1\end{bmatrix}$,$\boldsymbol{E}_2=\begin{bmatrix}1&0&0\\0&0&1\\0&1&0\end{bmatrix}$,求矩阵 $\boldsymbol{A}$.

解 由题意得 $\boldsymbol{E}_2\boldsymbol{A}\boldsymbol{E}_1=\boldsymbol{E}$,所以 $\boldsymbol{A}=\boldsymbol{E}_2^{-1}\boldsymbol{E}\boldsymbol{E}_1^{-1}$. 由于

$$\boldsymbol{E}_1^{-1}=\begin{bmatrix}1&0&0\\-1&1&0\\0&0&1\end{bmatrix},\quad \boldsymbol{E}_2^{-1}=\begin{bmatrix}1&0&0\\0&0&1\\0&1&0\end{bmatrix}$$

于是

$$\boldsymbol{A}=\boldsymbol{E}_2^{-1}\boldsymbol{E}_1^{-1}=\begin{bmatrix}1&0&0\\0&0&1\\0&1&0\end{bmatrix}\begin{bmatrix}1&0&0\\-1&1&0\\0&0&1\end{bmatrix}=\begin{bmatrix}1&0&0\\0&0&1\\-1&1&0\end{bmatrix}$$

***例 8** 设 $\boldsymbol{A},\boldsymbol{B}$ 分别是 r,s 阶可逆矩阵,$\boldsymbol{P}=\begin{bmatrix}\boldsymbol{A}&\boldsymbol{O}\\\boldsymbol{C}&\boldsymbol{B}\end{bmatrix}$,求证矩阵 $\boldsymbol{P}$ 可逆,并求 $\boldsymbol{P}^{-1}$.

解 因 $\boldsymbol{A},\boldsymbol{B}$ 皆可逆,故 $|\boldsymbol{A}|\neq0$,$|\boldsymbol{B}|\neq0$,于是 $|\boldsymbol{P}|=|\boldsymbol{A}||\boldsymbol{B}|\neq0$,因此矩阵 $\boldsymbol{P}$ 可逆. 设

$$\boldsymbol{Q}=\begin{bmatrix}\boldsymbol{A}^{-1}&\boldsymbol{O}\\\boldsymbol{X}&\boldsymbol{B}^{-1}\end{bmatrix}$$

则

$$PQ = \begin{bmatrix} A & O \\ C & B \end{bmatrix} \begin{bmatrix} A^{-1} & O \\ X & B^{-1} \end{bmatrix} = \begin{bmatrix} E & O \\ CA^{-1} + BX & E \end{bmatrix}$$

令 $CA^{-1} + BX = O$,解得 $X = -B^{-1}CA^{-1}$,所以 $P^{-1} = \begin{bmatrix} A^{-1} & O \\ -B^{-1}CA^{-1} & B^{-1} \end{bmatrix}$.

2.5.4 用初等行变换求逆矩阵

首先介绍这一方法的理论根据,为此我们将与 $|A| \neq 0$ 有关的几个重要结论罗列在一起,得到下面的定理.

定理 2.5.6 设 A 是 n 阶矩阵,则下列 5 个陈述相互等价:

$$\boxed{A\text{满秩} \Leftrightarrow A\text{可逆} \Leftrightarrow |A| \neq 0 \Leftrightarrow A \cong E \Leftrightarrow A = \text{若干初等矩阵的乘积}}$$

证 由定理2.4.1可得 A 是满秩矩阵 $\Leftrightarrow |A| \neq 0$. 由定理2.5.3可得 A 是可逆矩阵 $\Leftrightarrow |A| \neq 0$. 因为初等变换不改变矩阵的秩,所以 A 是满秩矩阵 $\Leftrightarrow A$ 的标准型矩阵的秩为 $n \Leftrightarrow A$ 的标准型矩阵为 E,即 $A \cong E \Leftrightarrow$ 存在初等矩阵 $E_1, E_2, \cdots, E_k$,使得

$$E_k E_{k-1} \cdots E_1 A = E \Leftrightarrow A^{-1} = E_k E_{k-1} \cdots E_1 \Leftrightarrow A = E_1^{-1} E_2^{-1} \cdots E_k^{-1}$$

因初等矩阵的逆矩阵仍是初等矩阵,所以 A 等于若干初等矩阵的乘积. □

定理 2.5.7 设 A 是 $m \times n$ 矩阵,P, Q 分别是 m 阶与 n 阶可逆矩阵,则

$$\boxed{\mathrm{r}(PA) = \mathrm{r}(A) = \mathrm{r}(AQ)} \tag{10}$$

证 因 P, Q 是可逆矩阵,所以存在初等矩阵 $E_1, E_2, \cdots, E_k$ 和 $E_{k+1}, E_{k+2}, \cdots, E_{k+l}$,使得

$$P = E_k E_{k-1} \cdots E_1, \quad Q = E_{k+1} E_{k+2} \cdots E_{k+l}$$

$$PA = E_k E_{k-1} \cdots E_1 A, \quad AQ = A E_{k+1} E_{k+2} \cdots E_{k+l}$$

于是 PA 表示对 A 施行 k 次初等行变换,AQ 表示对 A 施行 l 次初等列变换,而初等变换不改变矩阵的秩,所以 $\mathrm{r}(PA) = \mathrm{r}(A) = \mathrm{r}(AQ)$,即(10)式成立. □

下面介绍施行初等行变换求逆矩阵的方法.

设 A 是 n 阶可逆矩阵,根据定理2.5.6,存在初等矩阵 $E_1, E_2, \cdots, E_k$,使得

$$E_k E_{k-1} \cdots E_1 A = E \Leftrightarrow E_k E_{k-1} \cdots E_1 E = A^{-1}$$

其中 E 是 n 阶单位矩阵. 上式表示对 A 施行 k 次初等行变换化为 E,则对 E 施行同样的 k 次初等行变换就化为 A^{-1}. 因此得到下面的求逆矩阵的方法.

将矩阵 $\boldsymbol{A}$ 与矩阵 $\boldsymbol{E}$ 排在一起形成一个 $n\times(2n)$ 矩阵 $(\boldsymbol{A}\mid\boldsymbol{E})$，对 $(\boldsymbol{A}\mid\boldsymbol{E})$ 施行初等行变换化为 $(\boldsymbol{E}\mid\boldsymbol{B})$，则 $\boldsymbol{B}=\boldsymbol{A}^{-1}$，$\boldsymbol{B}$ 为所求的 $\boldsymbol{A}$ 的逆矩阵. 即

$$\boxed{(\boldsymbol{A}\mid\boldsymbol{E})\xrightarrow{\text{初等行变换}}(\boldsymbol{E}\mid\boldsymbol{A}^{-1})}\tag{11}$$

在对 $(\boldsymbol{A}\mid\boldsymbol{E})$ 施行初等行变换时，如果不能将 $(\boldsymbol{A}\mid\boldsymbol{E})$ 中的矩阵 $\boldsymbol{A}$ 化为 $\boldsymbol{E}$，则表示矩阵 $\boldsymbol{A}$ 不可逆.

例 9(同例 3)　求 $\begin{bmatrix}2&1&0\\1&1&4\\2&0&1\end{bmatrix}^{-1}$.

解　作一个 3×6 矩阵 $(\boldsymbol{A}\mid\boldsymbol{E})$，对其施行初等行变换，有

$$(\boldsymbol{A}\mid\boldsymbol{E})=\begin{bmatrix}2&1&0&1&0&0\\1&1&4&0&1&0\\2&0&1&0&0&1\end{bmatrix}\xrightarrow{r_1\leftrightarrow r_2}\begin{bmatrix}1&1&4&0&1&0\\2&1&0&1&0&0\\2&0&1&0&0&1\end{bmatrix}$$

$$\xrightarrow[r_3-2r_1]{r_2-2r_1}\begin{bmatrix}1&1&4&0&1&0\\0&-1&-8&1&-2&0\\0&-2&-7&0&-2&1\end{bmatrix}\xrightarrow{-r_2}\begin{bmatrix}1&1&4&0&1&0\\0&1&8&-1&2&0\\0&-2&-7&0&-2&1\end{bmatrix}$$

$$\xrightarrow{r_3+2r_2}\begin{bmatrix}1&1&4&0&1&0\\0&1&8&-1&2&0\\0&0&9&-2&2&1\end{bmatrix}\xrightarrow{\frac{1}{9}r_3}\begin{bmatrix}1&1&4&0&1&0\\0&1&8&-1&2&0\\0&0&1&-\frac{2}{9}&\frac{2}{9}&\frac{1}{9}\end{bmatrix}$$

$$\xrightarrow[r_1-4r_3]{r_2-8r_3}\begin{bmatrix}1&1&0&\frac{8}{9}&\frac{1}{9}&-\frac{4}{9}\\0&1&0&\frac{7}{9}&\frac{2}{9}&-\frac{8}{9}\\0&0&1&-\frac{2}{9}&\frac{2}{9}&\frac{1}{9}\end{bmatrix}\xrightarrow{r_1-r_2}\begin{bmatrix}1&0&0&\frac{1}{9}&-\frac{1}{9}&\frac{4}{9}\\0&1&0&\frac{7}{9}&\frac{2}{9}&-\frac{8}{9}\\0&0&1&-\frac{2}{9}&\frac{2}{9}&\frac{1}{9}\end{bmatrix}$$

所以

$$\begin{bmatrix}2&1&0\\1&1&4\\2&0&1\end{bmatrix}^{-1}=\begin{bmatrix}\frac{1}{9}&-\frac{1}{9}&\frac{4}{9}\\\frac{7}{9}&\frac{2}{9}&-\frac{8}{9}\\-\frac{2}{9}&\frac{2}{9}&\frac{1}{9}\end{bmatrix}=\frac{1}{9}\begin{bmatrix}1&-1&4\\7&2&-8\\-2&2&1\end{bmatrix}$$

2.5.5　克莱姆法则

考虑线性方程组

$$\begin{cases} a_{11}x_1 + a_{12}x_2 + \cdots + a_{1n}x_n = b_1, \\ a_{21}x_1 + a_{22}x_2 + \cdots + a_{2n}x_n = b_2, \\ \vdots \\ a_{m1}x_1 + a_{m2}x_2 + \cdots + a_{mn}x_n = b_m \end{cases} \tag{12}$$

与

$$\begin{cases} a_{11}x_1 + a_{12}x_2 + \cdots + a_{1n}x_n = 0, \\ a_{21}x_1 + a_{22}x_2 + \cdots + a_{2n}x_n = 0, \\ \vdots \\ a_{m1}x_1 + a_{m2}x_2 + \cdots + a_{mn}x_n = 0 \end{cases} \tag{13}$$

其中 $b_1, b_2, \cdots, b_m$ 不全为零. 称(12) 式为**线性非齐次方程组**,称(13) 式为**线性齐次方程组**.

引进矩阵记号

$$\boldsymbol{A} = \begin{bmatrix} a_{11} & a_{12} & \cdots & a_{1n} \\ a_{21} & a_{22} & \cdots & a_{2n} \\ \vdots & \vdots & & \vdots \\ a_{m1} & a_{m2} & \cdots & a_{mn} \end{bmatrix}, \quad \boldsymbol{x} = \begin{bmatrix} x_1 \\ x_2 \\ \vdots \\ x_n \end{bmatrix}, \quad \boldsymbol{b} = \begin{bmatrix} b_1 \\ b_2 \\ \vdots \\ b_m \end{bmatrix}, \quad \boldsymbol{0} = \begin{bmatrix} 0 \\ 0 \\ \vdots \\ 0 \end{bmatrix}$$

其中 $\boldsymbol{b} \neq \boldsymbol{0}$,称 $\boldsymbol{A}$ 为**系数矩阵**,则线性非齐次方程组(12) 简记为 $\boldsymbol{Ax} = \boldsymbol{b}$,线性齐次方程组(13) 简写为 $\boldsymbol{Ax} = \boldsymbol{0}$.

定理 2.5.8 考虑方程组(12) 与(13),设 $\boldsymbol{P}$ 为 m 阶可逆矩阵,则

(1) $\boldsymbol{Ax} = \boldsymbol{b}$ 与 $\boldsymbol{PAx} = \boldsymbol{Pb}$ 为同解方程组;

(2) $\boldsymbol{Ax} = \boldsymbol{0}$ 与 $\boldsymbol{PAx} = \boldsymbol{0}$ 为同解方程组.

证 (1) 若 $\boldsymbol{x}_0$ 是 $\boldsymbol{Ax} = \boldsymbol{b}$ 的解,则 $\boldsymbol{Ax}_0 = \boldsymbol{b}$,两边左乘 $\boldsymbol{P}$ 得 $\boldsymbol{PAx}_0 = \boldsymbol{Pb}$,所以 $\boldsymbol{x}_0$ 也是 $\boldsymbol{PAx} = \boldsymbol{Pb}$ 的解;反之,若 $\boldsymbol{x}_1$ 是 $\boldsymbol{PAx} = \boldsymbol{Pb}$ 的解,则 $\boldsymbol{PAx}_1 = \boldsymbol{Pb}$,两边左乘 $\boldsymbol{P}^{-1}$ 得 $\boldsymbol{Ax}_1 = \boldsymbol{b}$,所以 $\boldsymbol{x}_1$ 也是 $\boldsymbol{Ax} = \boldsymbol{b}$ 的解. 所以 $\boldsymbol{Ax} = \boldsymbol{b}$ 与 $\boldsymbol{PAx} = \boldsymbol{Pb}$ 为同解方程组.

(2) 在上述(1) 的证明中,将 $\boldsymbol{b}$ 改为 $\boldsymbol{0}$,其他证明完全一样,不赘述. □

定理 2.5.9(克莱姆法则) 在线性非齐次方程组(12) 中取 $m = n$,仍记为 $\boldsymbol{Ax} = \boldsymbol{b}(\boldsymbol{b} \neq \boldsymbol{0})$,则

$|\boldsymbol{A}| \neq 0$ 时,$\boldsymbol{Ax} = \boldsymbol{b}$ 有唯一解

$$\begin{bmatrix} x_1 \\ x_2 \\ \vdots \\ x_n \end{bmatrix} = \frac{1}{|\boldsymbol{A}|} \begin{bmatrix} \Delta_1 \\ \Delta_2 \\ \vdots \\ \Delta_n \end{bmatrix} \tag{14}$$

其中 $\Delta_j (j = 1, 2, \cdots, n)$ 是将行列式 $|\boldsymbol{A}|$ 的第 j 列换为 $\boldsymbol{b}$ 后得到的行列式

证　设 $|\boldsymbol{A}|\neq 0$，因 $|\boldsymbol{A}^{-1}|=\dfrac{1}{|\boldsymbol{A}|}\neq 0$，所以矩阵 $\boldsymbol{A}^{-1}$ 可逆. 用 $\boldsymbol{A}^{-1}$ 左乘 $\boldsymbol{Ax}=\boldsymbol{b}$ 得 $\boldsymbol{x}=\boldsymbol{A}^{-1}\boldsymbol{b}$，由定理 2.5.8 可知方程组 $\boldsymbol{Ax}=\boldsymbol{b}$ 与 $\boldsymbol{x}=\boldsymbol{A}^{-1}\boldsymbol{b}$ 同解，即得 $\boldsymbol{x}=\boldsymbol{A}^{-1}\boldsymbol{b}$ 是方程组(12)的唯一解. 由于 $\boldsymbol{A}^{-1}=\dfrac{1}{|\boldsymbol{A}|}\boldsymbol{A}^*$，于是有

$$\boldsymbol{x}=\frac{1}{|\boldsymbol{A}|}\boldsymbol{A}^*\boldsymbol{b}=\frac{1}{|\boldsymbol{A}|}\begin{bmatrix}A_{11} & A_{21} & \cdots & A_{n1}\\ A_{12} & A_{22} & \cdots & A_{n2}\\ \vdots & \vdots & & \vdots\\ A_{1n} & A_{2n} & & A_{nn}\end{bmatrix}\begin{bmatrix}b_1\\ b_2\\ \vdots\\ b_n\end{bmatrix}=\frac{1}{|\boldsymbol{A}|}\begin{bmatrix}\sum\limits_{i=1}^{n}b_iA_{i1}\\ \sum\limits_{i=1}^{n}b_iA_{i2}\\ \vdots\\ \sum\limits_{i=1}^{n}b_iA_{in}\end{bmatrix}=\frac{1}{|\boldsymbol{A}|}\begin{bmatrix}\Delta_1\\ \Delta_2\\ \vdots\\ \Delta_n\end{bmatrix}$$

□

对于线性齐次方程组 $\boldsymbol{Ax}=\boldsymbol{0}$，$\boldsymbol{x}=\boldsymbol{0}$（即 $x_i=0,i=1,2,\cdots,n$）显然是它的解，称之为**零解**；如果方程组 $\boldsymbol{Ax}=\boldsymbol{0}$ 还有其他的解，则称之为**非零解**.

定理 2.5.10（线性齐次方程组只有零解的充要条件）　在线性齐次方程组(13)中取 $m=n$，仍记为 $\boldsymbol{Ax}=\boldsymbol{0}$，则

$$\boxed{\boldsymbol{Ax}=\boldsymbol{0}\text{ 只有零解 }\boldsymbol{x}=\boldsymbol{0}\Leftrightarrow|\boldsymbol{A}|\neq 0}\tag{15}$$

证　**（充分性）**设 $|\boldsymbol{A}|\neq 0$，因 $|\boldsymbol{A}^{-1}|=\dfrac{1}{|\boldsymbol{A}|}\neq 0$，所以 $\boldsymbol{A}^{-1}$ 可逆. 用 $\boldsymbol{A}^{-1}$ 左乘 $\boldsymbol{Ax}=\boldsymbol{0}$ 得 $\boldsymbol{x}=\boldsymbol{0}$，所以方程组 $\boldsymbol{Ax}=\boldsymbol{0}$ 与 $\boldsymbol{x}=\boldsymbol{0}$ 同解. 因此方程组 $\boldsymbol{Ax}=\boldsymbol{0}$ 只有零解 $\boldsymbol{x}=\boldsymbol{0}$.

（必要性）设 $\boldsymbol{Ax}=\boldsymbol{0}$ 只有零解，用反证法. 假设 $|\boldsymbol{A}|=0$，则 $\mathrm{r}(\boldsymbol{A})=r<n$，用初等变换将 $\boldsymbol{A}$ 化为标准型 $\boldsymbol{B}=\begin{bmatrix}\boldsymbol{E} & \boldsymbol{O}\\ \boldsymbol{O} & \boldsymbol{O}\end{bmatrix}$，这里左上角 $\boldsymbol{E}$ 是 r 阶单位矩阵. 于是存在初等矩阵 $\boldsymbol{E}_i(i=1,\cdots,k,k+1,\cdots,k+l)$，使得

$$\boldsymbol{E}_k\boldsymbol{E}_{k-1}\cdots\boldsymbol{E}_1\boldsymbol{A}\boldsymbol{E}_{k+1}\boldsymbol{E}_{k+2}\cdots\boldsymbol{E}_{k+l}=\boldsymbol{B}=\begin{bmatrix}\boldsymbol{E} & \boldsymbol{O}\\ \boldsymbol{O} & \boldsymbol{O}\end{bmatrix}$$

记 $\boldsymbol{E}_k\boldsymbol{E}_{k-1}\boldsymbol{E}_{k+2}\cdots\boldsymbol{E}_1=\boldsymbol{P}$，$\boldsymbol{E}_{k+1}\boldsymbol{E}_{k+2}\cdots\boldsymbol{E}_{k+l}=\boldsymbol{Q}$，则 $\boldsymbol{P},\boldsymbol{Q}$ 都是可逆矩阵，使得 $\boldsymbol{PAQ}=\boldsymbol{B}$，$\boldsymbol{A}=\boldsymbol{P}^{-1}\boldsymbol{BQ}^{-1}$，于是

$$\boldsymbol{Ax}=\boldsymbol{0}\Leftrightarrow\boldsymbol{P}^{-1}\boldsymbol{BQ}^{-1}\boldsymbol{x}=\boldsymbol{0}$$

应用定理 2.5.8，方程组 $\boldsymbol{P}^{-1}\boldsymbol{BQ}^{-1}\boldsymbol{x}=\boldsymbol{0}$ 与 $\boldsymbol{BQ}^{-1}\boldsymbol{x}=\boldsymbol{0}$ 同解. 由于矩阵 $\boldsymbol{B}$ 的第 n 列是

零列，显然方程组 $B(Q^{-1}x)=\mathbf{0}$ 有非零解 $Q^{-1}x_0=(0,0,\cdots,0,1)^{\mathrm{T}}$，此时 $x_0\neq\mathbf{0}$，即方程组 $BQ^{-1}x=\mathbf{0}$ 有非零解 x_0，于是 $Ax=\mathbf{0}$ 有非零解 x_0，此与条件 $Ax=\mathbf{0}$ 只有零解矛盾. 因此有 $|A|\neq 0$. □

例 10 解线性方程组

$$\begin{cases}x_1+2x_2+3x_3=1,\\2x_1-x_2-4x_3=2,\\3x_1+x_2+2x_3=6\end{cases}$$

解 记 $A=\begin{bmatrix}1&2&3\\2&-1&-4\\3&1&2\end{bmatrix}$，则

$$|A|=\begin{vmatrix}1&2&3\\2&-1&-4\\3&1&2\end{vmatrix}\xlongequal[r_3-3r_1]{r_2-2r_1}\begin{vmatrix}1&2&3\\0&-5&-10\\0&-5&-7\end{vmatrix}\xlongequal{r_3-r_2}\begin{vmatrix}1&2&3\\0&-5&-10\\0&0&3\end{vmatrix}$$
$$=-15\neq 0$$

$$\Delta_1=\begin{vmatrix}1&2&3\\2&-1&-4\\6&1&2\end{vmatrix}=-30,\quad \Delta_2=\begin{vmatrix}1&1&3\\2&2&-4\\3&6&2\end{vmatrix}=30,\quad \Delta_3=\begin{vmatrix}1&2&1\\2&-1&2\\3&1&6\end{vmatrix}=-15$$

应用克莱姆法则得

$$x_1=\frac{\Delta_1}{|A|}=\frac{-30}{-15}=2,\quad x_2=\frac{\Delta_2}{|A|}=\frac{30}{-15}=-2,\quad x_3=\frac{\Delta_3}{|A|}=\frac{-15}{-15}=1$$

注 当系数行列式不等于零时，克莱姆法则提供了一个求解线性方程组的方法，由于此公式右边含有 $(n+1)$ 个行列式的计算，所以当 $n\geqslant 4$ 时，计算量很大.

2.5.6 用初等行变换解系数行列式不等于零的线性方程组

当 $|A|\neq 0$ 时，我们已经知道 $x=A^{-1}b$ 是线性方程组 $Ax=b$ 的唯一解. 由于

$$E_kE_{k-1}\cdots E_1A=E\Leftrightarrow A^{-1}=E_kE_{k-1}\cdots E_1\Leftrightarrow A^{-1}b=E_kE_{k-1}\cdots E_1b=x$$

上式两端的表达式表示对 A 施行 k 次初等行变换化为 E，则对 b 施行同样的 k 次初等行变换就化为 x，x 即为所求的解. 因此得到下面的求解线性方程组 $Ax=b$ 的方法.

将矩阵 A 与列向量 b 排在一起构成一个 $n\times(n+1)$ 矩阵 $(A\mid b)$，对 $(A\mid b)$ 施行初等行变换化为 $(E\mid x)$，则 x 为所求的解. 即

$$\boxed{(\boldsymbol{A}\mid\boldsymbol{b})\xrightarrow{\text{初等行变换}}(\boldsymbol{E}\mid\boldsymbol{x})}\tag{16}$$

例 11(同例 10)　解线性方程组

$$\begin{cases}x_1+2x_2+3x_3=1,\\2x_1-x_2-4x_3=2,\\3x_1+x_2+2x_3=6\end{cases}$$

解　记 $\boldsymbol{A}=\begin{bmatrix}1&2&3\\2&-1&-4\\3&1&2\end{bmatrix}$，$\boldsymbol{b}=\begin{bmatrix}1\\2\\6\end{bmatrix}$，对 $(\boldsymbol{A}\mid\boldsymbol{b})$ 施行初等行变换，有

$$(\boldsymbol{A}\mid\boldsymbol{b})=\begin{bmatrix}1&2&3&1\\2&-1&-4&2\\3&1&2&6\end{bmatrix}\xrightarrow[r_3-3r_1]{r_2-2r_1}\begin{bmatrix}1&2&3&1\\0&-5&-10&0\\0&-5&-7&3\end{bmatrix}\xrightarrow[r_1-r_3]{r_3-r_2}\begin{bmatrix}1&2&0&-2\\0&-5&-10&0\\0&0&3&3\end{bmatrix}$$

$$\xrightarrow[-\frac{1}{5}r_2]{\frac{1}{3}r_3}\begin{bmatrix}1&2&0&-2\\0&1&2&0\\0&0&1&1\end{bmatrix}\xrightarrow[r_1-2r_2]{r_2-2r_3}\begin{bmatrix}1&0&0&2\\0&1&0&-2\\0&0&1&1\end{bmatrix}$$

于是所求的解为

$$(x_1,x_2,x_3)^{\mathrm{T}}=(2,-2,1)^{\mathrm{T}}$$

例 12　已知矩阵 $\boldsymbol{A},\boldsymbol{B}$ 满足关系式 $\boldsymbol{AB}+\boldsymbol{A}-2\boldsymbol{B}=3\boldsymbol{E}$.

(1) 求证：矩阵 $\boldsymbol{A}-2\boldsymbol{E}$ 可逆；

(2) 若 $\boldsymbol{B}=\begin{bmatrix}0&2&1\\1&0&-1\\0&1&0\end{bmatrix}$，求矩阵 $\boldsymbol{A}$.

解　(1) 原式化为 $(\boldsymbol{A}-2\boldsymbol{E})(\boldsymbol{B}+\boldsymbol{E})=\boldsymbol{E}$，所以 $\boldsymbol{A}-2\boldsymbol{E}$ 可逆，且

$$(\boldsymbol{A}-2\boldsymbol{E})^{-1}=\boldsymbol{B}+\boldsymbol{E}$$

(2) 由于

$$\boldsymbol{A}=2\boldsymbol{E}+(\boldsymbol{B}+\boldsymbol{E})^{-1},\quad \boldsymbol{B}+\boldsymbol{E}=\begin{bmatrix}1&2&1\\1&1&-1\\0&1&1\end{bmatrix}$$

下面先求 $\boldsymbol{B}+\boldsymbol{E}$ 的逆矩阵，有

$$\begin{bmatrix}1&2&1&1&0&0\\1&1&-1&0&1&0\\0&1&1&0&0&1\end{bmatrix}\xrightarrow{r_2-r_1}\begin{bmatrix}1&2&1&1&0&0\\0&-1&-2&-1&1&0\\0&1&1&0&0&1\end{bmatrix}$$

$$\xrightarrow{r_3\leftrightarrow r_2}\begin{bmatrix}1&2&1&1&0&0\\0&1&1&0&0&1\\0&-1&-2&-1&1&0\end{bmatrix}\xrightarrow{r_3+r_2}\begin{bmatrix}1&2&1&1&0&0\\0&1&1&0&0&1\\0&0&-1&-1&1&1\end{bmatrix}$$

$$\xrightarrow{-r_3}\begin{bmatrix}1&2&1&1&0&0\\0&1&1&0&0&1\\0&0&1&1&-1&-1\end{bmatrix}\xrightarrow[r_1-r_3]{r_2-r_3}\begin{bmatrix}1&2&0&0&1&1\\0&1&0&-1&1&2\\0&0&1&1&-1&-1\end{bmatrix}$$

$$\xrightarrow{r_1-2r_2}\begin{bmatrix}1&0&0&2&-1&-3\\0&1&0&-1&1&2\\0&0&1&1&-1&-1\end{bmatrix}$$

所以$(\boldsymbol{B}+\boldsymbol{E})^{-1}=\begin{bmatrix}2&-1&-3\\-1&1&2\\1&-1&-1\end{bmatrix}$,于是

$$\boldsymbol{A}=2\boldsymbol{E}+(\boldsymbol{B}+\boldsymbol{E})^{-1}=\begin{bmatrix}2&0&0\\0&2&0\\0&0&2\end{bmatrix}+\begin{bmatrix}2&-1&-3\\-1&1&2\\1&-1&-1\end{bmatrix}=\begin{bmatrix}4&-1&-3\\-1&3&2\\1&-1&1\end{bmatrix}$$

习题 2.5

A 组

1. 设$\boldsymbol{A}$是n阶可逆矩阵,$(\boldsymbol{A}^*)^*$是$\boldsymbol{A}^*$的伴随矩阵,证明:

1) $|\boldsymbol{A}^*|=|\boldsymbol{A}|^{n-1}$;

2) $(\boldsymbol{A}^*)^*=|\boldsymbol{A}|^{n-2}\boldsymbol{A}$;

3) $|(\boldsymbol{A}^*)^*|=|\boldsymbol{A}|^{(n-1)^2}$.

2. 设n阶矩阵$\boldsymbol{A}$满足条件$\boldsymbol{A}^k=\boldsymbol{O},k\in\mathbf{N}^*$,证明:$\boldsymbol{E}-\boldsymbol{A}$可逆,并且

$$(\boldsymbol{E}-\boldsymbol{A})^{-1}=\boldsymbol{E}+\boldsymbol{A}+\boldsymbol{A}^2+\cdots+\boldsymbol{A}^{k-1}$$

3. 设矩阵$\boldsymbol{A}$满足方程$\boldsymbol{A}^2-\boldsymbol{A}+\boldsymbol{E}=\boldsymbol{O}$,证明$\boldsymbol{A}$与$\boldsymbol{E}-\boldsymbol{A}$都可逆,并求它们的逆矩阵.

4. 设矩阵$\boldsymbol{A}$满足方程$\boldsymbol{A}^2-2\boldsymbol{A}-4\boldsymbol{E}=\boldsymbol{O}$,证明$\boldsymbol{A}+\boldsymbol{E}$与$\boldsymbol{A}-3\boldsymbol{E}$都可逆,并求它们的逆矩阵.

5. 设矩阵 $\boldsymbol{A}$ 满足方程 $\boldsymbol{A}^2+2\boldsymbol{A}+3\boldsymbol{E}=\boldsymbol{O}$，证明 $\boldsymbol{A}$ 可逆，并求其逆矩阵.

6. 利用伴随矩阵求下列矩阵的逆矩阵：

1) $\begin{bmatrix}1 & 2 & -3\\0 & 1 & 2\\0 & 0 & 1\end{bmatrix}$；　　2) $\begin{bmatrix}1 & 2 & 2\\1 & 1 & 1\\3 & 1 & -1\end{bmatrix}$.

7. 利用初等行变换求下列矩阵的逆矩阵：

1) $\begin{bmatrix}1 & 2 & -3\\0 & 1 & 2\\0 & 0 & 1\end{bmatrix}$；　　2) $\begin{bmatrix}1 & 2 & 2\\1 & 1 & 1\\3 & 1 & -1\end{bmatrix}$；

3) $\begin{bmatrix}1 & 2 & -1\\3 & 1 & 0\\-1 & 0 & -2\end{bmatrix}$；　　4) $\begin{bmatrix}1 & 2 & 3\\2 & -1 & -4\\3 & 1 & 2\end{bmatrix}$；

5) $\begin{bmatrix}1 & 1 & 1 & 1\\1 & 1 & -1 & -1\\1 & -1 & 1 & -1\\1 & -1 & -1 & 1\end{bmatrix}$.

8. 利用分块矩阵求下列矩阵的逆矩阵：

1) $\begin{bmatrix}2 & 1 & 0 & 0\\3 & 2 & 0 & 0\\0 & 0 & 1 & 8\\0 & 0 & -1 & -6\end{bmatrix}$；　　2) $\begin{bmatrix}1 & 3 & 0 & 0 & 0\\2 & 8 & 0 & 0 & 0\\0 & 0 & 1 & 0 & 1\\0 & 0 & 2 & 3 & 2\\0 & 0 & 3 & 1 & 1\end{bmatrix}$；

3) $\begin{bmatrix}0 & 0 & 1 & 2\\0 & 0 & 3 & 5\\2 & 1 & 0 & 0\\5 & 3 & 0 & 0\end{bmatrix}$.

9. 应用克莱姆法则解方程组 $\boldsymbol{Ax}=\boldsymbol{b}$，其中 $\boldsymbol{A}=\begin{bmatrix}2 & 3 & -1\\1 & 2 & 0\\-1 & 2 & -2\end{bmatrix}$，$\boldsymbol{b}=\begin{bmatrix}2\\-1\\3\end{bmatrix}$.

10. 利用初等行变换解下列矩阵方程：

1) $\boldsymbol{Ax}=\boldsymbol{b}$，其中 $\boldsymbol{A}=\begin{bmatrix}2 & 3 & -1\\1 & 2 & 0\\-1 & 2 & -2\end{bmatrix}$，$\boldsymbol{b}=\begin{bmatrix}2\\-1\\3\end{bmatrix}$；

2) $\boldsymbol{Ax}=\boldsymbol{B}$,其中 $\boldsymbol{A}=\begin{bmatrix}-1&3&5&0\\-2&4&1&0\\-3&2&-1&0\\1&2&3&1\end{bmatrix}$,$\boldsymbol{B}=\begin{bmatrix}2&4\\1&3\\3&0\\2&-1\end{bmatrix}$.

11. 应用初等行变换解下列线性方程组:

1) $\begin{cases}2x_1+x_2-5x_3+x_4=8,\\x_1-3x_2-6x_4=9,\\2x_2-3x_3+2x_4=-3,\\x_1+4x_2-7x_3+6x_4=0;\end{cases}$　2) $\begin{cases}5x_1+4x_3+2x_4=3,\\x_1-x_2+2x_3+x_4=1,\\4x_1+x_2+2x_3=1,\\x_1+x_2+x_3+x_4=0.\end{cases}$

B组

1. 设 $\boldsymbol{A},\boldsymbol{B}$ 是 n 阶矩阵,且 $\boldsymbol{E}+\boldsymbol{AB}$ 可逆,证明:$\boldsymbol{E}+\boldsymbol{BA}$ 也可逆.

2. 证明:一个秩为 r 的矩阵总可以表为 r 个秩为 1 的矩阵的和.

3. 证明:一个 n 阶矩阵 $\boldsymbol{A}$ 的秩小于或等于 1 的充要条件是 $\boldsymbol{A}$ 可表为一个 $n\times1$ 矩阵与一个 $1\times n$ 矩阵的乘积.

3 向量与线性方程组

在空间解析几何中，我们研究过三维空间 $\mathbf{R}^3$ 的向量，这一章研究 m 维空间 $\mathbf{R}^m$ 的向量，它与矩阵有着密切关系. 向量的理论对矩阵理论的研究与解线性方程组有着极大的帮助.

我们在第 2.5.5 小节介绍了求解线性方程组的克莱姆法则，该法则在理论上非常重要，但在应用时有很大的局限性. 它要求线性方程组中方程的个数要等于未知量的个数，且系数行列式不等于零. 这一章我们要研究一般的线性方程组解的属性(包含有唯一解、无解、有无穷多解三种情况)，并介绍应用矩阵的初等行变换和矩阵的秩求解线性方程组的基本方法.

在工程技术和自然科学的各学科中，大量的问题都需要解线性方程组. 研究线性方程组解的理论与求解方法是线性代数的重要内容.

3.1 向量组的线性相关性

3.1.1 向量组线性相关与线性无关的定义

m 维空间

$$\mathbf{R}^m = \{(a_1, a_2, \cdots, a_m)^{\mathrm{T}} \mid a_i \in \mathbf{R}, i = 1, 2, \cdots, m\}$$

或

$$\mathbf{R}^m = \{(a_1, a_2, \cdots, a_m) \mid a_i \in \mathbf{R}, i = 1, 2, \cdots, m\}$$

的元素$(a_1, a_2, \cdots, a_m)^{\mathrm{T}}$ 或$(a_1, a_2, \cdots, a_m)$ 称为 m **维向量**，简称为**向量**，记为

$$\boldsymbol{\alpha} = (a_1, a_2, \cdots, a_m)^{\mathrm{T}} \quad 或 \quad \boldsymbol{\alpha}^{\mathrm{T}} = (a_1, a_2, \cdots, a_m)$$

此两式都称为 m 维向量的**坐标表示式**.

m 维向量可视为 $m \times 1$ 矩阵，即**列向量**；也可视为 $1 \times m$ 矩阵，即**行向量**. 它们都可按矩阵的运算规则进行运算. 列向量一般用 $\boldsymbol{\alpha}, \boldsymbol{\beta}, \boldsymbol{\gamma}$ 等表示，行向量一般用 $\boldsymbol{\alpha}^{\mathrm{T}}$，$\boldsymbol{\beta}^{\mathrm{T}}$，$\boldsymbol{\gamma}^{\mathrm{T}}$ 等表示.

同维数的有限个或无穷个列(或行) 向量组成的集合称为**向量组**.

定义 3.1.1(线性组合) 设 $\boldsymbol{\alpha}_1, \boldsymbol{\alpha}_2, \cdots, \boldsymbol{\alpha}_n$ 是 m 维向量，$k_1, k_2, \cdots, k_n$ 是 n 个实

常数,称

$$k_1\boldsymbol{\alpha}_1+k_2\boldsymbol{\alpha}_2+\cdots+k_n\boldsymbol{\alpha}_n=\sum_{i=1}^{n}k_i\boldsymbol{\alpha}_i$$

为向量$\boldsymbol{\alpha}_1,\boldsymbol{\alpha}_2,\cdots,\boldsymbol{\alpha}_n$的一个**线性组合**. 向量$\boldsymbol{\alpha}_1,\boldsymbol{\alpha}_2,\cdots,\boldsymbol{\alpha}_n$的所有线性组合构成的集合记为$L(\boldsymbol{\alpha}_1,\boldsymbol{\alpha}_2,\cdots,\boldsymbol{\alpha}_n)$.

定义 3.1.2(线性表示) 设$\boldsymbol{\alpha}_1,\boldsymbol{\alpha}_2,\cdots,\boldsymbol{\alpha}_n,\boldsymbol{\beta}$是$(n+1)$个$m$维向量,若存在$n$个实常数$k_1,k_2,\cdots,k_n$,使得

$$\boldsymbol{\beta}=k_1\boldsymbol{\alpha}_1+k_2\boldsymbol{\alpha}_2+\cdots+k_n\boldsymbol{\alpha}_n=\sum_{i=1}^{n}k_i\boldsymbol{\alpha}_i=(\boldsymbol{\alpha}_1,\boldsymbol{\alpha}_2,\cdots,\boldsymbol{\alpha}_n)\begin{bmatrix}k_1\\k_2\\\vdots\\k_n\end{bmatrix}$$

则称向量$\boldsymbol{\beta}$可由向量$\boldsymbol{\alpha}_1,\boldsymbol{\alpha}_2,\cdots,\boldsymbol{\alpha}_n$ **线性表示**,记为$\boldsymbol{\beta}\in L(\boldsymbol{\alpha}_1,\boldsymbol{\alpha}_2,\cdots,\boldsymbol{\alpha}_n)$.

由定义 3.1.2 直接可得

零向量 $\mathbf{0}\in L(\boldsymbol{\alpha}_1,\boldsymbol{\alpha}_2,\cdots,\boldsymbol{\alpha}_n)$, $\boldsymbol{\alpha}_i\in L(\boldsymbol{\alpha}_1,\boldsymbol{\alpha}_2,\cdots,\boldsymbol{\alpha}_n)\quad(i=1,2,\cdots,n)$

定理 3.1.1 设$\boldsymbol{\alpha}_1,\boldsymbol{\alpha}_2,\cdots,\boldsymbol{\alpha}_p$与$\boldsymbol{\beta}_1,\boldsymbol{\beta}_2,\cdots,\boldsymbol{\beta}_q$是两个$m$维向量组,$\boldsymbol{\gamma}$是一个$m$维向量,若$\boldsymbol{\gamma}\in L(\boldsymbol{\alpha}_1,\boldsymbol{\alpha}_2,\cdots,\boldsymbol{\alpha}_p)$,$\boldsymbol{\alpha}_i\in L(\boldsymbol{\beta}_1,\boldsymbol{\beta}_2,\cdots,\boldsymbol{\beta}_q)(i=1,2,\cdots,p)$,则$\boldsymbol{\gamma}\in L(\boldsymbol{\beta}_1,\boldsymbol{\beta}_2,\cdots,\boldsymbol{\beta}_q)$.

证 由题意,有

$$\boldsymbol{\gamma}=k_1\boldsymbol{\alpha}_1+k_2\boldsymbol{\alpha}_2+\cdots+k_p\boldsymbol{\alpha}_p=\sum_{i=1}^{p}k_i\boldsymbol{\alpha}_i$$

$$\boldsymbol{\alpha}_i=c_{i1}\boldsymbol{\beta}_1+c_{i2}\boldsymbol{\beta}_2+\cdots+c_{iq}\boldsymbol{\beta}_q=\sum_{j=1}^{q}c_{ij}\boldsymbol{\beta}_j\quad(i=1,2,\cdots,p)$$

于是

$$\boldsymbol{\gamma}=\sum_{i=1}^{p}k_i\boldsymbol{\alpha}_i=\sum_{i=1}^{p}k_i\sum_{j=1}^{q}c_{ij}\boldsymbol{\beta}_j=\sum_{j=1}^{q}\Big(\sum_{i=1}^{p}k_ic_{ij}\Big)\boldsymbol{\beta}_j$$

此式表示$\boldsymbol{\gamma}\in L(\boldsymbol{\beta}_1,\boldsymbol{\beta}_2,\cdots,\boldsymbol{\beta}_q)$. □

例 1 设向量$\boldsymbol{\beta}$可由向量$\boldsymbol{\alpha}_1,\boldsymbol{\alpha}_2,\cdots,\boldsymbol{\alpha}_n$线性表示,但不能由向量$\boldsymbol{\alpha}_1,\boldsymbol{\alpha}_2,\cdots,\boldsymbol{\alpha}_{n-1}$线性表示,试判别:

(1) 向量$\boldsymbol{\alpha}_n$能否由向量$\boldsymbol{\alpha}_1,\boldsymbol{\alpha}_2,\cdots,\boldsymbol{\alpha}_{n-1}$线性表示?

(2) 向量$\boldsymbol{\alpha}_n$能否由向量$\boldsymbol{\alpha}_1,\boldsymbol{\alpha}_2,\cdots,\boldsymbol{\alpha}_{n-1},\boldsymbol{\beta}$线性表示?

解 (1) 若向量$\boldsymbol{\alpha}_n$能由向量$\boldsymbol{\alpha}_1,\boldsymbol{\alpha}_2,\cdots,\boldsymbol{\alpha}_{n-1}$线性表示,则向量$\boldsymbol{\alpha}_1,\boldsymbol{\alpha}_2,\cdots,\boldsymbol{\alpha}_{n-1},\boldsymbol{\alpha}_n$都可由向量$\boldsymbol{\alpha}_1,\boldsymbol{\alpha}_2,\cdots,\boldsymbol{\alpha}_{n-1}$线性表示,因为向量$\boldsymbol{\beta}$可由向量$\boldsymbol{\alpha}_1,\boldsymbol{\alpha}_2,\cdots,\boldsymbol{\alpha}_{n-1},\boldsymbol{\alpha}_n$线

性表示,应用定理 3.1.1 得向量 $\boldsymbol{\beta}$ 可由向量 $\boldsymbol{\alpha}_1,\boldsymbol{\alpha}_2,\cdots,\boldsymbol{\alpha}_{n-1}$ 线性表示,此与条件矛盾. 所以向量 $\boldsymbol{\alpha}_n$ 不能由向量 $\boldsymbol{\alpha}_1,\boldsymbol{\alpha}_2,\cdots,\boldsymbol{\alpha}_{n-1}$ 线性表示.

(2) 因向量 $\boldsymbol{\beta}$ 可由向量 $\boldsymbol{\alpha}_1,\boldsymbol{\alpha}_2,\cdots,\boldsymbol{\alpha}_n$ 线性表示,设表示式为

$$\boldsymbol{\beta}=k_1\boldsymbol{\alpha}_1+k_2\boldsymbol{\alpha}_2+\cdots+k_{n-1}\boldsymbol{\alpha}_{n-1}+k_n\boldsymbol{\alpha}_n \tag{1}$$

因向量 $\boldsymbol{\beta}$ 不能由向量组 $\boldsymbol{\alpha}_1,\boldsymbol{\alpha}_2,\cdots,\boldsymbol{\alpha}_{n-1}$ 线性表示,所以(1) 式中 $k_n\neq 0$,于是由(1) 式可解得

$$\boldsymbol{\alpha}_n=-\frac{k_1}{k_n}\boldsymbol{\alpha}_1-\frac{k_2}{k_n}\boldsymbol{\alpha}_2-\cdots-\frac{k_{n-1}}{k_n}\boldsymbol{\alpha}_{n-1}+\frac{1}{k_n}\boldsymbol{\beta}$$

此式表明向量 $\boldsymbol{\alpha}_n$ 能由向量 $\boldsymbol{\alpha}_1,\boldsymbol{\alpha}_2,\cdots,\boldsymbol{\alpha}_{n-1},\boldsymbol{\beta}$ 线性表示.

定义 3.1.3(线性相关与线性无关) 设 $\boldsymbol{\alpha}_1,\boldsymbol{\alpha}_2,\cdots,\boldsymbol{\alpha}_n$ 是 m 维向量,若存在 n 个不全为 0 的实常数 $k_1,k_2,\cdots,k_n$,使得

$$\boxed{k_1\boldsymbol{\alpha}_1+k_2\boldsymbol{\alpha}_2+\cdots+k_n\boldsymbol{\alpha}_n=\sum_{i=1}^{n}k_i\boldsymbol{\alpha}_i=\mathbf{0}} \tag{2}$$

则称向量 $\boldsymbol{\alpha}_1,\boldsymbol{\alpha}_2,\cdots,\boldsymbol{\alpha}_n$ **线性相关**,或称 $\{\boldsymbol{\alpha}_1,\boldsymbol{\alpha}_2,\cdots,\boldsymbol{\alpha}_n\}$ 为**线性相关组**;若(2) 式仅当 $k_1=k_2=\cdots=k_n=0$ 时才能成立,则称向量 $\boldsymbol{\alpha}_1,\boldsymbol{\alpha}_2,\cdots,\boldsymbol{\alpha}_n$ **线性无关**,或称 $\{\boldsymbol{\alpha}_1,\boldsymbol{\alpha}_2,\cdots,\boldsymbol{\alpha}_n\}$ 为**线性无关组**.

例 2 证明:两个 m 维向量线性相关的充要条件是它们的坐标成比例.

证 设 $\boldsymbol{\alpha}=(a_1,a_2,\cdots,a_m)^{\mathrm{T}}$,$\boldsymbol{\beta}=(b_1,b_2,\cdots,b_m)^{\mathrm{T}}$,则

$$\boldsymbol{\alpha},\boldsymbol{\beta}\text{ 线性相关}\Leftrightarrow\text{存在不全为 0 的常数 }k_1,k_2\text{,使得 }k_1\boldsymbol{\alpha}+k_2\boldsymbol{\beta}=\mathbf{0}$$

$$\Leftrightarrow\boldsymbol{\alpha}=-\frac{k_2}{k_1}\boldsymbol{\beta}\quad(k_1\neq 0\text{ 时})\quad\text{或}\quad\boldsymbol{\beta}=-\frac{k_1}{k_2}\boldsymbol{\alpha}\quad(k_2\neq 0\text{ 时})$$

$$\Leftrightarrow\frac{a_1}{b_1}=\frac{a_2}{b_2}=\cdots=\frac{a_m}{b_m}$$

□

例 3 证明:m 维空间 $\mathbf{R}^m$ 的向量

$$\boldsymbol{e}_1=\begin{bmatrix}1\\0\\0\\\vdots\\0\\0\\0\end{bmatrix},\quad\boldsymbol{e}_2=\begin{bmatrix}0\\1\\0\\\vdots\\0\\0\\0\end{bmatrix},\quad\cdots,\quad\boldsymbol{e}_{m-1}=\begin{bmatrix}0\\0\\0\\\vdots\\0\\1\\0\end{bmatrix},\quad\boldsymbol{e}_m=\begin{bmatrix}0\\0\\0\\\vdots\\0\\0\\1\end{bmatrix} \tag{3}$$

线性无关.

证 令

$$k_1\boldsymbol{e}_1+k_2\boldsymbol{e}_2+\cdots+k_{m-1}\boldsymbol{e}_{m-1}+k_m\boldsymbol{e}_m=\boldsymbol{0} \tag{4}$$

因为

$$(4)\text{ 式}\Leftrightarrow(k_1,k_2,\cdots,k_{m-1},k_m)^{\mathrm{T}}=(0,0,\cdots,0,0)^{\mathrm{T}}$$

所以(3) 式中的向量线性无关. □

应用定义 3.1.3,我们来证明下面的定理.

定理 3.1.2 设有 m 维向量 $\boldsymbol{\alpha}_1,\boldsymbol{\alpha}_2,\cdots,\boldsymbol{\alpha}_n$.

(1) 若 $\boldsymbol{\alpha}_i=\boldsymbol{0}(1\leqslant i\leqslant n)$,则向量 $\boldsymbol{\alpha}_1,\boldsymbol{\alpha}_2,\cdots,\boldsymbol{\alpha}_n$ 线性相关.

(2) 若 $\boldsymbol{\alpha}_i=k\boldsymbol{\alpha}_j(1\leqslant i\leqslant n,1\leqslant j\leqslant n,i\neq j;k\in\mathbf{R},k\neq 0)$,则向量 $\boldsymbol{\alpha}_1,\boldsymbol{\alpha}_2,\cdots,\boldsymbol{\alpha}_n$ 线性相关.

(3) 设 $\boldsymbol{\alpha}_{i_1},\boldsymbol{\alpha}_{i_2},\cdots,\boldsymbol{\alpha}_{i_k}(1\leqslant k<n)$ 是向量 $\boldsymbol{\alpha}_1,\boldsymbol{\alpha}_2,\cdots,\boldsymbol{\alpha}_n$ 中的部分向量.

① 若 $\boldsymbol{\alpha}_{i_1},\boldsymbol{\alpha}_{i_2},\cdots,\boldsymbol{\alpha}_{i_k}$ 线性相关,则 $\boldsymbol{\alpha}_1,\boldsymbol{\alpha}_2,\cdots,\boldsymbol{\alpha}_n$ 也线性相关;

② 若 $\boldsymbol{\alpha}_1,\boldsymbol{\alpha}_2,\cdots,\boldsymbol{\alpha}_n$ 线性无关,则 $\boldsymbol{\alpha}_{i_1},\boldsymbol{\alpha}_{i_2},\cdots,\boldsymbol{\alpha}_{i_k}$ 也线性无关

证 (1) 取不全为 0 的常数

$$(k_1,\cdots,k_{i-1},k_i,k_{i+1},\cdots,k_n)=(0,\cdots,0,1,0,\cdots,0)$$

有

$$\begin{aligned}&0\cdot\boldsymbol{\alpha}_1+\cdots+0\cdot\boldsymbol{\alpha}_{i-1}+1\cdot\boldsymbol{\alpha}_i+0\cdot\boldsymbol{\alpha}_{i+1}+\cdots+0\cdot\boldsymbol{\alpha}_n\\&=0\cdot\boldsymbol{\alpha}_1+\cdots+0\cdot\boldsymbol{\alpha}_{i-1}+1\cdot\boldsymbol{0}+0\cdot\boldsymbol{\alpha}_{i+1}+\cdots+0\cdot\boldsymbol{\alpha}_n=\boldsymbol{0}\end{aligned}$$

所以向量 $\boldsymbol{\alpha}_1,\boldsymbol{\alpha}_2,\cdots,\boldsymbol{\alpha}_n$ 线性相关.

(2) 不妨设 $i<j$. 取不全为 0 的常数

$$(k_1,\cdots,k_{i-1},k_i,k_{i+1},\cdots,k_{j-1},k_j,k_{j+1},\cdots,k_n)=(0,\cdots,0,1,0,\cdots,0,-k,0,\cdots,0)$$

有

$$\begin{aligned}&0\cdot\boldsymbol{\alpha}_1+\cdots+0\cdot\boldsymbol{\alpha}_{i-1}+1\cdot\boldsymbol{\alpha}_i+0\cdot\boldsymbol{\alpha}_{i+1}+\cdots+0\cdot\boldsymbol{\alpha}_{j-1}-k\cdot\boldsymbol{\alpha}_j\\&+0\cdot\boldsymbol{\alpha}_{j+1}+\cdots+0\cdot\boldsymbol{\alpha}_n=\boldsymbol{\alpha}_i-k\boldsymbol{\alpha}_j=\boldsymbol{0}\end{aligned}$$

所以向量 $\boldsymbol{\alpha}_1,\boldsymbol{\alpha}_2,\cdots,\boldsymbol{\alpha}_n$ 线性相关.

(3) ① 设 $\{\boldsymbol{\alpha}_1,\boldsymbol{\alpha}_2,\cdots,\boldsymbol{\alpha}_n\}=\{\boldsymbol{\alpha}_{i_1},\boldsymbol{\alpha}_{i_2},\cdots,\boldsymbol{\alpha}_{i_k},\boldsymbol{\alpha}_{i_{k+1}},\cdots,\boldsymbol{\alpha}_{i_n}\}$,由于 $\boldsymbol{\alpha}_{i_1},\boldsymbol{\alpha}_{i_2},\cdots,\boldsymbol{\alpha}_{i_k}$ 线性相关,所以存在不全为 0 的常数 $c_1,c_2,\cdots,c_k$,使得

$$c_1\boldsymbol{\alpha}_{i_1}+c_2\boldsymbol{\alpha}_{i_2}+\cdots+c_k\boldsymbol{\alpha}_{i_k}=\boldsymbol{0}$$

于是存在不全为 0 的常数 $c_1,c_2,\cdots,c_k,0,\cdots,0$,使得

$$c_1\boldsymbol{\alpha}_{i_1}+c_2\boldsymbol{\alpha}_{i_2}+\cdots+c_k\boldsymbol{\alpha}_{i_k}+0\boldsymbol{\alpha}_{i_{k+1}}+\cdots+0\boldsymbol{\alpha}_{i_n}=\boldsymbol{0}$$

所以向量 $\boldsymbol{\alpha}_1,\boldsymbol{\alpha}_2,\cdots,\boldsymbol{\alpha}_n$ 线性相关.

② 该论述是上一条结论的逆否命题,所以成立. □

定理 3.1.3　已知 n 个 n 维向量 $\boldsymbol{\alpha}_1,\boldsymbol{\alpha}_2,\cdots,\boldsymbol{\alpha}_n$，则

$$\boldsymbol{\alpha}_1=\begin{bmatrix}a_{11}\\a_{21}\\\vdots\\a_{n1}\end{bmatrix},\boldsymbol{\alpha}_2=\begin{bmatrix}a_{12}\\a_{22}\\\vdots\\a_{n2}\end{bmatrix},\cdots,\boldsymbol{\alpha}_n=\begin{bmatrix}a_{1n}\\a_{2n}\\\vdots\\a_{nn}\end{bmatrix}\text{线性无关}\Leftrightarrow\begin{vmatrix}a_{11}&a_{12}&\cdots&a_{1n}\\a_{21}&a_{22}&\cdots&a_{2n}\\\vdots&\vdots&&\vdots\\a_{n1}&a_{n2}&\cdots&a_{nn}\end{vmatrix}\neq 0$$

证　令 $k_1\boldsymbol{\alpha}_1+k\boldsymbol{\alpha}_2+\cdots+k_n\boldsymbol{\alpha}_n=(\boldsymbol{\alpha}_1,\boldsymbol{\alpha}_2,\cdots,\boldsymbol{\alpha}_n)\begin{bmatrix}k_1\\k_2\\\vdots\\k_n\end{bmatrix}=\mathbf{0}$，即

$$\begin{bmatrix}a_{11}&a_{12}&\cdots&a_{1n}\\a_{21}&a_{22}&\cdots&a_{2n}\\\vdots&\vdots&&\vdots\\a_{n1}&a_{n2}&\cdots&a_{nn}\end{bmatrix}\begin{bmatrix}k_1\\k_2\\\vdots\\k_n\end{bmatrix}=\begin{bmatrix}0\\0\\\vdots\\0\end{bmatrix}\tag{5}$$

由定义 3.1.3 得 $\boldsymbol{\alpha}_1,\boldsymbol{\alpha}_2,\cdots,\boldsymbol{\alpha}_n$ 线性无关的充要条件是线性方程组(5) 只有零解，应用方程组(5) 式只有零解的充要条件(定理 2.5.10) 即得向量 $\boldsymbol{\alpha}_1,\boldsymbol{\alpha}_2,\cdots,\boldsymbol{\alpha}_n$ 线性无关的充要条件是

$$\begin{vmatrix}a_{11}&a_{12}&\cdots&a_{1n}\\a_{21}&a_{22}&\cdots&a_{2n}\\\vdots&\vdots&&\vdots\\a_{n1}&a_{n2}&\cdots&a_{nn}\end{vmatrix}\neq 0$$

□

定理 3.1.4　已知 m 维向量 $\boldsymbol{\alpha}_1,\boldsymbol{\alpha}_2,\cdots,\boldsymbol{\alpha}_n$ 与 $\boldsymbol{\beta}_1,\boldsymbol{\beta}_2,\cdots,\boldsymbol{\beta}_n$.

设 $\boldsymbol{\alpha}_1,\boldsymbol{\alpha}_2,\cdots,\boldsymbol{\alpha}_n$ 线性无关，且

$$(\boldsymbol{\beta}_1,\boldsymbol{\beta}_2,\cdots,\boldsymbol{\beta}_n)=(\boldsymbol{\alpha}_1,\boldsymbol{\alpha}_2,\cdots,\boldsymbol{\alpha}_n)\begin{bmatrix}c_{11}&c_{12}&\cdots&c_{1n}\\c_{21}&c_{22}&\cdots&c_{2n}\\\vdots&\vdots&&\vdots\\c_{n1}&c_{n2}&\cdots&c_{nn}\end{bmatrix}$$

则

$$\boldsymbol{\beta}_1,\boldsymbol{\beta}_2,\cdots,\boldsymbol{\beta}_n\text{ 线性无关}\Leftrightarrow\begin{vmatrix}c_{11}&c_{12}&\cdots&c_{1n}\\c_{21}&c_{22}&\cdots&c_{2n}\\\vdots&\vdots&&\vdots\\c_{n1}&c_{n2}&\cdots&c_{nn}\end{vmatrix}\neq 0$$

证 令

$$k_1\boldsymbol{\beta}_1+k_2\boldsymbol{\beta}_2+\cdots+k_n\boldsymbol{\beta}_n=\mathbf{0} \tag{6}$$

则 $\boldsymbol{\beta}_1,\boldsymbol{\beta}_2,\cdots,\boldsymbol{\beta}_n$ 线性无关的充要条件是(6)式只有零解 $k_1=k_2=\cdots=k_n=0$. 因(6)式等价于

$$(\boldsymbol{\beta}_1,\boldsymbol{\beta}_2,\cdots,\boldsymbol{\beta}_n)\begin{bmatrix}k_1\\k_2\\\vdots\\k_n\end{bmatrix}=(\boldsymbol{\alpha}_1,\boldsymbol{\alpha}_2,\cdots,\boldsymbol{\alpha}_n)\begin{bmatrix}c_{11}&c_{12}&\cdots&c_{1n}\\c_{21}&c_{22}&\cdots&c_{2n}\\\vdots&\vdots&&\vdots\\c_{n1}&c_{n2}&\cdots&c_{nn}\end{bmatrix}\begin{bmatrix}k_1\\k_2\\\vdots\\k_n\end{bmatrix}=\mathbf{0} \tag{7}$$

由于向量 $\boldsymbol{\alpha}_1,\boldsymbol{\alpha}_2,\cdots,\boldsymbol{\alpha}_n$ 线性无关,(7)式又等价于

$$\begin{bmatrix}c_{11}&c_{12}&\cdots&c_{1n}\\c_{21}&c_{22}&\cdots&c_{2n}\\\vdots&\vdots&&\vdots\\c_{n1}&c_{n2}&\cdots&c_{nn}\end{bmatrix}\begin{bmatrix}k_1\\k_2\\\vdots\\k_n\end{bmatrix}=\mathbf{0} \tag{8}$$

所以 $\boldsymbol{\beta}_1,\boldsymbol{\beta}_2,\cdots,\boldsymbol{\beta}_n$ 线性无关的充要条件是方程组(8)只有零解 $k_1=k_2=\cdots=k_n=0$. 应用方程组(8)只有零解的充要条件(定理2.5.10),即得向量 $\boldsymbol{\beta}_1,\boldsymbol{\beta}_2,\cdots,\boldsymbol{\beta}_n$ 线性无关的充要条件是

$$\begin{vmatrix}c_{11}&c_{12}&\cdots&c_{1n}\\c_{21}&c_{22}&\cdots&c_{2n}\\\vdots&\vdots&&\vdots\\c_{n1}&c_{n2}&\cdots&c_{nn}\end{vmatrix}\neq 0$$

□

例 4 就常数 $k\in\mathbf{R}$,判别向量 $\boldsymbol{\alpha}_1=(4,2,k)^{\mathrm{T}},\boldsymbol{\alpha}_2=(k,-2,2)^{\mathrm{T}},\boldsymbol{\alpha}_3=(2,1,0)^{\mathrm{T}}$ 何时线性相关,何时线性无关.

解 由向量 $\boldsymbol{\alpha}_1,\boldsymbol{\alpha}_2,\boldsymbol{\alpha}_3$ 排成的行列式为

$$D=\begin{vmatrix}4&k&2\\2&-2&1\\k&2&0\end{vmatrix}=k^2+4k$$

应用定理3.1.3可知,当 $D=0$,即 $k=0$ 或 -4 时,向量 $\boldsymbol{\alpha}_1,\boldsymbol{\alpha}_2,\boldsymbol{\alpha}_3$ 线性相关;当 $D\neq 0$,即 $k\neq 0$ 且 $k\neq -4$ 时,向量 $\boldsymbol{\alpha}_1,\boldsymbol{\alpha}_2,\boldsymbol{\alpha}_3$ 线性无关.

3.1.2 线性相关与线性无关向量组的性质

定理 3.1.5(性质 1) (1) 若向量 $\boldsymbol{\alpha}_1,\boldsymbol{\alpha}_2,\cdots,\boldsymbol{\alpha}_n$ 线性无关,则向量 $\boldsymbol{\alpha}_1,\boldsymbol{\alpha}_2,\cdots,$

$\boldsymbol{\alpha}_n,\boldsymbol{\beta}$ 线性相关的充要条件是向量 $\boldsymbol{\beta}\in L(\boldsymbol{\alpha}_1,\boldsymbol{\alpha}_2,\cdots,\boldsymbol{\alpha}_n)$；

(2) 若向量 $\boldsymbol{\alpha}_1,\boldsymbol{\alpha}_2,\cdots,\boldsymbol{\alpha}_n$ 线性无关，向量 $\boldsymbol{\beta}\in L(\boldsymbol{\alpha}_1,\boldsymbol{\alpha}_2,\cdots,\boldsymbol{\alpha}_n)$，则其线性表示式是唯一的.

证　(1)(**充分性**) 若向量 $\boldsymbol{\beta}\in L(\boldsymbol{\alpha}_1,\boldsymbol{\alpha}_2,\cdots,\boldsymbol{\alpha}_n)$. 设表示式为

$$\boldsymbol{\beta}=p_1\boldsymbol{\alpha}_1+p_2\boldsymbol{\alpha}_2+\cdots+p_n\boldsymbol{\alpha}_n$$

则存在不全为 0 的常数 $p_1,p_2,\cdots,p_n,-1$，使得

$$p_1\boldsymbol{\alpha}_1+p_2\boldsymbol{\alpha}_2+\cdots+p_n\boldsymbol{\alpha}_n-\boldsymbol{\beta}=\mathbf{0}$$

故向量 $\boldsymbol{\alpha}_1,\boldsymbol{\alpha}_2,\cdots,\boldsymbol{\alpha}_n,\boldsymbol{\beta}$ 线性相关.

(**必要性**) 因 $\boldsymbol{\alpha}_1,\boldsymbol{\alpha}_2,\cdots,\boldsymbol{\alpha}_n,\boldsymbol{\beta}$ 线性相关，所以存在不全为 0 的常数 $k_1,k_2,\cdots,k_n,k$，使得

$$k_1\boldsymbol{\alpha}_1+k_2\boldsymbol{\alpha}_2+\cdots+k_n\boldsymbol{\alpha}_n+k\boldsymbol{\beta}=\mathbf{0}$$

此式中 $k\neq 0$. 这是因为若 $k=0$，则 $k_1,k_2,\cdots,k_n$ 不全为 0 使得 $k_1\boldsymbol{\alpha}_1+k_2\boldsymbol{\alpha}_2+\cdots+k_n\boldsymbol{\alpha}_n=\mathbf{0}$，因而向量 $\boldsymbol{\alpha}_1,\boldsymbol{\alpha}_2,\cdots,\boldsymbol{\alpha}_n$ 线性相关，这与向量 $\boldsymbol{\alpha}_1,\boldsymbol{\alpha}_2,\cdots,\boldsymbol{\alpha}_n$ 线性无关的条件矛盾. 于是向量 $\boldsymbol{\beta}$ 可由向量 $\boldsymbol{\alpha}_1,\boldsymbol{\alpha}_2,\cdots,\boldsymbol{\alpha}_n$ 线性表示为

$$\boldsymbol{\beta}=-\frac{1}{k}(k_1\boldsymbol{\alpha}_1+k_2\boldsymbol{\alpha}_2+\cdots+k_n\boldsymbol{\alpha}_n)=\left(-\frac{k_1}{k}\right)\boldsymbol{\alpha}_1+\left(-\frac{k_2}{k}\right)\boldsymbol{\alpha}_2+\cdots+\left(-\frac{k_n}{k}\right)\boldsymbol{\alpha}_n$$

(2) 用反证法. 假设有两种不同的表示

$$\boldsymbol{\beta}=p_1\boldsymbol{\alpha}_1+p_2\boldsymbol{\alpha}_2+\cdots+p_n\boldsymbol{\alpha}_n,\quad \boldsymbol{\beta}=q_1\boldsymbol{\alpha}_1+q_2\boldsymbol{\alpha}_2+\cdots+q_n\boldsymbol{\alpha}_n$$

其中 $(p_1,p_2,\cdots,p_n)\neq(q_1,q_2,\cdots,q_n)$，两式相减得

$$(p_1-q_1)\boldsymbol{\alpha}_1+(p_2-q_2)\boldsymbol{\alpha}_2+\cdots+(p_n-q_n)\boldsymbol{\alpha}_n=\mathbf{0}$$

由于 $p_1-q_1,p_2-q_2,\cdots,p_n-q_n$ 是不全为 0 的常数，上式表示 $\boldsymbol{\alpha}_1,\boldsymbol{\alpha}_2,\cdots,\boldsymbol{\alpha}_n$ 线性相关，这与 $\boldsymbol{\alpha}_1,\boldsymbol{\alpha}_2,\cdots,\boldsymbol{\alpha}_n$ 线性无关的条件矛盾. 所以 $\boldsymbol{\beta}$ 可由向量 $\boldsymbol{\alpha}_1,\boldsymbol{\alpha}_2,\cdots,\boldsymbol{\alpha}_n$ 唯一的线性表示. □

定理 3.1.6(性质 2)　已知向量 $\boldsymbol{\alpha}_1,\boldsymbol{\alpha}_2,\cdots,\boldsymbol{\alpha}_n$，其中 $\boldsymbol{\alpha}_1\neq\mathbf{0}$，则向量 $\boldsymbol{\alpha}_1,\boldsymbol{\alpha}_2,\cdots,\boldsymbol{\alpha}_n$ 线性相关的充要条件是存在向量 $\boldsymbol{\alpha}_i(2\leqslant i\leqslant n)$，使得 $\boldsymbol{\alpha}_i$ 可由排在它前面的向量线性表示，即 $\boldsymbol{\alpha}_i\in L(\boldsymbol{\alpha}_1,\boldsymbol{\alpha}_2,\cdots,\boldsymbol{\alpha}_{i-1})$.

证　(**充分性**) 因 $\boldsymbol{\alpha}_i\in L(\boldsymbol{\alpha}_1,\boldsymbol{\alpha}_2,\cdots,\boldsymbol{\alpha}_{i-1})$，所以存在 $(i-1)$ 个常数 $k_1,k_2,\cdots,k_{i-1}$ 使得

$$\boldsymbol{\alpha}_i=k_1\boldsymbol{\alpha}_1+k_2\boldsymbol{\alpha}_2+\cdots+k_{i-1}\boldsymbol{\alpha}_{i-1}$$

因此存在不全为 0 的 n 个常数 $k_1,k_2,\cdots,k_{i-1},-1,0,\cdots,0$ 使得

$$k_1\boldsymbol{\alpha}_1+k_2\boldsymbol{\alpha}_2+\cdots+k_{i-1}\boldsymbol{\alpha}_{i-1}-\boldsymbol{\alpha}_i+0\boldsymbol{\alpha}_{i+1}+\cdots+0\boldsymbol{\alpha}_n=\mathbf{0}$$

于是向量 $\boldsymbol{\alpha}_1,\boldsymbol{\alpha}_2,\cdots,\boldsymbol{\alpha}_n$ 线性相关.

（**必要性**）设向量 $\boldsymbol{\alpha}_1,\boldsymbol{\alpha}_2,\cdots,\boldsymbol{\alpha}_n$ 线性相关，据定义 3.1.3，存在不全为 0 的常数 $k_1,k_2,\cdots,k_n$，使得

$$k_1\boldsymbol{\alpha}_1+k_2\boldsymbol{\alpha}_2+\cdots+k_n\boldsymbol{\alpha}_n=\mathbf{0} \tag{9}$$

若 $k_n\neq 0$，则 $\boldsymbol{\alpha}_n=-\dfrac{1}{k_n}(k_1\boldsymbol{\alpha}_1+k_2\boldsymbol{\alpha}_2+\cdots+k_{n-1}\boldsymbol{\alpha}_{n-1})$，故 $\boldsymbol{\alpha}_n\in L(\boldsymbol{\alpha}_1,\boldsymbol{\alpha}_2,\cdots,\boldsymbol{\alpha}_{n-1})$. 若 $k_n=0,k_{n-1}\neq 0$，同理可得 $\boldsymbol{\alpha}_{n-1}\in L(\boldsymbol{\alpha}_1,\boldsymbol{\alpha}_2,\cdots,\boldsymbol{\alpha}_{n-2})$. 依此类推，若 $k_n=k_{n-1}=\cdots=k_{i+1}=0,k_i\neq 0(i\geqslant 2)$，则 $\boldsymbol{\alpha}_i\in L(\boldsymbol{\alpha}_1,\boldsymbol{\alpha}_2,\cdots,\boldsymbol{\alpha}_{i-1})$. 由于 $\boldsymbol{\alpha}_1\neq\mathbf{0}$，所以(9) 式在 $k_n=k_{n-1}=\cdots=k_2=0,k_1\neq 0$ 时不可能成立. □

定理 3.1.7(性质 3) (1) 设 m 维向量

$$\boldsymbol{\alpha}_1=\begin{bmatrix}a_{11}\\a_{21}\\\vdots\\a_{i1}\\\vdots\\a_{m1}\end{bmatrix},\quad \boldsymbol{\alpha}_2=\begin{bmatrix}a_{12}\\a_{22}\\\vdots\\a_{i2}\\\vdots\\a_{m2}\end{bmatrix},\quad \cdots,\quad \boldsymbol{\alpha}_n=\begin{bmatrix}a_{1n}\\a_{2n}\\\vdots\\a_{in}\\\vdots\\a_{mn}\end{bmatrix} \tag{10}$$

线性相关，则将向量 $\boldsymbol{\alpha}_1,\boldsymbol{\alpha}_2,\cdots,\boldsymbol{\alpha}_n$ 减少坐标分量得到的向量

$$\boldsymbol{\beta}_1=\begin{bmatrix}a_{11}\\a_{21}\\\vdots\\a_{i1}\end{bmatrix},\quad \boldsymbol{\beta}_2=\begin{bmatrix}a_{12}\\a_{22}\\\vdots\\a_{i2}\end{bmatrix},\quad \cdots,\quad \boldsymbol{\beta}_n=\begin{bmatrix}a_{1n}\\a_{2n}\\\vdots\\a_{in}\end{bmatrix}\quad (1\leqslant i<m) \tag{11}$$

也线性相关；

(2) 若(11) 式中向量线性无关，则(10) 式中向量也线性无关.

证 (1) 因向量 $\boldsymbol{\alpha}_1,\boldsymbol{\alpha}_2,\cdots,\boldsymbol{\alpha}_n$ 线性相关，所以存在不全为 0 的常数 $k_1,k_2,\cdots,k_n$，使

$$k_1\boldsymbol{\alpha}_1+k_2\boldsymbol{\alpha}_2+\cdots+k_n\boldsymbol{\alpha}_n=\mathbf{0}\Leftrightarrow\begin{cases}k_1a_{11}+k_2a_{12}+\cdots+k_na_{1n}=0,\\k_1a_{21}+k_2a_{22}+\cdots+k_na_{2n}=0,\\\vdots\\k_1a_{i1}+k_2a_{i2}+\cdots+k_na_{in}=0,\\\vdots\\k_1a_{m1}+k_2a_{m2}+\cdots+k_na_{mn}=0\end{cases} \tag{12}$$

在(12)式中截取前 $i(1 \leqslant i < m)$ 个等式得

$$\begin{cases} k_1 a_{11} + k_2 a_{12} + \cdots + k_n a_{1n} = 0, \\ k_1 a_{21} + k_2 a_{22} + \cdots + k_n a_{2n} = 0, \\ \vdots \\ k_1 a_{i1} + k_2 a_{i2} + \cdots + k_n a_{in} = 0 \end{cases} \tag{13}$$

(13)式表示存在不全为0的常数 $k_1, k_2, \cdots, k_n$，使得 $k_1\boldsymbol{\beta}_1 + k_2\boldsymbol{\beta}_2 + \cdots + k_n\boldsymbol{\beta}_n = \mathbf{0}$，所以向量 $\boldsymbol{\beta}_1, \boldsymbol{\beta}_2, \cdots, \boldsymbol{\beta}_n$ 线性相关.

(2) 这是上面(1)的逆否命题，所以成立. □

注　上面的性质3常常简说为“相关组截短仍相关”，“无关组加长仍无关”. 并且截短或加长的坐标分量不一定是后面的分量，在中间、在前面都可以，只要坐标分量的位置相同.

例5　判断向量

$$\boldsymbol{\alpha}_1 = \begin{bmatrix} 1 \\ 2 \\ 1 \\ 0 \\ 0 \\ 0 \end{bmatrix}, \quad \boldsymbol{\alpha}_2 = \begin{bmatrix} 3 \\ 4 \\ 1 \\ 1 \\ 0 \\ 0 \end{bmatrix}, \quad \boldsymbol{\alpha}_3 = \begin{bmatrix} 5 \\ 6 \\ 1 \\ 1 \\ 1 \\ 0 \end{bmatrix}, \quad \boldsymbol{\alpha}_4 = \begin{bmatrix} 7 \\ 8 \\ 1 \\ 1 \\ 1 \\ 1 \end{bmatrix}$$

的线性相关性.

解　由于 $\begin{vmatrix} 1 & 1 & 1 & 1 \\ 0 & 1 & 1 & 1 \\ 0 & 0 & 1 & 1 \\ 0 & 0 & 0 & 1 \end{vmatrix} = 1 \neq 0$，所以向量

$$\boldsymbol{\beta}_1 = \begin{bmatrix} 1 \\ 0 \\ 0 \\ 0 \end{bmatrix}, \quad \boldsymbol{\beta}_2 = \begin{bmatrix} 1 \\ 1 \\ 0 \\ 0 \end{bmatrix}, \quad \boldsymbol{\beta}_3 = \begin{bmatrix} 1 \\ 1 \\ 1 \\ 0 \end{bmatrix}, \quad \boldsymbol{\beta}_4 = \begin{bmatrix} 1 \\ 1 \\ 1 \\ 1 \end{bmatrix}$$

线性无关. 应用定理3.1.7可知无关组加长仍无关，于是向量 $\boldsymbol{\alpha}_1, \boldsymbol{\alpha}_2, \boldsymbol{\alpha}_3, \boldsymbol{\alpha}_4$ 线性无关.

习题3.1

A组

1. 设向量 $\boldsymbol{\alpha}_1, \boldsymbol{\alpha}_2, \cdots, \boldsymbol{\alpha}_n$ 线性相关，求证：在 $\boldsymbol{\alpha}_1, \boldsymbol{\alpha}_2, \cdots, \boldsymbol{\alpha}_n$ 中至少存在一个向量

可由其余的向量线性表示.

2. 判别下列向量组的线性相关性:

1) $(3,1,4),(2,5,-1),(4,-3,7)$;

2) $(2,0,1),(0,1,-2),(1,-1,1)$;

3) $(2,-1,3,2),(-1,2,3,3),(3,-1,2,2),(2,-1,3,2)$.

3. 设 $\boldsymbol{\alpha}_1=\begin{bmatrix}1\\-1\\c_1\end{bmatrix},\boldsymbol{\alpha}_2=\begin{bmatrix}1\\1\\c_2\end{bmatrix},\boldsymbol{\alpha}_3=\begin{bmatrix}-1\\1\\c_3\end{bmatrix},\boldsymbol{\alpha}_4=\begin{bmatrix}0\\0\\c_4\end{bmatrix}$,其中 c_1,c_2,c_3,c_4 为任意常数,则下列向量组中线性相关的向量是 ( )

(A) $\boldsymbol{\alpha}_1,\boldsymbol{\alpha}_2,\boldsymbol{\alpha}_3$ (B) $\boldsymbol{\alpha}_1,\boldsymbol{\alpha}_2,\boldsymbol{\alpha}_4$ (C) $\boldsymbol{\alpha}_1,\boldsymbol{\alpha}_3,\boldsymbol{\alpha}_4$ (D) $\boldsymbol{\alpha}_2,\boldsymbol{\alpha}_3,\boldsymbol{\alpha}_4$

4. 若向量 $\boldsymbol{\alpha}_1,\boldsymbol{\alpha}_2,\boldsymbol{\alpha}_3$ 线性无关,试问 $\boldsymbol{\alpha}_1-\boldsymbol{\alpha}_2,\boldsymbol{\alpha}_2-\boldsymbol{\alpha}_3,\boldsymbol{\alpha}_3-\boldsymbol{\alpha}_1$ 是否线性无关?

5. 若向量 $\boldsymbol{\alpha}_1,\boldsymbol{\alpha}_2,\boldsymbol{\alpha}_3,\boldsymbol{\alpha}_4$ 线性无关,试问 $\boldsymbol{\alpha}_1+\boldsymbol{\alpha}_2,\boldsymbol{\alpha}_2+\boldsymbol{\alpha}_3,\boldsymbol{\alpha}_3+\boldsymbol{\alpha}_4,\boldsymbol{\alpha}_4+\boldsymbol{\alpha}_1$ 是否线性无关?

6. 证明:向量 $\boldsymbol{\alpha}_1+\boldsymbol{\alpha}_2,\boldsymbol{\alpha}_2+\boldsymbol{\alpha}_3,\boldsymbol{\alpha}_3+\boldsymbol{\alpha}_1$ 线性无关的充分必要条件是 $\boldsymbol{\alpha}_1,\boldsymbol{\alpha}_2,\boldsymbol{\alpha}_3$ 线性无关.

7. 设 $\boldsymbol{\beta}=\boldsymbol{\alpha}_1+\boldsymbol{\alpha}_2+\cdots+\boldsymbol{\alpha}_m\,(m>1)$,证明:向量 $\boldsymbol{\beta}-\boldsymbol{\alpha}_1,\boldsymbol{\beta}-\boldsymbol{\alpha}_2,\cdots,\boldsymbol{\beta}-\boldsymbol{\alpha}_m$ 线性无关的充要条件是 $\boldsymbol{\alpha}_1,\boldsymbol{\alpha}_2,\cdots,\boldsymbol{\alpha}_m$ 线性无关.

8. 设向量 $\boldsymbol{\alpha}_1,\boldsymbol{\alpha}_2,\cdots,\boldsymbol{\alpha}_n$ 线性无关 $(n>1)$,证明: $\boldsymbol{\alpha}_1+\boldsymbol{\alpha}_2,\boldsymbol{\alpha}_2+\boldsymbol{\alpha}_3,\cdots,\boldsymbol{\alpha}_{n-1}+\boldsymbol{\alpha}_n,\boldsymbol{\alpha}_n+\boldsymbol{\alpha}_1$ 线性无关的充要条件是 n 为奇数.

9. 设 $\boldsymbol{A},\boldsymbol{B}$ 为满足 $\boldsymbol{AB}=\boldsymbol{O}$ 的任意两个非零矩阵,则必有 ( )

(A) $\boldsymbol{A}$ 的列向量组线性相关,$\boldsymbol{B}$ 的行向量组线性相关

(B) $\boldsymbol{A}$ 的列向量组线性相关,$\boldsymbol{B}$ 的列向量组线性相关

(C) $\boldsymbol{A}$ 的行向量组线性相关,$\boldsymbol{B}$ 的行向量组线性相关

(D) $\boldsymbol{A}$ 的行向量组线性相关,$\boldsymbol{B}$ 的列向量组线性相关

B 组

1. 设向量 $\boldsymbol{\alpha}_i=(a_{i1},a_{i2},\cdots,a_{in})^{\mathrm{T}}\,(i=1,2,\cdots,m)$ 线性无关,若 $\boldsymbol{\beta}=(b_1,b_2,\cdots,b_n)^{\mathrm{T}}$ 是线性齐次方程组

$$\begin{cases}a_{11}x_1+a_{12}x_2+\cdots+a_{1n}x_n=0,\\a_{21}x_1+a_{22}x_2+\cdots+a_{2n}x_n=0,\\\vdots\\a_{m1}x_1+a_{m2}x_2+\cdots+a_{mn}x_n=0\end{cases}$$

的非零解向量,试判断向量 $\boldsymbol{\alpha}_1,\boldsymbol{\alpha}_2,\cdots,\boldsymbol{\alpha}_m,\boldsymbol{\beta}$ 的线性相关性.

3.2 向量组的极大无关组

3.2.1 极大无关组的定义

定义 3.2.1(极大无关组) 若 m 维向量 $\boldsymbol{\alpha}_1,\boldsymbol{\alpha}_2,\cdots,\boldsymbol{\alpha}_n$ 的部分向量 $\boldsymbol{\alpha}_1,\boldsymbol{\alpha}_2,\cdots,\boldsymbol{\alpha}_r$(这里可能作了向量位置的调换)$(1\leqslant r\leqslant n)$ 满足两个条件:

(1) 向量 $\boldsymbol{\alpha}_1,\boldsymbol{\alpha}_2,\cdots,\boldsymbol{\alpha}_r$ 线性无关;

(2) $\boldsymbol{\alpha}_i\in L(\boldsymbol{\alpha}_1,\boldsymbol{\alpha}_2,\cdots,\boldsymbol{\alpha}_r)(i=1,2,\cdots,n)$,

则称 $\boldsymbol{\alpha}_1,\boldsymbol{\alpha}_2,\cdots,\boldsymbol{\alpha}_r$ 是 $\boldsymbol{\alpha}_1,\boldsymbol{\alpha}_2,\cdots,\boldsymbol{\alpha}_n$ 的一个**极大线性无关组**,简称**极大无关组**.

一个线性无关向量组的极大无关组显然就是它自己.

定理 3.2.1 任意一个不全为零向量的有限向量组 $S=\{\boldsymbol{\alpha}_1,\boldsymbol{\alpha}_2,\cdots,\boldsymbol{\alpha}_n\}$ 一定含有极大无关组.

证 不妨设 $\boldsymbol{\alpha}_1\neq\mathbf{0}$,取 $S_1=\{\boldsymbol{\alpha}_1\}$,则 S_1 是 S 的一个线性无关组;考察 $\boldsymbol{\alpha}_2$,若 $\boldsymbol{\alpha}_1,\boldsymbol{\alpha}_2$ 线性无关,取 $S_2=\{\boldsymbol{\alpha}_2\}\cup S_1$,若 $\boldsymbol{\alpha}_1,\boldsymbol{\alpha}_2$ 线性相关,取 $S_2=S_1$(此时 $\boldsymbol{\alpha}_2$ 可由 S_1 线性表示),则 S_2 是 S 的一个线性无关组;同样方法考察 $\boldsymbol{\alpha}_3$,取 $S_3=\{\boldsymbol{\alpha}_3\}\cup S_2$,或 $S_3=S_2$(此时 $\boldsymbol{\alpha}_3$ 可由 S_2 线性表示),则 S_3 是 S 的一个线性无关组. 由于 S 中向量的个数有限,因此最后一定得到一个 S 的线性无关组 $S_n=\{\boldsymbol{\alpha}_n\}\cup S_{n-1}$,或 $S_n=S_{n-1}$(此时 $\boldsymbol{\alpha}_n$ 可由 S_{n-1} 线性表示). 由线性无关组 S_n 的构造过程,向量 $\boldsymbol{\alpha}_1,\boldsymbol{\alpha}_2,\cdots,\boldsymbol{\alpha}_n$ 中的任一向量可由 S_n 线性表示,所以 S_n 是 S 的一个极大无关组. □

例 1 应用定理 3.2.1 证明过程中所用的筛选法容易求得向量组

$$\boldsymbol{\alpha}_1=\begin{bmatrix}1\\0\\0\\0\end{bmatrix},\quad \boldsymbol{\alpha}_2=\begin{bmatrix}2\\0\\0\\0\end{bmatrix},\quad \boldsymbol{\alpha}_3=\begin{bmatrix}3\\1\\0\\0\end{bmatrix},\quad \boldsymbol{\alpha}_4=\begin{bmatrix}4\\2\\1\\0\end{bmatrix},\quad \boldsymbol{\alpha}_5=\begin{bmatrix}5\\3\\2\\0\end{bmatrix}$$

的一个极大无关组为 $\boldsymbol{\alpha}_1,\boldsymbol{\alpha}_3,\boldsymbol{\alpha}_4$. 过程如下:因 $\boldsymbol{\alpha}_1\neq 0$,故将 $\boldsymbol{\alpha}_1$ 留下;因 $\boldsymbol{\alpha}_2=2\boldsymbol{\alpha}_1$,故将 $\boldsymbol{\alpha}_2$ 去掉;$\boldsymbol{\alpha}_3$ 显然不能由 $\boldsymbol{\alpha}_1$ 线性表示,故将 $\boldsymbol{\alpha}_3$ 留下;$\boldsymbol{\alpha}_4$ 显然不能由 $\boldsymbol{\alpha}_1,\boldsymbol{\alpha}_3$ 线性表示,故将 $\boldsymbol{\alpha}_4$ 留下,得到无关组 $\boldsymbol{\alpha}_1,\boldsymbol{\alpha}_3,\boldsymbol{\alpha}_4$. 下面严格证明 $\boldsymbol{\alpha}_1,\boldsymbol{\alpha}_3,\boldsymbol{\alpha}_4$ 是极大无关组.

证 令

$$\boldsymbol{\beta}_1=\begin{bmatrix}1\\0\\0\end{bmatrix},\quad \boldsymbol{\beta}_3=\begin{bmatrix}3\\1\\0\end{bmatrix},\quad \boldsymbol{\beta}_4=\begin{bmatrix}4\\2\\1\end{bmatrix},\quad \boldsymbol{\beta}_5=\begin{bmatrix}5\\3\\2\end{bmatrix},\quad \boldsymbol{A}=(\boldsymbol{\beta}_1,\boldsymbol{\beta}_3,\boldsymbol{\beta}_4)$$

由于 $|\boldsymbol{A}|=1\neq 0$,应用定理 3.1.3 得向量 $\boldsymbol{\beta}_1,\boldsymbol{\beta}_3,\boldsymbol{\beta}_4$ 线性无关. 因无关组加长仍无

关,所以向量 $\boldsymbol{\alpha}_1,\boldsymbol{\alpha}_3,\boldsymbol{\alpha}_4$ 线性无关.又因 $|\boldsymbol{A}|\neq 0$,应用克莱姆法则,得方程组 $\boldsymbol{Ax}=\boldsymbol{\beta}_5$ 有唯一解,记为 $x=(k_1,k_2,k_3)^{\mathrm{T}}$,则 $\boldsymbol{\beta}_5=k_1\boldsymbol{\beta}_1+k_2\boldsymbol{\beta}_3+k_3\boldsymbol{\beta}_4$.于是有 $\boldsymbol{\alpha}_5=k_1\boldsymbol{\alpha}_1+k_2\boldsymbol{\alpha}_3+k_3\boldsymbol{\alpha}_4$,又显然有 $\boldsymbol{\alpha}_2=2\boldsymbol{\alpha}_1$,所以向量组 $\boldsymbol{\alpha}_1,\boldsymbol{\alpha}_3,\boldsymbol{\alpha}_4$ 是所求的极大无关组.

□

注 一个不全为零向量的向量组的极大无关组不一定是唯一的,例如上面例 1 中 $\boldsymbol{\alpha}_1,\boldsymbol{\alpha}_3,\boldsymbol{\alpha}_5$;$\boldsymbol{\alpha}_2,\boldsymbol{\alpha}_3,\boldsymbol{\alpha}_4$ 与 $\boldsymbol{\alpha}_2,\boldsymbol{\alpha}_3,\boldsymbol{\alpha}_5$ 都是极大无关组(证明从略).

3.2.2 用初等行变换求极大无关组

定理 3.2.1 的证明过程提供了用筛选法求极大无关组的方法,但当向量组中向量的个数较多时,此方法十分繁琐,而且没有解决将其余向量用极大无关组线性表示的问题.这一小节介绍利用初等行变换求极大无关组的方法,此方法还同时解决了将其余向量用极大无关组线性表示的问题

先介绍预备知识.设有 $m\times n$ 矩阵

$$\boldsymbol{A}=\begin{bmatrix} a_{11} & a_{12} & \cdots & a_{1n} \\ a_{21} & a_{22} & \cdots & a_{2n} \\ \vdots & \vdots & & \vdots \\ a_{m1} & a_{m2} & \cdots & a_{mn} \end{bmatrix} \tag{1}$$

矩阵 $\boldsymbol{A}$ 的 n 个 m 维列向量

$$\boldsymbol{\alpha}_1=\begin{bmatrix} a_{11} \\ a_{21} \\ \vdots \\ a_{m1} \end{bmatrix},\quad \boldsymbol{\alpha}_2=\begin{bmatrix} a_{12} \\ a_{22} \\ \vdots \\ a_{m2} \end{bmatrix},\quad \cdots,\quad \boldsymbol{\alpha}_n=\begin{bmatrix} a_{1n} \\ a_{2n} \\ \vdots \\ a_{mn} \end{bmatrix} \tag{2}$$

称为 $\boldsymbol{A}$ 的**列向量组**,此时 $\boldsymbol{A}=(\boldsymbol{\alpha}_1,\boldsymbol{\alpha}_2,\cdots,\boldsymbol{\alpha}_n)$;对应的,矩阵 $\boldsymbol{A}$ 的 m 个 n 维行向量

$$\boldsymbol{\gamma}_1=(a_{11},a_{12},\cdots,a_{1n}),\quad \boldsymbol{\gamma}_2=(a_{21},a_{22},\cdots,a_{2n}),\quad \cdots,\quad \boldsymbol{\gamma}_m=(a_{m1},a_{m2},\cdots,a_{mn}) \tag{3}$$

称为 $\boldsymbol{A}$ 的**行向量组**,此时 $\boldsymbol{A}=\begin{bmatrix} \boldsymbol{\gamma}_1 \\ \boldsymbol{\gamma}_2 \\ \vdots \\ \boldsymbol{\gamma}_m \end{bmatrix}$.

定理 3.2.2 设 $m\times n$ 矩阵 $\boldsymbol{A}=(\boldsymbol{\alpha}_1,\boldsymbol{\alpha}_2,\cdots,\boldsymbol{\alpha}_n)$ 经有限次初等行变换化为矩阵 $\boldsymbol{B}=(\boldsymbol{\beta}_1,\boldsymbol{\beta}_2,\cdots,\boldsymbol{\beta}_n)$,则有下列结论:

(1) $\boldsymbol{A}$ 的列向量组的任一部分组 $\boldsymbol{\alpha}_{i_1},\boldsymbol{\alpha}_{i_2},\cdots,\boldsymbol{\alpha}_{i_s}$ $(1\leqslant s\leqslant n)$ 与 $\boldsymbol{B}$ 的列向量组的

相对应的部分组 $\boldsymbol{\beta}_{i_1},\boldsymbol{\beta}_{i_2},\cdots,\boldsymbol{\beta}_{i_s}$，同时为线性相关或同时为线性无关.

(2) $\boldsymbol{A}$ 中列向量 $\boldsymbol{\alpha}_i$ 能否由向量 $\boldsymbol{\alpha}_{i_1},\boldsymbol{\alpha}_{i_2},\cdots,\boldsymbol{\alpha}_{i_s}$ 线性表示与 $\boldsymbol{B}$ 中对应的列向量 $\boldsymbol{\beta}_i$ 能否由对应的向量 $\boldsymbol{\beta}_{i_1},\boldsymbol{\beta}_{i_2},\cdots,\boldsymbol{\beta}_{i_s}$ 线性表示，两者同时能或同时不能. 当同时能时，两个线性表示式的系数完全相同.

证　(1) $m\times n$ 矩阵 $\boldsymbol{A}=(\boldsymbol{\alpha}_1,\boldsymbol{\alpha}_2,\cdots,\boldsymbol{\alpha}_n)$ 经有限次初等行变换化为 $\boldsymbol{B}=(\boldsymbol{\beta}_1,\boldsymbol{\beta}_2,\cdots,\boldsymbol{\beta}_n)$，等价于存在 m 阶初等矩阵 $\boldsymbol{E}_1,\boldsymbol{E}_2,\cdots,\boldsymbol{E}_k$，使得 $\boldsymbol{E}_k\boldsymbol{E}_{k-1}\cdots\boldsymbol{E}_1\boldsymbol{A}=\boldsymbol{B}$. 令 $\boldsymbol{E}_k\boldsymbol{E}_{k-1}\cdots\boldsymbol{E}_1=\boldsymbol{P}$，则 $\boldsymbol{PA}=\boldsymbol{B}$，即

$$\boldsymbol{P}(\boldsymbol{\alpha}_1,\boldsymbol{\alpha}_2,\cdots,\boldsymbol{\alpha}_n)=(\boldsymbol{P\alpha}_1,\boldsymbol{P\alpha}_2,\cdots,\boldsymbol{P\alpha}_n)=(\boldsymbol{\beta}_1,\boldsymbol{\beta}_2,\cdots,\boldsymbol{\beta}_n)$$
$$\Leftrightarrow \boldsymbol{P\alpha}_i=\boldsymbol{\beta}_i,\boldsymbol{P}^{-1}\boldsymbol{\beta}_i=\boldsymbol{\alpha}_i\quad(i=1,2,\cdots,n)$$

记 $\boldsymbol{A}_1=(\boldsymbol{\alpha}_{i_1},\boldsymbol{\alpha}_{i_2},\cdots,\boldsymbol{\alpha}_{i_s})$，$\boldsymbol{B}_1=(\boldsymbol{\beta}_{i_1},\boldsymbol{\beta}_{i_2},\cdots,\boldsymbol{\beta}_{i_s})$，因 $\boldsymbol{P}$ 是可逆矩阵，由定理 2.5.8 得 $\boldsymbol{A}_1\boldsymbol{x}=\boldsymbol{0}$ 与 $\boldsymbol{PA}_1\boldsymbol{x}=\boldsymbol{B}_1\boldsymbol{x}=\boldsymbol{0}$ 是同解方程组，当这两个方程组有非零解时，$\boldsymbol{\alpha}_{i_1},\boldsymbol{\alpha}_{i_2},\cdots,\boldsymbol{\alpha}_{i_s}$ 与 $\boldsymbol{\beta}_{i_1},\boldsymbol{\beta}_{i_2},\cdots,\boldsymbol{\beta}_{i_s}$ 同时为线性相关；当这两个方程组只有零解时，$\boldsymbol{\alpha}_{i_1},\boldsymbol{\alpha}_{i_2},\cdots,\boldsymbol{\alpha}_{i_s}$ 与 $\boldsymbol{\beta}_{i_1},\boldsymbol{\beta}_{i_2},\cdots,\boldsymbol{\beta}_{i_s}$ 同时为线性无关.

(2) 若 $\boldsymbol{\alpha}_i\in L(\boldsymbol{\alpha}_{i_1},\boldsymbol{\alpha}_{i_2},\cdots,\boldsymbol{\alpha}_{i_s})$，设 $\boldsymbol{\alpha}_i=k_1\boldsymbol{\alpha}_{i_1}+k_2\boldsymbol{\alpha}_{i_2}+\cdots+k_s\boldsymbol{\alpha}_{i_s}$，则

$$\begin{aligned}\boldsymbol{\beta}_i&=\boldsymbol{P\alpha}_i=\boldsymbol{P}(k_1\boldsymbol{\alpha}_{i_1}+k_2\boldsymbol{\alpha}_{i_2}+\cdots+k_s\boldsymbol{\alpha}_{i_s})=k_1\boldsymbol{P\alpha}_{i_1}+k_2\boldsymbol{P\alpha}_{i_2}+\cdots+k_s\boldsymbol{P\alpha}_{i_s}\\&=k_1\boldsymbol{\beta}_{i_1}+k_2\boldsymbol{\beta}_{i_2}+\cdots+k_s\boldsymbol{\beta}_{i_s}\end{aligned}$$

即向量 $\boldsymbol{\beta}_i\in L(\boldsymbol{\beta}_{i_1},\boldsymbol{\beta}_{i_2},\cdots,\boldsymbol{\beta}_{i_s})$，且线性表示的系数与向量 $\boldsymbol{\alpha}_i$ 由向量 $\boldsymbol{\alpha}_{i_1},\boldsymbol{\alpha}_{i_2},\cdots,\boldsymbol{\alpha}_{i_s}$ 线性表示的系数完全相同. 反之，若 $\boldsymbol{\beta}_i\in L(\boldsymbol{\beta}_{i_1},\boldsymbol{\beta}_{i_2},\cdots,\boldsymbol{\beta}_{i_s})$，设

$$\boldsymbol{\beta}_i=k_1\boldsymbol{\beta}_{i_1}+k_2\boldsymbol{\beta}_{i_2}+\cdots+k_s\boldsymbol{\beta}_{i_s}$$

则

$$\begin{aligned}\boldsymbol{\alpha}_i&=\boldsymbol{P}^{-1}\boldsymbol{\beta}_i=\boldsymbol{P}^{-1}(k_1\boldsymbol{\beta}_{i_1}+k_2\boldsymbol{\beta}_{i_2}+\cdots+k_s\boldsymbol{\beta}_{i_s})\\&=k_1\boldsymbol{P}^{-1}\boldsymbol{\beta}_{i_1}+k_2\boldsymbol{P}^{-1}\boldsymbol{\beta}_{i_2}+\cdots+k_s\boldsymbol{P}^{-1}\boldsymbol{\beta}_{i_s}\\&=k_1\boldsymbol{\alpha}_{i_1}+k_2\boldsymbol{\alpha}_{i_2}+\cdots+k_s\boldsymbol{\alpha}_{i_s}\end{aligned}$$

即向量 $\boldsymbol{\alpha}_i\in L(\boldsymbol{\alpha}_{i_1},\boldsymbol{\alpha}_{i_2},\cdots,\boldsymbol{\alpha}_{i_s})$，且线性表示的系数与向量 $\boldsymbol{\beta}_i$ 由向量 $\boldsymbol{\beta}_{i_1},\boldsymbol{\beta}_{i_2},\cdots,\boldsymbol{\beta}_{i_s}$ 线性表示的系数完全相同. □

定理 3.2.3　设 $m\times n$ 矩阵 $\boldsymbol{B}=(\boldsymbol{\beta}_1,\boldsymbol{\beta}_2,\cdots,\boldsymbol{\beta}_n)$ 是最简阶梯形矩阵，其中有 r 个首 1$(1\leqslant r\leqslant m)$. 若首 1 所在的列分别为第 $i_1,i_2,\cdots,i_r$ 列（从小到大排序），则有下列结论：

(1) 向量 $\boldsymbol{\beta}_{i_1},\boldsymbol{\beta}_{i_2},\cdots,\boldsymbol{\beta}_{i_r}$ 线性无关；

(2) 在矩阵 $\boldsymbol{B}$ 中任取一个不含首 1 的列（如果有的话），记为 $\boldsymbol{\beta}_k=(c_1,c_2,\cdots,c_r,0,\cdots,0)^{\mathrm{T}}$（这里 c_r 后面有 $(m-r)$ 个 0），则 $\boldsymbol{\beta}_k\in L(\boldsymbol{\beta}_{i_1},\boldsymbol{\beta}_{i_2},\cdots,\boldsymbol{\beta}_{i_r})$，且表示式为

$$\boldsymbol{\beta}_k=c_1\boldsymbol{\beta}_{i_1}+c_2\boldsymbol{\beta}_{i_2}+\cdots+c_r\boldsymbol{\beta}_{i_r}$$

(3) $\boldsymbol{\beta}_{i_1},\boldsymbol{\beta}_{i_2},\cdots,\boldsymbol{\beta}_{i_r}$ 是 $\boldsymbol{\beta}_1,\boldsymbol{\beta}_2,\cdots,\boldsymbol{\beta}_n$ 的一个极大无关组.

证 (1) 因

$$(\boldsymbol{\beta}_{i_1},\boldsymbol{\beta}_{i_2},\cdots,\boldsymbol{\beta}_{i_r})=\begin{bmatrix}1&0&\cdots&0&0\\0&1&\cdots&0&0\\\vdots&\vdots&&\vdots&\vdots\\0&0&\cdots&1&0\\0&0&\cdots&0&1\\0&0&\cdots&0&0\\\vdots&\vdots&&\vdots&\vdots\\0&0&\cdots&0&0\end{bmatrix}\begin{matrix}\\\\\\\\(\text{第 } r \text{ 行})\\\\\\(\text{第 } m \text{ 行})\end{matrix}$$

这里矩阵中排在下面的零行根据数 m 的大小可能有,也可能没有.向量 $\boldsymbol{\beta}_{i_1},\boldsymbol{\beta}_{i_2},\cdots,\boldsymbol{\beta}_{i_r}$ 的前 r 个分量构成的向量组显然线性无关,因无关组加长仍无关,所以 $\boldsymbol{\beta}_{i_1},\boldsymbol{\beta}_{i_2},\cdots,\boldsymbol{\beta}_{i_r}$ 线性无关.

(2) 在矩阵 $\boldsymbol{B}$ 中任取一个不含首 1 的列(如果有的话),对于不含首 1 的列 $\boldsymbol{\beta}_k$,因

$$(\boldsymbol{\beta}_{i_1},\boldsymbol{\beta}_{i_2},\cdots,\boldsymbol{\beta}_{i_r},\boldsymbol{\beta}_k)=\begin{bmatrix}1&0&\cdots&0&0&c_1\\0&1&\cdots&0&0&c_2\\\vdots&\vdots&&\vdots&\vdots&\vdots\\0&0&\cdots&1&0&c_{r-1}\\0&0&\cdots&0&1&c_r\\0&0&\cdots&0&0&0\\\vdots&\vdots&&\vdots&\vdots&\vdots\\0&0&\cdots&0&0&0\end{bmatrix}\begin{matrix}\\\\\\\\(\text{第 } r \text{ 行})\\\\\\(\text{第 } m \text{ 行})\end{matrix}$$

这里矩阵中排在下面的零行根据数 m 的大小可能有,也可能没有.显然有

$$\boldsymbol{\beta}_k=c_1\boldsymbol{\beta}_{i_1}+c_2\boldsymbol{\beta}_{i_2}+\cdots+c_r\boldsymbol{\beta}_{i_r},\quad \text{即}\quad \boldsymbol{\beta}_k\in L(\boldsymbol{\beta}_{i_1},\boldsymbol{\beta}_{i_2},\cdots,\boldsymbol{\beta}_{i_r})$$

(3) 由(1)得向量 $\boldsymbol{\beta}_{i_1},\boldsymbol{\beta}_{i_2},\cdots,\boldsymbol{\beta}_{i_r}$ 线性无关.在 $\boldsymbol{B}$ 中任意一个不含首 1 的列向量(如果有的话),由(2)得该列向量可由向量 $\boldsymbol{\beta}_{i_1},\boldsymbol{\beta}_{i_2},\cdots,\boldsymbol{\beta}_{i_r}$ 线性表示,所以 $\boldsymbol{\beta}_{i_1},\boldsymbol{\beta}_{i_2},\cdots,\boldsymbol{\beta}_{i_r}$ 是 $\boldsymbol{\beta}_1,\boldsymbol{\beta}_2,\cdots,\boldsymbol{\beta}_n$ 的一个极大无关组. □

定理 3.2.4 当 $n>m$ 时,n 个 m 维向量 $\boldsymbol{\alpha}_1,\boldsymbol{\alpha}_2,\cdots,\boldsymbol{\alpha}_n$ 必线性相关.

证 不妨设 $\boldsymbol{\alpha}_i(1\leqslant i\leqslant n)$ 为列向量.令 $\boldsymbol{A}=(\boldsymbol{\alpha}_1,\boldsymbol{\alpha}_2,\cdots,\boldsymbol{\alpha}_n)$,则 $\boldsymbol{A}$ 是 $m\times n$ 矩阵.施行初等行变换将 $\boldsymbol{A}$ 化为最简阶梯形矩阵 $\boldsymbol{B}$,设 $\boldsymbol{B}$ 中首 1 的个数为 r,则 $r\leqslant m<n$,所以在 $\boldsymbol{B}$ 中一定有不含首 1 的列.根据定理 3.2.3,不含首 1 的这一列向量可由 $\boldsymbol{B}$ 的列向量组的极大无关组线性表示,因此 $\boldsymbol{B}$ 的列向量组线性相关.再应用定

理 3.2.2 得矩阵$\boldsymbol{A}$ 的列向量组线性相关，即向量 $\boldsymbol{\alpha}_1,\boldsymbol{\alpha}_2,\cdots,\boldsymbol{\alpha}_n$ 线性相关. □

定理 3.2.2 与定理 3.2.3 不但给出了施行初等行变换求向量组的极大无关组，并将其余向量用极大无关组线性表示的方法，而且给出了此方法的理论根据.

例 2　求向量组

$$\boldsymbol{\alpha}_1=\begin{bmatrix}1\\1\\2\\1\\0\end{bmatrix},\quad \boldsymbol{\alpha}_2=\begin{bmatrix}1\\0\\1\\0\\1\end{bmatrix},\quad \boldsymbol{\alpha}_3=\begin{bmatrix}2\\1\\3\\1\\1\end{bmatrix},\quad \boldsymbol{\alpha}_4=\begin{bmatrix}4\\2\\6\\2\\2\end{bmatrix},\quad \boldsymbol{\alpha}_5=\begin{bmatrix}1\\2\\4\\4\\1\end{bmatrix},\quad \boldsymbol{\alpha}_6=\begin{bmatrix}3\\0\\2\\-2\\1\end{bmatrix} \tag{4}$$

的一个极大无关组，并将其余向量用这个极大无关组线性表示.

解　使用初等行变换将矩阵 $\boldsymbol{A}=(\boldsymbol{\alpha}_1,\boldsymbol{\alpha}_2,\boldsymbol{\alpha}_3,\boldsymbol{\alpha}_4,\boldsymbol{\alpha}_5,\boldsymbol{\alpha}_6)$ 化为最简阶梯形，得

$$\boldsymbol{A}=\begin{bmatrix}1&1&2&4&1&3\\1&0&1&2&2&0\\2&1&3&6&4&2\\1&0&1&2&4&-2\\0&1&1&2&1&1\end{bmatrix}\xrightarrow[r_4-r_1]{\substack{r_2-r_1\\r_3-2r_1}}\begin{bmatrix}1&1&2&4&1&3\\0&-1&-1&-2&1&-3\\0&-1&-1&-2&2&-4\\0&-1&-1&-2&3&-5\\0&1&1&2&1&1\end{bmatrix}$$

$$\xrightarrow[r_5-r_2]{\substack{-r_2\\r_3+r_2\\r_4+r_2}}\begin{bmatrix}1&1&2&4&1&3\\0&1&1&2&-1&3\\0&0&0&0&1&-1\\0&0&0&0&2&-2\\0&0&0&0&2&-2\end{bmatrix}\xrightarrow[r_1-r_2]{\substack{r_4-2r_3\\r_5-2r_3\\r_2+r_3\\r_1-r_3}}\begin{bmatrix}1&0&1&2&0&2\\0&1&1&2&0&2\\0&0&0&0&1&-1\\0&0&0&0&0&0\\0&0&0&0&0&0\end{bmatrix}$$

$$=(\boldsymbol{\beta}_1,\boldsymbol{\beta}_2,\boldsymbol{\beta}_3,\boldsymbol{\beta}_4,\boldsymbol{\beta}_5,\boldsymbol{\beta}_6)=\boldsymbol{B}$$

此最简阶梯形矩阵$\boldsymbol{B}$中有 3 个主 1，它们所在的列是第 1，2，5 列，所以$\boldsymbol{\beta}_1,\boldsymbol{\beta}_2,\boldsymbol{\beta}_5$ 是$\boldsymbol{B}$的列向量组的极大无关组，且由最简阶梯形矩阵可看出

$$\boldsymbol{\beta}_3=\boldsymbol{\beta}_1+\boldsymbol{\beta}_2,\quad \boldsymbol{\beta}_4=2\boldsymbol{\beta}_1+2\boldsymbol{\beta}_2,\quad \boldsymbol{\beta}_6=2\boldsymbol{\beta}_1+2\boldsymbol{\beta}_2-\boldsymbol{\beta}_5$$

应用定理 3.2.2 得 $\boldsymbol{\alpha}_1,\boldsymbol{\alpha}_2,\boldsymbol{\alpha}_5$ 是向量组(4) 式的极大无关组，且其余向量用极大无关组表示为

$$\boldsymbol{\alpha}_3=\boldsymbol{\alpha}_1+\boldsymbol{\alpha}_2,\quad \boldsymbol{\alpha}_4=2\boldsymbol{\alpha}_1+2\boldsymbol{\alpha}_2,\quad \boldsymbol{\alpha}_6=2\boldsymbol{\alpha}_1+2\boldsymbol{\alpha}_2-\boldsymbol{\alpha}_5$$

注　用例 2 的方法可求列向量组的极大无关组. 若欲求行向量组的极大无关组，可将向量转置化为列向量组，用上面的方法求出这个列向量组的极大无关组后再将向量转置，即得所求的行向量组的极大无关组.

3.2.3 向量组的秩

首先介绍向量组等价的概念.

定义 3.2.2(向量组的等价) 设

$$S_1=\{\boldsymbol{\alpha}_1,\boldsymbol{\alpha}_2,\cdots,\boldsymbol{\alpha}_p\},\quad S_2=\{\boldsymbol{\beta}_1,\boldsymbol{\beta}_2,\cdots,\boldsymbol{\beta}_q\}$$

是两个同维数的向量组. 若 $\forall\boldsymbol{\alpha}_i\in S_1$,有 $\boldsymbol{\alpha}_i\in L(\boldsymbol{\beta}_1,\boldsymbol{\beta}_2,\cdots,\boldsymbol{\beta}_q)$,则称**向量组 S_1 可由向量组 S_2 线性表示**. 若向量组 S_1 可由向量组 S_2 线性表示,向量组 S_2 也可由向量组 S_1 线性表示,则称**向量组 S_1 与向量组 S_2 等价**,记为 $S_1\cong S_2$.

向量组的等价关系显然具有下列性质:

(1) $\boldsymbol{S}_1\cong\boldsymbol{S}_1$; (**自反性**)

(2) 若 $\boldsymbol{S}_1\cong\boldsymbol{S}_2$,则 $\boldsymbol{S}_2\cong\boldsymbol{S}_1$; (**对称性**)

(3) 若 $\boldsymbol{S}_1\cong\boldsymbol{S}_2,\boldsymbol{S}_2\cong\boldsymbol{S}_3$,则 $\boldsymbol{S}_1\cong\boldsymbol{S}_3$. (**传递性**)

任意一个不全为零向量的向量组显然与它的极大无关组等价,所以一个不全为零向量的向量组的任意两个极大无关组必等价.

定理 3.2.5 设向量 $\boldsymbol{\alpha}_1,\boldsymbol{\alpha}_2,\cdots,\boldsymbol{\alpha}_p$ 都可由向量 $\boldsymbol{\beta}_1,\boldsymbol{\beta}_2,\cdots,\boldsymbol{\beta}_q$ 线性表示.

(1) 若 $p>q$,则向量 $\boldsymbol{\alpha}_1,\boldsymbol{\alpha}_2,\cdots,\boldsymbol{\alpha}_p$ 线性相关;

(2) 若向量 $\boldsymbol{\alpha}_1,\boldsymbol{\alpha}_2,\cdots,\boldsymbol{\alpha}_p$ 线性无关,则 $p\leqslant q$.

证 (1) 由于向量 $\boldsymbol{\alpha}_1,\boldsymbol{\alpha}_2,\cdots,\boldsymbol{\alpha}_p$ 都可由向量组 $\boldsymbol{\beta}_1,\boldsymbol{\beta}_2,\cdots,\boldsymbol{\beta}_q$ 线性表示,所以

$$(\boldsymbol{\alpha}_1,\boldsymbol{\alpha}_2,\cdots,\boldsymbol{\alpha}_p)=(\boldsymbol{\beta}_1,\boldsymbol{\beta}_2,\cdots,\boldsymbol{\beta}_q)\begin{bmatrix}c_{11}&c_{12}&\cdots&c_{1p}\\c_{21}&c_{22}&\cdots&c_{2p}\\\vdots&\vdots&&\vdots\\c_{q1}&c_{q2}&\cdots&c_{qp}\end{bmatrix}$$

记 $(c_{ij})_{q\times p}=(\boldsymbol{\gamma}_1,\boldsymbol{\gamma}_2,\cdots,\boldsymbol{\gamma}_p)$,这里 $\boldsymbol{\gamma}_i$ 是 q 维向量,由于 $p>q$,应用定理 3.2.4 得向量 $\boldsymbol{\gamma}_1,\boldsymbol{\gamma}_2,\cdots,\boldsymbol{\gamma}_p$ 线性相关,因此存在不全为 0 的常数 $k_1,k_2,\cdots,k_p$,使得

$$k_1\boldsymbol{\gamma}_1+k_2\boldsymbol{\gamma}_2+\cdots+k_p\boldsymbol{\gamma}_p=\mathbf{0}$$

即

$$(\boldsymbol{\gamma}_1,\boldsymbol{\gamma}_2,\cdots,\boldsymbol{\gamma}_p)\begin{bmatrix}k_1\\k_2\\\vdots\\k_p\end{bmatrix}=\begin{bmatrix}c_{11}&c_{12}&\cdots&c_{1p}\\c_{21}&c_{22}&\cdots&c_{2p}\\\vdots&\vdots&&\vdots\\c_{q1}&c_{q2}&\cdots&c_{qp}\end{bmatrix}\begin{bmatrix}k_1\\k_2\\\vdots\\k_p\end{bmatrix}=\begin{bmatrix}0\\0\\\vdots\\0\end{bmatrix}$$

于是

$$\begin{aligned}
&k_1\boldsymbol{\alpha}_1+k_2\boldsymbol{\alpha}_2+\cdots+k_p\boldsymbol{\alpha}_p\\
&=(\boldsymbol{\alpha}_1,\boldsymbol{\alpha}_2,\cdots,\boldsymbol{\alpha}_p)(k_1,k_2,\cdots,k_p)^{\mathrm{T}}\\
&=(\boldsymbol{\beta}_1,\boldsymbol{\beta}_2,\cdots,\boldsymbol{\beta}_q)\begin{bmatrix} c_{11} & c_{12} & \cdots & c_{1p}\\ c_{21} & c_{22} & \cdots & c_{2p}\\ \vdots & \vdots & & \vdots\\ c_{q1} & c_{q2} & \cdots & c_{qp}\end{bmatrix}\begin{bmatrix}k_1\\ k_2\\ \vdots\\ k_p\end{bmatrix}\\
&=(\boldsymbol{\beta}_1,\boldsymbol{\beta}_2,\cdots,\boldsymbol{\beta}_q)\begin{bmatrix}0\\ 0\\ \vdots\\ 0\end{bmatrix}=\mathbf{0}
\end{aligned}$$

因此向量 $\boldsymbol{\alpha}_1,\boldsymbol{\alpha}_2,\cdots,\boldsymbol{\alpha}_p$ 线性相关.

(2) 这是上面(1) 的逆否命题,所以成立. □

定理 3.2.6　不全为零向量的向量组的任意两个极大无关组所含向量的个数相同.

证　设两个极大无关组为 $\boldsymbol{\alpha}_1,\boldsymbol{\alpha}_2,\cdots,\boldsymbol{\alpha}_p$ 与 $\boldsymbol{\beta}_1,\boldsymbol{\beta}_2,\cdots,\boldsymbol{\beta}_q$,则向量组 $\{\boldsymbol{\alpha}_1,\boldsymbol{\alpha}_2,\cdots,\boldsymbol{\alpha}_p\}$ 与 $\{\boldsymbol{\beta}_1,\boldsymbol{\beta}_2,\cdots,\boldsymbol{\beta}_q\}$ 等价. 由于向量 $\boldsymbol{\alpha}_1,\boldsymbol{\alpha}_2,\cdots,\boldsymbol{\alpha}_p$ 线性无关,且都可由 $\boldsymbol{\beta}_1,\boldsymbol{\beta}_2,\cdots,\boldsymbol{\beta}_q$ 线性表示,应用定理 3.2.5 得 $p\leqslant q$;反之,由于向量 $\boldsymbol{\beta}_1,\boldsymbol{\beta}_2,\cdots,\boldsymbol{\beta}_q$ 线性无关,且都可由 $\boldsymbol{\alpha}_1,\boldsymbol{\alpha}_2,\cdots,\boldsymbol{\alpha}_p$ 线性表示,应用定理 3.2.5 得 $q\leqslant p$. 于是有 $p=q$. □

定义 3.2.3(向量组的秩)　不全为零向量的向量组的极大无关组所含向量的个数,称为该**向量组的秩**. 若向量组 $\boldsymbol{\alpha}_1,\boldsymbol{\alpha}_2,\cdots,\boldsymbol{\alpha}_p$ 的秩为 r,记为

$$\mathrm{r}\{\boldsymbol{\alpha}_1,\boldsymbol{\alpha}_2,\cdots,\boldsymbol{\alpha}_p\}=r$$

我们规定由零向量构成的向量组的秩为 0.

定理 3.2.7　已知向量组 $\boldsymbol{\alpha}_1,\boldsymbol{\alpha}_2,\cdots,\boldsymbol{\alpha}_p$ 与 $\boldsymbol{\beta}_1,\boldsymbol{\beta}_2,\cdots,\boldsymbol{\beta}_q$.

(1) 若向量 $\boldsymbol{\alpha}_1,\boldsymbol{\alpha}_2,\cdots,\boldsymbol{\alpha}_p$ 都可由向量 $\boldsymbol{\beta}_1,\boldsymbol{\beta}_2,\cdots,\boldsymbol{\beta}_q$ 线性表示,则

$$\mathrm{r}\{\boldsymbol{\alpha}_1,\boldsymbol{\alpha}_2,\cdots,\boldsymbol{\alpha}_p\}\leqslant\mathrm{r}\{\boldsymbol{\beta}_1,\boldsymbol{\beta}_2,\cdots,\boldsymbol{\beta}_q\}$$

(2) 若向量组 $\{\boldsymbol{\alpha}_1,\boldsymbol{\alpha}_2,\cdots,\boldsymbol{\alpha}_p\}$ 与向量组 $\{\boldsymbol{\beta}_1,\boldsymbol{\beta}_2,\cdots,\boldsymbol{\beta}_q\}$ 等价,则

$$\mathrm{r}\{\boldsymbol{\alpha}_1,\boldsymbol{\alpha}_2,\cdots,\boldsymbol{\alpha}_p\}=\mathrm{r}\{\boldsymbol{\beta}_1,\boldsymbol{\beta}_2,\cdots,\boldsymbol{\beta}_q\}$$

证　(1) 设向量组 $\boldsymbol{\alpha}_1,\boldsymbol{\alpha}_2,\cdots,\boldsymbol{\alpha}_p$ 的一个极大无关组为 $\boldsymbol{\alpha}_{i_1},\boldsymbol{\alpha}_{i_2},\cdots,\boldsymbol{\alpha}_{i_r}$,向量组 $\boldsymbol{\beta}_1,\boldsymbol{\beta}_2,\cdots,\boldsymbol{\beta}_q$ 的一个极大无关组为 $\boldsymbol{\beta}_{i_1},\boldsymbol{\beta}_{i_2},\cdots,\boldsymbol{\beta}_{i_s}$,则

$$\{\boldsymbol{\alpha}_1,\boldsymbol{\alpha}_2,\cdots,\boldsymbol{\alpha}_p\}\cong\{\boldsymbol{\alpha}_{i_1},\boldsymbol{\alpha}_{i_2},\cdots,\boldsymbol{\alpha}_{i_r}\},\quad \{\boldsymbol{\beta}_1,\boldsymbol{\beta}_2,\cdots,\boldsymbol{\beta}_q\}\cong\{\boldsymbol{\beta}_{i_1},\boldsymbol{\beta}_{i_2},\cdots,\boldsymbol{\beta}_{i_s}\}$$

$$\mathrm{r}\{\boldsymbol{\alpha}_1,\boldsymbol{\alpha}_2,\cdots,\boldsymbol{\alpha}_p\}=r,\quad \mathrm{r}\{\boldsymbol{\beta}_1,\boldsymbol{\beta}_2,\cdots,\boldsymbol{\beta}_q\}=s$$

由于向量 $\boldsymbol{\alpha}_1,\boldsymbol{\alpha}_2,\cdots,\boldsymbol{\alpha}_p$ 都可由向量 $\boldsymbol{\beta}_1,\boldsymbol{\beta}_2,\cdots,\boldsymbol{\beta}_q$ 线性表示，所以向量 $\boldsymbol{\alpha}_{i_1},\boldsymbol{\alpha}_{i_2},\cdots,\boldsymbol{\alpha}_{i_r}$ 都可由向量 $\boldsymbol{\beta}_{i_1},\boldsymbol{\beta}_{i_2},\cdots,\boldsymbol{\beta}_{i_s}$ 线性表示，又因为 $\boldsymbol{\alpha}_{i_1},\boldsymbol{\alpha}_{i_2},\cdots,\boldsymbol{\alpha}_{i_r}$ 线性无关，应用定理3.2.5 得 $r\leqslant s$. 即 $\mathrm{r}\{\boldsymbol{\alpha}_1,\boldsymbol{\alpha}_2,\cdots,\boldsymbol{\alpha}_p\}\leqslant \mathrm{r}\{\boldsymbol{\beta}_1,\boldsymbol{\beta}_2,\cdots,\boldsymbol{\beta}_q\}$.

(2) 由于向量 $\boldsymbol{\alpha}_1,\boldsymbol{\alpha}_2,\cdots,\boldsymbol{\alpha}_p$ 与向量 $\boldsymbol{\beta}_1,\boldsymbol{\beta}_2,\cdots,\boldsymbol{\beta}_q$ 可以相互线性表示，应用上面(1) 的结论，即得 $\mathrm{r}\{\boldsymbol{\alpha}_1,\boldsymbol{\alpha}_2,\cdots,\boldsymbol{\alpha}_p\}=\mathrm{r}\{\boldsymbol{\beta}_1,\boldsymbol{\beta}_2,\cdots,\boldsymbol{\beta}_q\}$. □

例 3 设有向量组

(Ⅰ) $\boldsymbol{\alpha}_1=(1,0,2)^{\mathrm{T}},\boldsymbol{\alpha}_2=(1,1,3)^{\mathrm{T}},\boldsymbol{\alpha}_3=(1,-1,2+k)^{\mathrm{T}}$;

(Ⅱ) $\boldsymbol{\beta}_1=(1,2,3+k)^{\mathrm{T}},\boldsymbol{\beta}_2=(2,1,6+k)^{\mathrm{T}},\boldsymbol{\beta}_3=(2,1,4+k)^{\mathrm{T}}$.

试问：(1) k 为何值时，向量组(Ⅰ)与(Ⅱ)等价？

(2) k 为何值时，向量组(Ⅰ)与(Ⅱ)不等价？

解 (1) 记 $\boldsymbol{A}=(\boldsymbol{\alpha}_1,\boldsymbol{\alpha}_2,\boldsymbol{\alpha}_3)$，$\boldsymbol{B}=(\boldsymbol{\beta}_1,\boldsymbol{\beta}_2,\boldsymbol{\beta}_3)$，考虑线性方程组 $\boldsymbol{Ax}=\boldsymbol{\beta}_i\ (i=1,2,3)$ 与 $\boldsymbol{Bx}=\boldsymbol{\alpha}_i\ (i=1,2,3)$，由于

$$|\boldsymbol{A}|=\begin{vmatrix}1&1&1\\0&1&-1\\2&3&2+k\end{vmatrix}\xlongequal{r_3-2r_1}\begin{vmatrix}1&1&1\\0&1&-1\\0&1&k\end{vmatrix}\xlongequal{r_3-r_2}\begin{vmatrix}1&1&1\\0&1&-1\\0&0&k+1\end{vmatrix}=k+1$$

$$|\boldsymbol{B}|=\begin{vmatrix}1&2&2\\2&1&1\\3+k&6+k&4+k\end{vmatrix}\xlongequal{c_3-c_2}\begin{vmatrix}1&2&0\\2&1&0\\3+k&6+k&-2\end{vmatrix}=6.$$

当 $k\neq-1$ 时 $|\boldsymbol{A}|\neq0$，应用克莱姆法则得方程组 $\boldsymbol{Ax}=\boldsymbol{\beta}_i\ (i=1,2,3)$ 有唯一解，于是向量组(Ⅱ)可由向量组(Ⅰ)线性表示；因 $|\boldsymbol{B}|=6\neq0$，应用克莱姆法则得方程组 $\boldsymbol{Bx}=\boldsymbol{\alpha}_i\ (i=1,2,3)$ 有唯一解，于是向量组(Ⅰ)可由向量组(Ⅱ)线性表示. 所以 $k\neq-1$ 时，向量组(Ⅰ)与(Ⅱ)等价.

(2) 当 $k=-1$ 时，$|\boldsymbol{A}|=0$，所以 $\mathrm{r}(\boldsymbol{A})<3$；因 $|\boldsymbol{B}|=6\neq0$，所以 $\mathrm{r}(\boldsymbol{B})=3$. 因此 $k=-1$ 时，向量组(Ⅰ)与(Ⅱ)不等价.

3.2.4 用初等行变换求向量组的秩

根据向量组的秩的定义，向量组的秩等于其极大无关组所含向量的个数. 应用上一小节的方法，以向量组为列向量作矩阵 $\boldsymbol{A}$，施行初等行变换将矩阵 $\boldsymbol{A}$ 化为阶梯形矩阵 $\boldsymbol{B}$，$\boldsymbol{B}$ 中非零行的行数就是其极大无关组所含向量的个数，即

> 向量组 $\{\boldsymbol{\alpha}_1,\boldsymbol{\alpha}_2,\cdots,\boldsymbol{\alpha}_n\}$ 的秩 = 矩阵 $(\boldsymbol{\alpha}_1,\boldsymbol{\alpha}_2,\cdots,\boldsymbol{\alpha}_n)$ 的阶梯形矩阵中非零行的行数

例 4 求向量组

$$\boldsymbol{\alpha}_1=(2,4,2,4,6),\quad \boldsymbol{\alpha}_2=(3,6,3,6,9),\quad \boldsymbol{\alpha}_3=(3,9,6,6,12)$$

$$\boldsymbol{\alpha}_4=(1,2,1,2,3),\quad \boldsymbol{\alpha}_5=(1,1,4,2,6),\quad \boldsymbol{\alpha}_6=(2,2,3,4,8)$$

的秩.

解　这里的向量是行向量，将其转置为列向量后排成矩阵$\boldsymbol{A}$，对矩阵$\boldsymbol{A}$施行初等行变换化为阶梯形矩阵得

$$\boldsymbol{A}=\begin{bmatrix}2&3&3&1&1&2\\4&6&9&2&1&2\\2&3&6&1&4&3\\4&6&6&2&2&4\\6&9&12&3&6&8\end{bmatrix}\longrightarrow\begin{bmatrix}2&3&3&1&1&2\\0&0&3&0&-1&-2\\0&0&3&0&3&1\\0&0&0&0&0&0\\0&0&3&0&3&2\end{bmatrix}$$

$$\longrightarrow\begin{bmatrix}2&3&3&1&1&2\\0&0&3&0&-1&-2\\0&0&0&0&4&3\\0&0&0&0&0&0\\0&0&0&0&4&4\end{bmatrix}\longrightarrow\begin{bmatrix}2&3&3&1&1&2\\0&0&3&0&-1&-2\\0&0&0&0&4&3\\0&0&0&0&0&1\\0&0&0&0&0&0\end{bmatrix}$$

由于上面的阶梯形矩阵中有 4 个非零行，所以 $\mathrm{r}(\boldsymbol{A})=4$，于是原向量组的秩为 4.

习题 3.2

A 组

1. 试证：1) 矩阵$\boldsymbol{A}$可逆的充要条件是$\boldsymbol{A}$的列向量组线性无关；2) 矩阵$\boldsymbol{A}$可逆的充要条件是$\boldsymbol{A}$的行向量组线性无关.

2. 设向量$\boldsymbol{\beta}$可由向量组$\boldsymbol{\alpha}_1,\boldsymbol{\alpha}_2,\cdots,\boldsymbol{\alpha}_n$线性表示，但不能由向量组$\boldsymbol{\alpha}_1,\boldsymbol{\alpha}_2,\cdots,\boldsymbol{\alpha}_{n-1}$线性表示，证明：$\{\boldsymbol{\alpha}_1,\boldsymbol{\alpha}_2,\cdots,\boldsymbol{\alpha}_{n-1},\boldsymbol{\alpha}_n\}\cong\{\boldsymbol{\alpha}_1,\boldsymbol{\alpha}_2,\cdots,\boldsymbol{\alpha}_{n-1},\boldsymbol{\beta}\}$.

3. 设向量$\boldsymbol{\alpha}_1,\boldsymbol{\alpha}_2,\cdots,\boldsymbol{\alpha}_n$线性无关，向量$\boldsymbol{\alpha}_1,\boldsymbol{\alpha}_2,\cdots,\boldsymbol{\alpha}_n,\boldsymbol{\beta},\boldsymbol{\gamma}$线性相关，证明：$\boldsymbol{\beta}\in L(\boldsymbol{\alpha}_1,\boldsymbol{\alpha}_2,\cdots,\boldsymbol{\alpha}_n)$，或$\boldsymbol{\gamma}\in L(\boldsymbol{\alpha}_1,\boldsymbol{\alpha}_2,\cdots,\boldsymbol{\alpha}_n)$，或$\{\boldsymbol{\alpha}_1,\boldsymbol{\alpha}_2,\cdots,\boldsymbol{\alpha}_n,\boldsymbol{\beta}\}\cong\{\boldsymbol{\alpha}_1,\boldsymbol{\alpha}_2,\cdots,\boldsymbol{\alpha}_n,\boldsymbol{\gamma}\}$.

4. 求下列向量组的秩及其一个极大无关组，并将其余向量用极大无关组线性表示：

1) $\boldsymbol{\alpha}_1=(1,1,1),\boldsymbol{\alpha}_2=(1,1,0),\boldsymbol{\alpha}_3=(1,0,0),\boldsymbol{\alpha}_4=(1,2,-3)$；

2) $\boldsymbol{\alpha}_1=(6,4,1,9,2),\boldsymbol{\alpha}_2=(1,0,2,3,-4),\boldsymbol{\alpha}_3=(1,4,-9,-6,22),\boldsymbol{\alpha}_4=(7,1,0,-1,3)$.

5. 求下列矩阵的列向量组的秩及其一个极大无关组：

1) $\begin{bmatrix}1&3&2\\2&1&4\\4&7&8\end{bmatrix}$； 2) $\begin{bmatrix}3&1&3&4\\1&2&-1&-2\\-3&8&4&2\end{bmatrix}$； 3) $\begin{bmatrix}1&3&-2&1\\2&1&3&2\\3&4&5&6\\7&3&2&1\end{bmatrix}$.

6. 设 $\boldsymbol{A},\boldsymbol{B},\boldsymbol{C}$ 均为 n 阶矩阵，若 $\boldsymbol{AB}=\boldsymbol{C}$，且 $\boldsymbol{B}$ 可逆，则 （ ）

(A) 矩阵 $\boldsymbol{C}$ 的行向量组与 $\boldsymbol{A}$ 行向量组等价

(B) 矩阵 $\boldsymbol{C}$ 的列向量组与 $\boldsymbol{A}$ 列向量组等价

(C) 矩阵 $\boldsymbol{C}$ 的行向量组与 $\boldsymbol{B}$ 行向量组等价

(D) 矩阵 $\boldsymbol{C}$ 的列向量组与 $\boldsymbol{B}$ 列向量组等价

B 组

1. 设 m 维向量 $\boldsymbol{\alpha}_1,\boldsymbol{\alpha}_2,\cdots,\boldsymbol{\alpha}_p(1\leqslant p<m)$ 线性无关，则 m 维向量 $\boldsymbol{\beta}_1,\boldsymbol{\beta}_2,\cdots,\boldsymbol{\beta}_p$ 线性无关的充要条件是 （ ）

(A) 向量 $\boldsymbol{\beta}_1,\boldsymbol{\beta}_2,\cdots,\boldsymbol{\beta}_p$ 都可由向量 $\boldsymbol{\alpha}_1,\boldsymbol{\alpha}_2,\cdots,\boldsymbol{\alpha}_p$ 线性表示

(B) 向量 $\boldsymbol{\alpha}_1,\boldsymbol{\alpha}_2,\cdots,\boldsymbol{\alpha}_p$ 都可由向量 $\boldsymbol{\beta}_1,\boldsymbol{\beta}_2,\cdots,\boldsymbol{\beta}_p$ 线性表示

(C) 向量组 $\{\boldsymbol{\beta}_1,\boldsymbol{\beta}_2,\cdots,\boldsymbol{\beta}_p\}$ 与向量组 $\{\boldsymbol{\alpha}_1,\boldsymbol{\alpha}_2,\cdots,\boldsymbol{\alpha}_p\}$ 等价

(D) 矩阵 $(\boldsymbol{\beta}_1,\boldsymbol{\beta}_2,\cdots,\boldsymbol{\beta}_p)$ 与矩阵 $(\boldsymbol{\alpha}_1,\boldsymbol{\alpha}_2,\cdots,\boldsymbol{\alpha}_p)$ 等价

3.3 和秩定理与积秩定理

3.3.1 矩阵的列秩与行秩

定义 3.3.1(列秩与行秩) 矩阵 $\boldsymbol{A}$ 的列向量组的秩，称为**矩阵 $\boldsymbol{A}$ 的列秩**；矩阵 $\boldsymbol{A}$ 的行向量组的秩，称为**矩阵 $\boldsymbol{A}$ 的行秩**.

首先我们来讨论矩阵的列秩、行秩和矩阵的秩这三秩之间的关系.

定理 3.3.1(三秩定理) 设 $\boldsymbol{A}$ 是 $m\times n$ 矩阵，则

$$\boxed{\text{矩阵 }\boldsymbol{A}\text{ 的列秩}=\text{矩阵 }\boldsymbol{A}\text{ 的行秩}=\text{矩阵 }\boldsymbol{A}\text{ 的秩}}$$

证 上一节我们已经证明矩阵 $\boldsymbol{A}$ 的列秩等于矩阵 $\boldsymbol{A}$ 的秩. 所以 $\boldsymbol{A}^{\mathrm{T}}$ 的列秩等于矩阵 $\boldsymbol{A}^{\mathrm{T}}$ 的秩，即 $\boldsymbol{A}$ 的行秩等于矩阵 $\boldsymbol{A}^{\mathrm{T}}$ 的秩，因为 $\mathrm{r}(\boldsymbol{A}^{\mathrm{T}})=\mathrm{r}(\boldsymbol{A})$，所以 $\boldsymbol{A}$ 的行秩也等于矩阵 $\boldsymbol{A}$ 的秩. □

例 1 设 $\mathrm{r}(\boldsymbol{A})=r,k\in\mathbf{R}$，求 $\mathrm{r}(k\boldsymbol{A})$.

解 当 $k=0$ 时，$k\boldsymbol{A}=\boldsymbol{O}$，所以 $\mathrm{r}(k\boldsymbol{A})=\mathrm{r}(\boldsymbol{O})=0$；当 $k\neq0$ 时，$k\boldsymbol{A}$ 等价于对矩阵 $\boldsymbol{A}$ 施行每一行乘以非零常数 k 的初等变换，而初等变换不改变矩阵的秩，所以 $\mathrm{r}(k\boldsymbol{A})=r$.

3.3.2　和秩定理

本小节考虑两个矩阵之和(或差)的秩与这两个矩阵的秩的关系.

定理 3.3.2(和秩定理)　设 $\boldsymbol{A},\boldsymbol{B}$ 都是 $m\times n$ 矩阵,则

$$\boxed{\begin{aligned}\mathrm{r}(\boldsymbol{A}+\boldsymbol{B})\leqslant \mathrm{r}(\boldsymbol{A})+\mathrm{r}(\boldsymbol{B})\\ \mathrm{r}(\boldsymbol{A}-\boldsymbol{B})\leqslant \mathrm{r}(\boldsymbol{A})+\mathrm{r}(\boldsymbol{B})\end{aligned}}$$

证　设 $\boldsymbol{A}=(\boldsymbol{\alpha}_1,\boldsymbol{\alpha}_2,\cdots,\boldsymbol{\alpha}_n)$,$\boldsymbol{B}=(\boldsymbol{\beta}_1,\boldsymbol{\beta}_2,\cdots,\boldsymbol{\beta}_n)$,$\mathrm{r}(\boldsymbol{A})=r$,$\mathrm{r}(\boldsymbol{B})=s$,向量组 $\boldsymbol{\alpha}_1,\boldsymbol{\alpha}_2,\cdots,\boldsymbol{\alpha}_n$ 的一个极大无关组是 $\boldsymbol{\alpha}_{i_1},\boldsymbol{\alpha}_{i_2},\cdots,\boldsymbol{\alpha}_{i_r}$,向量组 $\boldsymbol{\beta}_1,\boldsymbol{\beta}_2,\cdots,\boldsymbol{\beta}_n$ 的一个极大无关组是 $\boldsymbol{\beta}_{j_1},\boldsymbol{\beta}_{j_2},\cdots,\boldsymbol{\beta}_{j_s}$. 由于

$$\boldsymbol{A}\pm\boldsymbol{B}=(\boldsymbol{\alpha}_1\pm\boldsymbol{\beta}_1,\boldsymbol{\alpha}_2\pm\boldsymbol{\beta}_2,\cdots,\boldsymbol{\alpha}_n\pm\boldsymbol{\beta}_n)$$

所以 $\boldsymbol{A}\pm\boldsymbol{B}$ 的任一列向量都可由向量 $\boldsymbol{\alpha}_{i_1},\boldsymbol{\alpha}_{i_2},\cdots,\boldsymbol{\alpha}_{i_r},\boldsymbol{\beta}_{j_1},\boldsymbol{\beta}_{j_2},\cdots,\boldsymbol{\beta}_{j_s}$ 线性表示,根据定理 3.3.1 与定理 3.2.7 可得

$$\mathrm{r}(\boldsymbol{A}\pm\boldsymbol{B})=(\boldsymbol{A}\pm\boldsymbol{B})\text{ 的列秩}\leqslant \mathrm{r}\{\boldsymbol{\alpha}_{i_1},\boldsymbol{\alpha}_{i_2},\cdots,\boldsymbol{\alpha}_{i_r},\boldsymbol{\beta}_{j_1},\boldsymbol{\beta}_{j_2},\cdots,\boldsymbol{\beta}_{j_s}\}$$

由于任一向量组的秩不大于该向量组所含向量的个数,所以

$$\mathrm{r}\{\boldsymbol{\alpha}_{i_1},\boldsymbol{\alpha}_{i_2},\cdots,\boldsymbol{\alpha}_{i_r},\boldsymbol{\beta}_{j_1},\boldsymbol{\beta}_{j_2},\cdots,\boldsymbol{\beta}_{j_s}\}\leqslant r+s=\mathrm{r}(\boldsymbol{A})+\mathrm{r}(\boldsymbol{B})$$

因此有

$$\mathrm{r}(\boldsymbol{A}\pm\boldsymbol{B})\leqslant \mathrm{r}(\boldsymbol{A})+\mathrm{r}(\boldsymbol{B})$$ □

3.3.3　积秩定理

这一小节考虑两个矩阵之积的秩与这两个矩阵的秩的关系.

定理 3.3.3(西尔维斯特[①]积秩定理)　设 $\boldsymbol{A}$ 是 $m\times k$ 矩阵,$\boldsymbol{B}$ 是 $k\times n$ 矩阵,则

$$\boxed{\mathrm{r}(\boldsymbol{A})+\mathrm{r}(\boldsymbol{B})-k\leqslant \mathrm{r}(\boldsymbol{AB})\leqslant \min\{\mathrm{r}(\boldsymbol{A}),\mathrm{r}(\boldsymbol{B})\}}\tag{1}$$

*证　设 $\mathrm{r}(\boldsymbol{A})=r(r\leqslant\min\{m,k\})$,$\mathrm{r}(\boldsymbol{B})=s(s\leqslant\min\{k,n\})$,施行初等变换,分别将矩阵 $\boldsymbol{A},\boldsymbol{B}$ 化为标准型

$$\boldsymbol{A}_1=\begin{bmatrix}1 & & O & 0 & \cdots & 0\\ & \ddots & & \vdots & & \vdots\\ O & & 1 & 0 & \cdots & 0\\ 0 & \cdots & 0 & 0 & \cdots & 0\\ \vdots & & \vdots & \vdots & & \vdots\\ 0 & \cdots & 0 & 0 & \cdots & 0\end{bmatrix}\begin{matrix}\\ \\ (\text{第 } r \text{ 行})\\ \\ \\ \\ \end{matrix}$$

①西尔维斯特(Sylvester),1814—1897,英国数学家.

与

$$\boldsymbol{B}_1=\begin{bmatrix}1 & & O & 0 & \cdots & 0\\ & \ddots & & \vdots & & \vdots\\ O & & 1 & 0 & \cdots & 0\\ 0 & \cdots & 0 & 0 & \cdots & 0\\ \vdots & & \vdots & \vdots & & \vdots\\ 0 & \cdots & 0 & 0 & \cdots & 0\end{bmatrix}\text{(第 }s\text{ 行)}$$

应用定理2.3.3,存在可逆矩阵$\boldsymbol{P}_1,\boldsymbol{Q}_1,\boldsymbol{P}_2,\boldsymbol{Q}_2$,使得$\boldsymbol{P}_1\boldsymbol{A}\boldsymbol{Q}_1=\boldsymbol{A}_1,\boldsymbol{P}_2\boldsymbol{B}\boldsymbol{Q}_2=\boldsymbol{B}_1$,于是有

$$\boldsymbol{P}_1\boldsymbol{A}\boldsymbol{B}\boldsymbol{Q}_2=\boldsymbol{A}_1\boldsymbol{Q}_1^{-1}\boldsymbol{P}_2^{-1}\boldsymbol{B}_1$$

记$\boldsymbol{C}=\boldsymbol{Q}_1^{-1}\boldsymbol{P}_2^{-1}=\begin{bmatrix}c_{11} & c_{12} & \cdots & c_{1k}\\ c_{21} & c_{22} & \cdots & c_{2k}\\ \vdots & \vdots & & \vdots\\ c_{k1} & c_{k2} & \cdots & c_{kk}\end{bmatrix}$,则$\boldsymbol{C}$是可逆矩阵,$\mathrm{r}(\boldsymbol{C})=k$.应用分块矩阵乘法,得

$$\boldsymbol{P}_1\boldsymbol{A}\boldsymbol{B}\boldsymbol{Q}_2=$$

$$\begin{bmatrix}1 & & O & 0 & \cdots & 0\\ & \ddots & & \vdots & & \vdots\\ O & & 1 & 0 & \cdots & 0\\ 0 & \cdots & 0 & 0 & \cdots & 0\\ \vdots & & \vdots & \vdots & & \vdots\\ 0 & \cdots & 0 & 0 & \cdots & 0\end{bmatrix}\text{(第 }r\text{ 行)}\begin{bmatrix}c_{11} & \cdots & c_{1s} & c_{1,s+1} & \cdots & c_{1k}\\ \vdots & & \vdots & \vdots & & \vdots\\ c_{r1} & \cdots & c_{rs} & c_{r,s+1} & \cdots & c_{rk}\\ c_{r+1,1} & \cdots & c_{r+1,s} & c_{r+1,s+1} & \cdots & c_{r+1,k}\\ \vdots & & \vdots & \vdots & & \vdots\\ c_{k1} & \cdots & c_{ks} & c_{k,s+1} & \cdots & c_{kk}\end{bmatrix}\begin{bmatrix}1 & & O & 0 & \cdots & 0\\ & \ddots & & \vdots & & \vdots\\ O & & 1 & 0 & \cdots & 0\\ 0 & \cdots & 0 & 0 & \cdots & 0\\ \vdots & & \vdots & \vdots & & \vdots\\ 0 & \cdots & 0 & 0 & \cdots & 0\end{bmatrix}\text{(第 }s\text{ 行)}$$

$$=\begin{bmatrix}c_{11} & \cdots & c_{1s} & c_{1,s+1} & \cdots & c_{1k}\\ \vdots & & \vdots & \vdots & & \vdots\\ c_{r1} & \cdots & c_{rs} & c_{r,s+1} & \cdots & c_{rk}\\ 0 & \cdots & 0 & 0 & \cdots & 0\\ \vdots & & \vdots & \vdots & & \vdots\\ 0 & \cdots & 0 & 0 & \cdots & 0\end{bmatrix}\begin{bmatrix}1 & & O & 0 & \cdots & 0\\ & \ddots & & \vdots & & \vdots\\ O & & 1 & 0 & \cdots & 0\\ 0 & \cdots & 0 & 0 & \cdots & 0\\ \vdots & & \vdots & \vdots & & \vdots\\ 0 & \cdots & 0 & 0 & \cdots & 0\end{bmatrix}\text{(第 }s\text{ 行)}$$

$$=\begin{bmatrix}c_{11} & \cdots & c_{1s} & 0 & \cdots & 0\\ \vdots & & \vdots & \vdots & & \vdots\\ c_{r1} & \cdots & c_{rs} & 0 & \cdots & 0\\ 0 & \cdots & 0 & 0 & \cdots & 0\\ \vdots & & \vdots & \vdots & & \vdots\\ 0 & \cdots & 0 & 0 & \cdots & 0\end{bmatrix}$$

由于 $\boldsymbol{P}_1,\boldsymbol{Q}_2$ 都是可逆矩阵，应用定理 2.5.7 得

$$\mathrm{r}(\boldsymbol{AB})=\mathrm{r}(\boldsymbol{P}_1\boldsymbol{ABQ}_2)=\mathrm{r}\left(\begin{bmatrix} c_{11} & \cdots & c_{1s} & 0 & \cdots & 0 \\ \vdots & & \vdots & \vdots & & \vdots \\ c_{r1} & \cdots & c_{rs} & 0 & \cdots & 0 \\ 0 & \cdots & 0 & 0 & \cdots & 0 \\ \vdots & & \vdots & \vdots & & \vdots \\ 0 & \cdots & 0 & 0 & \cdots & 0 \end{bmatrix}\right) \tag{2}$$

因为将矩阵 $\boldsymbol{C}$ 的 $(k-r)$ 个行的元素全改为 0 后，该矩阵的秩不可能增加，有可能减少，如果减少的话，最多减少 $(k-r)$；同样，将矩阵 $\boldsymbol{C}$ 的 $(k-s)$ 个列的元素全改为 0 后，该矩阵的秩不可能增加，有可能减少，如果减少的话，最多减少 $(k-s)$. 因此

$$\begin{aligned}\mathrm{r}\left(\begin{bmatrix} c_{11} & \cdots & c_{1s} & 0 & \cdots & 0 \\ \vdots & & \vdots & \vdots & & \vdots \\ c_{r1} & \cdots & c_{rs} & 0 & \cdots & 0 \\ 0 & \cdots & 0 & 0 & \cdots & 0 \\ \vdots & & \vdots & \vdots & & \vdots \\ 0 & \cdots & 0 & 0 & \cdots & 0 \end{bmatrix}\right) &\geqslant k-(k-r)-(k-s)=r+s-k \\ &=\mathrm{r}(\boldsymbol{A})+\mathrm{r}(\boldsymbol{B})-k\end{aligned}$$

将此式代入(2) 式即得(1) 中左不等式 $\mathrm{r}(\boldsymbol{A})+\mathrm{r}(\boldsymbol{B})-k\leqslant \mathrm{r}(\boldsymbol{AB})$ 成立.

另一方面，显然有

$$\begin{aligned}\mathrm{r}\left(\begin{bmatrix} c_{11} & \cdots & c_{1s} & 0 & \cdots & 0 \\ \vdots & & \vdots & \vdots & & \vdots \\ c_{r1} & \cdots & c_{rs} & 0 & \cdots & 0 \\ 0 & \cdots & 0 & 0 & \cdots & 0 \\ \vdots & & \vdots & \vdots & & \vdots \\ 0 & \cdots & 0 & 0 & \cdots & 0 \end{bmatrix}\right) &= \mathrm{r}\left(\begin{bmatrix} c_{11} & \cdots & c_{1s} \\ \vdots & & \vdots \\ c_{r1} & \cdots & c_{rs} \end{bmatrix}\right)\leqslant \min\{r,s\} \\ &=\min\{\mathrm{r}(\boldsymbol{A}),\mathrm{r}(\boldsymbol{B})\}\end{aligned}$$

将此式代入(2) 式即得(1) 中右不等式 $\mathrm{r}(\boldsymbol{AB})\leqslant \min\{\mathrm{r}(\boldsymbol{A}),\mathrm{r}(\boldsymbol{B})\}$ 成立. □

例 2　设 $\boldsymbol{A}$ 为 n 阶矩阵，$\boldsymbol{A}^*$ 是 $\boldsymbol{A}$ 的伴随矩阵，证明：

$$\mathrm{r}(\boldsymbol{A}^*)=\begin{cases} n, & \mathrm{r}(\boldsymbol{A})=n; \\ 1, & \mathrm{r}(\boldsymbol{A})=n-1; \\ 0, & \mathrm{r}(\boldsymbol{A})<n-1 \end{cases}$$

证　(1) 当 $\mathrm{r}(\boldsymbol{A})=n$ 时，$|\boldsymbol{A}|\neq 0$，因 $\boldsymbol{AA}^*=|\boldsymbol{A}|\boldsymbol{E}$，两边取行列式得

$$|\boldsymbol{A}|\cdot|\boldsymbol{A}^*|=|\boldsymbol{A}|^n|\boldsymbol{E}|=|\boldsymbol{A}|^n$$

所以 $|A^*|=|A|^{n-1}\neq 0$，于是 $r(A^*)=n$.

(2) 当 $r(A)=n-1$ 时，$|A|=0$，因 $AA^*=|A|E=O$，应用西尔维斯特积秩定理得

$$r(A)+r(A^*)-n\leqslant r(AA^*)=0 \tag{3}$$

(3) 式化简得 $r(A^*)\leqslant 1$. 另一方面，因 $r(A)=n-1$，所以矩阵 A 至少有一个 $(n-1)$ 阶代数余子式 $A_{ij}\neq 0(1\leqslant i\leqslant n,1\leqslant j\leqslant n)$，即 $A^*\neq O$，于是 $r(A^*)\geqslant 1$. 因此 $r(A^*)=1$.

(3) 当 $r(A)<n-1$ 时，矩阵 A 的所有 $(n-1)$ 阶代数余子式 $A_{ij}=0(i,j=1,2,\cdots,n)$，所以 $A^*=O$，因此 $r(A^*)=0$. □

例 3 设 A 为 $m\times n$ 矩阵，B 为 $n\times m$ 矩阵，E 为单位矩阵，若 $AB=E$，求证：

(1) A 的行向量组线性无关；

(2) B 的列向量组线性无关.

证 E 为 m 阶单位矩阵，应用西尔维斯特积秩定理得

$$m=r(E)=r(AB)\leqslant r(A)\leqslant m,\quad m=r(E)=r(AB)\leqslant r(B)\leqslant m$$

故 $r(A)=m$，$r(B)=m$. 由三秩定理得 A 的行秩等于 m，B 的列秩等于 m，于是 A 的行向量组线性无关，B 的列向量组线性无关. □

***例 4** 设 n 阶矩阵 A 满足条件 $A^2=E$，证明：

$$r(A+E)+r(A-E)=n \tag{4}$$

证 因 $A^2=E$，所以 $(A+E)(A-E)=O$，应用西尔维斯特积秩定理得

$$r(A+E)+r(A-E)-n\leqslant r((A+E)(A-E))=r(O)=0$$

即

$$r(A+E)+r(A-E)\leqslant n$$

另一方面，因 $(E+A)+(E-A)=2E$，应用和秩定理得

$$r(E+A)+r(E-A)\geqslant r((E+A)+(E-A))=r(2E)=n \tag{5}$$

由于 $r(E+A)+r(E-A)=r(A+E)+r(A-E)$，所以(5) 式化为

$$r(A+E)+r(A-E)\geqslant n$$

于是(4) 式得证. □

习题 3.3

A 组

1. 求下列矩阵的列秩、行秩与矩阵的秩：

1) $\begin{bmatrix} 2 & 0 & 1 & 3 \\ 1 & 2 & 2 & -1 \\ 3 & 2 & 3 & 2 \end{bmatrix}$；　　2) $\begin{bmatrix} 1 & 2 & 3 & 4 & 5 \\ 2 & 1 & 3 & 5 & 1 \\ 1 & 1 & 2 & 3 & 2 \\ 1 & -1 & 0 & 1 & 4 \end{bmatrix}$.

2. 在下列矩阵中求 $\mathrm{r}(\boldsymbol{A})$，$\mathrm{r}(\boldsymbol{B})$，$\mathrm{r}(\boldsymbol{A}+\boldsymbol{B})$，并验证和秩定理：

1) $\boldsymbol{A}=\begin{bmatrix} 1 & 0 & 2 & 0 \\ 2 & 0 & 4 & 0 \\ 3 & 0 & 6 & 0 \end{bmatrix}$，$\boldsymbol{B}=\begin{bmatrix} 1 & 2 & -1 & -2 \\ 2 & 4 & -2 & -4 \\ 3 & 6 & -3 & -6 \end{bmatrix}$；

2) $\boldsymbol{A}=\begin{bmatrix} 2 & 1 & 5 & 1 \\ 1 & 2 & 2 & 3 \\ 0 & 3 & -1 & 5 \end{bmatrix}$，$\boldsymbol{B}=\begin{bmatrix} 1 & 2 & 1 & 3 \\ 2 & 4 & 2 & 6 \\ 3 & 6 & 3 & 9 \end{bmatrix}$.

3. 在下列矩阵中求 $\mathrm{r}(\boldsymbol{A})$，$\mathrm{r}(\boldsymbol{B})$，$\mathrm{r}(\boldsymbol{AB})$，并验证积秩定理：

1) $\boldsymbol{A}=(1,2,3)$，$\boldsymbol{B}=\begin{bmatrix} 1 \\ 2 \\ 3 \end{bmatrix}$；

2) $\boldsymbol{A}=\begin{bmatrix} 1 \\ 2 \\ 3 \end{bmatrix}$，$\boldsymbol{B}=(1,2,3)$；

3) $\boldsymbol{A}=\begin{bmatrix} 2 & 1 & 5 \\ 1 & 2 & 2 \\ 0 & 3 & -1 \end{bmatrix}$，$\boldsymbol{B}=\begin{bmatrix} 1 & 2 & 1 \\ 2 & 4 & 2 \\ 3 & 6 & 3 \end{bmatrix}$；

4) $\boldsymbol{A}=\begin{bmatrix} 2 & 0 & 3 \\ 1 & 2 & 2 \\ 1 & 3 & -1 \end{bmatrix}$，$\boldsymbol{B}=\begin{bmatrix} 1 & 2 & 1 \\ 2 & 4 & 2 \\ 3 & 0 & 1 \end{bmatrix}$.

4. 设 $\boldsymbol{A}$ 为 $m\times n$ 矩阵，$\boldsymbol{B}$ 为 $n\times m$ 矩阵，且 $m>n$，求证：$\boldsymbol{AB}$ 不可逆.

5. 设 $\boldsymbol{A}$ 为 $m\times k$ 矩阵，$\boldsymbol{B}$ 为 $k\times n$ 矩阵，且 $\boldsymbol{AB}=\boldsymbol{O}$，证明：$\mathrm{r}(\boldsymbol{A})+\mathrm{r}(\boldsymbol{B})\leqslant k$.

6. 设 $\boldsymbol{A}$ 为 n 阶矩阵，满足 $\boldsymbol{A}^2=\boldsymbol{A}$，证明：$\boldsymbol{A}=\boldsymbol{E}$，或者 $|\boldsymbol{A}|=0$.

7. 设 $\boldsymbol{A},\boldsymbol{B}$ 均为五阶方阵，且 $\mathrm{r}(\boldsymbol{A})=5,\mathrm{r}(\boldsymbol{B})=4$，求 $\mathrm{r}(\boldsymbol{A}^*\boldsymbol{B}^*)$.

B 组

1. 设 $\boldsymbol{A}$ 为 n 阶矩阵，满足 $\boldsymbol{A}^2=\boldsymbol{A}$，证明：$\mathrm{r}(\boldsymbol{A})+\mathrm{r}(\boldsymbol{A}-\boldsymbol{E})=n$.

3.4 向量空间与欧氏空间

本章前几节研究了 m 维空间 $\mathbf{R}^m$ 的向量和有限向量组，重点介绍了有限向量组的极大无关组和向量组的秩的概念. 这一节我们将这些概念推广到 m 维空间 $\mathbf{R}^m$ 的无穷多个向量构成的集合.

3.4.1 向量空间基本概念

定义 3.4.1(向量空间) 设 V 是 m 维空间 $\mathbf{R}^m$ 的非空子集，若

$$\forall \boldsymbol{\alpha},\boldsymbol{\beta}\in V\Rightarrow \boldsymbol{\alpha}+\boldsymbol{\beta}\in V;\quad \forall \boldsymbol{\alpha}\in V,k\in\mathbf{R}\Rightarrow k\boldsymbol{\alpha}\in V$$

则称 V 为**向量空间**.

由此定义可知 m 维空间 $\mathbf{R}^m$ 的元素的全体就是一个向量空间，称为**向量空间 $\mathbf{R}^m$**，它的元素是 m 维向量.

容易验证，向量空间的两种运算满足定理 2.2.2 关于矩阵的线性运算的 8 条性质.

例 1 判别下列向量的集合是否为向量空间：

(1) $V_1=\{(2k,2k+1)\mid k\in\mathbf{Z}\}$.

(2) $V_2=\{(2k,4k)\mid k\in\mathbf{Z}\}$.

(3) $V_3=\{(0,x_1,x_2,x_3,0)\mid x_1,x_2,x_3\in\mathbf{R}\}$.

(4) $V_4=\{(0,x_1,x_2,x_3,0)\mid x_1,x_2,x_3\in\mathbf{R},x_1+x_2+x_3=0\}$.

(5) $V_5=\{k_1\boldsymbol{\alpha}_1+k_2\boldsymbol{\alpha}_2+k_3\boldsymbol{\alpha}_3\mid k_i\in\mathbf{R}(i=1,2,3);\boldsymbol{\alpha}_1,\boldsymbol{\alpha}_2,\boldsymbol{\alpha}_3\in\mathbf{R}^m,\text{且线性无关}\}$.

解 对于 V_1，由于奇数相加不是奇数，奇数乘以整数不一定是奇数，因此 V_1 对于向量的加法、向量的数乘不封闭，所以 V_1 不是向量空间；对于 V_2,V_3,V_4,V_5，这 4 个集合对于向量的加法、向量的数乘显然是封闭的，所以它们都是向量空间.

定义 3.4.2(子空间) 设 V 是向量空间，W 是 V 的非空子集，若

$$\forall \boldsymbol{\alpha},\boldsymbol{\beta}\in W,k\in\mathbf{R},\quad \text{有}\quad \boldsymbol{\alpha}+\boldsymbol{\beta}\in W,k\boldsymbol{\alpha}\in W$$

则称 W 是 V 的**子空间**.

如例 1 中，V_3,V_4 都是向量空间 $\mathbf{R}^5$ 的子空间，V_4 又是 V_3 的子空间.

下面介绍向量空间的三个重要概念 —— 基、维数和向量的坐标.

定义 3.4.3(基) 设 V 是向量空间，V 的一组向量 $\boldsymbol{\alpha}_1,\boldsymbol{\alpha}_2,\cdots,\boldsymbol{\alpha}_n$ 满足条件：

(1) $\boldsymbol{\alpha}_1,\boldsymbol{\alpha}_2,\cdots,\boldsymbol{\alpha}_n$ 线性无关；
(2) $\forall \boldsymbol{\alpha}\in V$，有 $\boldsymbol{\alpha}\in L(\boldsymbol{\alpha}_1,\boldsymbol{\alpha}_2,\cdots,\boldsymbol{\alpha}_n)$

则称 $\boldsymbol{\alpha}_1,\boldsymbol{\alpha}_2,\cdots,\boldsymbol{\alpha}_n$ 为 V 的一个基.

由第 3.1 节例 3 可知，向量空间 $\mathbf{R}^m$ 的向量组

$$\boldsymbol{e}_1=\begin{bmatrix}1\\0\\0\\\vdots\\0\\0\\0\end{bmatrix},\quad \boldsymbol{e}_2=\begin{bmatrix}0\\1\\0\\\vdots\\0\\0\\0\end{bmatrix},\quad \cdots,\quad \boldsymbol{e}_{m-1}=\begin{bmatrix}0\\0\\0\\\vdots\\0\\1\\0\end{bmatrix},\quad \boldsymbol{e}_m=\begin{bmatrix}0\\0\\0\\\vdots\\0\\0\\1\end{bmatrix} \tag{1}$$

是向量空间 $\mathbf{R}^m$ 的一个基，并称(1) 式为向量空间 $\mathbf{R}^m$ 的**自然基**.

例 2　写出例 1 中向量空间 V_2,V_3,V_4 的一个基.

解　(2) $\boldsymbol{\alpha}_1=(2,4)$ 是 V_2 的一个基；$\boldsymbol{\alpha}_2=(-2,-4)$ 也是 V_2 的一个基.

(3) $\boldsymbol{\alpha}_1=(0,1,0,0,0)$，$\boldsymbol{\alpha}_2=(0,0,1,0,0)$，$\boldsymbol{\alpha}_3=(0,0,0,1,0)$ 是 V_3 的一个基.

(4) $\boldsymbol{\alpha}_1=(0,-1,1,0,0)$，$\boldsymbol{\alpha}_2=(0,-1,0,1,0)$ 是 V_4 的一个基；$\boldsymbol{\alpha}_3=(0,0,1,-1,0)$，$\boldsymbol{\alpha}_4=(0,1,0,-1,0)$ 也是 V_4 的一个基.

由例 2 可以看出，一个向量空间的基不是唯一的. 但是，这些不同的基显然是等价的向量组，应用定理 3.2.7 可得一个向量空间的所有基所含向量的个数相同.

定义 3.4.4(维数)　设 V 是向量空间，V 的一个基所含向量的个数 n 称为**向量空间 V 的维数**，记为 $\dim V=n$，并称此向量空间 V 为 **n 维向量空间**.

因此向量空间 $\mathbf{R}^m$ 又称为 **m 维向量空间 $\mathbf{R}^m$**；例 1 中向量空间 V_2 是 1 维向量空间，它的元素是 2 维向量；向量空间 V_3 是 3 维向量空间，它的元素是 5 维向量；V_4 是 2 维向量空间，它的元素是 5 维向量.

值得注意的是，n 维向量空间的元素不一定是 n 维向量. 例如上述 3 维向量空间 V_3 的元素是 5 维向量.

设 V 是 n 维向量空间，向量 $\boldsymbol{\alpha}_1,\boldsymbol{\alpha}_2,\cdots,\boldsymbol{\alpha}_n$ 是 V 的一个基，$\forall \boldsymbol{\alpha}\in V$，由定理 3.1.5 可知，$\boldsymbol{\alpha}$ 可由向量 $\boldsymbol{\alpha}_1,\boldsymbol{\alpha}_2,\cdots,\boldsymbol{\alpha}_n$ 唯一地线性表示为

$$\boldsymbol{\alpha}=x_1\boldsymbol{\alpha}_1+x_2\boldsymbol{\alpha}_2+\cdots+x_n\boldsymbol{\alpha}_n=(\boldsymbol{\alpha}_1,\boldsymbol{\alpha}_2,\cdots,\boldsymbol{\alpha}_n)\begin{bmatrix}x_1\\x_2\\\vdots\\x_n\end{bmatrix}$$

定义 3.4.5(向量的坐标)　设 V 是 n 维向量空间，向量 $\boldsymbol{\alpha}_1,\boldsymbol{\alpha}_2,\cdots,\boldsymbol{\alpha}_n$ 是 V 的一个基，若向量 $\boldsymbol{\alpha}$ 可由 $\boldsymbol{\alpha}_1,\boldsymbol{\alpha}_2,\cdots,\boldsymbol{\alpha}_n$ 线性表示为

$$\boldsymbol{\alpha} = (\boldsymbol{\alpha}_1, \boldsymbol{\alpha}_2, \cdots, \boldsymbol{\alpha}_n) \begin{bmatrix} x_1 \\ x_2 \\ \vdots \\ x_n \end{bmatrix}$$

则称 $\boldsymbol{x} = (x_1, x_2, \cdots, x_n)^{\mathrm{T}}$ 为向量 $\boldsymbol{\alpha}$ 在基 $\boldsymbol{\alpha}_1, \boldsymbol{\alpha}_2, \cdots, \boldsymbol{\alpha}_n$ 下的坐标

例 3 在 3 维向量空间 $V_3 = \{(0, x_1, x_2, x_3, 0) \mid x_1, x_2, x_3 \in \mathbf{R}\}$ 中(参见例 2),求向量 $\boldsymbol{\alpha} = (0,1,2,3,0)$ 在基

$$\boldsymbol{\alpha}_1 = (0,1,0,0,0), \quad \boldsymbol{\alpha}_2 = (0,0,1,0,0), \quad \boldsymbol{\alpha}_3 = (0,0,0,1,0)$$

下的坐标.

解 令

$$\boldsymbol{\alpha} = x_1\boldsymbol{\alpha}_1 + x_2\boldsymbol{\alpha}_2 + x_3\boldsymbol{\alpha}_3 = (\boldsymbol{\alpha}_1, \boldsymbol{\alpha}_2, \boldsymbol{\alpha}_3) \begin{bmatrix} x_1 \\ x_2 \\ x_3 \end{bmatrix}$$

这等价于

$$(0, x_1, x_2, x_3, 0) = (0,1,2,3,0) \Leftrightarrow (x_1, x_2, x_3) = (1,2,3)$$

于是向量 $\boldsymbol{\alpha}$ 在基 $\boldsymbol{\alpha}_1, \boldsymbol{\alpha}_2, \boldsymbol{\alpha}_3$ 下的坐标为$(1,2,3)^{\mathrm{T}}$.

例 4 在 4 维向量空间 $\mathbf{R}^4$ 中,求向量 $\boldsymbol{\alpha} = (8,6,4,2)^{\mathrm{T}}$ 在基

$$\boldsymbol{\alpha}_1 = \begin{bmatrix} 1 \\ -1 \\ -1 \\ -1 \end{bmatrix}, \quad \boldsymbol{\alpha}_2 = \begin{bmatrix} -1 \\ 1 \\ -1 \\ -1 \end{bmatrix}, \quad \boldsymbol{\alpha}_3 = \begin{bmatrix} -1 \\ -1 \\ 1 \\ -1 \end{bmatrix}, \quad \boldsymbol{\alpha}_4 = \begin{bmatrix} -1 \\ -1 \\ -1 \\ 1 \end{bmatrix}$$

下的坐标.

解 令 $\boldsymbol{\alpha} = x_1\boldsymbol{\alpha}_1 + x_2\boldsymbol{\alpha}_2 + x_3\boldsymbol{\alpha}_3 + x_4\boldsymbol{\alpha}_4$,这等价于解线性非齐次方程组

$$\begin{bmatrix} 1 & -1 & -1 & -1 \\ -1 & 1 & -1 & -1 \\ -1 & -1 & 1 & -1 \\ -1 & -1 & -1 & 1 \end{bmatrix} \begin{bmatrix} x_1 \\ x_2 \\ x_3 \\ x_4 \end{bmatrix} = \begin{bmatrix} 8 \\ 6 \\ 4 \\ 2 \end{bmatrix} \tag{2}$$

下面采用第 2.5.6 节介绍的用初等行变换解系数行列式不等于零的线性方程组的方法,将矩阵$(\boldsymbol{\alpha}_1, \boldsymbol{\alpha}_2, \boldsymbol{\alpha}_3, \boldsymbol{\alpha}_4, \boldsymbol{\alpha})$ 化为最简阶梯形矩阵,有

$$
\begin{bmatrix} 1 & -1 & -1 & -1 & 8 \\ -1 & 1 & -1 & -1 & 6 \\ -1 & -1 & 1 & -1 & 4 \\ -1 & -1 & -1 & 1 & 2 \end{bmatrix} \xrightarrow[r_4+r_1]{\substack{r_2+r_1\\ r_3+r_1}} \begin{bmatrix} 1 & -1 & -1 & -1 & 8 \\ 0 & 0 & -2 & -2 & 14 \\ 0 & -2 & 0 & -2 & 12 \\ 0 & -2 & -2 & 0 & 10 \end{bmatrix}
$$

$$
\xrightarrow[r_2\leftrightarrow r_4]{\substack{-0.5r_2\\ -0.5r_3\\ -0.5r_4}} \begin{bmatrix} 1 & -1 & -1 & -1 & 8 \\ 0 & 1 & 1 & 0 & -5 \\ 0 & 1 & 0 & 1 & -6 \\ 0 & 0 & 1 & 1 & -7 \end{bmatrix} \xrightarrow[r_4+r_3]{r_3-r_2} \begin{bmatrix} 1 & -1 & -1 & -1 & 8 \\ 0 & 1 & 1 & 0 & -5 \\ 0 & 0 & -1 & 1 & -1 \\ 0 & 0 & 0 & 2 & -8 \end{bmatrix}
$$

$$
\xrightarrow[\frac{1}{2}r_4]{-r_3} \begin{bmatrix} 1 & -1 & -1 & -1 & 8 \\ 0 & 1 & 1 & 0 & -5 \\ 0 & 0 & 1 & -1 & 1 \\ 0 & 0 & 0 & 1 & -4 \end{bmatrix} \xrightarrow[r_3+r_4]{r_1+r_4} \begin{bmatrix} 1 & -1 & -1 & 0 & 4 \\ 0 & 1 & 1 & 0 & -5 \\ 0 & 0 & 1 & 0 & -3 \\ 0 & 0 & 0 & 1 & -4 \end{bmatrix}
$$

$$
\xrightarrow[r_2-r_3]{r_1+r_3} \begin{bmatrix} 1 & -1 & 0 & 0 & 1 \\ 0 & 1 & 0 & 0 & -2 \\ 0 & 0 & 1 & 0 & -3 \\ 0 & 0 & 0 & 1 & -4 \end{bmatrix} \xrightarrow{r_1+r_2} \begin{bmatrix} 1 & 0 & 0 & 0 & -1 \\ 0 & 1 & 0 & 0 & -2 \\ 0 & 0 & 1 & 0 & -3 \\ 0 & 0 & 0 & 1 & -4 \end{bmatrix}
$$

于是方程组(2)的解,即所求向量 $\boldsymbol{\alpha}$ 的坐标为 $(-1,-2,-3,-4)^{\mathrm{T}}$.

3.4.2 基变换与坐标变换

1) 基变换公式

一个向量的坐标与基的选取有关,对于向量空间的两个不同的基,同一个向量的坐标一般是不同的. 为了寻求同一向量在两个基下的坐标之间的关系,我们先来研究向量空间中两个基之间的关系.

设 $\boldsymbol{\alpha}_1,\boldsymbol{\alpha}_2,\cdots,\boldsymbol{\alpha}_n$ 与 $\boldsymbol{\beta}_1,\boldsymbol{\beta}_2,\cdots,\boldsymbol{\beta}_n$ 是 n 维向量空间 V 的两个基,则 $\boldsymbol{\beta}_j(j=1,2,\cdots,n)$ 可由基 $\boldsymbol{\alpha}_1,\boldsymbol{\alpha}_2,\cdots,\boldsymbol{\alpha}_n$ 线性表示,若

$$
\begin{cases} \boldsymbol{\beta}_1 = c_{11}\boldsymbol{\alpha}_1 + c_{21}\boldsymbol{\alpha}_2 + \cdots + c_{n1}\boldsymbol{\alpha}_n, \\ \boldsymbol{\beta}_2 = c_{12}\boldsymbol{\alpha}_1 + c_{22}\boldsymbol{\alpha}_2 + \cdots + c_{n2}\boldsymbol{\alpha}_n, \\ \quad\vdots \\ \boldsymbol{\beta}_n = c_{1n}\boldsymbol{\alpha}_1 + c_{2n}\boldsymbol{\alpha}_2 + \cdots + c_{nn}\boldsymbol{\alpha}_n \end{cases} \tag{3}
$$

这里 $(c_{1j},c_{2j},\cdots,c_{nj})^{\mathrm{T}}$ 是向量 $\boldsymbol{\beta}_j$ 在基 $\boldsymbol{\alpha}_1,\boldsymbol{\alpha}_2,\cdots,\boldsymbol{\alpha}_n$ 下的坐标. 以这 n 个坐标为列向量作一个 n 阶矩阵 $\boldsymbol{C}$:

$$
\boldsymbol{C} = \begin{bmatrix} c_{11} & c_{12} & \cdots & c_{1n} \\ c_{21} & c_{22} & \cdots & c_{2n} \\ \vdots & \vdots & & \vdots \\ c_{n1} & c_{n2} & \cdots & c_{nn} \end{bmatrix} \tag{4}
$$

则(3)式可写为下列形式

$$(\boldsymbol{\beta}_1,\boldsymbol{\beta}_2,\cdots,\boldsymbol{\beta}_n)=(\boldsymbol{\alpha}_1,\boldsymbol{\alpha}_2,\cdots,\boldsymbol{\alpha}_n)\begin{bmatrix}c_{11} & c_{12} & \cdots & c_{1n}\\ c_{21} & c_{22} & \cdots & c_{2n}\\ \vdots & \vdots & & \vdots\\ c_{n1} & c_{n2} & \cdots & c_{nn}\end{bmatrix} \tag{5}$$

(4)式中的矩阵 $\boldsymbol{C}$ 称为**由基 $\boldsymbol{\alpha}_1,\boldsymbol{\alpha}_2,\cdots,\boldsymbol{\alpha}_n$ 到基 $\boldsymbol{\beta}_1,\boldsymbol{\beta}_2,\cdots,\boldsymbol{\beta}_n$ 的过渡矩阵.**

定理 3.4.1 设 n 维向量空间 V 的基 $\boldsymbol{\alpha}_1,\boldsymbol{\alpha}_2,\cdots,\boldsymbol{\alpha}_n$ 到基 $\boldsymbol{\beta}_1,\boldsymbol{\beta}_2,\cdots,\boldsymbol{\beta}_n$ 的过渡矩阵为 $\boldsymbol{C}$,则 $\boldsymbol{C}$ 是可逆矩阵;且基 $\boldsymbol{\beta}_1,\boldsymbol{\beta}_2,\cdots,\boldsymbol{\beta}_n$ 到基 $\boldsymbol{\alpha}_1,\boldsymbol{\alpha}_2,\cdots,\boldsymbol{\alpha}_n$ 的过渡矩阵为 $\boldsymbol{C}^{-1}$.

证 设基 $\boldsymbol{\beta}_1,\boldsymbol{\beta}_2,\cdots,\boldsymbol{\beta}_n$ 到基 $\boldsymbol{\alpha}_1,\boldsymbol{\alpha}_2,\cdots,\boldsymbol{\alpha}_n$ 的过渡矩阵为 $\boldsymbol{D}$. 记

$$\boldsymbol{C}=\begin{bmatrix}c_{11} & c_{12} & \cdots & c_{1n}\\ c_{21} & c_{22} & \cdots & c_{2n}\\ \vdots & \vdots & & \vdots\\ c_{n1} & c_{n2} & \cdots & c_{nn}\end{bmatrix},\quad \boldsymbol{D}=\begin{bmatrix}d_{11} & d_{12} & \cdots & d_{1n}\\ d_{21} & d_{22} & \cdots & d_{2n}\\ \vdots & \vdots & & \vdots\\ d_{n1} & d_{n2} & \cdots & d_{nn}\end{bmatrix}$$

则有

$$(\boldsymbol{\beta}_1,\boldsymbol{\beta}_2,\cdots,\boldsymbol{\beta}_n)=(\boldsymbol{\alpha}_1,\boldsymbol{\alpha}_2,\cdots,\boldsymbol{\alpha}_n)\begin{bmatrix}c_{11} & c_{12} & \cdots & c_{1n}\\ c_{21} & c_{22} & \cdots & c_{2n}\\ \vdots & \vdots & & \vdots\\ c_{n1} & c_{n2} & \cdots & c_{nn}\end{bmatrix}$$

$$(\boldsymbol{\alpha}_1,\boldsymbol{\alpha}_2,\cdots,\boldsymbol{\alpha}_n)=(\boldsymbol{\beta}_1,\boldsymbol{\beta}_2,\cdots,\boldsymbol{\beta}_n)\begin{bmatrix}d_{11} & d_{12} & \cdots & d_{1n}\\ d_{21} & d_{22} & \cdots & d_{2n}\\ \vdots & \vdots & & \vdots\\ d_{n1} & d_{n2} & \cdots & d_{nn}\end{bmatrix} \tag{6}$$

于是

$$(\boldsymbol{\beta}_1,\boldsymbol{\beta}_2,\cdots,\boldsymbol{\beta}_n)=(\boldsymbol{\beta}_1,\boldsymbol{\beta}_2,\cdots,\boldsymbol{\beta}_n)\begin{bmatrix}d_{11} & d_{12} & \cdots & d_{1n}\\ d_{21} & d_{22} & \cdots & d_{2n}\\ \vdots & \vdots & & \vdots\\ d_{n1} & d_{n2} & \cdots & d_{nn}\end{bmatrix}\begin{bmatrix}c_{11} & c_{12} & \cdots & c_{1n}\\ c_{21} & c_{22} & \cdots & c_{2n}\\ \vdots & \vdots & & \vdots\\ c_{n1} & c_{n2} & \cdots & c_{nn}\end{bmatrix}$$

应用向量的坐标的唯一性得

$$\boldsymbol{DC}=\begin{bmatrix}d_{11} & d_{12} & \cdots & d_{1n}\\ d_{21} & d_{22} & \cdots & d_{2n}\\ \vdots & \vdots & & \vdots\\ d_{n1} & d_{n2} & \cdots & d_{nn}\end{bmatrix}\begin{bmatrix}c_{11} & c_{12} & \cdots & c_{1n}\\ c_{21} & c_{22} & \cdots & c_{2n}\\ \vdots & \vdots & & \vdots\\ c_{n1} & c_{n2} & \cdots & c_{nn}\end{bmatrix}=\begin{bmatrix}1 & 0 & \cdots & 0\\ 0 & 1 & \cdots & 0\\ \vdots & \vdots & & \vdots\\ 0 & 0 & \cdots & 1\end{bmatrix}=\boldsymbol{E}$$

所以 $\boldsymbol{C},\boldsymbol{D}$ 都是可逆矩阵，且 $\boldsymbol{D}=\boldsymbol{C}^{-1}$. □

我们称(5) 式或(6) 式为**基变换公式**.

2) 坐标变换公式

定理 3.4.2　设 n 维向量空间 V 的基 $\boldsymbol{\alpha}_1,\boldsymbol{\alpha}_2,\cdots,\boldsymbol{\alpha}_n$ 到基 $\boldsymbol{\beta}_1,\boldsymbol{\beta}_2,\cdots,\boldsymbol{\beta}_n$ 的过渡矩阵为 $\boldsymbol{C}$，向量 $\boldsymbol{\alpha}$ 在基 $\boldsymbol{\alpha}_1,\boldsymbol{\alpha}_2,\cdots,\boldsymbol{\alpha}_n$ 下的坐标为 $\boldsymbol{x}=(x_1,x_2,\cdots,x_n)^{\mathrm{T}}$，在基 $\boldsymbol{\beta}_1,\boldsymbol{\beta}_2,\cdots,\boldsymbol{\beta}_n$ 下的坐标为 $\boldsymbol{y}=(y_1,y_2,\cdots,y_n)^{\mathrm{T}}$，则

$$\boxed{\boldsymbol{x}=\boldsymbol{C}\boldsymbol{y}} \tag{7}$$

证　由题意有

$$\boldsymbol{\alpha}=(\boldsymbol{\alpha}_1,\boldsymbol{\alpha}_2,\cdots,\boldsymbol{\alpha}_n)\begin{bmatrix}x_1\\x_2\\\vdots\\x_n\end{bmatrix}=(\boldsymbol{\beta}_1,\boldsymbol{\beta}_2,\cdots,\boldsymbol{\beta}_n)\begin{bmatrix}y_1\\y_2\\\vdots\\y_n\end{bmatrix}$$

$$=(\boldsymbol{\alpha}_1,\boldsymbol{\alpha}_2,\cdots,\boldsymbol{\alpha}_n)\begin{bmatrix}c_{11}&c_{12}&\cdots&c_{1n}\\c_{21}&c_{22}&\cdots&c_{2n}\\\vdots&\vdots&&\vdots\\c_{n1}&c_{n2}&\cdots&c_{nn}\end{bmatrix}\begin{bmatrix}y_1\\y_2\\\vdots\\y_n\end{bmatrix}$$

应用向量的坐标的唯一性得

$$\begin{bmatrix}x_1\\x_2\\\vdots\\x_n\end{bmatrix}=\begin{bmatrix}c_{11}&c_{12}&\cdots&c_{1n}\\c_{21}&c_{22}&\cdots&c_{2n}\\\vdots&\vdots&&\vdots\\c_{n1}&c_{n2}&\cdots&c_{nn}\end{bmatrix}\begin{bmatrix}y_1\\y_2\\\vdots\\y_n\end{bmatrix}$$

于是 $\boldsymbol{x}=\boldsymbol{C}\boldsymbol{y}$. □

我们称(7) 式为**坐标变换公式**.

3) 在向量空间 $\mathbf{R}^n$ 中用初等行变换求过渡矩阵

已知向量空间 $\mathbf{R}^n$ 的两个基 $\boldsymbol{\alpha}_1,\boldsymbol{\alpha}_2,\cdots,\boldsymbol{\alpha}_n$ 与 $\boldsymbol{\beta}_1,\boldsymbol{\beta}_2,\cdots,\boldsymbol{\beta}_n$ 和向量 $\boldsymbol{\alpha}$. 下面介绍用初等行变换求基 $\boldsymbol{\alpha}_1,\boldsymbol{\alpha}_2,\cdots,\boldsymbol{\alpha}_n$ 到基 $\boldsymbol{\beta}_1,\boldsymbol{\beta}_2,\cdots,\boldsymbol{\beta}_n$ 的过渡矩阵 $\boldsymbol{C}$ 和向量 $\boldsymbol{\alpha}$ 在基 $\boldsymbol{\alpha}_1,\boldsymbol{\alpha}_2,\cdots,\boldsymbol{\alpha}_n$ 下的坐标 $\boldsymbol{x}=(x_1,x_2,\cdots,x_n)^{\mathrm{T}}$ 的方法.

不妨设 $\boldsymbol{\alpha}_i$ 与 $\boldsymbol{\beta}_i(i=1,2,\cdots,n)$ 为列向量. 记

$$\boldsymbol{A}=(\boldsymbol{\alpha}_1,\boldsymbol{\alpha}_2,\cdots,\boldsymbol{\alpha}_n),\quad \boldsymbol{B}=(\boldsymbol{\beta}_1,\boldsymbol{\beta}_2,\cdots,\boldsymbol{\beta}_n)$$

则 $\boldsymbol{A}$ 与 $\boldsymbol{B}$ 都是可逆矩阵，且 $\boldsymbol{B}=\boldsymbol{A}\boldsymbol{C}$，$\boldsymbol{\alpha}=\boldsymbol{A}\boldsymbol{x}$. 由定理 2.5.6，必存在初等矩阵 $\boldsymbol{E}_1$，$\boldsymbol{E}_2,\cdots,\boldsymbol{E}_k$，使得

$$E_kE_{k-1}\cdots E_1A = E \Leftrightarrow E_kE_{k-1}\cdots E_1B = C \Leftrightarrow E_kE_{k-1}\cdots E_1\alpha = x$$

这里三个表达式表示：对 A 施行 k 次初等行变换化为 E，则对 B 施行同样的 k 次初等行变换就化为过渡矩阵 C，对 α 施行同样的 k 次初等行变换就化为 x. 因此得到下面的求过渡矩阵 C 与坐标 x 的方法.

将矩阵 A,B,α 排在一起构成一个 $n\times(2n+1)$ 矩阵 $(A\mid B\mid \alpha)$，对 $(A\mid B\mid \alpha)$ 施行初等行变换化为最简阶梯形矩阵 $(E\mid C\mid x)$，则 C 为所求的过渡矩阵，x 为所求的向量 α 在基 $\alpha_1,\alpha_2,\cdots,\alpha_n$ 下的坐标. 即

$$\boxed{(A\mid B\mid \alpha)\xrightarrow{\text{初等行变换}}(E\mid C\mid x)}$$

若欲求向量 α 在基 $\beta_1,\beta_2,\cdots,\beta_n$ 下的坐标 $y=(y_1,y_2,\cdots,y_n)^{\mathrm T}$，由于 $y=B^{-1}\alpha = C^{-1}x$，所以有下面两种施行初等行变换求 y 的方法：

$$\boxed{(B\mid \alpha)\xrightarrow{\text{初等行变换}}(E\mid y)}$$

$$\boxed{(C\mid x)\xrightarrow{\text{初等行变换}}(E\mid y)}$$

例 5 在向量空间 $\mathbf{R}^4$ 中，求基

$$\alpha_1=\begin{bmatrix}-1\\1\\1\\1\end{bmatrix},\quad \alpha_2=\begin{bmatrix}1\\-1\\1\\1\end{bmatrix},\quad \alpha_3=\begin{bmatrix}1\\1\\-1\\1\end{bmatrix},\quad \alpha_4=\begin{bmatrix}1\\1\\1\\-1\end{bmatrix}$$

到基

$$\beta_1=\begin{bmatrix}1\\1\\1\\1\end{bmatrix},\quad \beta_2=\begin{bmatrix}0\\1\\1\\1\end{bmatrix},\quad \beta_3=\begin{bmatrix}0\\0\\1\\1\end{bmatrix},\quad \beta_4=\begin{bmatrix}0\\0\\0\\1\end{bmatrix}$$

的过渡矩阵 C，并求向量 $\alpha=(2,4,6,8)^{\mathrm T}$ 在这两个基下的坐标 x.

解 对 4×9 矩阵 $(\alpha_1,\alpha_2,\alpha_3,\alpha_4,\beta_1,\beta_2,\beta_3,\beta_4,\alpha)$ 施行初等行变换化为最简阶梯形矩阵，有

$$\begin{bmatrix}-1&1&1&1&1&0&0&0&2\\1&-1&1&1&1&1&0&0&4\\1&1&-1&1&1&1&1&0&6\\1&1&1&-1&1&1&1&1&8\end{bmatrix}\xrightarrow[r_4+r_1]{\substack{r_2+r_1\\r_3+r_1}}\begin{bmatrix}-1&1&1&1&1&0&0&0&2\\0&0&2&2&2&1&0&0&6\\0&2&0&2&2&1&1&0&8\\0&2&2&0&2&1&1&1&10\end{bmatrix}$$

$$\xrightarrow[r_4-r_2]{r_2\leftrightarrow r_3}\begin{bmatrix}-1&1&1&1&1&0&0&0&2\\0&2&0&2&2&1&1&0&8\\0&0&2&2&2&1&0&0&6\\0&0&2&-2&0&0&0&1&2\end{bmatrix}$$

$$\xrightarrow[-\frac{1}{2}r_4]{r_4-r_3}\begin{bmatrix}-1&1&1&1&1&0&0&0&2\\0&2&0&2&2&1&1&0&8\\0&0&2&2&2&1&0&0&6\\0&0&0&2&1&\frac{1}{2}&0&-\frac{1}{2}&2\end{bmatrix}$$

$$\xrightarrow[r_2-r_4]{r_3-r_4}\begin{bmatrix}-1&1&1&1&1&0&0&0&2\\0&2&0&0&1&\frac{1}{2}&1&\frac{1}{2}&6\\0&0&2&0&1&\frac{1}{2}&0&\frac{1}{2}&4\\0&0&0&2&1&\frac{1}{2}&0&-\frac{1}{2}&2\end{bmatrix}$$

$$\xrightarrow[\substack{\frac{1}{2}r_2\\-r_1}]{\substack{\frac{1}{2}r_4\\\frac{1}{2}r_3}}\begin{bmatrix}1&-1&-1&-1&-1&0&0&0&-2\\0&1&0&0&\frac{1}{2}&\frac{1}{4}&\frac{1}{2}&\frac{1}{4}&3\\0&0&1&0&\frac{1}{2}&\frac{1}{4}&0&\frac{1}{4}&2\\0&0&0&1&\frac{1}{2}&\frac{1}{4}&0&-\frac{1}{4}&1\end{bmatrix}$$

$$\xrightarrow{r_1+r_2+r_3+r_4}\begin{bmatrix}1&0&0&0&\frac{1}{2}&\frac{3}{4}&\frac{1}{2}&\frac{1}{4}&4\\0&1&0&0&\frac{1}{2}&\frac{1}{4}&\frac{1}{2}&\frac{1}{4}&3\\0&0&1&0&\frac{1}{2}&\frac{1}{4}&0&\frac{1}{4}&2\\0&0&0&1&\frac{1}{2}&\frac{1}{4}&0&-\frac{1}{4}&1\end{bmatrix}$$

于是所求的过渡矩阵及 $\boldsymbol{\alpha}$ 在基 $\boldsymbol{\alpha}_1,\boldsymbol{\alpha}_2,\boldsymbol{\alpha}_3,\boldsymbol{\alpha}_4$ 下的坐标分别为

$$\boldsymbol{C}=\frac{1}{4}\begin{bmatrix}2&3&2&1\\2&1&2&1\\2&1&0&1\\2&1&0&-1\end{bmatrix},\quad \boldsymbol{x}=\begin{bmatrix}4\\3\\2\\1\end{bmatrix}$$

对 4×5 矩阵$(\boldsymbol{\beta}_1,\boldsymbol{\beta}_2,\boldsymbol{\beta}_3,\boldsymbol{\beta}_4,\boldsymbol{\alpha})$施行初等行变换化为最简阶梯形矩阵，有

$$\begin{bmatrix}1&0&0&0&2\\1&1&0&0&4\\1&1&1&0&6\\1&1&1&1&8\end{bmatrix}\xrightarrow[r_2-r_1]{\substack{r_4-r_3\\r_3-r_2}}\begin{bmatrix}1&0&0&0&2\\0&1&0&0&2\\0&0&1&0&2\\0&0&0&1&2\end{bmatrix}$$

于是 $\boldsymbol{\alpha}$ 在基 $\boldsymbol{\beta}_1,\boldsymbol{\beta}_2,\boldsymbol{\beta}_3,\boldsymbol{\beta}_4$ 下的坐标为 $\boldsymbol{y}=(2,2,2,2)^{\mathrm{T}}$.

3.4.3 欧氏空间基本概念

在定义 2.2.5 中，我们定义了向量的内积. 设

$$\boldsymbol{\alpha}=(a_1,a_2,\cdots,a_m)^{\mathrm{T}},\quad \boldsymbol{\beta}=(b_1,b_2,\cdots,b_m)^{\mathrm{T}}\quad (a_i,b_i\in\mathbf{R};i=1,2,\cdots,m)$$

则 $\boldsymbol{\alpha}$ 与 $\boldsymbol{\beta}$ 的内积为

$$(\boldsymbol{\alpha},\boldsymbol{\beta})=\boldsymbol{\alpha}\cdot\boldsymbol{\beta}=\boldsymbol{\alpha}^{\mathrm{T}}\boldsymbol{\beta}=\sum_{i=1}^{m}a_ib_i \tag{8}$$

定义 3.4.6(欧氏空间) 设 V 是 n 维向量空间，在 V 中按(8) 式定义内积，则称 V 为 n **维欧氏空间**.

因此向量空间 $\mathbf{R}^m$ 又称为**欧氏空间** $\mathbf{R}^m$，它的元素是 m 维向量.

定义 3.4.7 设 V 是 n 维欧氏空间，它的元素是 m 维向量$(n\leqslant m)$，$\boldsymbol{\alpha},\boldsymbol{\beta}\in V$，设

$$\boldsymbol{\alpha}=(a_1,a_2,\cdots,a_m)^{\mathrm{T}},\quad \boldsymbol{\beta}=(b_1,b_2,\cdots,b_m)^{\mathrm{T}}\quad (a_i,b_i\in\mathbf{R};i=1,2,\cdots,m)$$

则向量 $\boldsymbol{\alpha}$ 的模定义为

$$|\boldsymbol{\alpha}|\xlongequal{\text{def}}\sqrt{(\boldsymbol{\alpha},\boldsymbol{\alpha})}=\sqrt{\sum_{i=1}^{m}a_i^2}$$

模等于 1 的向量称为**单位向量**. 当$(\boldsymbol{\alpha},\boldsymbol{\beta})=0$ 时，称向量 $\boldsymbol{\alpha}$ 与 $\boldsymbol{\beta}$ **正交**. 两个非零向量 $\boldsymbol{\alpha}$ 与 $\boldsymbol{\beta}$ 的**夹角**定义为

$$\langle\boldsymbol{\alpha},\boldsymbol{\beta}\rangle\xlongequal{\text{def}}\arccos\frac{(\boldsymbol{\alpha},\boldsymbol{\beta})}{|\boldsymbol{\alpha}||\boldsymbol{\beta}|}$$

定义 3.4.8(标准正交基) 设 V 是 n 维欧氏空间，$\boldsymbol{\alpha}_1,\boldsymbol{\alpha}_2,\cdots,\boldsymbol{\alpha}_r\in V$，若 $\boldsymbol{\alpha}_i\neq\boldsymbol{0}(i=1,2,\cdots,r)$，且它们两两正交，则称 $\boldsymbol{\alpha}_1,\boldsymbol{\alpha}_2,\cdots,\boldsymbol{\alpha}_r$ 为**正交组**；若正交组中的每一个向量都是单位向量，则称 $\boldsymbol{\alpha}_1,\boldsymbol{\alpha}_2,\cdots,\boldsymbol{\alpha}_r$ 是**标准正交组**；若 $\boldsymbol{\alpha}_1,\boldsymbol{\alpha}_2,\cdots,\boldsymbol{\alpha}_n$ 是欧氏空间 V 的一个基，又是标准正交组，则称 $\boldsymbol{\alpha}_1,\boldsymbol{\alpha}_2,\cdots,\boldsymbol{\alpha}_n$ 是 V 的一个**标准正交基**.

例如自然基

$$e_1=\begin{bmatrix}1\\0\\0\\\vdots\\0\\0\\0\end{bmatrix},\quad e_2=\begin{bmatrix}0\\1\\0\\\vdots\\0\\0\\0\end{bmatrix},\quad \cdots,\quad e_{n-1}=\begin{bmatrix}0\\0\\0\\\vdots\\0\\1\\0\end{bmatrix},\quad e_n=\begin{bmatrix}0\\0\\0\\\vdots\\0\\0\\1\end{bmatrix}$$

显然是欧氏空间 $\mathbf{R}^n$ 的一个标准正交基；$\boldsymbol{\alpha}_1=(1,0,0)^{\mathrm{T}}$，$\boldsymbol{\alpha}_2=\left(0,\frac{\sqrt{2}}{2},\frac{\sqrt{2}}{2}\right)^{\mathrm{T}}$，$\boldsymbol{\alpha}_3=\left(0,\frac{\sqrt{2}}{2},-\frac{\sqrt{2}}{2}\right)^{\mathrm{T}}$ 是欧氏空间 $\mathbf{R}^3$ 的一个标准正交基；$\boldsymbol{\alpha}_1=(0,1,0,0,0)$，$\boldsymbol{\alpha}_2=(0,0,1,0,0)$，$\boldsymbol{\alpha}_3=(0,0,0,1,0)$ 是例 1 中 3 维欧氏空间 V_3 的一个标准正交基.

定理 3.4.3 设 V 是欧氏空间，$\boldsymbol{\alpha}_1,\boldsymbol{\alpha}_2,\cdots,\boldsymbol{\alpha}_r$ 是 V 的正交组，则向量 $\boldsymbol{\alpha}_1,\boldsymbol{\alpha}_2,\cdots,\boldsymbol{\alpha}_r$ 必线性无关.

证 令

$$k_1\boldsymbol{\alpha}_1+k_2\boldsymbol{\alpha}_2+\cdots+k_r\boldsymbol{\alpha}_r=\mathbf{0} \tag{9}$$

不妨设 $\boldsymbol{\alpha}_i(i=1,2,\cdots,r)$ 为列向量. 用 $\boldsymbol{\alpha}_i^{\mathrm{T}}$ 左乘(9) 式两边得

$$\begin{aligned}
&\boldsymbol{\alpha}_i^{\mathrm{T}}(k_1\boldsymbol{\alpha}_1+\cdots+k_{i-1}\boldsymbol{\alpha}_{i-1}+k_i\boldsymbol{\alpha}_i+k_{i+1}\boldsymbol{\alpha}_{i+1}+\cdots+k_r\boldsymbol{\alpha}_r)\\
&=k_1\boldsymbol{\alpha}_i^{\mathrm{T}}\boldsymbol{\alpha}_1+\cdots+k_{i-1}\boldsymbol{\alpha}_i^{\mathrm{T}}\boldsymbol{\alpha}_{i-1}+k_i\boldsymbol{\alpha}_i^{\mathrm{T}}\boldsymbol{\alpha}_i+k_{i+1}\boldsymbol{\alpha}_i^{\mathrm{T}}\boldsymbol{\alpha}_{i+1}+\cdots+k_r\boldsymbol{\alpha}_i^{\mathrm{T}}\boldsymbol{\alpha}_r\\
&=k_1 0+\cdots+k_{i-1}0+k_i\mid\boldsymbol{\alpha}_i\mid^2+k_{i+1}0\cdots+k_r 0\\
&=k_i\mid\boldsymbol{\alpha}_i\mid^2=\boldsymbol{\alpha}_i^{\mathrm{T}}\mathbf{0}=0
\end{aligned}$$

因为 $\mid\boldsymbol{\alpha}_i\mid\neq 0$，所以 $k_i=0(i=1,2,\cdots,r)$，因此向量 $\boldsymbol{\alpha}_1,\boldsymbol{\alpha}_2,\cdots,\boldsymbol{\alpha}_r$ 线性无关. □

例 6 设 V 是欧氏空间，$\boldsymbol{\alpha}_1,\boldsymbol{\alpha}_2,\cdots,\boldsymbol{\alpha}_n$ 是 V 的一个标准正交基，$\boldsymbol{\alpha}\in V$，试求向量 $\boldsymbol{\alpha}$ 在该基下的坐标.

解 设 $\boldsymbol{\alpha}$ 在基 $\boldsymbol{\alpha}_1,\boldsymbol{\alpha}_2,\cdots,\boldsymbol{\alpha}_n$ 下的坐标为$(x_1,x_2,\cdots,x_n)^{\mathrm{T}}$，则

$$\boldsymbol{\alpha}=x_1\boldsymbol{\alpha}_1+x_2\boldsymbol{\alpha}_2+\cdots+x_n\boldsymbol{\alpha}_n \tag{10}$$

不妨设 $\boldsymbol{\alpha}_i(i=1,2,\cdots,n)$ 为列向量. 用向量 $\boldsymbol{\alpha}_i^{\mathrm{T}}$ 左乘(10) 式两边得

$$\begin{aligned}
\boldsymbol{\alpha}_i^{\mathrm{T}}\boldsymbol{\alpha}&=\boldsymbol{\alpha}_i^{\mathrm{T}}(x_1\boldsymbol{\alpha}_1+\cdots+x_{i-1}\boldsymbol{\alpha}_{i-1}+x_i\boldsymbol{\alpha}_i+x_{i+1}\boldsymbol{\alpha}_{i+1}+\cdots+x_n\boldsymbol{\alpha}_n)\\
&=x_1\boldsymbol{\alpha}_i^{\mathrm{T}}\boldsymbol{\alpha}_1+\cdots+x_{i-1}\boldsymbol{\alpha}_i^{\mathrm{T}}\boldsymbol{\alpha}_{i-1}+x_i\boldsymbol{\alpha}_i^{\mathrm{T}}\boldsymbol{\alpha}_i+x_{i+1}\boldsymbol{\alpha}_i^{\mathrm{T}}\boldsymbol{\alpha}_{i+1}+\cdots+x_n\boldsymbol{\alpha}_i^{\mathrm{T}}\boldsymbol{\alpha}_n\\
&=x_1 0+\cdots+x_{i-1}0+x_i\mid\boldsymbol{\alpha}_i\mid^2+x_{i+1}0+\cdots+x_n 0=x_i\mid\boldsymbol{\alpha}_i\mid^2=x_i
\end{aligned}$$

所以

$$x_i=\boldsymbol{\alpha}_i^{\mathrm{T}}\boldsymbol{\alpha}=(\boldsymbol{\alpha},\boldsymbol{\alpha}_i)\quad(i=1,2,\cdots,n)$$

因此向量 $\boldsymbol{\alpha}$ 在基 $\boldsymbol{\alpha}_1,\boldsymbol{\alpha}_2,\cdots,\boldsymbol{\alpha}_n$ 下的坐标为

$$((\boldsymbol{\alpha},\boldsymbol{\alpha}_1),(\boldsymbol{\alpha},\boldsymbol{\alpha}_2),\cdots,(\boldsymbol{\alpha},\boldsymbol{\alpha}_n))^{\mathrm{T}}$$

3.4.4 施密特①正交规范化方法

在欧氏空间 V 中使用标准正交基将给计算带来极大方便.但是,在任一欧氏空间 V 中是否一定存在标准正交基呢?下一定理对这个问题不仅给出肯定回答,而且还给出一个具体方法,使我们从欧氏空间 V 的任意一个基出发可构造一个标准正交基.

定理 3.4.4(施密特正交规范化方法) 设 V 是欧氏空间,V 的向量 $\boldsymbol{\alpha}_1,\boldsymbol{\alpha}_2,\cdots,\boldsymbol{\alpha}_n$ 线性无关,则由 $\boldsymbol{\alpha}_1,\boldsymbol{\alpha}_2,\cdots,\boldsymbol{\alpha}_n$ 出发,总可以构造一个标准正交组 $\boldsymbol{\gamma}_1,\boldsymbol{\gamma}_2,\cdots,\boldsymbol{\gamma}_n$,使得$\{\boldsymbol{\gamma}_1,\boldsymbol{\gamma}_2,\cdots,\boldsymbol{\gamma}_n\}$ 与$\{\boldsymbol{\alpha}_1,\boldsymbol{\alpha}_2,\cdots,\boldsymbol{\alpha}_n\}$ 等价.

证 第 1 步:首先由 $\boldsymbol{\alpha}_1,\boldsymbol{\alpha}_2,\cdots,\boldsymbol{\alpha}_n$ 出发构造一个正交组.

取 $\boxed{\boldsymbol{\beta}_1=\boldsymbol{\alpha}_1}$.

取 $\boldsymbol{\beta}_2=\boldsymbol{\alpha}_2+k_1\boldsymbol{\beta}_1$,令

$$(\boldsymbol{\beta}_2,\boldsymbol{\beta}_1)=(\boldsymbol{\alpha}_2+k_1\boldsymbol{\beta}_1,\boldsymbol{\beta}_1)=(\boldsymbol{\alpha}_2,\boldsymbol{\beta}_1)+k_1(\boldsymbol{\beta}_1,\boldsymbol{\beta}_1)=0\Rightarrow k_1=-\frac{(\boldsymbol{\alpha}_2,\boldsymbol{\beta}_1)}{(\boldsymbol{\beta}_1,\boldsymbol{\beta}_1)}$$

于是有 $\boxed{\boldsymbol{\beta}_2=\boldsymbol{\alpha}_2-\dfrac{(\boldsymbol{\alpha}_2,\boldsymbol{\beta}_1)}{(\boldsymbol{\beta}_1,\boldsymbol{\beta}_1)}\boldsymbol{\beta}_1}$,这里 $\boldsymbol{\beta}_2$ 与 $\boldsymbol{\beta}_1$ 正交,$\boldsymbol{\beta}_2$ 可由 $\boldsymbol{\alpha}_1,\boldsymbol{\alpha}_2$ 线性表示.

取 $\boldsymbol{\beta}_3=\boldsymbol{\alpha}_3+k_2\boldsymbol{\beta}_1+k_3\boldsymbol{\beta}_2$,令

$$(\boldsymbol{\beta}_3,\boldsymbol{\beta}_1)=(\boldsymbol{\alpha}_3+k_2\boldsymbol{\beta}_1+k_3\boldsymbol{\beta}_2,\boldsymbol{\beta}_1)=(\boldsymbol{\alpha}_3,\boldsymbol{\beta}_1)+k_2(\boldsymbol{\beta}_1,\boldsymbol{\beta}_1)=0\Rightarrow k_2=-\frac{(\boldsymbol{\alpha}_3,\boldsymbol{\beta}_1)}{(\boldsymbol{\beta}_1,\boldsymbol{\beta}_1)}$$

$$(\boldsymbol{\beta}_3,\boldsymbol{\beta}_2)=(\boldsymbol{\alpha}_3+k_2\boldsymbol{\beta}_1+k_3\boldsymbol{\beta}_2,\boldsymbol{\beta}_2)=(\boldsymbol{\alpha}_3,\boldsymbol{\beta}_2)+k_3(\boldsymbol{\beta}_2,\boldsymbol{\beta}_2)=0\Rightarrow k_3=-\frac{(\boldsymbol{\alpha}_3,\boldsymbol{\beta}_2)}{(\boldsymbol{\beta}_2,\boldsymbol{\beta}_2)}$$

于是有 $\boxed{\boldsymbol{\beta}_3=\boldsymbol{\alpha}_3-\dfrac{(\boldsymbol{\alpha}_3,\boldsymbol{\beta}_1)}{(\boldsymbol{\beta}_1,\boldsymbol{\beta}_1)}\boldsymbol{\beta}_1-\dfrac{(\boldsymbol{\alpha}_3,\boldsymbol{\beta}_2)}{(\boldsymbol{\beta}_2,\boldsymbol{\beta}_2)}\boldsymbol{\beta}_2=\boldsymbol{\alpha}_3-\sum\limits_{k=1}^{2}\dfrac{(\boldsymbol{\alpha}_3,\boldsymbol{\beta}_k)}{(\boldsymbol{\beta}_k,\boldsymbol{\beta}_k)}\boldsymbol{\beta}_k}$,这里 $\boldsymbol{\beta}_3$ 与 $\boldsymbol{\beta}_1$ 正交,$\boldsymbol{\beta}_3$ 与 $\boldsymbol{\beta}_2$ 正交,$\boldsymbol{\beta}_3$ 可由 $\boldsymbol{\alpha}_1,\boldsymbol{\alpha}_2,\boldsymbol{\alpha}_3$ 线性表示.

依此类推,若已构造 $\boldsymbol{\beta}_{n-1}$,使得 $\boldsymbol{\beta}_{n-1}$ 与 $\boldsymbol{\beta}_k(k=1,2,\cdots,n-2)$ 正交,且 $\boldsymbol{\beta}_{n-1}$ 可由 $\boldsymbol{\alpha}_1,\boldsymbol{\alpha}_2,\cdots,\boldsymbol{\alpha}_{n-1}$ 线性表示,最后取

$$\boxed{\boldsymbol{\beta}_n=\boldsymbol{\alpha}_n-\sum_{k=1}^{n-1}\frac{(\boldsymbol{\alpha}_n,\boldsymbol{\beta}_k)}{(\boldsymbol{\beta}_k,\boldsymbol{\beta}_k)}\boldsymbol{\beta}_k}\tag{11}$$

①施密特(Schmidt),1876—1959,德国数学家.

因为

$$(\boldsymbol{\beta}_n,\boldsymbol{\beta}_j)=\left(\boldsymbol{\alpha}_n-\sum_{k=1}^{n-1}\frac{(\boldsymbol{\alpha}_n,\boldsymbol{\beta}_k)}{(\boldsymbol{\beta}_k,\boldsymbol{\beta}_k)}\boldsymbol{\beta}_k,\boldsymbol{\beta}_j\right)$$
$$=(\boldsymbol{\alpha}_n,\boldsymbol{\beta}_j)-(\boldsymbol{\alpha}_n,\boldsymbol{\beta}_j)=0\quad(j=1,2,\cdots,n-1)$$

所以 $\boldsymbol{\beta}_n$ 与 $\boldsymbol{\beta}_j(j=1,2,\cdots,n-1)$ 正交，且 $\boldsymbol{\beta}_n$ 可由 $\boldsymbol{\alpha}_1,\boldsymbol{\alpha}_2,\cdots,\boldsymbol{\alpha}_n$ 线性表示.

因此得到正交组 $\boldsymbol{\beta}_1,\boldsymbol{\beta}_2,\cdots,\boldsymbol{\beta}_n$，且 $\boldsymbol{\beta}_1,\boldsymbol{\beta}_2,\cdots,\boldsymbol{\beta}_n$ 都可由 $\boldsymbol{\alpha}_1,\boldsymbol{\alpha}_2,\cdots,\boldsymbol{\alpha}_n$ 线性表示. 又由(11)式可以看出 $\boldsymbol{\alpha}_1,\boldsymbol{\alpha}_2,\cdots,\boldsymbol{\alpha}_n$ 也都可由 $\boldsymbol{\beta}_1,\boldsymbol{\beta}_2,\cdots,\boldsymbol{\beta}_n$ 线性表示，所以向量组 $\{\boldsymbol{\beta}_1,\boldsymbol{\beta}_2,\cdots,\boldsymbol{\beta}_n\}$ 与 $\{\boldsymbol{\alpha}_1,\boldsymbol{\alpha}_2,\cdots,\boldsymbol{\alpha}_n\}$ 等价.

第 2 步：由正交组 $\boldsymbol{\beta}_1,\boldsymbol{\beta}_2,\cdots,\boldsymbol{\beta}_n$ 出发构造标准正交组. 令

$$\boxed{\boldsymbol{\gamma}_k=\frac{1}{|\boldsymbol{\beta}_k|}\boldsymbol{\beta}_k\quad(k=1,2,\cdots,n)}\tag{12}$$

由于在(12)式中，只改变向量的模，不改变两向量的正交性，故 $\boldsymbol{\gamma}_1,\boldsymbol{\gamma}_2,\cdots,\boldsymbol{\gamma}_n$ 是欧氏空间 V 的标准正交组，且 $\{\boldsymbol{\gamma}_1,\boldsymbol{\gamma}_2,\cdots,\boldsymbol{\gamma}_n\}\cong\{\boldsymbol{\beta}_1,\boldsymbol{\beta}_2,\cdots,\boldsymbol{\beta}_n\}$. 应用等价的传递性即得 $\{\boldsymbol{\gamma}_1,\boldsymbol{\gamma}_2,\cdots,\boldsymbol{\gamma}_n\}$ 与 $\{\boldsymbol{\alpha}_1,\boldsymbol{\alpha}_2,\cdots,\boldsymbol{\alpha}_n\}$ 等价. □

例 7　已知 $\mathbf{R}^3$ 的一个基

$$\boldsymbol{\alpha}_1=(1,1,1)^{\mathrm{T}},\quad\boldsymbol{\alpha}_2=(1,2,1)^{\mathrm{T}},\quad\boldsymbol{\alpha}_3=(0,-1,1)^{\mathrm{T}}$$

求 $\mathbf{R}^3$ 的一个标准正交基.

解　采用施密特正交规范化方法，取 $\boldsymbol{\beta}_1=\boldsymbol{\alpha}_1=(1,1,1)^{\mathrm{T}}$；取

$$\boldsymbol{\beta}_2=3\boldsymbol{\alpha}_2-3\frac{(\boldsymbol{\alpha}_2,\boldsymbol{\beta}_1)}{(\boldsymbol{\beta}_1,\boldsymbol{\beta}_1)}\boldsymbol{\beta}_1=3(1,2,1)^{\mathrm{T}}-3\cdot\frac{4}{3}(1,1,1)^{\mathrm{T}}=(-1,2,-1)^{\mathrm{T}}$$

(为了避免向量的坐标是分数，这里在原公式中添加了因子“3”) 取

$$\boldsymbol{\beta}_3=6\boldsymbol{\alpha}_3-6\frac{(\boldsymbol{\alpha}_3,\boldsymbol{\beta}_1)}{(\boldsymbol{\beta}_1,\boldsymbol{\beta}_1)}\boldsymbol{\beta}_1-6\frac{(\boldsymbol{\alpha}_3,\boldsymbol{\beta}_2)}{(\boldsymbol{\beta}_2,\boldsymbol{\beta}_2)}\boldsymbol{\beta}_2$$
$$=6(0,-1,1)^{\mathrm{T}}-6\cdot\frac{0}{3}(1,1,1)^{\mathrm{T}}-6\cdot\frac{-3}{6}(-1,2,-1)^{\mathrm{T}}$$
$$=(-3,0,3)^{\mathrm{T}}$$

(这里在原公式中添加了因子“6”) 令

$$\boldsymbol{\gamma}_1=\frac{1}{|\boldsymbol{\beta}_1|}\boldsymbol{\beta}_1=\frac{1}{\sqrt{3}}(1,1,1)^{\mathrm{T}}=\left(\frac{\sqrt{3}}{3},\frac{\sqrt{3}}{3},\frac{\sqrt{3}}{3}\right)^{\mathrm{T}}$$

$$\boldsymbol{\gamma}_2=\frac{1}{|\boldsymbol{\beta}_2|}\boldsymbol{\beta}_2=\frac{1}{\sqrt{6}}(-1,2,-1)^{\mathrm{T}}=\left(-\frac{\sqrt{6}}{6},\frac{\sqrt{6}}{3},-\frac{\sqrt{6}}{6}\right)^{\mathrm{T}}$$

$$\boldsymbol{\gamma}_3=\frac{1}{|\boldsymbol{\beta}_3|}\boldsymbol{\beta}_3=\frac{1}{3\sqrt{2}}(-3,0,3)^{\mathrm{T}}=\left(-\frac{\sqrt{2}}{2},0,\frac{\sqrt{2}}{2}\right)^{\mathrm{T}}$$

则 $\boldsymbol{\gamma}_1,\boldsymbol{\gamma}_2,\boldsymbol{\gamma}_3$ 是 $\mathbf{R}^3$ 的一个标准正交基.

注 在例7中求向量 $\boldsymbol{\beta}_1,\boldsymbol{\beta}_2$ 时,分别将施密特正交规范化公式乘以常数3与6,是为了避免向量 $\boldsymbol{\beta}_1,\boldsymbol{\beta}_2$ 的坐标是分数,这样做不改变原向量组的正交性.

3.4.5 正交矩阵与正交变换

1) 正交矩阵

这里介绍与标准正交组有着密切联系的正交矩阵概念.在本书"线性代数"的后面内容中,正交矩阵有着非常重要的应用.

定义 3.4.9(正交矩阵) 设 n 阶矩阵 $\boldsymbol{A}$ 满足 $\boldsymbol{A}^{\mathrm{T}}\boldsymbol{A}=\boldsymbol{E}$,称 $\boldsymbol{A}$ 为**正交矩阵**.

下一定理揭示了正交矩阵的基本性质.

定理 3.4.5 设 $\boldsymbol{A}$ 是 n 阶矩阵,则下面的5条陈述相互等价:

$\boldsymbol{A}$ 是正交矩阵 $\Leftrightarrow \boldsymbol{A}^{-1}=\boldsymbol{A}^{\mathrm{T}}$

$\Leftrightarrow \boldsymbol{A}^{-1}$ 是正交矩阵

$\Leftrightarrow \boldsymbol{A}$ 的列向量组是标准正交组

$\Leftrightarrow \boldsymbol{A}$ 的行向量组是标准正交组

证 $\boldsymbol{A}$ 是正交矩阵 $\Leftrightarrow \boldsymbol{A}^{\mathrm{T}}\boldsymbol{A}=\boldsymbol{E}\Leftrightarrow \boldsymbol{A}^{-1}=\boldsymbol{A}^{\mathrm{T}}\Leftrightarrow (\boldsymbol{A}^{-1})^{\mathrm{T}}(\boldsymbol{A}^{-1})=\boldsymbol{A}\boldsymbol{A}^{-1}=\boldsymbol{E}\Leftrightarrow$ $\boldsymbol{A}^{-1}$ 是正交矩阵.

记 $\boldsymbol{A}=(\boldsymbol{\alpha}_1,\boldsymbol{\alpha}_2,\cdots,\boldsymbol{\alpha}_n)$,则 $\boldsymbol{A}^{\mathrm{T}}\boldsymbol{A}=\boldsymbol{E}\Leftrightarrow$

$$\boldsymbol{A}^{\mathrm{T}}\boldsymbol{A}=\begin{bmatrix}\boldsymbol{\alpha}_1^{\mathrm{T}}\\\boldsymbol{\alpha}_2^{\mathrm{T}}\\\vdots\\\boldsymbol{\alpha}_n^{\mathrm{T}}\end{bmatrix}(\boldsymbol{\alpha}_1,\boldsymbol{\alpha}_2,\cdots,\boldsymbol{\alpha}_n)=\begin{bmatrix}\boldsymbol{\alpha}_1^{\mathrm{T}}\boldsymbol{\alpha}_1 & \boldsymbol{\alpha}_1^{\mathrm{T}}\boldsymbol{\alpha}_2 & \cdots & \boldsymbol{\alpha}_1^{\mathrm{T}}\boldsymbol{\alpha}_n\\\boldsymbol{\alpha}_2^{\mathrm{T}}\boldsymbol{\alpha}_1 & \boldsymbol{\alpha}_2^{\mathrm{T}}\boldsymbol{\alpha}_2 & \cdots & \boldsymbol{\alpha}_2^{\mathrm{T}}\boldsymbol{\alpha}_n\\\vdots & \vdots & & \vdots\\\boldsymbol{\alpha}_n^{\mathrm{T}}\boldsymbol{\alpha}_1 & \boldsymbol{\alpha}_n^{\mathrm{T}}\boldsymbol{\alpha}_2 & \cdots & \boldsymbol{\alpha}_n^{\mathrm{T}}\boldsymbol{\alpha}_n\end{bmatrix}$$

$$=\begin{bmatrix}1 & 0 & \cdots & 0\\0 & 1 & \cdots & 0\\\vdots & \vdots & & \vdots\\0 & 0 & \cdots & 1\end{bmatrix}=\boldsymbol{E}$$

$\Leftrightarrow \boldsymbol{A}$ 的列向量组是标准正交组.

记 $\boldsymbol{A}=\begin{bmatrix}\boldsymbol{\beta}_1\\\boldsymbol{\beta}_2\\\vdots\\\boldsymbol{\beta}_n\end{bmatrix}$,则 $\boldsymbol{A}\boldsymbol{A}^{\mathrm{T}}=\boldsymbol{E}\Leftrightarrow$

$$
\boldsymbol{A}\boldsymbol{A}^{\mathrm{T}} = \begin{bmatrix} \boldsymbol{\beta}_1 \\ \boldsymbol{\beta}_2 \\ \vdots \\ \boldsymbol{\beta}_n \end{bmatrix} (\boldsymbol{\beta}_1^{\mathrm{T}}, \boldsymbol{\beta}_2^{\mathrm{T}}, \cdots, \boldsymbol{\beta}_n^{\mathrm{T}}) = \begin{bmatrix} \boldsymbol{\beta}_1\boldsymbol{\beta}_1^{\mathrm{T}} & \boldsymbol{\beta}_1\boldsymbol{\beta}_2^{\mathrm{T}} & \cdots & \boldsymbol{\beta}_1\boldsymbol{\beta}_n^{\mathrm{T}} \\ \boldsymbol{\beta}_2\boldsymbol{\beta}_1^{\mathrm{T}} & \boldsymbol{\beta}_2\boldsymbol{\beta}_2^{\mathrm{T}} & \cdots & \boldsymbol{\beta}_2\boldsymbol{\beta}_n^{\mathrm{T}} \\ \vdots & \vdots & & \vdots \\ \boldsymbol{\beta}_n\boldsymbol{\beta}_1^{\mathrm{T}} & \boldsymbol{\beta}_n\boldsymbol{\beta}_2^{\mathrm{T}} & \cdots & \boldsymbol{\beta}_n\boldsymbol{\beta}_n^{\mathrm{T}} \end{bmatrix}
$$

$$
= \begin{bmatrix} 1 & 0 & \cdots & 0 \\ 0 & 1 & \cdots & 0 \\ \vdots & \vdots & & \vdots \\ 0 & 0 & \cdots & 1 \end{bmatrix} = \boldsymbol{E}
$$

$\Leftrightarrow$ $\boldsymbol{A}$ 的行向量组是标准正交组. □

注 1　满足条件 $\boldsymbol{A}^{\mathrm{T}}\boldsymbol{A} = \boldsymbol{E}$ 的矩阵 $\boldsymbol{A}$ 不一定是正交矩阵. 例如

$$
\boldsymbol{A} = \begin{bmatrix} 0 & 0 & 0 \\ 1 & 0 & 0 \\ 0 & 1 & 0 \\ 0 & 0 & 1 \\ 0 & 0 & 0 \end{bmatrix}
$$

时,有

$$
\boldsymbol{A}^{\mathrm{T}}\boldsymbol{A} = \begin{bmatrix} 0 & 1 & 0 & 0 & 0 \\ 0 & 0 & 1 & 0 & 0 \\ 0 & 0 & 0 & 1 & 0 \end{bmatrix} \begin{bmatrix} 0 & 0 & 0 \\ 1 & 0 & 0 \\ 0 & 1 & 0 \\ 0 & 0 & 1 \\ 0 & 0 & 0 \end{bmatrix} = \begin{bmatrix} 1 & 0 & 0 \\ 0 & 1 & 0 \\ 0 & 0 & 1 \end{bmatrix} = \boldsymbol{E}
$$

这里 $\boldsymbol{A}$ 显然不是正交矩阵.

注 2　在 n 维欧氏空间 V 中,由标准正交基 $\boldsymbol{\alpha}_1, \boldsymbol{\alpha}_2, \cdots, \boldsymbol{\alpha}_n$ 构成的矩阵

$$
\boldsymbol{A} = (\boldsymbol{\alpha}_1, \boldsymbol{\alpha}_2, \cdots, \boldsymbol{\alpha}_n)
$$

不一定是正交矩阵. 如在例 1 的 3 维欧氏空间 V_3 中,由标准正交基

$$
\boldsymbol{\alpha}_1 = (0,1,0,0,0)^{\mathrm{T}}, \quad \boldsymbol{\alpha}_2 = (0,0,1,0,0)^{\mathrm{T}}, \quad \boldsymbol{\alpha}_3 = (0,0,0,1,0)^{\mathrm{T}}
$$

构成的矩阵 $\boldsymbol{A} = \begin{bmatrix} 0 & 0 & 0 \\ 1 & 0 & 0 \\ 0 & 1 & 0 \\ 0 & 0 & 1 \\ 0 & 0 & 0 \end{bmatrix}$ 显然不是正交矩阵.

例 8 设 $\boldsymbol{A},\boldsymbol{B}$ 是 n 阶矩阵.

(1) 若 $\boldsymbol{A}$ 是正交矩阵,证明:$|\boldsymbol{A}|=\pm 1$.

(2) 若 $\boldsymbol{A},\boldsymbol{B}$ 都是正交矩阵,证明:$\boldsymbol{AB}$ 是正交矩阵.

证 (1) 因 $\boldsymbol{A}$ 是正交矩阵,所以

$$\boldsymbol{A}^{\mathrm{T}}\boldsymbol{A}=\boldsymbol{E}\Rightarrow|\boldsymbol{A}^{\mathrm{T}}\boldsymbol{A}|=|\boldsymbol{A}|^2=|\boldsymbol{E}|=1\Rightarrow|\boldsymbol{A}|=\pm 1$$

(2) 因 $\boldsymbol{A},\boldsymbol{B}$ 都是正交矩阵,所以

$$\boldsymbol{A}^{-1}=\boldsymbol{A}^{\mathrm{T}},\boldsymbol{B}^{-1}=\boldsymbol{B}^{\mathrm{T}}\Rightarrow(\boldsymbol{AB})^{\mathrm{T}}(\boldsymbol{AB})=\boldsymbol{B}^{\mathrm{T}}\boldsymbol{A}^{\mathrm{T}}\boldsymbol{AB}=\boldsymbol{B}^{-1}\boldsymbol{A}^{-1}\boldsymbol{AB}=\boldsymbol{B}^{-1}\boldsymbol{B}=\boldsymbol{E}$$

故 $\boldsymbol{AB}$ 是正交矩阵. □

例 9 设 $\boldsymbol{A}$ 是 n 阶对称矩阵,$\boldsymbol{E}$ 是 n 阶单位矩阵,满足 $\boldsymbol{A}^2+4\boldsymbol{A}+3\boldsymbol{E}=\boldsymbol{O}$,证明:$\boldsymbol{A}+2\boldsymbol{E}$ 是正交矩阵.

证 因 $\boldsymbol{A}$ 是 n 阶对称矩阵,所以 $\boldsymbol{A}^{\mathrm{T}}=\boldsymbol{A}$. 由 $\boldsymbol{A}^2+4\boldsymbol{A}+3\boldsymbol{E}=\boldsymbol{O}$ 可推出

$$\boldsymbol{A}^2+4\boldsymbol{A}+4\boldsymbol{E}=(\boldsymbol{A}+2\boldsymbol{E})(\boldsymbol{A}+2\boldsymbol{E})=\boldsymbol{E}$$

因为 $(\boldsymbol{A}+2\boldsymbol{E})^{\mathrm{T}}=\boldsymbol{A}^{\mathrm{T}}+2\boldsymbol{E}^{-1}=\boldsymbol{A}+2\boldsymbol{E}$,代入上式即得 $(\boldsymbol{A}+2\boldsymbol{E})^{\mathrm{T}}(\boldsymbol{A}+2\boldsymbol{E})=\boldsymbol{E}$,于是 $\boldsymbol{A}+2\boldsymbol{E}$ 是正交矩阵. □

2) 正交变换

定义 3.4.10(正交变换) 设 V 是 n 维欧氏空间,$\boldsymbol{P}$ 是 n 阶正交矩阵,$\forall\boldsymbol{x}\in V$,称 $\boldsymbol{Px}$ 为 V 中的**正交变换**.

对于正交变换,有下一定理所示的重要性质.

定理 3.4.6 设 V 是 n 维欧氏空间,$\boldsymbol{Px}$ 为 V 中的正交变换,则在此正交变换下,两向量的内积不变.

证 $\forall\boldsymbol{\alpha},\boldsymbol{\beta}\in V$,不妨设 $\boldsymbol{\alpha},\boldsymbol{\beta}$ 为列向量,则有

$$(\boldsymbol{P\alpha},\boldsymbol{P\beta})=(\boldsymbol{P\alpha})^{\mathrm{T}}(\boldsymbol{P\beta})=\boldsymbol{\alpha}^{\mathrm{T}}\boldsymbol{P}^{\mathrm{T}}\boldsymbol{P\beta}=\boldsymbol{\alpha}^{\mathrm{T}}\boldsymbol{E\beta}=\boldsymbol{\alpha}^{\mathrm{T}}\boldsymbol{\beta}=(\boldsymbol{\alpha},\boldsymbol{\beta})$$

此式表明在正交变换下,两向量的内积不变. □

例 10 在正交变换下,证明:向量的模不变、两向量的夹角不变、两向量的正交性不变.

证 设 $\boldsymbol{P}$ 为正交矩阵,$\boldsymbol{P\alpha}_1=\boldsymbol{\beta}_1,\boldsymbol{P\alpha}_2=\boldsymbol{\beta}_2$,由于在正交变换下两向量的内积不变,于是

$$|\boldsymbol{\beta}_1|=\sqrt{(\boldsymbol{\beta}_1,\boldsymbol{\beta}_1)}=\sqrt{(\boldsymbol{\alpha}_1,\boldsymbol{\alpha}_1)}=|\boldsymbol{\alpha}_1|$$

$$\langle\boldsymbol{\beta}_1,\boldsymbol{\beta}_2\rangle=\arccos\frac{(\boldsymbol{\beta}_1,\boldsymbol{\beta}_2)}{|\boldsymbol{\beta}_1||\boldsymbol{\beta}_2|}=\arccos\frac{(\boldsymbol{\alpha}_1,\boldsymbol{\alpha}_2)}{|\boldsymbol{\alpha}_1||\boldsymbol{\alpha}_2|}=\langle\boldsymbol{\alpha}_1,\boldsymbol{\alpha}_2\rangle$$

因为 $(\boldsymbol{\beta}_1,\boldsymbol{\beta}_2)=0\Leftrightarrow(\boldsymbol{\alpha}_1,\boldsymbol{\alpha}_2)=0$,所以 $\boldsymbol{\beta}_1$ 与 $\boldsymbol{\beta}_2$ 正交 $\Leftrightarrow\boldsymbol{\alpha}_1$ 与 $\boldsymbol{\alpha}_2$ 正交. □

定理 3.4.7 在欧氏空间 $\mathbf{R}^n$ 中，若向量 $\boldsymbol{\alpha}_1,\boldsymbol{\alpha}_2,\cdots,\boldsymbol{\alpha}_n$ 是一个标准正交基，$\boldsymbol{\beta}_i\in\mathbf{R}^n(i=1,2,\cdots,n)$，$\boldsymbol{\beta}_i$ 在基 $\boldsymbol{\alpha}_1,\boldsymbol{\alpha}_2,\cdots,\boldsymbol{\alpha}_n$ 下的坐标为 $\boldsymbol{p}_i=(p_{i1},p_{i2},\cdots,p_{in})^{\mathrm{T}}$，记 $\boldsymbol{P}=(\boldsymbol{p}_1,\boldsymbol{p}_2,\cdots,\boldsymbol{p}_n)$，则向量 $\boldsymbol{\beta}_1,\boldsymbol{\beta}_2,\cdots,\boldsymbol{\beta}_n$ 是 $\mathbf{R}^n$ 的一个标准正交基的充要条件是 $\boldsymbol{P}$ 为正交矩阵.

证 不妨设 $\boldsymbol{\alpha}_i$ 为列向量. 记 $\mathbf{A}=(\boldsymbol{\alpha}_1,\boldsymbol{\alpha}_2,\cdots,\boldsymbol{\alpha}_n)$，由于 $\mathbf{A}$ 是 n 阶矩阵，$\boldsymbol{\alpha}_1,\boldsymbol{\alpha}_2,\cdots,\boldsymbol{\alpha}_n$ 是标准正交组，由定理 3.4.5 得 $\mathbf{A}$ 是正交矩阵，因此 $\mathbf{A}^{-1}$ 也是正交矩阵.

(**充分性**) 当 $\boldsymbol{P}$ 为正交矩阵时，$\boldsymbol{p}_1,\boldsymbol{p}_2,\cdots,\boldsymbol{p}_n$ 是 $\mathbf{R}^n$ 的一个标准正交基，由于

$$\boldsymbol{\beta}_i=\mathbf{A}\boldsymbol{p}_i\quad(i=1,2,\cdots,n)$$

因正交变换不改变向量的模，不改变两向量的正交性，所以 $\boldsymbol{\beta}_1,\boldsymbol{\beta}_2,\cdots,\boldsymbol{\beta}_n$ 是 $\mathbf{R}^n$ 的标准正交基.

(**必要性**) 设 $\boldsymbol{\beta}_1,\boldsymbol{\beta}_2,\cdots,\boldsymbol{\beta}_n$ 是 V 的标准正交基，由于

$$\boldsymbol{p}_i=\mathbf{A}^{-1}\boldsymbol{\beta}_i\quad(i=1,2,\cdots,n)$$

同样由于正交变换不改变向量的模，不改变两向量的正交性，所以 $\boldsymbol{p}_1,\boldsymbol{p}_2,\cdots,\boldsymbol{p}_n$ 是 $\mathbf{R}^n$ 的标准正交基，故 $\boldsymbol{P}=(\boldsymbol{p}_1,\boldsymbol{p}_2,\cdots,\boldsymbol{p}_n)$ 是正交矩阵. □

习题 3.4

A 组

1. 判别下列向量空间 $\mathbf{R}^n$ 的子集是否是 $\mathbf{R}^n$ 的子空间(要给出证明)：

1) $V=\{(x_1,x_2,\cdots,x_n)^{\mathrm{T}}\mid x_1+x_2+\cdots+x_n=0\}$；

2) $V=\{(x_1,x_2,\cdots,x_n)^{\mathrm{T}}\mid x_1+x_2+\cdots+x_n=1\}$.

2. 证明：向量

$$\boldsymbol{\alpha}_1=\begin{bmatrix}1\\0\\0\\\vdots\\0\\0\\0\end{bmatrix},\quad \boldsymbol{\alpha}_2=\begin{bmatrix}1\\1\\0\\\vdots\\0\\0\\0\end{bmatrix},\quad \cdots,\quad \boldsymbol{\alpha}_{m-1}=\begin{bmatrix}1\\1\\1\\\vdots\\1\\1\\0\end{bmatrix},\quad \boldsymbol{\alpha}_m=\begin{bmatrix}1\\1\\1\\\vdots\\1\\1\\1\end{bmatrix}$$

是向量空间 $\mathbf{R}^m$ 的一个基.

3. 求下列向量空间 V 的维数和一个基：

1) $V=\{(x_1,x_2,x_3)^{\mathrm{T}}\mid x_1-x_2+x_3=0,x_1-x_3=0\}$；

2) $V=\{(x_1,x_2,x_3,x_4)^{\mathrm{T}} \mid x_1+x_2+x_3+x_4=0\}$.

4. 求向量空间 $\mathbf{R}^4$ 的一个基,使得这个基中包含两个线性无关的向量 $\boldsymbol{\alpha}_1=(1,0,1,0)^{\mathrm{T}}$,$\boldsymbol{\alpha}_2=(-1,1-1,0)$.

5. 设 V 是 n 维向量空间,$\boldsymbol{\alpha}_1,\boldsymbol{\alpha}_2,\cdots,\boldsymbol{\alpha}_n$ 是 V 的一个基.

1) 证明:$\boldsymbol{\beta}_1=\boldsymbol{\alpha}_1+\boldsymbol{\alpha}_2+\boldsymbol{\alpha}_3+\cdots+\boldsymbol{\alpha}_n$,$\boldsymbol{\beta}_2=\boldsymbol{\alpha}_2+\boldsymbol{\alpha}_3+\cdots+\boldsymbol{\alpha}_n$,$\cdots$,$\boldsymbol{\beta}_n=\boldsymbol{\alpha}_n$ 也是 V 的一个基;

2) 求由基 $\boldsymbol{\alpha}_1,\boldsymbol{\alpha}_2,\cdots,\boldsymbol{\alpha}_n$ 到基 $\boldsymbol{\beta}_1,\boldsymbol{\beta}_2,\cdots,\boldsymbol{\beta}_n$ 的过渡矩阵;

3) 设向量 $\boldsymbol{\alpha}$ 在基 $\boldsymbol{\alpha}_1,\boldsymbol{\alpha}_2,\cdots,\boldsymbol{\alpha}_n$ 下的坐标是 $\boldsymbol{x}=(x_1,x_2,\cdots,x_n)^{\mathrm{T}}$,求 $\boldsymbol{\alpha}$ 在基 $\boldsymbol{\beta}_1,\boldsymbol{\beta}_2,\cdots,\boldsymbol{\beta}_n$ 下的坐标.

6. 设向量空间 $\mathbf{R}^4$ 的两个基 $\boldsymbol{\alpha}_1,\boldsymbol{\alpha}_2,\boldsymbol{\alpha}_3,\boldsymbol{\alpha}_4$ 与 $\boldsymbol{\beta}_1,\boldsymbol{\beta}_2,\boldsymbol{\beta}_3,\boldsymbol{\beta}_4$ 分别为

$$\boldsymbol{\alpha}_1=\begin{bmatrix}1\\2\\-1\\0\end{bmatrix},\quad \boldsymbol{\alpha}_2=\begin{bmatrix}1\\-1\\1\\1\end{bmatrix},\quad \boldsymbol{\alpha}_3=\begin{bmatrix}-1\\2\\1\\1\end{bmatrix},\quad \boldsymbol{\alpha}_4=\begin{bmatrix}-1\\-1\\0\\1\end{bmatrix}$$

$$\boldsymbol{\beta}_1=\begin{bmatrix}2\\1\\0\\1\end{bmatrix},\quad \boldsymbol{\beta}_2=\begin{bmatrix}0\\1\\2\\2\end{bmatrix},\quad \boldsymbol{\beta}_3=\begin{bmatrix}-2\\1\\1\\2\end{bmatrix},\quad \boldsymbol{\beta}_4=\begin{bmatrix}1\\3\\1\\2\end{bmatrix}$$

1) 求基 $\boldsymbol{\alpha}_1,\boldsymbol{\alpha}_2,\boldsymbol{\alpha}_3,\boldsymbol{\alpha}_4$ 到基 $\boldsymbol{\beta}_1,\boldsymbol{\beta}_2,\boldsymbol{\beta}_3,\boldsymbol{\beta}_4$ 的过渡矩阵;

2) 求向量 $\boldsymbol{\alpha}=(1,2,-1,0)^{\mathrm{T}}$ 在基 $\boldsymbol{\alpha}_1,\boldsymbol{\alpha}_2,\boldsymbol{\alpha}_3,\boldsymbol{\alpha}_4$ 下的坐标;

3) 求向量 $\boldsymbol{\alpha}=(1,2,-1,0)^{\mathrm{T}}$ 在基 $\boldsymbol{\beta}_1,\boldsymbol{\beta}_2,\boldsymbol{\beta}_3,\boldsymbol{\beta}_4$ 下的坐标.

7. 应用施密特正交规范化方法将下列线性无关组化为标准正交组:

1) $\boldsymbol{\alpha}_1=(1,1,0)^{\mathrm{T}}$,$\boldsymbol{\alpha}_2=(2,0,1)^{\mathrm{T}}$,$\boldsymbol{\alpha}_3=(2,2,1)^{\mathrm{T}}$;

2) $\boldsymbol{\alpha}_1=(1,1,1)^{\mathrm{T}}$,$\boldsymbol{\alpha}_2=(0,1,2)^{\mathrm{T}}$,$\boldsymbol{\alpha}_3=(2,0,3)^{\mathrm{T}}$;

3) $\boldsymbol{\alpha}_1=(1,0,1,0)^{\mathrm{T}}$,$\boldsymbol{\alpha}_2=(2,1,2,1)^{\mathrm{T}}$,$\boldsymbol{\alpha}_3=(-1,2,-3,4)^{\mathrm{T}}$,$\boldsymbol{\alpha}_4=(0,0,0,1)^{\mathrm{T}}$.

8. 已知 $\boldsymbol{\alpha}_1=\left(\dfrac{2}{3},\dfrac{1}{3},\dfrac{2}{3}\right)^{\mathrm{T}}$,$\boldsymbol{\alpha}_2=\left(\dfrac{1}{3},\dfrac{2}{3},-\dfrac{2}{3}\right)^{\mathrm{T}}$,试求向量 $\boldsymbol{\alpha}_3$,使得 $\boldsymbol{\alpha}_1,\boldsymbol{\alpha}_2,\boldsymbol{\alpha}_3$ 是 $\mathbf{R}^3$ 的标准正交基.

9. 设 $\boldsymbol{\alpha}$ 是 n 维列向量,且 $\boldsymbol{\alpha}$ 的模为 1,$\boldsymbol{E}$ 是 n 阶单位矩阵,若 $\boldsymbol{A}=\boldsymbol{E}-2\boldsymbol{\alpha}\boldsymbol{\alpha}^{\mathrm{T}}$,证明:$\boldsymbol{A}$ 是正交矩阵.

10. 设 $\boldsymbol{P}$ 是 n 阶正交矩阵,证明:$\boldsymbol{A}=\dfrac{\sqrt{2}}{2}\begin{bmatrix}\boldsymbol{P} & -\boldsymbol{P}\\ \boldsymbol{P} & \boldsymbol{P}\end{bmatrix}$ 与 $\boldsymbol{B}=\dfrac{\sqrt{2}}{2}\begin{bmatrix}\boldsymbol{P} & \boldsymbol{P}\\ \boldsymbol{P} & -\boldsymbol{P}\end{bmatrix}$ 都是 $2n$

阶正交矩阵.

B 组

1. 设 $\boldsymbol{A}$ 是 n 阶上三角正交矩阵,求证:$\boldsymbol{A}$ 是对角矩阵,且主对角元为 1 或 −1.

2. 设 $\boldsymbol{A}$ 是 n 阶可逆矩阵,$\boldsymbol{A}=(\boldsymbol{\alpha}_1,\boldsymbol{\alpha}_2,\cdots,\boldsymbol{\alpha}_n)$,采用施密特正交规范化方法,由 $\boldsymbol{\alpha}_1,\boldsymbol{\alpha}_2,\cdots,\boldsymbol{\alpha}_n$ 出发得到正交组 $\boldsymbol{\beta}_1,\boldsymbol{\beta}_2,\cdots,\boldsymbol{\beta}_n$,记 $\boldsymbol{B}=(\boldsymbol{\beta}_1,\boldsymbol{\beta}_2,\cdots,\boldsymbol{\beta}_n)$,求证:

$$|\boldsymbol{A}|=|\boldsymbol{B}|=\sqrt{\prod_{i=1}^{n}|\boldsymbol{\beta}_i|^2}\leqslant\sqrt{\prod_{i=1}^{n}|\boldsymbol{\alpha}_i|^2}$$

3.5 线性方程组解的属性

3.5.1 线性方程组的基本概念

在第 2.5 节中,我们利用逆矩阵概念讨论了一类特殊的线性方程组,此方程组所含方程的个数等于未知量的个数.当系数行列式不等于零时,由著名的克莱姆法则,可解得此方程组的唯一解.在那里,我们还介绍了用矩阵的初等行变换可求出此唯一解.这一节,我们将系统地研究一般的线性方程组.

1) 线性方程组的三种形式

(1) 线性方程组的**一般形式**是

$$\begin{cases}a_{11}x_1+a_{12}x_2+\cdots+a_{1n}x_n=b_1,\\a_{21}x_1+a_{22}x_2+\cdots+a_{2n}x_n=b_2,\\\vdots\\a_{m1}x_1+a_{m2}x_2+\cdots+a_{mn}x_n=b_m\end{cases}\tag{1}$$

与

$$\begin{cases}a_{11}x_1+a_{12}x_2+\cdots+a_{1n}x_n=0,\\a_{21}x_1+a_{22}x_2+\cdots+a_{2n}x_n=0,\\\vdots\\a_{m1}x_1+a_{m2}x_2+\cdots+a_{mn}x_n=0\end{cases}\tag{2}$$

其中 $b_1,b_2,\cdots,b_m$ 不全为零.称(1) 式为**线性非齐次方程组**,称(2) 式为**线性齐次方程组**,并称(2) 式为(1) 式的**导出组**.

(2) 线性方程组的**矩阵形式**是

$$\boldsymbol{Ax}=\boldsymbol{b}\tag{1}$$

与

$$Ax = 0 \tag{2}$$

这里

$$A = \begin{bmatrix} a_{11} & a_{12} & \cdots & a_{1n} \\ a_{21} & a_{22} & \cdots & a_{2n} \\ \vdots & \vdots & & \vdots \\ a_{m1} & a_{m2} & \cdots & a_{mn} \end{bmatrix}, \quad x = \begin{bmatrix} x_1 \\ x_2 \\ \vdots \\ x_n \end{bmatrix}, \quad b = \begin{bmatrix} b_1 \\ b_2 \\ \vdots \\ b_m \end{bmatrix}, \quad 0 = \begin{bmatrix} 0 \\ 0 \\ \vdots \\ 0 \end{bmatrix} \tag{3}$$

其中 $\boldsymbol{b} \neq \boldsymbol{0}$. 称 $\boldsymbol{A}$ 为方程组(1) 或(2) 的系数矩阵,称 $\boldsymbol{B} = (\boldsymbol{A} \mid \boldsymbol{b})$ 为系数矩阵 $\boldsymbol{A}$ 的**增广矩阵**.

(3) 线性方程组的向量形式是

$$x_1\boldsymbol{\alpha}_1 + x_2\boldsymbol{\alpha}_2 + \cdots + x_n\boldsymbol{\alpha}_n = \boldsymbol{b} \tag{1}$$

与

$$x_1\boldsymbol{\alpha}_1 + x_2\boldsymbol{\alpha}_2 + \cdots + x_n\boldsymbol{\alpha}_n = \boldsymbol{0} \tag{2}$$

这里 $\boldsymbol{\alpha}_1, \boldsymbol{\alpha}_2, \cdots, \boldsymbol{\alpha}_n$ 是矩阵 $\boldsymbol{A}$ 的列向量组,即 $\boldsymbol{A} = (\boldsymbol{\alpha}_1, \boldsymbol{\alpha}_2, \cdots, \boldsymbol{\alpha}_n)$.

2) 线性方程组的初等变换

与定理 2.5.8 相对应的,我们有下面的定理.

定理 3.5.1 设 $\boldsymbol{P}$ 为 m 阶可逆矩阵,$\boldsymbol{A}$ 为 $m \times n$ 矩阵,其他符号如(3) 式,则

(1) $\boldsymbol{Ax} = \boldsymbol{b}$ 与 $\boldsymbol{PAx} = \boldsymbol{Pb}$ 为同解方程组;
(2) $\boldsymbol{Ax} = \boldsymbol{0}$ 与 $\boldsymbol{PAx} = \boldsymbol{0}$ 为同解方程组

证明也与定理 2.5.8 完全一样,这里从略.

由于 m 阶初等矩阵 $\boldsymbol{E}_{ij}, \boldsymbol{E}_i(k), \boldsymbol{E}_{ij}(k)$ 皆是可逆矩阵,应用定理 3.5.1 得线性非齐次方程组 $\boldsymbol{Ax} = \boldsymbol{b}$ 与下列方程组

$$\boldsymbol{E}_{ij}\boldsymbol{Ax} = \boldsymbol{E}_{ij}\boldsymbol{b}, \quad \boldsymbol{E}_i(k)\boldsymbol{Ax} = \boldsymbol{E}_i(k)\boldsymbol{b}, \quad \boldsymbol{E}_{ij}(k)\boldsymbol{Ax} = \boldsymbol{E}_{ij}(k)\boldsymbol{b}$$

皆为同解方程组;线性齐次方程组 $\boldsymbol{Ax} = \boldsymbol{0}$ 与下列方程组

$$\boldsymbol{E}_{ij}\boldsymbol{Ax} = \boldsymbol{0}, \quad \boldsymbol{E}_i(k)\boldsymbol{Ax} = \boldsymbol{0}, \quad \boldsymbol{E}_{ij}(k)\boldsymbol{Ax} = \boldsymbol{0}$$

皆为同解方程组.

由于用上列三种初等矩阵左乘矩阵形式的线性方程组两边等价于对方程组施行下列三种变换:

(1) 交换两个方程的位置;
(2) 用不等于零的常数乘某个方程;
(3) 用不等于零的常数乘某个方程后加到另一个方程上去

所以对方程组施行三种变换得到的是同解方程组. 我们称这三种变换为**线性方程组的初等变换**.

3.5.2　线性方程组解的性质

定理 3.5.2　设 $\boldsymbol{x}_1, \boldsymbol{x}_2$ 是方程组(2) 的两个解,则它们的线性组合 $\boldsymbol{x} = C_1\boldsymbol{x}_1 + C_2\boldsymbol{x}_2$ 仍是方程组(2) 的解(其中 C_1, C_2 是任意常数).

证　由条件得

$$\boldsymbol{A}\boldsymbol{x}_1 = \boldsymbol{0}, \quad \boldsymbol{A}\boldsymbol{x}_2 = \boldsymbol{0}$$

于是有

$$\boldsymbol{A}\boldsymbol{x} = \boldsymbol{A}(C_1\boldsymbol{x}_1 + C_2\boldsymbol{x}_2) = C_1\boldsymbol{A}\boldsymbol{x}_1 + C_2\boldsymbol{A}\boldsymbol{x}_2 = \boldsymbol{0} + \boldsymbol{0} = \boldsymbol{0}$$

此式表明是 $\boldsymbol{x} = C_1\boldsymbol{x}_1 + C_2\boldsymbol{x}_2$ 方程组(2) 的解. □

定理 3.5.3　方程组(2) 的任一解 $\boldsymbol{x}_1$ 与方程组(1) 的任一解 $\tilde{\boldsymbol{x}}$ 的和 $\boldsymbol{x} = \boldsymbol{x}_1 + \tilde{\boldsymbol{x}}$ 是方程组(1) 的解.

证　由条件得

$$\boldsymbol{A}\boldsymbol{x}_1 = \boldsymbol{0}, \quad \boldsymbol{A}\tilde{\boldsymbol{x}} = \boldsymbol{b}$$

于是有

$$\boldsymbol{A}\boldsymbol{x} = \boldsymbol{A}(\boldsymbol{x}_1 + \tilde{\boldsymbol{x}}) = \boldsymbol{A}\boldsymbol{x}_1 + \boldsymbol{A}\tilde{\boldsymbol{x}} = \boldsymbol{0} + \boldsymbol{b} = \boldsymbol{b}$$

此式表明 $\boldsymbol{x} = \boldsymbol{x}_1 + \tilde{\boldsymbol{x}}$ 是方程组(1) 的解. □

定理 3.5.4　方程组(1) 的任意两个解 $\tilde{\boldsymbol{x}}_1, \tilde{\boldsymbol{x}}_2$ 的差 $\boldsymbol{x} = \tilde{\boldsymbol{x}}_1 - \tilde{\boldsymbol{x}}_2$ 是方程组(2) 的解.

证　由条件得

$$\boldsymbol{A}\tilde{\boldsymbol{x}}_1 = \boldsymbol{b}, \quad \boldsymbol{A}\tilde{\boldsymbol{x}}_2 = \boldsymbol{b}$$

于是有

$$\boldsymbol{A}\boldsymbol{x} = \boldsymbol{A}(\tilde{\boldsymbol{x}}_1 - \tilde{\boldsymbol{x}}_2) = \boldsymbol{A}\tilde{\boldsymbol{x}}_1 - \boldsymbol{A}\tilde{\boldsymbol{x}}_2 = \boldsymbol{b} - \boldsymbol{b} = \boldsymbol{0}$$

此式表明 $\boldsymbol{x} = \tilde{\boldsymbol{x}}_1 - \tilde{\boldsymbol{x}}_2$ 是方程组(2) 的解. □

3.5.3　线性方程组解的属性

1) 线性齐次方程组解的属性

容易看出,$\boldsymbol{x} = \boldsymbol{0}$ 是线性齐次方程组(2) 的解,我们称此解为**零解**或**平凡解**. 方程组(2) 除零解外如果没有其他解,则称方程组(2) **只有零解**. 方程组(2) 除零解外如果还有其他非零解(非平凡解),由定理 3.5.2 可得方程组(2) 必有无穷多解,此时称方程组(2) **有无穷多解**. 上述线性齐次方程组解的属性,以及解的形式完全取决于方程组(2) 的系数矩阵 $\boldsymbol{A}$. 线性齐次方程组(2) 和它的系数矩阵 $\boldsymbol{A}$ 一一对应. 而且对系数矩阵 $\boldsymbol{A}$ 施行初等行变换等价于对方程组(2) 施行初等变换.

定理 3.5.5 对于含 n 个未知量的线性齐次方程组(2),有

$$\boxed{\begin{array}{c}\boldsymbol{Ax}=\boldsymbol{0}\text{ 只有零解}\Leftrightarrow \mathrm{r}(\boldsymbol{A})=n\\ \boldsymbol{Ax}=\boldsymbol{0}\text{ 有无穷多解}\Leftrightarrow \mathrm{r}(\boldsymbol{A})<n\end{array}}$$

证 对系数矩阵 $\boldsymbol{A}$ 施行初等行变换化为最简阶梯形矩阵 $\boldsymbol{C}$,即

$$\boldsymbol{C}=\begin{bmatrix}1 & 0 & \cdots & 0 & 0 & c_{1,r+1} & \cdots & c_{1n}\\ 0 & 1 & \cdots & 0 & 0 & c_{2,r+1} & \cdots & c_{2n}\\ \vdots & \vdots & & \vdots & \vdots & \vdots & & \vdots\\ 0 & 0 & \cdots & 1 & 0 & c_{r-1,r+1} & \cdots & c_{r-1,n}\\ 0 & 0 & \cdots & 0 & 1 & c_{r,r+1} & \cdots & c_{rn}\\ 0 & 0 & \cdots & 0 & 0 & 0 & \cdots & 0\\ \vdots & \vdots & & \vdots & \vdots & \vdots & & \vdots\\ 0 & 0 & \cdots & 0 & 0 & 0 & \cdots & 0\end{bmatrix} \tag{4}$$

这里矩阵 $\boldsymbol{C}$ 中 r 个主 1 集中在左边. 如果这 r 个主 1 不能集中在左边,需施行初等列变换,这相当于调换方程组中未知量的位置. 为了证明的方便,不妨假设只施行初等行变换能够将 $\boldsymbol{A}$ 化为(4) 的形式. 这样做并不影响方程组(2) 解的属性. 矩阵 $\boldsymbol{C}$ 中排在下面的零行可能有,也可能没有,根据数 m 的大小决定. 下面分两种情况讨论.

① $\boldsymbol{C}$ 中 $r=n$ 时,$\mathrm{r}(\boldsymbol{A})=\mathrm{r}(\boldsymbol{C})=r=n$,与(4) 式对应的方程组为 $\boldsymbol{Ex}=\boldsymbol{0}$,该方程组也即方程组(2) 显然只有零解.

② $\boldsymbol{C}$ 中 $r<n$ 时,$\mathrm{r}(\boldsymbol{A})=\mathrm{r}(\boldsymbol{C})=r<n$,与(4) 式对应的方程组为

$$\begin{cases}x_1+c_{1,r+1}x_{r+1}+\cdots+c_{1n}x_n=0\\ x_2+c_{2,r+1}x_{r+1}+\cdots+c_{2n}x_n=0\\ \vdots\\ x_r+c_{r,r+1}x_{r+1}+\cdots+c_{rn}x_n=0\end{cases}$$

此时取 $x_1,x_2,\cdots,x_r$ 为**主未知量**,取 $x_{r+1},x_{r+2},\cdots,x_n$ 为**自由未知量**. 令 $(x_{r+1},x_{r+2},\cdots,x_n)=(C_1,C_2,\cdots,C_{n-r})$,其中 $C_1,C_2,\cdots,C_{n-r}$ 为任意常数,则方程组(2) 有无穷多解

$$\begin{cases} x_1 = -c_{1,r+1}C_1 - \cdots - c_{1n}C_{n-r} \\ x_2 = -c_{2,r+1}C_1 - \cdots - c_{2n}C_{n-r} \\ \vdots \\ x_r = -c_{r,r+1}C_1 - \cdots - c_{rn}C_{n-r} \\ x_{r+1} = C_1 \\ \vdots \\ x_n = C_{n-r} \end{cases} \tag{5}$$

(5) 式称为线性方程组(2) 的**一般解**.

由于未知量的个数 n 与系数矩阵的秩 $\mathrm{r}(\boldsymbol{A})$ 这两个数的大小关系只有两种，方程组(2) 解的属性也只有两种，它们一一对应，所以互为充要条件. □

2) 线性非齐次方程组解的属性

线性非齐次方程组(1) 与 $\boldsymbol{A}$ 的增广矩阵 $\boldsymbol{B} = (\boldsymbol{A} \mid \boldsymbol{b})$ 一一对应，而且对增广矩阵 $\boldsymbol{B} = (\boldsymbol{A} \mid \boldsymbol{b})$ 施行初等行变换等价于对方程组(1) 施行初等变换.

定理 3.5.6 对于含 n 个未知量的线性非齐次方程组(1)，有

$$\boldsymbol{Ax} = \boldsymbol{b} \text{ 无解} \Leftrightarrow \mathrm{r}(\boldsymbol{A}) < \mathrm{r}(\boldsymbol{B})$$
$$\boldsymbol{Ax} = \boldsymbol{b} \text{ 有唯一解} \Leftrightarrow \mathrm{r}(\boldsymbol{A}) = \mathrm{r}(\boldsymbol{B}) = n$$
$$\boldsymbol{Ax} = \boldsymbol{b} \text{ 有无穷多解} \Leftrightarrow \mathrm{r}(\boldsymbol{A}) = \mathrm{r}(\boldsymbol{B}) < n$$

证 对增广矩阵 $\boldsymbol{B} = (\boldsymbol{A} \mid \boldsymbol{b})$ 施行初等行变换化为最简阶梯形矩阵 $\boldsymbol{D}$，$\boldsymbol{D}$ 有两种形式，即

$$\boldsymbol{D} = \begin{bmatrix} 1 & 0 & \cdots & 0 & 0 & c_{1,r+1} & \cdots & c_{1n} & 0 \\ 0 & 1 & \cdots & 0 & 0 & c_{2,r+1} & \cdots & c_{2n} & 0 \\ \vdots & \vdots & & \vdots & \vdots & \vdots & & \vdots & \vdots \\ 0 & 0 & \cdots & 1 & 0 & c_{r-1,r+1} & \cdots & c_{r-1,n} & 0 \\ 0 & 0 & \cdots & 0 & 1 & c_{r,r+1} & \cdots & c_{rn} & 0 \\ 0 & 0 & \cdots & 0 & 0 & 0 & \cdots & 0 & 1 \\ 0 & 0 & \cdots & 0 & 0 & 0 & \cdots & 0 & 0 \\ \vdots & \vdots & & \vdots & \vdots & \vdots & & \vdots & \vdots \\ 0 & 0 & \cdots & 0 & 0 & 0 & \cdots & 0 & 0 \end{bmatrix} \tag{6}$$

或

$$
\boldsymbol{D}=\begin{bmatrix}
1 & 0 & \cdots & 0 & 0 & c_{1,r+1} & \cdots & c_{1n} & d_1 \\
0 & 1 & \cdots & 0 & 0 & c_{2,r+1} & \cdots & c_{2n} & d_2 \\
\vdots & \vdots & & \vdots & \vdots & \vdots & & \vdots & \vdots \\
0 & 0 & \cdots & 1 & 0 & c_{r-1,r+1} & \cdots & c_{r-1,n} & d_{r-1} \\
0 & 0 & \cdots & 0 & 1 & c_{r,r+1} & \cdots & c_{rn} & d_r \\
0 & 0 & \cdots & 0 & 0 & 0 & \cdots & 0 & 0 \\
0 & 0 & \cdots & 0 & 0 & 0 & \cdots & 0 & 0 \\
\vdots & \vdots & & \vdots & \vdots & \vdots & & \vdots & \vdots \\
0 & 0 & \cdots & 0 & 0 & 0 & \cdots & 0 & 0
\end{bmatrix} \tag{7}
$$

这里矩阵 $\boldsymbol{D}$ 中前 n 个列的 r 个主 1 集中在左边. 如果这 r 个主 1 不能集中在左边,需对前 n 个列施行初等列变换,这相当于调换方程组中未知量的位置. 为了证明的方便,不妨假设只施行初等行变换能够将 $\boldsymbol{B}=(\boldsymbol{A}\mid\boldsymbol{b})$ 化为(6) 或(7) 的形式. 这样做并不影响方程组(1) 解的属性. 矩阵 $\boldsymbol{D}$ 中排在下面的零行可能有,也可能没有,根据数 m 的大小决定. 下面分三种情况讨论.

① $\boldsymbol{D}$ 为(6) 式时,$\mathrm{r}(\boldsymbol{A})=r$,$\mathrm{r}(\boldsymbol{B})=\mathrm{r}(\boldsymbol{D})=r+1$,与(6) 式对应的方程组的一般形式中第$(r+1)$ 个方程为

$$0x_1+0x_2+\cdots+0x_n=1, \quad 即 \quad 0=1$$

这是一个矛盾式,所以与(6) 式对应的方程组也即原方程组(1) 无解.

② $\boldsymbol{D}$ 为(7) 式且 $r=n$ 时,$\mathrm{r}(\boldsymbol{A})=\mathrm{r}(\boldsymbol{B})=\mathrm{r}(\boldsymbol{D})=r=n$,与(7) 式对应的方程组为

$$\boldsymbol{E}\boldsymbol{x}=\boldsymbol{\gamma}, \quad \boldsymbol{\gamma}=(d_1,d_2,\cdots,d_n)^{\mathrm{T}}$$

该方程组也即方程组(1) 显然有**唯一解**

$$\boldsymbol{x}=(x_1,x_2,\cdots,x_n)^{\mathrm{T}}=(d_1,d_2,\cdots,d_n)^{\mathrm{T}}$$

③ D 为(7) 式且 $r<n$ 时,$\mathrm{r}(\boldsymbol{A})=\mathrm{r}(\boldsymbol{B})=\mathrm{r}(\boldsymbol{D})=r<n$,与(7) 式对应的方程组为

$$
\begin{cases}
x_1+c_{1,r+1}x_{r+1}+\cdots+c_{1n}x_n=d_1, \\
x_2+c_{2,r+1}x_{r+1}+\cdots+c_{2n}x_n=d_2, \\
\vdots \\
x_r+c_{r,r+1}x_{r+1}+\cdots+c_{rn}x_n=d_r
\end{cases} \tag{8}
$$

此时取 $x_1,x_2,\cdots,x_r$ 为**主未知量**,取 $x_{r+1},x_{r+2},\cdots,x_n$ 为**自由未知量**. 令$(x_{r+1},x_{r+2},\cdots,x_n)=(0,0,\cdots,0)$ 代入方程组(8),得方程组(8) 也即方程组(1) 有特解

$$\tilde{\boldsymbol{x}}=(x_1,x_2,\cdots,x_r,x_{r+1},\cdots,x_n)^{\mathrm{T}}=(d_1,d_2,\cdots,d_r,0,\cdots,0)^{\mathrm{T}} \tag{9}$$

由于 $\mathrm{r}(\boldsymbol{A})=r<n$ 时，方程组(1) 的导出组即方程组(2) 有无穷多解，如(5) 式所示. 应用定理 3.5.3 可知这无穷多个解与方程组(1) 的特解 $\tilde{\boldsymbol{x}}$ 的和是方程组(1) 的解. 所以方程组(1) 有无穷多解：

$$\begin{cases} x_1=-c_{1,r+1}C_1-\cdots-c_{1n}C_{n-r}+d_1, \\ x_2=-c_{2,r+1}C_1-\cdots-c_{2n}C_{n-r}+d_2, \\ \vdots \\ x_r=-c_{r,r+1}C_1-\cdots-c_{rn}C_{n-r}+d_r, \\ x_{r+1}=C_1 \\ \vdots \\ x_n=C_{n-r} \end{cases} \tag{10}$$

(10) 式称为方程组(1) 的**一般解**，其中 $C_1,C_2,\cdots,C_{n-r}$ 为任意常数.

在方程组(1) 中，未知量的个数 n、系数矩阵的秩 $\mathrm{r}(\boldsymbol{A})$ 和增广矩阵的秩 $\mathrm{r}(\boldsymbol{B})$ 这三个数的大小关系只有三种，方程组(1) 解的属性也只有三种，它们一一对应，所以互为充要条件. □

注　判别线性齐次方程组解的属性时，应用定理 3.5.5，问题化为讨论未知量的个数与系数矩阵的秩这两个数的大小关系；判别线性非齐次方程组解的属性时，应用定理 3.5.6，问题化为讨论未知量的个数、系数矩阵的秩和增广矩阵的秩这三个数的大小关系. 因此在对系数矩阵或增广矩阵施行初等行变换时化为阶梯形矩阵就行，无须进一步化为最简阶梯形矩阵. 上面两个定理的证明中将系数矩阵和增广矩阵化为最简阶梯形，是为了简化证明过程.

例 1　指出下面的线性齐次方程组解的属性，并求主未知量与自由未知量的个数：

$$\begin{cases} x_1+2x_2+x_3+2x_4+3x_5=0, \\ 2x_1+4x_2+x_3+5x_4+4x_5=0, \\ 3x_1+6x_2+2x_3+7x_4+7x_5=0, \\ 4x_1+8x_2+3x_3+9x_4+10x_5=0, \\ 5x_1+10x_2+x_3+14x_4+7x_5=0 \end{cases}$$

解　对系数矩阵 $\boldsymbol{A}$ 施行初等行变换化为阶梯形，有

$$\boldsymbol{A}=\begin{bmatrix} 1 & 2 & 1 & 2 & 3 \\ 2 & 4 & 1 & 5 & 4 \\ 3 & 6 & 2 & 7 & 7 \\ 4 & 8 & 3 & 9 & 10 \\ 5 & 10 & 1 & 14 & 7 \end{bmatrix} \xrightarrow[r_5-5r_1]{\substack{r_2-2r_1 \\ r_3-3r_1 \\ r_4-4r_1}} \begin{bmatrix} 1 & 2 & 1 & 2 & 3 \\ 0 & 0 & -1 & 1 & -2 \\ 0 & 0 & -1 & 1 & -2 \\ 0 & 0 & -1 & 1 & -2 \\ 0 & 0 & -4 & 4 & -8 \end{bmatrix}$$

$$\xrightarrow[r_5-4r_2]{\substack{r_3-r_2\\ r_4-r_2}}\begin{bmatrix}1&2&1&2&3\\0&0&-1&1&-2\\0&0&0&0&0\\0&0&0&0&0\\0&0&0&0&0\end{bmatrix}$$

所以 $\mathrm{r}(\boldsymbol{A})=2$，主未知量是 x_1,x_3(2 个)，自由未知量是 x_2,x_4,x_5(3 个)，于是原方程组有无穷多解.

例 2　指出下面的线性非齐次方程组解的属性：

$$\begin{cases}x_1+3x_2+5x_3+4x_4=3,\\2x_1+5x_2+8x_3+8x_4=9,\\3x_1+7x_2+11x_3+12x_4=13\end{cases}$$

解　对增广矩阵 $\boldsymbol{B}$ 施行初等行变换化为阶梯形，有

$$\boldsymbol{B}=\begin{bmatrix}1&3&5&4&3\\2&5&8&8&9\\3&7&11&12&13\end{bmatrix}\xrightarrow[r_3-3r_1]{r_2-2r_1}\begin{bmatrix}1&3&5&4&3\\0&-1&-2&0&3\\0&-2&-4&0&4\end{bmatrix}$$

$$\xrightarrow{r_3-2r_2}\begin{bmatrix}1&3&5&4&3\\0&-1&-2&0&3\\0&0&0&0&-2\end{bmatrix}$$

所以 $\mathrm{r}(\boldsymbol{A})=2,\mathrm{r}(\boldsymbol{B})=3,\mathrm{r}(\boldsymbol{A})\neq\mathrm{r}(\boldsymbol{B})$，于是原方程组无解.

例 3　指出下面的线性非齐次方程组解的属性：

$$\begin{cases}x_1+2x_2+x_3-x_4+3x_5=1,\\x_1+2x_2+2x_3+2x_4+8x_5=6,\\2x_1+4x_2+x_3-5x_4+x_5=-3,\\4x_1+8x_2+3x_3-7x_4-7x_5=-1\end{cases}$$

解　对增广矩阵 $\boldsymbol{B}$ 施行初等行变换化为阶梯形，有

$$\boldsymbol{B}=\begin{bmatrix}1&2&1&-1&3&1\\1&2&2&2&8&6\\2&4&1&-5&1&-3\\4&8&3&-7&-7&-1\end{bmatrix}\xrightarrow[r_4-4r_1]{\substack{r_2-r_1\\ r_3-2r_1}}\begin{bmatrix}1&2&1&-1&3&1\\0&0&1&3&5&5\\0&0&-1&-3&-5&-5\\0&0&-1&-3&-19&-5\end{bmatrix}$$

$$\xrightarrow[r_4+r_2]{r_3+r_2}\begin{bmatrix}1&2&1&-1&3&1\\0&0&1&3&5&5\\0&0&0&0&0&0\\0&0&0&0&-14&0\end{bmatrix}\xrightarrow{r_3\leftrightarrow r_4}\begin{bmatrix}1&2&1&-1&3&1\\0&0&1&3&5&5\\0&0&0&0&-14&0\\0&0&0&0&0&0\end{bmatrix}$$

所以 $\mathrm{r}(\boldsymbol{A})=3$，$\mathrm{r}(\boldsymbol{B})=3$，$\mathrm{r}(\boldsymbol{A})=\mathrm{r}(\boldsymbol{B})$，因未知量的个数是 5，于是原方程组有无穷多解.

例 4　线性齐次方程组 $\begin{cases}x_1+x_2+ax_3=0,\\ x_1+ax_2+2x_3=0,\\ ax_1+x_2+a^2x_3=0\end{cases}$ 的系数矩阵记为 $\boldsymbol{A}$，若存在三阶非零矩阵 $\boldsymbol{B}$，使得 $\boldsymbol{AB}=\boldsymbol{O}$，试求：

(1) 常数 a 的值；

(2) $\mathrm{r}(\boldsymbol{A})$ 与线性齐次方程组的一般解；

(3) $\mathrm{r}(\boldsymbol{B})$.

解　(1) 因 $\boldsymbol{B}\neq\boldsymbol{O}$，所以线性齐次方程组 $\boldsymbol{Ax}=\boldsymbol{0}$ 有非零解，于是 $|\boldsymbol{A}|=0$. 由于

$$|\boldsymbol{A}|=\begin{vmatrix}1&1&a\\1&a&2\\a&1&a^2\end{vmatrix}=-(a-1)(a-2)$$

故 $a=1$ 或 $a=2$.

(2) ① 当 $a=1$ 时，将 $\boldsymbol{A}$ 化为最简阶梯形，有

$$\boldsymbol{A}=\begin{bmatrix}1&1&1\\1&1&2\\1&1&1\end{bmatrix}\xrightarrow[r_3-r_1]{r_2-r_1}\begin{bmatrix}1&1&1\\0&0&1\\0&0&0\end{bmatrix}\xrightarrow{r_1-r_2}\begin{bmatrix}1&1&0\\0&0&1\\0&0&0\end{bmatrix}$$

故 $\mathrm{r}(\boldsymbol{A})=2$，主未知量是 x_1,x_3，自由未知量是 x_2，此时原方程组的一般解为

$$\boldsymbol{x}=(x_1,x_2,x_3)^{\mathrm{T}}=(-C_1,C_1,0)^{\mathrm{T}}\quad(C_1\text{ 为任意常数})$$

② 当 $a=2$ 时，将 $\boldsymbol{A}$ 化为最简阶梯形，有

$$\boldsymbol{A}=\begin{bmatrix}1&1&2\\1&2&2\\2&1&4\end{bmatrix}\xrightarrow[r_3-2r_1]{r_2-r_1}\begin{bmatrix}1&1&2\\0&1&0\\0&-1&0\end{bmatrix}\xrightarrow{r_3+r_2}\begin{bmatrix}1&1&2\\0&1&0\\0&0&0\end{bmatrix}\xrightarrow{r_1-r_2}\begin{bmatrix}1&0&2\\0&1&0\\0&0&0\end{bmatrix}$$

故 $\mathrm{r}(\boldsymbol{A})=2$，主未知量是 x_1,x_2，自由未知量是 x_3，此时原方程组的一般解为

$$\boldsymbol{x}=(x_1,x_2,x_3)^{\mathrm{T}}=(-2C_1,0,C_1)^{\mathrm{T}}\quad(C_1\text{ 为任意常数})$$

(3) 应用西尔维斯特积秩定理得

$$\mathrm{r}(\boldsymbol{A})+\mathrm{r}(\boldsymbol{B})-3\leqslant\mathrm{r}(\boldsymbol{AB})=\mathrm{r}(\boldsymbol{O})=0$$

由此可得 $\mathrm{r}(\boldsymbol{B})\leqslant 1$，又由 $\boldsymbol{B}\neq\boldsymbol{O}$ 得 $\mathrm{r}(\boldsymbol{B})\geqslant 1$，所以 $\mathrm{r}(\boldsymbol{B})=1$.

习题 3.5

A 组

1. 指出下列方程组解的属性：

1) $\begin{cases} x_1+2x_2+5x_3=0, \\ x_1+3x_2-2x_3=0, \\ 3x_1+7x_2+8x_3=0, \\ x_1+4x_2-9x_3=0; \end{cases}$　　2) $\begin{cases} x_1+x_2+x_3+2x_4=2, \\ 2x_1+x_2+4x_4=3, \\ 3x_1+2x_2+x_3+7x_4=5, \\ 4x_1+3x_2+2x_3+9x_4=7. \end{cases}$

2. 就参数 λ, a, b 讨论下列方程组解的属性：

1) $\begin{cases} \lambda x_1+x_2+x_3=0, \\ x_1+\lambda x_2+x_3=0, \\ x_1+x_2+\lambda x_3=0; \end{cases}$　　2) $\begin{cases} \lambda x_1+x_2+x_3=1, \\ x_1+\lambda x_2+x_3=\lambda, \\ x_1+x_2+\lambda x_3=\lambda^2; \end{cases}$

3) $\begin{cases} x_1+x_2-x_3=1, \\ 2x_1+(a+2)x_2-(b+2)x_3=3, \\ -3ax_2+(a+2b)x_3=-3. \end{cases}$

3. 设 $\boldsymbol{A}$ 是 n 阶矩阵，证明：存在非零 $n\times s$ 矩阵 $\boldsymbol{B}$ 使得 $\boldsymbol{AB}=\boldsymbol{O}$ 的充要条件是 $|\boldsymbol{A}|=0$.

4. 设 $\boldsymbol{A}$ 是 $m\times n$ 矩阵，证明：存在非零 $n\times s$ 矩阵 $\boldsymbol{B}$ 使得 $\boldsymbol{AB}=\boldsymbol{O}$ 的充要条件是 $\mathrm{r}(\boldsymbol{A})<n$.

5. 证明：线性非齐次方程组

$$\begin{cases} x_1-x_2=b_1, \\ x_2-x_3=b_2, \\ \vdots \\ x_{n-1}-x_n=b_{n-1}, \\ x_n-x_1=b_n \end{cases}$$

有解的充要条件是 $\sum_{k=1}^{n} b_k=0$.

6. 设 $\boldsymbol{\alpha}_1, \boldsymbol{\alpha}_2, \cdots, \boldsymbol{\alpha}_s$ 是一线性非齐次方程组的解，求证：

$$k_1\boldsymbol{\alpha}_1+k_2\boldsymbol{\alpha}_2+\cdots+k_s\boldsymbol{\alpha}_s \quad \left(\text{其中} \sum_{k=1}^{s} k_s=1\right)$$

也是该线性非齐次方程组的解.

7. 线性齐次方程组$\begin{cases} x_1+x_2+ax_3=0, \\ x_1+ax_2+x_3=0, \\ ax_1+x_2+a^2x_3=0 \end{cases}$的系数矩阵记为$\boldsymbol{A}$,若存在三阶非零矩阵$\boldsymbol{B}$使得$\boldsymbol{AB}=\boldsymbol{O}$,求常数$a$的值与原方程组的一般解及$|\boldsymbol{B}|$.

B组

1. 证明:线性齐次方程组

$$\begin{cases} a_{11}x_1+a_{12}x_2+\cdots+a_{1n}x_n=0, \\ a_{21}x_1+a_{22}x_2+\cdots+a_{2n}x_n=0, \\ \vdots \\ a_{m1}x_1+a_{m2}x_2+\cdots+a_{mn}x_n=0 \end{cases}$$

的解全是方程$b_1x_1+b_2x_2+\cdots+b_nx_n=0$的解的充要条件是$\boldsymbol{\beta}=(b_1,b_2,\cdots,b_n)$可由$\boldsymbol{\alpha}_i=(a_{i1},a_{i2},\cdots,a_{in})(i=1,2,\cdots,n)$线性表示.

3.6 线性方程组的通解

已知线性非齐次方程组

$$\boldsymbol{Ax}=\boldsymbol{b} \tag{1}$$

与线性齐次方程组

$$\boldsymbol{Ax}=\boldsymbol{0} \tag{2}$$

这里

$$\boldsymbol{A}=\begin{bmatrix} a_{11} & a_{12} & \cdots & a_{1n} \\ a_{21} & a_{22} & \cdots & a_{2n} \\ \vdots & \vdots & & \vdots \\ a_{m1} & a_{m2} & \cdots & a_{mn} \end{bmatrix}, \quad \boldsymbol{x}=\begin{bmatrix} x_1 \\ x_2 \\ \vdots \\ x_n \end{bmatrix}, \quad \boldsymbol{b}=\begin{bmatrix} b_1 \\ b_2 \\ \vdots \\ b_m \end{bmatrix}, \quad \boldsymbol{0}=\begin{bmatrix} 0 \\ 0 \\ \vdots \\ 0 \end{bmatrix}$$

其中$\boldsymbol{b}\neq\boldsymbol{0}$. 方程组(1)与(2)的向量形式分别是

$$x_1\boldsymbol{\alpha}_1+x_2\boldsymbol{\alpha}_2+\cdots+x_n\boldsymbol{\alpha}_n=\boldsymbol{b} \tag{1}$$

与

$$x_1\boldsymbol{\alpha}_1+x_2\boldsymbol{\alpha}_2+\cdots+x_n\boldsymbol{\alpha}_n=\boldsymbol{0} \tag{2}$$

这里$\boldsymbol{\alpha}_1,\boldsymbol{\alpha}_2,\cdots,\boldsymbol{\alpha}_n$是矩阵$\boldsymbol{A}$的列向量,即$\boldsymbol{A}=(\boldsymbol{\alpha}_1,\boldsymbol{\alpha}_2,\cdots,\boldsymbol{\alpha}_n)$.

本节研究当方程组(1)或(2)有无穷多解时,其通解的表示.

3.6.1 线性齐次方程组的基础解系

当线性齐次方程组(2)有无穷多解时,根据定理3.5.2,方程组(2)的解向量构成欧氏空间 $\mathbf{R}^n$ 的一个子空间,我们称它为方程组(2)的**解空间**.

定义3.6.1(基础解系) 线性齐次方程组(2)的解空间的一个基称为该方程组的一个**基础解系**.

关于线性齐次方程组(2)的解空间的维数,我们用下一定理作出回答,而定理的证明过程同时给出了求基础解系的方法.

定理3.6.1 对于含 n 个未知量的线性齐次方程组(2),

若 $\mathrm{r}(\boldsymbol{A})<n$,则方程组 $\boldsymbol{Ax}=\mathbf{0}$ 的解空间的维数是 $n-r$

证 设 $\mathrm{r}(\boldsymbol{A})=r$,对系数矩阵 $\boldsymbol{A}$ 施行初等行变换化为最简阶梯形矩阵 $\boldsymbol{C}$,即有

$$\boldsymbol{C}=\begin{bmatrix}1 & 0 & \cdots & 0 & 0 & c_{1,r+1} & \cdots & c_{1n}\\ 0 & 1 & \cdots & 0 & 0 & c_{2,r+1} & \cdots & c_{2n}\\ \vdots & \vdots & & \vdots & \vdots & \vdots & & \vdots\\ 0 & 0 & \cdots & 1 & 0 & c_{r-1,r+1} & \cdots & c_{r-1,n}\\ 0 & 0 & \cdots & 0 & 1 & c_{r,r+1} & \cdots & c_{rn}\\ 0 & 0 & \cdots & 0 & 0 & 0 & \cdots & 0\\ \vdots & \vdots & & \vdots & \vdots & \vdots & & \vdots\\ 0 & 0 & \cdots & 0 & 0 & 0 & \cdots & 0\end{bmatrix} \tag{3}$$

这里矩阵 $\boldsymbol{C}$ 中 r 个主1集中在左边.如果这 r 个主1不能集中在左边,需施行初等列变换,这相当于调换方程组中未知量的位置.为了证明的方便,不妨假设只施行初等行变换能够将 $\boldsymbol{A}$ 化为(3)的形式.这样做并不改变方程组的解空间的维数与下文中求基础解系的方法.矩阵 $\boldsymbol{C}$ 中排在下面的零行可能有,也可能没有,根据数 m 的大小决定.

设 $\boldsymbol{A}=(\boldsymbol{\alpha}_1,\boldsymbol{\alpha}_2,\cdots,\boldsymbol{\alpha}_n)$,$\boldsymbol{C}=(\boldsymbol{\gamma}_1,\cdots,\boldsymbol{\gamma}_r,\boldsymbol{\gamma}_{r+1},\boldsymbol{\gamma}_{r+2},\cdots,\boldsymbol{\gamma}_n)$,(3)式中矩阵 $\boldsymbol{C}$ 的列向量有关系式:

$$\boldsymbol{\gamma}_{r+1}=c_{1,r+1}\boldsymbol{\gamma}_1+c_{2,r+1}\boldsymbol{\gamma}_2+\cdots+c_{r,r+1}\boldsymbol{\gamma}_r$$

$$\boldsymbol{\gamma}_{r+2}=c_{1,r+2}\boldsymbol{\gamma}_1+c_{2,r+2}\boldsymbol{\gamma}_2+\cdots+c_{r,r+2}\boldsymbol{\gamma}_r$$

$$\vdots$$

$$\boldsymbol{\gamma}_n=c_{1n}\boldsymbol{\gamma}_1+c_{2n}\boldsymbol{\gamma}_2+\cdots+c_{rn}\boldsymbol{\gamma}_r$$

$$\Leftrightarrow -c_{1,r+1}\boldsymbol{\gamma}_1 - c_{2,r+1}\boldsymbol{\gamma}_2 - \cdots - c_{r,r+1}\boldsymbol{\gamma}_r + \boldsymbol{\gamma}_{r+1} = \mathbf{0}$$

$$-c_{1,r+2}\boldsymbol{\gamma}_1 - c_{2,r+2}\boldsymbol{\gamma}_2 - \cdots - c_{r,r+2}\boldsymbol{\gamma}_r + \boldsymbol{\gamma}_{r+2} = \mathbf{0}$$

$$\vdots$$

$$-c_{1n}\boldsymbol{\gamma}_1 - c_{2n}\boldsymbol{\gamma}_2 - \cdots - c_{rn}\boldsymbol{\gamma}_r + \boldsymbol{\gamma}_n = \mathbf{0}$$

应用定理 3.2.2 可得，矩阵 $\boldsymbol{A}$ 的列向量有系数相同的关系式：

$$-c_{1,r+1}\boldsymbol{\alpha}_1 - c_{2,r+1}\boldsymbol{\alpha}_2 - \cdots - c_{r,r+1}\boldsymbol{\alpha}_r + \boldsymbol{\alpha}_{r+1} = \mathbf{0}$$

$$-c_{1,r+2}\boldsymbol{\alpha}_1 - c_{2,r+2}\boldsymbol{\alpha}_2 - \cdots - c_{r,r+2}\boldsymbol{\alpha}_r + \boldsymbol{\alpha}_{r+2} = \mathbf{0}$$

$$\vdots$$

$$-c_{1n}\boldsymbol{\alpha}_1 - c_{2n}\boldsymbol{\alpha}_2 - \cdots - c_{rn}\boldsymbol{\alpha}_r + \boldsymbol{\alpha}_n = \mathbf{0}$$

对照方程组(2) 的向量形式

$$x_1\boldsymbol{\alpha}_1 + x_2\boldsymbol{\alpha}_2 + \cdots + x_n\boldsymbol{\alpha}_n = \mathbf{0}$$

可得方程组(2) 有下列$(n-r)$ 个解

$$\boldsymbol{\beta}_1 = \begin{bmatrix} -c_{1,r+1} \\ -c_{2,r+1} \\ \vdots \\ -c_{r,r+1} \\ 1 \\ 0 \\ \vdots \\ 0 \\ 0 \end{bmatrix},\quad \boldsymbol{\beta}_2 = \begin{bmatrix} -c_{1,r+2} \\ -c_{2,r+2} \\ \vdots \\ -c_{r,r+2} \\ 0 \\ 1 \\ \vdots \\ 0 \\ 0 \end{bmatrix},\quad \cdots,\quad \boldsymbol{\beta}_{n-r-1} = \begin{bmatrix} -c_{1,n-1} \\ -c_{2,n-1} \\ \vdots \\ -c_{r,n-1} \\ 0 \\ 0 \\ \vdots \\ 1 \\ 0 \end{bmatrix},\quad \boldsymbol{\beta}_{n-r} = \begin{bmatrix} -c_{1n} \\ -c_{2n} \\ \vdots \\ -c_{rn} \\ 0 \\ 0 \\ \vdots \\ 0 \\ 1 \end{bmatrix} \tag{4}$$

这$(n-r)$ 个解的后$(n-r)$ 个分量构成欧氏空间 $\mathbf{R}^{n-r}$ 的自然基，它们是线性无关的，因“无关组加长仍无关”，所以(4) 式中的$(n-r)$ 个解也是线性无关的.

假设 $\boldsymbol{x} = (l_1, l_2, \cdots, l_n)^{\mathrm{T}}$ 是方程组(2) 的任一解，由于(3) 式对应的方程组为

$$\begin{cases} x_1 + c_{1,r+1}x_{r+1} + \cdots + c_{1n}x_n = 0, \\ x_2 + c_{2,r+1}x_{r+1} + \cdots + c_{2n}x_n = 0, \\ \vdots \\ x_r + c_{r,r+1}x_{r+1} + \cdots + c_{rn}x_n = 0 \end{cases} \tag{5}$$

所以 $\boldsymbol{x} = (l_1, l_2, \cdots, l_n)^{\mathrm{T}}$ 也是方程组(5) 的解，代入(5) 式得

$$\begin{cases} l_1 = -c_{1,r+1}l_{r+1} - c_{1,r+2}l_{r+2} - \cdots - c_{1n}l_n, \\ l_2 = -c_{2,r+1}l_{r+1} - c_{2,r+2}l_{r+2} - \cdots - c_{2n}l_n, \\ \vdots \\ l_r = -c_{r,r+1}l_{r+1} - c_{r,r+2}l_{r+2} - \cdots - c_{rn}l_n, \\ l_{r+1} = 1 \cdot l_{r+1} + 0 \cdot l_{r+2} + \cdots + 0 \cdot l_n, \\ l_{r+2} = 0 \cdot l_{r+1} + 1 \cdot l_{r+2} + \cdots + 0 \cdot l_n, \\ \vdots \\ l_n = 0 \cdot l_{r+1} + 0 \cdot l_{r+2} + \cdots + 1 \cdot l_n \end{cases}$$

此式写为向量形式为

$$\boldsymbol{x} = l_{r+1}\boldsymbol{\beta}_1 + l_{r+2}\boldsymbol{\beta}_2 + \cdots + l_{n-1}\boldsymbol{\beta}_{n-r-1} + l_n\boldsymbol{\beta}_{n-r}$$

这表明方程组(2) 的任一解可由解 $\boldsymbol{\beta}_1, \boldsymbol{\beta}_2, \cdots, \boldsymbol{\beta}_{n-r-1}, \boldsymbol{\beta}_{n-r}$ 线性表示,所以 $\boldsymbol{\beta}_1, \boldsymbol{\beta}_2, \cdots, \boldsymbol{\beta}_{n-r-1}, \boldsymbol{\beta}_{n-r}$ 构成解空间的一个基,也即方程组(2) 的一个基础解系,它含有$(n-r)$ 个向量,因此方程组(2) 的解空间的维数是 $n-r$. □

3.6.2 线性齐次方程组的通解

定理 3.6.2 设 $\boldsymbol{\beta}_1, \boldsymbol{\beta}_2, \cdots, \boldsymbol{\beta}_{n-r-1}, \boldsymbol{\beta}_{n-r}$ 是方程组(2) 的一个基础解系,则方程组(2) 的通解为

$$\boxed{\boldsymbol{x} = C_1\boldsymbol{\beta}_1 + C_2\boldsymbol{\beta}_2 + \cdots + C_{n-r-1}\boldsymbol{\beta}_{n-r-1} + C_{n-r}\boldsymbol{\beta}_{n-r}} \tag{6}$$

其中 $C_1, C_2, \cdots, C_{n-r}$ 是任意常数.

此定理由基础解系的定义直接可得.

例 1(同第 3.5 节例 1) 求下列线性齐次方程组的通解:

$$\begin{cases} x_1 + 2x_2 + x_3 + 2x_4 + 3x_5 = 0, \\ 2x_1 + 4x_2 + x_3 + 5x_4 + 4x_5 = 0, \\ 3x_1 + 6x_2 + 2x_3 + 7x_4 + 7x_5 = 0, \\ 4x_1 + 8x_2 + 3x_3 + 9x_4 + 10x_5 = 0, \\ 5x_1 + 10x_2 + x_3 + 14x_4 + 7x_5 = 0 \end{cases}$$

解 对系数矩阵 $\boldsymbol{A}$ 施行初等行变换化为最简阶梯形,有

$$\boldsymbol{A} = \begin{bmatrix} 1 & 2 & 1 & 2 & 3 \\ 2 & 4 & 1 & 5 & 4 \\ 3 & 6 & 2 & 7 & 7 \\ 4 & 8 & 3 & 9 & 10 \\ 5 & 10 & 1 & 14 & 7 \end{bmatrix} \xrightarrow[r_5 - 5r_1]{\substack{r_2 - 2r_1 \\ r_3 - 3r_1 \\ r_4 - 4r_1}} \begin{bmatrix} 1 & 2 & 1 & 2 & 3 \\ 0 & 0 & -1 & 1 & -2 \\ 0 & 0 & -1 & 1 & -2 \\ 0 & 0 & -1 & 1 & -2 \\ 0 & 0 & -4 & 4 & -8 \end{bmatrix}$$

$$\xrightarrow[r_5-2r_2]{\substack{r_3-r_2\\ r_4-r_2}}\begin{bmatrix}1&2&1&2&3\\0&0&-1&1&-2\\0&0&0&0&0\\0&0&0&0&0\\0&0&0&0&0\end{bmatrix}\xrightarrow[r_1-r_2]{-r_2}\begin{bmatrix}1&2&0&3&1\\0&0&1&-1&2\\0&0&0&0&0\\0&0&0&0&0\\0&0&0&0&0\end{bmatrix}=\boldsymbol{C}$$

所以 $\mathrm{r}(\boldsymbol{A})=2$,因未知量的个数是 5,于是解空间的维数是 $5-2=3$. 主未知量是 x_1,x_3,自由未知量是 x_2,x_4,x_5,记

$$\boldsymbol{A}=(\boldsymbol{\alpha}_1,\boldsymbol{\alpha}_2,\boldsymbol{\alpha}_3,\boldsymbol{\alpha}_4,\boldsymbol{\alpha}_5),\quad \boldsymbol{C}=(\boldsymbol{\gamma}_1,\boldsymbol{\gamma}_2,\boldsymbol{\gamma}_3,\boldsymbol{\gamma}_4,\boldsymbol{\gamma}_5)$$

由于矩阵 $\boldsymbol{C}$ 的列向量有关系式:

$$\boldsymbol{\gamma}_2=2\boldsymbol{\gamma}_1,\quad \boldsymbol{\gamma}_4=3\boldsymbol{\gamma}_1-\boldsymbol{\gamma}_3,\quad \boldsymbol{\gamma}_5=\boldsymbol{\gamma}_1+2\boldsymbol{\gamma}_3$$
$$\Leftrightarrow -2\boldsymbol{\gamma}_1+\boldsymbol{\gamma}_2=\boldsymbol{0},\quad -3\boldsymbol{\gamma}_1+\boldsymbol{\gamma}_3+\boldsymbol{\gamma}_4=\boldsymbol{0},\quad -\boldsymbol{\gamma}_1-2\boldsymbol{\gamma}_3+\boldsymbol{\gamma}_5=\boldsymbol{0}$$

所以矩阵 $\boldsymbol{A}$ 的列向量有系数相同的关系式:

$$-2\boldsymbol{\alpha}_1+\boldsymbol{\alpha}_2=\boldsymbol{0},\quad -3\boldsymbol{\alpha}_1+\boldsymbol{\alpha}_3+\boldsymbol{\alpha}_4=\boldsymbol{0},\quad -\boldsymbol{\alpha}_1-2\boldsymbol{\alpha}_3+\boldsymbol{\alpha}_5=\boldsymbol{0}$$

由此得方程组的一个基础解系为

$$\boldsymbol{\beta}_1=(-2,1,0,0,0)^{\mathrm{T}},\quad \boldsymbol{\beta}_2=(-3,0,1,1,0)^{\mathrm{T}},\quad \boldsymbol{\beta}_3=(-1,0,-2,0,1)^{\mathrm{T}}$$

于是原线性齐次方程组的通解为

$$\begin{bmatrix}x_1\\x_2\\x_3\\x_4\\x_5\end{bmatrix}=C_1\boldsymbol{\beta}_1+C_2\boldsymbol{\beta}_2+C_3\boldsymbol{\beta}_3=C_1\begin{bmatrix}-2\\1\\0\\0\\0\end{bmatrix}+C_2\begin{bmatrix}-3\\0\\1\\1\\0\end{bmatrix}+C_3\begin{bmatrix}-1\\0\\-2\\0\\1\end{bmatrix}$$

其中 C_1,C_2,C_3 是任意常数.

例 2　已知线性齐次方程组

$$\begin{cases}(a_1-b)x_1+a_2x_2+a_3x_3+\cdots+a_nx_n=0,\\ a_1x_1+(a_2-b)x_2+a_3x_3+\cdots+a_nx_n=0,\\ a_1x_1+a_2x_2+(a_3-b)x_3+\cdots+a_nx_n=0,\\ \vdots\\ a_1x_1+a_2x_2+a_3x_3+\cdots+(a_n-b)x_n=0\end{cases}$$

其中 $\sum\limits_{k=1}^{n}a_k\neq b,a_1\neq 0$,试求常数 b 的值,使得

(1) 方程组只有零解;

(2) 方程组有无穷多解,并求出方程组的通解.

解 用"加边后化 0"求方程组的系数行列式,得

$$|\boldsymbol{A}| = \begin{vmatrix} a_1-b & a_2 & a_3 & \cdots & a_n \\ a_1 & a_2-b & a_3 & \cdots & a_n \\ a_1 & a_2 & a_3-b & \cdots & a_n \\ \vdots & \vdots & \vdots & & \vdots \\ a_1 & a_2 & a_3 & \cdots & a_n-b \end{vmatrix}$$

$$= \left(-b+\sum_{k=1}^{n} a_k\right) \begin{vmatrix} 1 & a_2 & a_3 & \cdots & a_n \\ 1 & a_2-b & a_3 & \cdots & a_n \\ 1 & a_2 & a_3-b & \cdots & a_n \\ \vdots & \vdots & \vdots & & \vdots \\ 1 & a_2 & a_3 & \cdots & a_n-b \end{vmatrix}$$

$$= \left(-b+\sum_{k=1}^{n} a_k\right) \begin{vmatrix} 1 & a_2 & a_3 & \cdots & a_n \\ 0 & -b & 0 & \cdots & 0 \\ 0 & 0 & -b & \cdots & 0 \\ \vdots & \vdots & \vdots & & \vdots \\ 0 & 0 & 0 & \cdots & -b \end{vmatrix}$$

$$= \left(-b+\sum_{k=1}^{n} a_k\right)(-b)^{n-1}$$

(1) 当 $b \neq 0$ 时,$|\boldsymbol{A}| \neq 0$,$\mathrm{r}(\boldsymbol{A}) = n$,所以原方程组只有零解.

(2) 当 $b = 0$ 时,$|\boldsymbol{A}| = 0$,$\mathrm{r}(\boldsymbol{A}) < n$,所以原方程组有无穷多解. 因 $a_1 \neq 0$,对系数矩阵 $\boldsymbol{A}$ 施行初等行变换化为最简阶梯形,有

$$\boldsymbol{A} = \begin{bmatrix} a_1 & a_2 & \cdots & a_n \\ a_1 & a_2 & \cdots & a_n \\ \vdots & \vdots & & \vdots \\ a_1 & a_2 & \cdots & a_n \end{bmatrix} \to \begin{bmatrix} a_1 & a_2 & \cdots & a_n \\ 0 & 0 & \cdots & 0 \\ \vdots & \vdots & & \vdots \\ 0 & 0 & \cdots & 0 \end{bmatrix} \to \begin{bmatrix} 1 & \frac{a_2}{a_1} & \cdots & \frac{a_n}{a_1} \\ 0 & 0 & \cdots & 0 \\ \vdots & \vdots & & \vdots \\ 0 & 0 & \cdots & 0 \end{bmatrix} = \boldsymbol{C}$$

则 $\mathrm{r}(\boldsymbol{A}) = \mathrm{r}(\boldsymbol{C}) = 1$,因此解空间的维数是 $n-1$. 主未知量是 x_1,自由未知量是 x_2,x_3,$\cdots$,x_n,记 $\boldsymbol{A} = (\boldsymbol{\alpha}_1, \boldsymbol{\alpha}_2, \boldsymbol{\alpha}_3, \cdots, \boldsymbol{\alpha}_n)$,$\boldsymbol{C} = (\boldsymbol{\gamma}_1, \boldsymbol{\gamma}_2, \boldsymbol{\gamma}_3, \cdots, \boldsymbol{\gamma}_n)$,因矩阵 $\boldsymbol{C}$ 的列向量有关系式:

$$\boldsymbol{\gamma}_2 = \frac{a_2}{a_1}\boldsymbol{\gamma}_1, \quad \boldsymbol{\gamma}_3 = \frac{a_3}{a_1}\boldsymbol{\gamma}_1, \quad \cdots, \quad \boldsymbol{\gamma}_n = \frac{a_n}{a_1}\boldsymbol{\gamma}_1$$

$$\Leftrightarrow -\frac{a_2}{a_1}\boldsymbol{\gamma}_1 + \boldsymbol{\gamma}_2 = \boldsymbol{0}, \quad -\frac{a_3}{a_1}\boldsymbol{\gamma}_1 + \boldsymbol{\gamma}_3 = \boldsymbol{0}, \quad \cdots, \quad -\frac{a_n}{a_1}\boldsymbol{\gamma}_1 + \boldsymbol{\gamma}_n = \boldsymbol{0}$$

所以矩阵 $\boldsymbol{A}$ 的列向量有系数相同的关系式：

$$-\frac{a_2}{a_1}\boldsymbol{\alpha}_1+\boldsymbol{\alpha}_2=\boldsymbol{0},\quad -\frac{a_3}{a_1}\boldsymbol{\alpha}_1+\boldsymbol{\alpha}_3=\boldsymbol{0},\quad \cdots,\quad -\frac{a_n}{a_1}\boldsymbol{\alpha}_1+\boldsymbol{\alpha}_n=\boldsymbol{0}$$

由此得原方程组的一个基础解系为

$$\boldsymbol{\beta}_1=\left(-\frac{a_2}{a_1},1,0,\cdots,0,0\right)^{\mathrm{T}}$$

$$\boldsymbol{\beta}_2=\left(-\frac{a_3}{a_1},0,1,\cdots,0,0\right)^{\mathrm{T}}$$

$$\vdots$$

$$\boldsymbol{\beta}_{n-1}=\left(-\frac{a_n}{a_1},0,0,\cdots,0,1\right)^{\mathrm{T}}$$

于是原线性齐次方程组的通解为

$$\boldsymbol{x}=C_1\boldsymbol{\beta}_1+C_2\boldsymbol{\beta}_2+\cdots+C_{n-1}\boldsymbol{\beta}_{n-1}\quad (C_1,C_2,\cdots,C_{n-1}\text{ 为任意常数})$$

例 3　线性齐次方程组

$$\begin{cases}x_1+2x_2+x_3=0,\\x_1+2x_2+ax_3=0,\\3x_1+ax_2+8x_3=0,\\x_1+(8-a)x_2+(a-6)x_3=0\end{cases}$$

的系数矩阵为 $\boldsymbol{A}$，若三阶非零矩阵 $\boldsymbol{B}$，使得 $\boldsymbol{AB}=\boldsymbol{O}$，试求：

(1) 常数 a 的值；

(2) $\mathrm{r}(\boldsymbol{A})$ 与线性齐次方程组的通解；

(3) $\mathrm{r}(\boldsymbol{B})$.

解　(1) 因 $\boldsymbol{B}\neq\boldsymbol{O}$，所以线性齐次方程组 $\boldsymbol{Ax}=\boldsymbol{0}$ 有非零解，于是 $\mathrm{r}(\boldsymbol{A})\leqslant 2$. 由于

$$\boldsymbol{A}=\begin{bmatrix}1&2&1\\1&2&a\\3&a&8\\1&8-a&a-6\end{bmatrix}\to\begin{bmatrix}1&2&1\\0&0&a-1\\0&a-6&5\\0&6-a&a-7\end{bmatrix}\to\begin{bmatrix}1&2&1\\0&a-6&5\\0&0&1\\0&0&0\end{bmatrix}$$

故 $a=6$.

(2) 当 $a=6$ 时，将 $\boldsymbol{A}$ 化为最简阶梯形，有

$$\boldsymbol{A} \rightarrow \begin{bmatrix} 1 & 2 & 1 \\ 0 & a-6 & 5 \\ 0 & 0 & 1 \\ 0 & 0 & 0 \end{bmatrix} \rightarrow \begin{bmatrix} 1 & 2 & 0 \\ 0 & 0 & 1 \\ 0 & 0 & 0 \\ 0 & 0 & 0 \end{bmatrix} = \boldsymbol{C}$$

故 $\mathrm{r}(\boldsymbol{A}) = 2$，主未知量是 x_1, x_3，自由未知量是 x_2. 记

$$\boldsymbol{A} = (\boldsymbol{\alpha}_1, \boldsymbol{\alpha}_2, \boldsymbol{\alpha}_3), \quad \boldsymbol{C} = (\boldsymbol{\gamma}_1, \boldsymbol{\gamma}_2, \boldsymbol{\gamma}_3)$$

因矩阵 $\boldsymbol{C}$ 的列向量有关系式

$$\boldsymbol{\gamma}_2 = 2\boldsymbol{\gamma}_1 \Leftrightarrow -2\boldsymbol{\gamma}_1 + \boldsymbol{\gamma}_2 = \boldsymbol{0}$$

所以矩阵 $\boldsymbol{A}$ 的列向量有系数相同的关系式 $-2\boldsymbol{\alpha}_1 + \boldsymbol{\alpha}_2 = \boldsymbol{0}$，由此得原方程组的一个基础解系为 $\boldsymbol{\beta} = (-2,1,0)^{\mathrm{T}}$. 于是原方程组的通解为

$$(x_1, x_2, x_3)^{\mathrm{T}} = C\boldsymbol{\beta} = C(-2,1,0)^{\mathrm{T}} \quad (C\text{ 为任意常数})$$

(3) 由于 $\mathrm{r}(\boldsymbol{A}) = 2$，所以原方程组的解空间的维数是 $3 - \mathrm{r}(\boldsymbol{A}) = 1$，故 $\mathrm{r}(\boldsymbol{B}) \leqslant 1$；而 $\boldsymbol{B} \neq \boldsymbol{O}$，所以 $\mathrm{r}(\boldsymbol{B}) \geqslant 1$. 故 $\mathrm{r}(\boldsymbol{B}) = 1$.

3.6.3 线性非齐次方程组的通解

当线性非齐次方程组(1) 有无穷多解时，下面我们来研究方程组(1) 的通解的表示.

定理 3.6.3 设 $\tilde{\boldsymbol{x}}$ 是方程组(1) 的特解，$\boldsymbol{\beta}_1, \boldsymbol{\beta}_2, \cdots, \boldsymbol{\beta}_{n-r-1}, \boldsymbol{\beta}_{n-r}$ 是方程组(1) 的导出组(2) 一个基础解系，则线性非齐次方程组(1) 的通解为

$$\boxed{\boldsymbol{x} = C_1\boldsymbol{\beta}_1 + C_2\boldsymbol{\beta}_2 + \cdots + C_{n-r-1}\boldsymbol{\beta}_{n-r-1} + C_{n-r}\boldsymbol{\beta}_{n-r} + \tilde{\boldsymbol{x}}} \tag{7}$$

其中 $C_1, C_2, \cdots, C_{n-r}$ 是任意常数.

证 由于 $\tilde{\boldsymbol{x}}$ 是方程组(1) 的解，$C_1\boldsymbol{\beta}_1 + C_2\boldsymbol{\beta}_2 + \cdots + C_{n-r-1}\boldsymbol{\beta}_{n-r-1} + C_{n-r}\boldsymbol{\beta}_{n-r}$ 是导出组(2) 的解，应用定理 3.5.3 可知(7) 是方程组(1) 的解；设 $\boldsymbol{x}_0$ 是方程组(1) 的任一解，应用定理 3.5.4 可知 $\boldsymbol{x}_0 - \tilde{\boldsymbol{x}}$ 是方程组(2) 的解，应用方程组(2) 的通解公式，$\boldsymbol{x}_0 - \tilde{\boldsymbol{x}}$ 可表示为

$$\boldsymbol{x}_0 - \tilde{\boldsymbol{x}} = C_1\boldsymbol{\beta}_1 + C_2\boldsymbol{\beta}_2 + \cdots + C_{n-r-1}\boldsymbol{\beta}_{n-r-1} + C_{n-r}\boldsymbol{\beta}_{n-r}$$

于是

$$\boldsymbol{x}_0 = C_1\boldsymbol{\beta}_1 + C_2\boldsymbol{\beta}_2 + \cdots + C_{n-r-1}\boldsymbol{\beta}_{n-r-1} + C_{n-r}\boldsymbol{\beta}_{n-r} + \tilde{\boldsymbol{x}}$$

因此方程组(1) 的通解为(7) 式所示. □

附　解线性非齐次方程组的步骤图

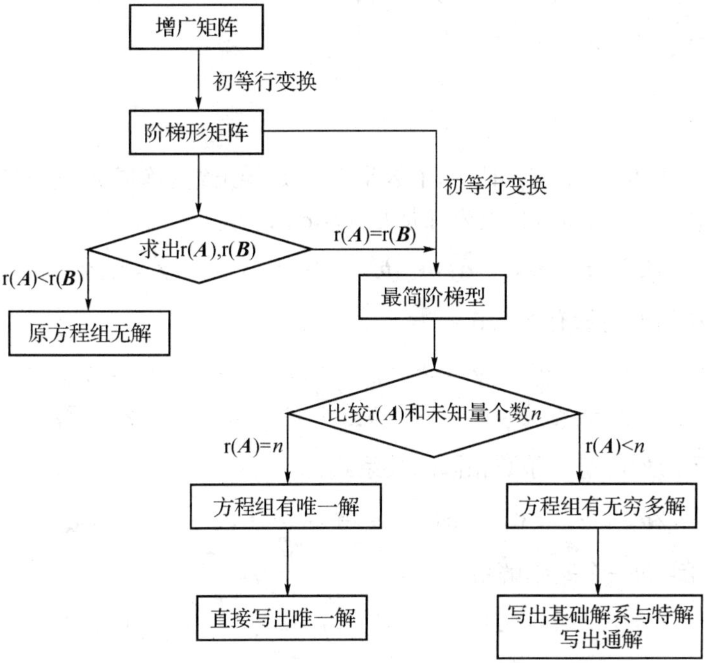

例 4(同第 3.5 节例 3)　求下列线性非齐次方程组的通解：

$$\begin{cases} x_1+2x_2+x_3-x_4+3x_5=1, \\ x_1+2x_2+2x_3+2x_4+8x_5=6, \\ 2x_1+4x_2+x_3-5x_4+x_5=-3, \\ 4x_1+8x_2+3x_3-7x_4-7x_5=-1 \end{cases}$$

解　对增广矩阵 $\boldsymbol{B}$ 施行初等行变换化为最简阶梯形，有

$$\boldsymbol{B}=\begin{bmatrix} 1 & 2 & 1 & -1 & 3 & 1 \\ 1 & 2 & 2 & 2 & 8 & 6 \\ 2 & 4 & 1 & -5 & 1 & -3 \\ 4 & 8 & 3 & -7 & -7 & -1 \end{bmatrix} \xrightarrow[\substack{r_3-2r_1 \\ r_4-4r_1}]{r_2-r_1} \begin{bmatrix} 1 & 2 & 1 & -1 & 3 & 1 \\ 0 & 0 & 1 & 3 & 5 & 5 \\ 0 & 0 & -1 & -3 & -5 & -5 \\ 0 & 0 & -1 & -3 & -19 & -5 \end{bmatrix}$$

$$\xrightarrow[r_4+r_2]{r_3+r_2} \begin{bmatrix} 1 & 2 & 1 & -1 & 3 & 1 \\ 0 & 0 & 1 & 3 & 5 & 5 \\ 0 & 0 & 0 & 0 & 0 & 0 \\ 0 & 0 & 0 & 0 & -14 & 0 \end{bmatrix} \xrightarrow{r_3 \leftrightarrow r_4} \begin{bmatrix} 1 & 2 & 1 & -1 & 3 & 1 \\ 0 & 0 & 1 & 3 & 5 & 5 \\ 0 & 0 & 0 & 0 & -14 & 0 \\ 0 & 0 & 0 & 0 & 0 & 0 \end{bmatrix}$$

$$\xrightarrow[\substack{r_2-5r_3\\ r_1-3r_3\\ r_1-r_2}]{-\frac{1}{14}r_3}\begin{bmatrix}1&2&0&-4&0&-4\\0&0&1&3&0&5\\0&0&0&0&1&0\\0&0&0&0&0&0\end{bmatrix}=\boldsymbol{D}$$

则 $\mathrm{r}(\boldsymbol{A})=3$，$\mathrm{r}(\boldsymbol{B})=3$，未知量的个数是5，于是导出组的解空间的维数是 $5-3=2$. 主未知量是 x_1,x_3,x_5，自由未知量是 x_2,x_4. 记

$$\boldsymbol{B}=(\boldsymbol{\alpha}_1,\boldsymbol{\alpha}_2,\boldsymbol{\alpha}_3,\boldsymbol{\alpha}_4,\boldsymbol{\alpha}_5,\boldsymbol{b}),\quad \boldsymbol{D}=(\boldsymbol{\gamma}_1,\boldsymbol{\gamma}_2,\boldsymbol{\gamma}_3,\boldsymbol{\gamma}_4,\boldsymbol{\gamma}_5,\boldsymbol{\gamma})$$

由于矩阵 $\boldsymbol{D}$ 的列向量有关系式：

$$\boldsymbol{\gamma}_2=2\boldsymbol{\gamma}_1,\quad \boldsymbol{\gamma}_4=-4\boldsymbol{\gamma}_1+3\boldsymbol{\gamma}_3,\quad \boldsymbol{\gamma}=-4\boldsymbol{\gamma}_1+5\boldsymbol{\gamma}_3$$

$$\Leftrightarrow -2\boldsymbol{\gamma}_1+\boldsymbol{\gamma}_2=\boldsymbol{0},\quad 4\boldsymbol{\gamma}_1-3\boldsymbol{\gamma}_3+\boldsymbol{\gamma}_4=\boldsymbol{0},\quad -4\boldsymbol{\gamma}_1+5\boldsymbol{\gamma}_3=\boldsymbol{\gamma}$$

所以矩阵 $\boldsymbol{B}$ 的列向量有系数相同的关系式：

$$-2\boldsymbol{\alpha}_1+\boldsymbol{\alpha}_2=\boldsymbol{0},\quad 4\boldsymbol{\alpha}_1-3\boldsymbol{\alpha}_3+\boldsymbol{\alpha}_4=\boldsymbol{0},\quad -4\boldsymbol{\alpha}_1+5\boldsymbol{\alpha}_3=\boldsymbol{b}$$

由此得导出组的一个基础解系为

$$\boldsymbol{\beta}_1=(-2,1,0,0,0)^{\mathrm{T}},\quad \boldsymbol{\beta}_2=(4,0,-3,1,0)^{\mathrm{T}}$$

且原方程组有特解 $\tilde{\boldsymbol{x}}=(-4,0,5,0,0)^{\mathrm{T}}$. 于是原线性非齐次方程组的通解为

$$\begin{bmatrix}x_1\\x_2\\x_3\\x_4\\x_5\end{bmatrix}=C_1\boldsymbol{\beta}_1+C_2\boldsymbol{\beta}_2+\tilde{\boldsymbol{x}}=C_1\begin{bmatrix}-2\\1\\0\\0\\0\end{bmatrix}+C_2\begin{bmatrix}4\\0\\-3\\1\\0\end{bmatrix}+\begin{bmatrix}-4\\0\\5\\0\\0\end{bmatrix}$$

其中 C_1,C_2 是任意常数.

例5 求下列线性非齐次方程组的通解：

$$\begin{cases}x_1+x_2+x_3+x_4+x_5=2,\\3x_1+3x_2+2x_3+x_4=5,\\x_3+2x_4+3x_5=1,\\2x_1+2x_2+x_3-x_5=3\end{cases}$$

解 对增广矩阵 $\boldsymbol{B}$ 施行初等行变换化为最简阶梯形，有

$$\boldsymbol{B}=\begin{bmatrix}1&1&1&1&1&2\\3&3&2&1&0&5\\0&0&1&2&3&1\\2&2&1&0&-1&3\end{bmatrix}\xrightarrow[r_4-2r_1]{r_2-3r_1}\begin{bmatrix}1&1&1&1&1&2\\0&0&-1&-2&-3&-1\\0&0&1&2&3&1\\0&0&-1&-2&-3&-1\end{bmatrix}$$

$$\xrightarrow[r_1-r_2]{\substack{r_3+r_2\\ r_4-r_2\\ -r_2}}\begin{bmatrix}1&1&0&-1&-2&1\\0&0&1&2&3&1\\0&0&0&0&0&0\\0&0&0&0&0&0\end{bmatrix}=\boldsymbol{D}$$

所以 $\mathrm{r}(\boldsymbol{A})=2$，$\mathrm{r}(\boldsymbol{B})=2$，因未知量的个数是5，于是解空间的维数是 $5-2=3$. 主未知量是 x_1,x_3，自由未知量是 x_2,x_4,x_5. 记

$$\boldsymbol{B}=(\boldsymbol{\alpha}_1,\boldsymbol{\alpha}_2,\boldsymbol{\alpha}_3,\boldsymbol{\alpha}_4,\boldsymbol{\alpha}_5,\boldsymbol{b}),\quad \boldsymbol{D}=(\boldsymbol{\gamma}_1,\boldsymbol{\gamma}_2,\boldsymbol{\gamma}_3,\boldsymbol{\gamma}_4,\boldsymbol{\gamma}_5,\boldsymbol{\gamma})$$

由于矩阵 $\boldsymbol{D}$ 的列向量有关系式：

$$\boldsymbol{\gamma}_2=\boldsymbol{\gamma}_1,\quad \boldsymbol{\gamma}_4=-\boldsymbol{\gamma}_1+2\boldsymbol{\gamma}_3,\quad \boldsymbol{\gamma}_5=-2\boldsymbol{\gamma}_1+3\boldsymbol{\gamma}_3,\quad \boldsymbol{\gamma}=\boldsymbol{\gamma}_1+\boldsymbol{\gamma}_3$$
$$\Leftrightarrow -\boldsymbol{\gamma}_1+\boldsymbol{\gamma}_2=\boldsymbol{0},\quad \boldsymbol{\gamma}_1-2\boldsymbol{\gamma}_3+\boldsymbol{\gamma}_4=\boldsymbol{0},\quad 2\boldsymbol{\gamma}_1-3\boldsymbol{\gamma}_3+\boldsymbol{\gamma}_5=\boldsymbol{0},\quad \boldsymbol{\gamma}_1+\boldsymbol{\gamma}_3=\boldsymbol{\gamma}$$

所以矩阵 $\boldsymbol{B}$ 的列向量有系数相同的关系式：

$$-\boldsymbol{\alpha}_1+\boldsymbol{\alpha}_2=\boldsymbol{0},\quad \boldsymbol{\alpha}_1-2\boldsymbol{\alpha}_3+\boldsymbol{\alpha}_4=\boldsymbol{0},\quad 2\boldsymbol{\alpha}_1-3\boldsymbol{\alpha}_3+\boldsymbol{\alpha}_5=\boldsymbol{0},\quad \boldsymbol{\alpha}_1+\boldsymbol{\alpha}_3=\boldsymbol{b}$$

由此得导出组的一个基础解系为

$$\boldsymbol{\beta}_1=(-1,1,0,0,0)^{\mathrm{T}},\quad \boldsymbol{\beta}_2=(1,0,-2,1,0)^{\mathrm{T}},\quad \boldsymbol{\beta}_3=(2,0,-3,0,1)^{\mathrm{T}}$$

且原方程组有特解 $\tilde{\boldsymbol{x}}=(1,0,1,0,0)^{\mathrm{T}}$. 于是原线性非齐次方程组的通解为

$$\begin{bmatrix}x_1\\x_2\\x_3\\x_4\\x_5\end{bmatrix}=C_1\boldsymbol{\beta}_1+C_2\boldsymbol{\beta}_2+C_3\boldsymbol{\beta}_3+\tilde{\boldsymbol{x}}=C_1\begin{bmatrix}-1\\1\\0\\0\\0\end{bmatrix}+C_2\begin{bmatrix}1\\0\\-2\\1\\0\end{bmatrix}+C_3\begin{bmatrix}2\\0\\-3\\0\\1\end{bmatrix}+\begin{bmatrix}1\\0\\1\\0\\0\end{bmatrix}$$

其中 C_1,C_2,C_3 是任意常数.

例6 设 $\boldsymbol{\alpha}_1,\boldsymbol{\alpha}_2,\boldsymbol{\alpha}_3,\boldsymbol{\alpha}_4$ 是4维列向量，其中 $\boldsymbol{\alpha}_2,\boldsymbol{\alpha}_3,\boldsymbol{\alpha}_4$ 线性无关，$\boldsymbol{\alpha}_1=2\boldsymbol{\alpha}_2-\boldsymbol{\alpha}_3$，若矩阵 $\boldsymbol{A}=(\boldsymbol{\alpha}_1,\boldsymbol{\alpha}_2,\boldsymbol{\alpha}_3,\boldsymbol{\alpha}_4)$，向量 $\boldsymbol{\beta}=\boldsymbol{\alpha}_1+\boldsymbol{\alpha}_2+2\boldsymbol{\alpha}_3-\boldsymbol{\alpha}_4$，求线性方程组 $\boldsymbol{Ax}=\boldsymbol{\beta}$ 的通解.

解 由题意有

$$\boldsymbol{\alpha}_1-2\boldsymbol{\alpha}_2+\boldsymbol{\alpha}_3=\boldsymbol{0},\quad \boldsymbol{\alpha}_1+\boldsymbol{\alpha}_2+2\boldsymbol{\alpha}_3-\boldsymbol{\alpha}_4=\boldsymbol{\beta}$$

故方程组 $\boldsymbol{Ax}=\boldsymbol{0}$ 有解 $\boldsymbol{x}=(1,-2,1,0)^{\mathrm{T}}$，方程组 $\boldsymbol{Ax}=\boldsymbol{\beta}$ 有解 $\tilde{\boldsymbol{x}}=(1,1,2,-1)^{\mathrm{T}}$.

因为向量组 $\boldsymbol{\alpha}_2,\boldsymbol{\alpha}_3,\boldsymbol{\alpha}_4$ 线性无关，$\boldsymbol{\alpha}_1$ 可由 $\boldsymbol{\alpha}_2,\boldsymbol{\alpha}_3,\boldsymbol{\alpha}_4$ 线性表示，所以向量组 $\{\boldsymbol{\alpha}_1,\boldsymbol{\alpha}_2\boldsymbol{\alpha}_3,\boldsymbol{\alpha}_4\}$ 的秩是3，于是 $\mathrm{r}(\boldsymbol{A})=3$，方程组 $\boldsymbol{Ax}=\boldsymbol{0}$ 解空间的维数是 $4-\mathrm{r}(\boldsymbol{A})=1$，因此 $(1,-2,1,0)^{\mathrm{T}}$ 是一个基础解系，故原线性方程组的通解为

$$\begin{bmatrix}x_1\\x_2\\x_3\\x_4\end{bmatrix}=C\begin{bmatrix}1\\-2\\1\\0\end{bmatrix}+\begin{bmatrix}1\\1\\2\\-1\end{bmatrix}\quad (C\text{为任意常数})$$

习题 3.6

A 组

1. 设 $\boldsymbol{A}$ 是 $m\times k$ 矩阵，$\boldsymbol{B}$ 是 $k\times n$ 矩阵，若 $\boldsymbol{ABx}=\boldsymbol{0}$ 与 $\boldsymbol{Bx}=\boldsymbol{0}$ 是同解方程组，求证：$\mathrm{r}(\boldsymbol{AB})=\mathrm{r}(\boldsymbol{B})$.

2. 求下列线性齐次方程组的一个基础解系，并写出其通解：

1) $\begin{cases}-4x_1+2x_2-2x_3+x_4=0,\\2x_1-x_2+x_3+3x_4=0,\\6x_1-3x_2+3x_3+2x_4=0;\end{cases}$　　2) $\begin{cases}x_1+2x_2+5x_3=0,\\x_1+3x_2-2x_3=0,\\3x_1+7x_2+8x_3=0,\\x_1+4x_2-9x_3=0;\end{cases}$

3) $\begin{cases}x_1+x_2-3x_3-x_4=0,\\3x_1-x_2-3x_3+4x_4=0,\\x_1+5x_2-9x_3-8x_4=0.\end{cases}$

3. 求下列线性非齐次方程组的一个特解与导出组的一个基础解系，并写出非齐次方程组的通解：

1) $\begin{cases}x_1+x_2+x_3+2x_4=2,\\2x_1+x_2+5x_4=3,\\3x_1+2x_2+x_3+7x_4=5,\\4x_1+3x_2+2x_3+9x_4=7;\end{cases}$　　2) $\begin{cases}2x_1+x_2+11x_3+2x_4=3,\\x_1+4x_3-x_4=1,\\2x_1-x_2+5x_3-6x_4=1;\end{cases}$

3) $\begin{cases}x_1+x_3-x_4-3x_5=-2,\\x_1+2x_2-x_3-x_5=1,\\4x_1+6x_2-2x_3-4x_4+3x_5=7,\\2x_1-2x_2+4x_3-7x_4+4x_5=1.\end{cases}$

4. 下列方程组何时有唯一解？何时有无穷多解？写出其唯一解或通解：

1) $\begin{cases}\lambda x_1+x_2+x_3=1,\\x_1+\lambda x_2+x_3=\lambda,\\x_1+x_2+\lambda x_3=\lambda^2;\end{cases}$　　2) $\begin{cases}x_1+x_2-x_3=1,\\2x_1+(a+2)x_2-(b+2)x_3=3,\\-3ax_2+(a+2b)x_3=-3.\end{cases}$

5. 设$\boldsymbol{A}=\begin{bmatrix}\lambda & 1 & 1\\ 0 & \lambda-1 & 0\\ 1 & 1 & \lambda\end{bmatrix}$，$\boldsymbol{b}=\begin{bmatrix}\alpha\\ 1\\ 1\end{bmatrix}$，若线性方程组$\boldsymbol{Ax}=\boldsymbol{b}$存在2个不同的解.

1）求λ,α；

2）求方程组$\boldsymbol{Ax}=\boldsymbol{b}$的通解.

6. 已知$m\times n$矩阵$\boldsymbol{A}=(a_{ij})$，$m<n$，$\mathrm{r}(\boldsymbol{A})=m$，线性方程组$\boldsymbol{Ax}=\boldsymbol{0}$的一个基础解系为

$$\boldsymbol{\beta}_k=(b_{k1},b_{k2},\cdots,b_{kn})^{\mathrm{T}}\quad(k=1,2,\cdots,n-m)$$

记$\boldsymbol{B}=(\boldsymbol{\beta}_1,\boldsymbol{\beta}_2,\cdots,\boldsymbol{\beta}_{n-m})^{\mathrm{T}}$，试求线性方程组$\boldsymbol{Bx}=\boldsymbol{0}$的一个基础解系.

7. 设线性齐次方程组

$$\begin{cases}a_{11}x_1+a_{12}x_2+\cdots+a_{1n}x_n=0,\\ a_{21}x_1+a_{22}x_2+\cdots+a_{2n}x_n=0,\\ \vdots\\ a_{n1}x_1+a_{n2}x_2+\cdots+a_{nn}x_n=0\end{cases}$$

的系数矩阵$\boldsymbol{A}$的秩是$n-1$，并且$\boldsymbol{A}$的元素a_{kl}的代数余子式$|\boldsymbol{A}_{kl}|\neq 0$，求证：$(|\boldsymbol{A}_{k1}|,|\boldsymbol{A}_{k2}|,\cdots,|\boldsymbol{A}_{kn}|)^{\mathrm{T}}$是此线性齐次方程组的一个基础解系.

8. 设$\tilde{\boldsymbol{x}}$是线性非齐次方程组$\boldsymbol{Ax}=\boldsymbol{b}$的一个特解，$\mathrm{r}(\boldsymbol{A})=r$，$\boldsymbol{\beta}_1,\boldsymbol{\beta}_2,\cdots,\boldsymbol{\beta}_{n-r}$是其导出组的一个基础解系，证明：

1）向量$\boldsymbol{\beta}_1,\boldsymbol{\beta}_2,\cdots,\boldsymbol{\beta}_{n-r},\tilde{\boldsymbol{x}}$线性无关；

2）向量$\boldsymbol{\beta}_1+\tilde{\boldsymbol{x}},\boldsymbol{\beta}_2+\tilde{\boldsymbol{x}},\cdots,\boldsymbol{\beta}_{n-r}+\tilde{\boldsymbol{x}},\tilde{\boldsymbol{x}}$线性无关；

3）向量$\boldsymbol{\beta}_1+\tilde{\boldsymbol{x}},\boldsymbol{\beta}_2+\tilde{\boldsymbol{x}},\cdots,\boldsymbol{\beta}_{n-r}+\tilde{\boldsymbol{x}},\tilde{\boldsymbol{x}}$为方程组$\boldsymbol{Ax}=\boldsymbol{b}$的解的集合的一个极大无关组.

B组

1. 证明：线性非齐次方程组

$$\begin{cases}a_{11}x_1+a_{12}x_2+\cdots+a_{1n}x_n=b_1,\\ a_{21}x_1+a_{22}x_2+\cdots+a_{2n}x_n=b_2,\\ \vdots\\ a_{n1}x_1+a_{n2}x_2+\cdots+a_{nn}x_n=b_n,\\ a_{n+1,1}x_1+a_{n+1,2}x_2+\cdots+a_{n+1,n}x_n=b_{n+1}\end{cases}$$

有解的必要条件是

$$\begin{vmatrix} a_{11} & a_{12} & \cdots & a_{1n} & b_1 \\ a_{21} & a_{22} & \cdots & a_{2n} & b_2 \\ \vdots & \vdots & & \vdots & \vdots \\ a_{n1} & a_{n2} & \cdots & a_{nn} & b_n \\ a_{n+1,1} & a_{n+1,2} & \cdots & a_{n+1,n} & b_{n+1} \end{vmatrix} = 0$$

试举一反例说明此条件并不充分.

2. 设 $\boldsymbol{\alpha}_1, \boldsymbol{\alpha}_2, \cdots, \boldsymbol{\alpha}_s$ 是 $\mathbf{R}^n$ 的 s 个线性无关的向量，证明：存在线性齐次方程组，使得 $\boldsymbol{\alpha}_1, \boldsymbol{\alpha}_2, \cdots, \boldsymbol{\alpha}_s$ 是它的一个基础解系.

3. 设有两个线性方程组

$$(\text{I})\begin{cases} a_{11}x_1 + a_{12}x_2 + \cdots + a_{1n}x_n = b_1, \\ a_{21}x_1 + a_{22}x_2 + \cdots + a_{2n}x_n = b_2, \\ \vdots \\ a_{m1}x_1 + a_{m2}x_2 + \cdots + a_{mn}x_n = b_m \end{cases}$$

$$(\text{II})\begin{cases} a_{11}x_1 + a_{21}x_2 + \cdots + a_{m1}x_m = 0, \\ a_{12}x_1 + a_{22}x_2 + \cdots + a_{m2}x_m = 0, \\ \vdots \\ a_{1n}x_1 + a_{2n}x_2 + \cdots + a_{mn}x_m = 0, \\ b_1x_1 + b_2x_2 + \cdots + b_mx_m = 1 \end{cases}$$

证明：方程组（Ⅰ）有解的充要条件是方程组（Ⅱ）无解.

4 特征值问题与二次型

特征值问题在工程技术和最优控制等领域有着广泛的应用. 本章首先介绍特征值理论,然后应用特征值理论研究矩阵的对角化问题. 对于给定的 n 阶矩阵 $\boldsymbol{A}$,是否存在可逆矩阵或正交矩阵 $\boldsymbol{P}$,使得 $\boldsymbol{P}^{-1}\boldsymbol{AP}$ 为对角矩阵,这就是矩阵的相似对角化问题. 本章讨论的第二个内容是二次型,对于二次型的矩阵 $\boldsymbol{A}$(对称矩阵),是否存在可逆矩阵或正交矩阵 $\boldsymbol{P}$,使得 $\boldsymbol{P}^{\mathrm{T}}\boldsymbol{AP}$ 为对角矩阵,这就是矩阵的合同对角化问题.

4.1 特征值与特征向量

4.1.1 特征值与特征向量的定义

定义 4.1.1(特征值与特征向量) 设 $\boldsymbol{A}$ 是 n 阶矩阵,若存在常数 λ 和非零向量 $\boldsymbol{\alpha}$ 使得

$$\boxed{\boldsymbol{A\alpha} = \lambda\boldsymbol{\alpha}} \tag{1}$$

则称 λ 为矩阵 $\boldsymbol{A}$ 的一个**特征值**,称 $\boldsymbol{\alpha}$ 为矩阵 $\boldsymbol{A}$ 的属于特征值 λ 的一个**特征向量**.

当 $\boldsymbol{\alpha}$ 是矩阵 $\boldsymbol{A}$ 的属于特征值 λ 的特征向量时,由于

$$\boldsymbol{A\alpha} = \lambda\boldsymbol{\alpha} \Leftrightarrow \boldsymbol{A}(k\boldsymbol{\alpha}) = \lambda(k\boldsymbol{\alpha})$$

所以 $k\boldsymbol{\alpha}$ 也是矩阵 $\boldsymbol{A}$ 的属于特征值 λ 的特征向量,其中 k 是不等于零的任意常数.

例 1 设 $\boldsymbol{A} = \begin{bmatrix} \lambda_1 & 0 & 0 \\ 0 & \lambda_2 & 0 \\ 0 & 0 & \lambda_3 \end{bmatrix}$,由于

$$\begin{bmatrix} \lambda_1 & 0 & 0 \\ 0 & \lambda_2 & 0 \\ 0 & 0 & \lambda_3 \end{bmatrix}\begin{bmatrix} 1 \\ 0 \\ 0 \end{bmatrix} = \lambda_1\begin{bmatrix} 1 \\ 0 \\ 0 \end{bmatrix}, \quad \begin{bmatrix} \lambda_1 & 0 & 0 \\ 0 & \lambda_2 & 0 \\ 0 & 0 & \lambda_3 \end{bmatrix}\begin{bmatrix} 0 \\ 1 \\ 0 \end{bmatrix} = \lambda_2\begin{bmatrix} 0 \\ 1 \\ 0 \end{bmatrix}, \quad \begin{bmatrix} \lambda_1 & 0 & 0 \\ 0 & \lambda_2 & 0 \\ 0 & 0 & \lambda_3 \end{bmatrix}\begin{bmatrix} 0 \\ 0 \\ 1 \end{bmatrix} = \lambda_3\begin{bmatrix} 0 \\ 0 \\ 1 \end{bmatrix}$$

所以对角矩阵 $\boldsymbol{A}$ 的主对角元 $\lambda_1,\lambda_2,\lambda_3$ 是 $\boldsymbol{A}$ 的 3 个特征值,属于它们的 3 个特征向量分别为

$$\boldsymbol{\alpha}_1 = (1,0,0)^{\mathrm{T}}, \quad \boldsymbol{\alpha}_2 = (0,1,0)^{\mathrm{T}}, \quad \boldsymbol{\alpha}_3 = (0,0,1)^{\mathrm{T}}$$

4.1.2 特征值与特征向量的求法

由于(1) 式等价于$(\lambda \boldsymbol{E}-\boldsymbol{A})\boldsymbol{\alpha}=\boldsymbol{0}(\boldsymbol{\alpha}\neq\boldsymbol{0})$,即线性齐次方程组

$$\boxed{(\lambda \boldsymbol{E}-\boldsymbol{A})\boldsymbol{x}=\boldsymbol{0}} \tag{2}$$

有非零解 $\boldsymbol{\alpha}$,其充要条件是(2) 式中系数行列式为 0. 即

$$\boxed{|\lambda \boldsymbol{E}-\boldsymbol{A}|=\begin{vmatrix}\lambda-a_{11} & -a_{12} & \cdots & -a_{1,n-1} & -a_{1n}\\ -a_{21} & \lambda-a_{22} & \cdots & -a_{2,n-1} & -a_{2n}\\ \vdots & \vdots & & \vdots & \vdots\\ -a_{n-1,1} & -a_{n-1,2} & \cdots & \lambda-a_{n-1,n-1} & -a_{n-1,n}\\ -a_{n1} & -a_{n2} & \cdots & -a_{n,n-1} & \lambda-a_{nn}\end{vmatrix}=0} \tag{3}$$

应用行列式的计算,将(3) 式中行列式按 λ 展开,便得到一个关于 λ 的实系数的 n 次多项式,即

$$|\lambda \boldsymbol{E}-\boldsymbol{A}|=f(\lambda)=\lambda^n-(a_{11}+a_{22}+\cdots+a_{nn})\lambda^{n-1}+\cdots+(-1)^n|\boldsymbol{A}| \tag{4}$$

称 $f(\lambda)$ 为矩阵 $\boldsymbol{A}$ 的**特征多项式**,称方程 $f(\lambda)=0$ 为矩阵 $\boldsymbol{A}$ 的**特征方程**,此方程在复数集中的 n 个根,就是矩阵 $\boldsymbol{A}$ 的全部特征值. 特征值可以是实数,也可以是复数;可以是单根,也可以是重根.

若 $\lambda=\lambda_0$ 是矩阵 $\boldsymbol{A}$ 的一个特征值,此时线性齐次方程组$(\lambda_0\boldsymbol{E}-\boldsymbol{A})\boldsymbol{x}=\boldsymbol{0}$ 有无穷多解,其解空间称为矩阵 $\boldsymbol{A}$ 的属于特征值 λ_0 的**特征子空间**,记为 V_{λ_0}. 设 $\boldsymbol{\alpha}_1,\boldsymbol{\alpha}_2,\cdots,\boldsymbol{\alpha}_r$ 是特征子空间 V_{λ_0} 的一个基,则

$$\boldsymbol{\alpha}=C_1\boldsymbol{\alpha}_1+C_2\boldsymbol{\alpha}_2+\cdots+C_r\boldsymbol{\alpha}_r \quad (r\geqslant 1) \tag{5}$$

是矩阵 $\boldsymbol{A}$ 的属于特征值 λ_0 的全部特征向量,其中 $C_1,C_2,\cdots,C_r$ 是不全为零的任意常数.

例 2 求矩阵 $\boldsymbol{A}=\begin{bmatrix}1 & 2\\ -1 & -1\end{bmatrix}$的特征值和全部特征向量.

解 矩阵 $\boldsymbol{A}$ 的特征方程为

$$|\lambda \boldsymbol{E}-\boldsymbol{A}|=\begin{vmatrix}\lambda-1 & -2\\ 1 & \lambda+1\end{vmatrix}=\lambda^2+1=0$$

解得 $\boldsymbol{A}$ 的特征值为 $\lambda=\mathrm{i},-\mathrm{i}$.

当 $\lambda=\mathrm{i}$ 时,由$(\mathrm{i}\boldsymbol{E}-\boldsymbol{A})\boldsymbol{x}=\boldsymbol{0}$,即

$$\begin{bmatrix}\mathrm{i}-1 & -2\\ 1 & \mathrm{i}+1\end{bmatrix}\begin{bmatrix}x_1\\ x_2\end{bmatrix}=\begin{bmatrix}0\\ 0\end{bmatrix}$$

解得基础解系为 $\boldsymbol{\alpha}_1=(-1-\mathrm{i},1)^{\mathrm{T}}$，于是 $\boldsymbol{A}$ 的属于特征值 i 的全部特征向量为

$$C_1(-1-\mathrm{i},1)^{\mathrm{T}},\quad \text{其中 } C_1 \text{ 是不等于零的任意常数}$$

当 $\lambda=-\mathrm{i}$ 时，由 $(-\mathrm{i}\boldsymbol{E}-\boldsymbol{A})\boldsymbol{x}=\boldsymbol{0}$，即

$$\begin{bmatrix}-\mathrm{i}-1 & -2\\ 1 & -\mathrm{i}+1\end{bmatrix}\begin{bmatrix}x_1\\ x_2\end{bmatrix}=\begin{bmatrix}0\\ 0\end{bmatrix}$$

解得基础解系为 $\boldsymbol{\alpha}_2=(\mathrm{i}-1,1)^{\mathrm{T}}$，于是 $\boldsymbol{A}$ 的属于特征值 $-\mathrm{i}$ 的全部特征向量为

$$C_2(\mathrm{i}-1,1)^{\mathrm{T}},\quad \text{其中 } C_2 \text{ 是不等于零的任意常数}$$

例 3　求矩阵 $\boldsymbol{A}=\begin{bmatrix}3 & 2 & -1\\ -2 & -2 & 2\\ 3 & 6 & -1\end{bmatrix}$ 的特征值和全部特征向量.

解　矩阵 $\boldsymbol{A}$ 的特征方程为

$$|\lambda\boldsymbol{E}-\boldsymbol{A}|=\begin{vmatrix}\lambda-3 & -2 & 1\\ 2 & \lambda+2 & -2\\ -3 & -6 & \lambda+1\end{vmatrix}\xlongequal{c_1+c_3}\begin{vmatrix}\lambda-2 & -2 & 1\\ 0 & \lambda+2 & -2\\ \lambda-2 & -6 & \lambda+1\end{vmatrix}$$

$$=(\lambda-2)\begin{vmatrix}1 & -2 & 1\\ 0 & \lambda+2 & -2\\ 1 & -6 & \lambda+1\end{vmatrix}$$

$$\xlongequal{r_3-r_1}(\lambda-2)\begin{vmatrix}1 & -2 & 1\\ 0 & \lambda+2 & -2\\ 0 & -4 & \lambda\end{vmatrix}$$

$$=(\lambda-2)^2(\lambda+4)=0$$

解得 $\boldsymbol{A}$ 的特征值为 $\lambda=2,2,-4$.

当 $\lambda=2$ 时，由 $(2\boldsymbol{E}-\boldsymbol{A})\boldsymbol{x}=\boldsymbol{0}$，即

$$\begin{bmatrix}-1 & -2 & 1\\ 2 & 4 & -2\\ -3 & -6 & 3\end{bmatrix}\begin{bmatrix}x_1\\ x_2\\ x_3\end{bmatrix}=\begin{bmatrix}0\\ 0\\ 0\end{bmatrix}$$

解得基础解系为 $\boldsymbol{\alpha}_1=(-2,1,0)^{\mathrm{T}}$，$\boldsymbol{\alpha}_2=(1,0,1)^{\mathrm{T}}$，于是 $\boldsymbol{A}$ 的属于特征值 $\lambda=2$ 的全部特征向量为

$$C_1(-2,1,0)^{\mathrm{T}}+C_2(1,0,1)^{\mathrm{T}},\quad \text{其中 } C_1,C_2 \text{ 是不全为零的任意常数}$$

当 $\lambda=-4$ 时，由 $(-4\boldsymbol{E}-\boldsymbol{A})\boldsymbol{x}=\boldsymbol{0}$，即

$$\begin{bmatrix}-7 & -2 & 1\\ 2 & -2 & -2\\ -3 & -6 & -3\end{bmatrix}\begin{bmatrix}x_1\\ x_2\\ x_3\end{bmatrix}=\begin{bmatrix}0\\ 0\\ 0\end{bmatrix}$$

解得基础解系为 $\boldsymbol{\alpha}_3=(1,-2,3)^{\mathrm{T}}$，于是 $\boldsymbol{A}$ 的属于特征值 $\lambda=-4$ 的全部特征向量为

$$C_3(1,-2,3)^{\mathrm{T}},\quad \text{其中 } C_3 \text{ 是不等于零的任意常数}$$

例 4　求矩阵 $\boldsymbol{A}=\begin{bmatrix}-3 & 1 & -1\\ -7 & 5 & -1\\ -6 & 6 & -2\end{bmatrix}$ 的特征值和全部特征向量.

解　矩阵 $\boldsymbol{A}$ 的特征方程为

$$|\lambda\boldsymbol{E}-\boldsymbol{A}|=\begin{vmatrix}\lambda+3 & -1 & 1\\ 7 & \lambda-5 & 1\\ 6 & -6 & \lambda+2\end{vmatrix}\xlongequal{c_1+c_2}\begin{vmatrix}\lambda+2 & -1 & 1\\ \lambda+2 & \lambda-5 & 1\\ 0 & -6 & \lambda+2\end{vmatrix}$$

$$=(\lambda+2)\begin{vmatrix}1 & -1 & 1\\ 1 & \lambda-5 & 1\\ 0 & -6 & \lambda+2\end{vmatrix}$$

$$\xlongequal{r_2-r_1}(\lambda+2)\begin{vmatrix}1 & -1 & 1\\ 0 & \lambda-4 & 0\\ 0 & -6 & \lambda+2\end{vmatrix}$$

$$=(\lambda+2)^2(\lambda-4)=0$$

解得 $\boldsymbol{A}$ 的特征值为 $\lambda=4,-2,-2$.

当 $\lambda=4$ 时，由 $(4\boldsymbol{E}-\boldsymbol{A})\boldsymbol{x}=\boldsymbol{0}$，即

$$\begin{bmatrix}7 & -1 & 1\\ 7 & -1 & 1\\ 6 & -6 & 6\end{bmatrix}\begin{bmatrix}x_1\\ x_2\\ x_3\end{bmatrix}=\begin{bmatrix}0\\ 0\\ 0\end{bmatrix}$$

解得基础解系为 $\boldsymbol{\alpha}_1=(0,1,1)^{\mathrm{T}}$，于是 $\boldsymbol{A}$ 的属于特征值 $\lambda=4$ 的全部特征向量为

$$C_1(0,1,1)^{\mathrm{T}},\quad \text{其中 } C_1 \text{ 是不等于零的任意常数}$$

当 $\lambda=-2$ 时，由 $(-2\boldsymbol{E}-\boldsymbol{A})\boldsymbol{x}=\boldsymbol{0}$，即

$$\begin{bmatrix}1 & -1 & 1\\ 7 & -7 & 1\\ 6 & -6 & 0\end{bmatrix}\begin{bmatrix}x_1\\ x_2\\ x_3\end{bmatrix}=\begin{bmatrix}0\\ 0\\ 0\end{bmatrix}$$

解得基础解系为 $\boldsymbol{\alpha}_2=(1,1,0)^{\mathrm{T}}$，于是 $\boldsymbol{A}$ 的属于特征值 $\lambda=-2$ 的全部特征向量为

$$C_2(1,1,0)^{\mathrm{T}},\quad \text{其中 } C_2 \text{ 是不等于零的任意常数}$$

4.1.3　特征值与特征向量的性质

定理 4.1.1(性质 1)　设 n 阶实矩阵 $\boldsymbol{A}$ 的 n 个特征值为 $\lambda_1,\lambda_2,\cdots,\lambda_n$，$\boldsymbol{A}$ 的主对角元为 $a_{ii}(i=1,2,\cdots,n)$，则有

$$\boxed{\prod_{k=1}^{n}\lambda_k=|\boldsymbol{A}|,\quad \sum_{k=1}^{n}\lambda_k=a_{11}+a_{22}+\cdots+a_{nn}}$$

证　矩阵 $\boldsymbol{A}$ 的特征方程为

$$|\lambda\boldsymbol{E}-\boldsymbol{A}|=\lambda^n-(a_{11}+a_{22}+\cdots+a_{nn})\lambda^{n-1}+\cdots+(-1)^n|\boldsymbol{A}|=0 \tag{6}$$

根据韦达①定理，实系数代数方程(6) 的 n 个根的乘积等于其常数项乘以 $(-1)^n$，而 n 个根的和等于方程(6) 中 λ^{n-1} 的系数的反号，于是有

$$\prod_{k=1}^{n}\lambda_k=\lambda_1\lambda_2\cdots\lambda_n=(-1)^n(-1)^n|\boldsymbol{A}|=|\boldsymbol{A}|,\quad \sum_{k=1}^{n}\lambda_k=a_{11}+a_{22}+\cdots+a_{nn}$$

□

定义 4.1.2(多项式矩阵)　已知矩阵 $\boldsymbol{A}$，设有 x 的实系数 m 次多项式

$$P_m(x)=p_0x^m+p_1x^{m-1}+\cdots+p_{m-1}x+p_m$$

则 $\boldsymbol{A}$ 的**多项式矩阵**定义为

$$P_m(\boldsymbol{A})\xlongequal{\text{def}}p_0\boldsymbol{A}^m+p_1\boldsymbol{A}^{m-1}+\cdots+p_{m-1}\boldsymbol{A}+p_m\boldsymbol{E} \tag{7}$$

定理 4.1.2(性质 2)　已知矩阵 $\boldsymbol{A}$ 和多项式矩阵 $P_m(\boldsymbol{A})$（如(7) 式所示)，若 λ_0 是矩阵 $\boldsymbol{A}$ 的一个特征值，$\boldsymbol{A}$ 的属于特征值 λ_0 的特征向量为 $\boldsymbol{\alpha}$，则多项式矩阵 $P_m(\boldsymbol{A})$ 有特征值 $P_m(\lambda_0)$，且 $P_m(\boldsymbol{A})$ 的属于特征值 $P_m(\lambda_0)$ 的特征向量仍是 $\boldsymbol{\alpha}$. 即

$$\boxed{\boldsymbol{A\alpha}=\lambda_0\boldsymbol{\alpha}\Rightarrow P_m(\boldsymbol{A})\boldsymbol{\alpha}=P_m(\lambda_0)\boldsymbol{\alpha}}$$

证　因为 $\boldsymbol{A\alpha}=\lambda_0\boldsymbol{\alpha}$，所以

$$\boldsymbol{A}^2\boldsymbol{\alpha}=\boldsymbol{AA\alpha}=\lambda_0\boldsymbol{A\alpha}=\lambda_0^2\boldsymbol{\alpha}$$

$$\boldsymbol{A}^3\boldsymbol{\alpha}=\boldsymbol{AA}^2\boldsymbol{\alpha}=\lambda_0^2\boldsymbol{A\alpha}=\lambda_0^3\boldsymbol{\alpha}$$

①韦达(Viete)，1540—1602，法国数学家.

$$\vdots$$

$$A^m\alpha = AA^{m-1}\alpha = \lambda_0^{m-1}A\alpha = \lambda_0^m\alpha$$

于是有

$$\begin{aligned} P_m(A)\alpha &= (p_0A^m + p_1A^{m-1} + \cdots + p_{m-1}A + p_mE)\alpha \\ &= p_0A^m\alpha + p_1A^{m-1}\alpha + \cdots + p_{m-1}A\alpha + p_mE\alpha \\ &= p_0\lambda_0^m\alpha + p_1\lambda_0^{m-1}\alpha + \cdots + p_{m-1}\lambda_0\alpha + p_m\alpha \\ &= (p_0\lambda_0^m + p_1\lambda_0^{m-1} + \cdots + p_{m-1}\lambda_0 + p_m)\alpha = P_m(\lambda_0)\alpha \end{aligned}$$

此式表示 $P_m(\lambda_0)$ 是 $P_m(A)$ 的特征值，且 $P_m(A)$ 的属于特征值 $P_m(\lambda_0)$ 的特征向量是 α. □

定理 4.1.3(性质 3)

矩阵的属于不同特征值的特征向量组必线性无关

证 设 $\lambda_1,\lambda_2,\cdots,\lambda_k$ 是矩阵 A 的 k 个互不相同的特征值($k \geqslant 2$)，$\alpha_i(i=1,2,\cdots,k)$ 是 A 的属于 λ_i 的特征向量，欲证 $\alpha_1,\alpha_2,\cdots,\alpha_{k-1},\alpha_k$ 线性无关.

应用数学归纳法，当 $k=2$ 时，令

$$c_1\alpha_1 + c_2\alpha_2 = 0 \tag{8}$$

用 A 左乘(8) 式两边，利用 $A\alpha_i = \lambda_i\alpha_i(i=1,2)$ 得

$$c_1\lambda_1\alpha_1 + c_2\lambda_2\alpha_2 = 0 \tag{9}$$

用 λ_1 乘(8) 式两边得

$$c_1\lambda_1\alpha_1 + c_2\lambda_1\alpha_2 = 0 \tag{10}$$

(9),(10) 两式相减得

$$c_2(\lambda_2 - \lambda_1)\alpha_2 = 0$$

由于 $\alpha_2 \neq 0$，$\lambda_1 \neq \lambda_2$，因此有 $c_2 = 0$，代入(8) 式得 $c_1\alpha_1 = 0$，由于 $\alpha_1 \neq 0$，故 $c_1 = 0$，于是 α_1,α_2 线性无关. 因此结论对 $k=2$ 成立.

假设结论对 $k-1(k \geqslant 4)$ 成立，即设 $\alpha_1,\alpha_2,\cdots,\alpha_{k-1}$ 线性无关. 令

$$c_1\alpha_1 + c_2\alpha_2 + \cdots + c_{k-1}\alpha_{k-1} + c_k\alpha_k = 0 \tag{11}$$

用 A 左乘(11) 式两边，利用 $A\alpha_i = \lambda_i\alpha_i(i=1,2,\cdots,k)$ 得

$$c_1\lambda_1\alpha_1 + c_2\lambda_2\alpha_2 + \cdots + c_{k-1}\lambda_{k-1}\alpha_{k-1} + c_k\lambda_k\alpha_k = 0 \tag{12}$$

用 λ_k 乘(11) 式两边得

$$c_1\lambda_k\boldsymbol{\alpha}_1+c_2\lambda_k\boldsymbol{\alpha}_2+\cdots+c_{k-1}\lambda_k\boldsymbol{\alpha}_{k-1}+c_k\lambda_k\boldsymbol{\alpha}_k=\mathbf{0} \tag{13}$$

(12),(13) 两式相减得

$$c_1(\lambda_1-\lambda_k)\boldsymbol{\alpha}_1+c_2(\lambda_2-\lambda_k)\boldsymbol{\alpha}_2+\cdots+c_{k-1}(\lambda_{k-1}-\lambda_k)\boldsymbol{\alpha}_{k-1}=\mathbf{0}$$

由于$\boldsymbol{\alpha}_1,\boldsymbol{\alpha}_2,\cdots,\boldsymbol{\alpha}_{k-1}$线性无关,且$\lambda_1,\lambda_2,\cdots,\lambda_k$互不相同,因此有$c_1=c_2=\cdots=c_{k-1}=0$,代入(11)式得$c_k\boldsymbol{\alpha}_k=\mathbf{0}$,由于$\boldsymbol{\alpha}_k\neq\mathbf{0}$,故$c_k=0$,于是$\boldsymbol{\alpha}_1,\boldsymbol{\alpha}_2,\cdots,\boldsymbol{\alpha}_{k-1},\boldsymbol{\alpha}_k$线性无关. □

定理 4.1.4(性质 4)　设$\lambda_1,\lambda_2,\cdots,\lambda_k$是矩阵$\boldsymbol{A}$的$k$个互不相同的特征值($k\geqslant 2$),$\boldsymbol{\alpha}_{i1},\boldsymbol{\alpha}_{i2},\cdots,\boldsymbol{\alpha}_{is_i}$($i=1,2,\cdots,k;s_i\geqslant 1$)是$\boldsymbol{A}$的属于$\lambda_i$的线性无关的特征向量,则特征向量组

$$\boldsymbol{\alpha}_{11},\boldsymbol{\alpha}_{12},\cdots,\boldsymbol{\alpha}_{1s_1},\boldsymbol{\alpha}_{21},\boldsymbol{\alpha}_{22},\cdots,\boldsymbol{\alpha}_{2s_2},\cdots,\boldsymbol{\alpha}_{k1},\boldsymbol{\alpha}_{k2},\cdots,\boldsymbol{\alpha}_{ks_k}$$

必线性无关.

*__证__　令

$$\begin{aligned}(c_{11}\boldsymbol{\alpha}_{11}+c_{12}\boldsymbol{\alpha}_{12}+\cdots+c_{1s_1}\boldsymbol{\alpha}_{1s_1})+(c_{21}\boldsymbol{\alpha}_{21}+c_{22}\boldsymbol{\alpha}_{22}+\cdots+c_{2s_2}\boldsymbol{\alpha}_{2s_2})\\+\cdots+(c_{k1}\boldsymbol{\alpha}_{k1}+c_{k2}\boldsymbol{\alpha}_{k2}+\cdots+c_{ks_k}\boldsymbol{\alpha}_{ks_k})=\mathbf{0}\end{aligned} \tag{14}$$

记$c_{i1}\boldsymbol{\alpha}_{i1}+c_{i2}\boldsymbol{\alpha}_{i2}+\cdots+c_{is_i}\boldsymbol{\alpha}_{is_i}=\boldsymbol{\alpha}_i$,则(14)式化为

$$\boldsymbol{\alpha}_1+\boldsymbol{\alpha}_2+\cdots+\boldsymbol{\alpha}_{k-1}+\boldsymbol{\alpha}_k=\mathbf{0} \tag{15}$$

我们用反证法来证明$\boldsymbol{\alpha}_1=\boldsymbol{\alpha}_2=\cdots=\boldsymbol{\alpha}_{k-1}=\boldsymbol{\alpha}_k=\mathbf{0}$. (15)式中有$(k-1)$个向量为零向量时,余下的一个向量必为零向量,所以(15)式中仅有一个向量不是零向量是不可能的;假设(15)式中仅有i个向量不是零向量($2\leqslant i\leqslant k$),不妨设$\boldsymbol{\alpha}_1\neq\mathbf{0}$,$\boldsymbol{\alpha}_2\neq\mathbf{0},\cdots,\boldsymbol{\alpha}_i\neq\mathbf{0}$,所以$\boldsymbol{\alpha}_1,\boldsymbol{\alpha}_2,\cdots,\boldsymbol{\alpha}_i$是矩阵$\boldsymbol{A}$的属于不同特征值$\lambda_1,\lambda_2,\cdots,\lambda_i$的特征向量,根据性质 3,$\boldsymbol{\alpha}_1,\boldsymbol{\alpha}_2,\cdots,\boldsymbol{\alpha}_i$是线性无关的,但由$\boldsymbol{\alpha}_1+\boldsymbol{\alpha}_2+\cdots+\boldsymbol{\alpha}_i=\mathbf{0}$得$\boldsymbol{\alpha}_1$,$\boldsymbol{\alpha}_2,\cdots,\boldsymbol{\alpha}_i$是线性相关的,此矛盾表明(15)式中仅有$i$个向量不是零向量是不可能的($2\leqslant i\leqslant k$). 因此有$\boldsymbol{\alpha}_1=\boldsymbol{\alpha}_2=\cdots=\boldsymbol{\alpha}_{k-1}=\boldsymbol{\alpha}_k=\mathbf{0}$. 由于$\boldsymbol{\alpha}_i$($i=1,2,\cdots,k$)是矩阵$\boldsymbol{A}$的属于特征值$\lambda_i$的线性无关的特征向量$\boldsymbol{\alpha}_{i1},\boldsymbol{\alpha}_{i2},\cdots,\boldsymbol{\alpha}_{is_i}$的线性组合,其系数应全为零,故有

$$c_{11}=c_{12}=\cdots=c_{1s_1}=c_{21}=c_{22}=\cdots=c_{2s_2}=\cdots=c_{k1}=c_{k2}=\cdots=c_{ks_k}=0$$

因此特征向量组

$$\boldsymbol{\alpha}_{11},\boldsymbol{\alpha}_{12},\cdots,\boldsymbol{\alpha}_{1s_1},\boldsymbol{\alpha}_{21},\boldsymbol{\alpha}_{22},\cdots,\boldsymbol{\alpha}_{2s_2},\cdots,\boldsymbol{\alpha}_{k1},\boldsymbol{\alpha}_{k2},\cdots,\boldsymbol{\alpha}_{ks_k}$$

线性无关. □

定理 4.1.5(性质 5)　设$\lambda=\lambda_0$是矩阵$\boldsymbol{A}$的k重特征值,矩阵$\boldsymbol{A}$的属于特征值λ_0的特征子空间V_{λ_0}的维数为r,则$1\leqslant r\leqslant k$.

此性质的证明从略.

下面考虑实对称矩阵,它的特征值与特征向量除具有上述 5 条性质外,还具有下列 2 条重要性质. 作为预备知识,先定义与共轭复数有关的共轭矩阵的概念.

定义 4.1.3 设复数 $\lambda = a + b\mathrm{i}(a,b \in \mathbf{R}, \mathrm{i} = \sqrt{-1})$,称 $\bar{\lambda} = a - b\mathrm{i}$ 为 λ 的**共轭复数**;设 $\boldsymbol{A} = (a_{ij}), a_{ij} \in \mathbf{C}$,称 $\bar{\boldsymbol{A}} \xlongequal{\text{def}} (\bar{a}_{ij})$ 为 $\boldsymbol{A}$ 的**共轭矩阵**. 称

$$|\lambda| \xlongequal{\text{def}} \sqrt{\lambda\bar{\lambda}} = \sqrt{(a+b\mathrm{i})(a-b\mathrm{i})} = \sqrt{a^2+b^2}$$

为**复数 λ 的模**(若 λ 为实数,则 $|\lambda|$ 表示 λ 的绝对值).

据此定义,显然:

(1) λ 为实数的充要条件是 $\bar{\lambda} = \lambda$;

(2) $\boldsymbol{A}$ 为实矩阵的充要条件是 $\bar{\boldsymbol{A}} = \boldsymbol{A}$;

(3) 设 $\boldsymbol{\alpha}$ 是非零列向量,则 $\overline{\boldsymbol{\alpha}^{\mathrm{T}}}\boldsymbol{\alpha} = (\bar{\boldsymbol{\alpha}})^{\mathrm{T}}\boldsymbol{\alpha} = \boldsymbol{\alpha}^{\mathrm{T}}\bar{\boldsymbol{\alpha}} > 0$.

定理 4.1.6(性质 6)

实对称矩阵的特征值都是实数

证 设 λ 是 $\boldsymbol{A}$ 的特征值,$\boldsymbol{A}$ 的属于 λ 的特征向量为 $\boldsymbol{\alpha}$,即 $\boldsymbol{A\alpha} = \lambda\boldsymbol{\alpha}$. 因 $\boldsymbol{A}$ 为实对称矩阵,所以 $(\bar{\boldsymbol{A}})^{\mathrm{T}} = \boldsymbol{A}$. 所以有

$$\bar{\lambda}(\bar{\boldsymbol{\alpha}})^{\mathrm{T}}\boldsymbol{\alpha} = (\overline{\lambda\boldsymbol{\alpha}})^{\mathrm{T}}\boldsymbol{\alpha} = (\overline{\boldsymbol{A\alpha}})^{\mathrm{T}}\boldsymbol{\alpha} = (\bar{\boldsymbol{A}}\bar{\boldsymbol{\alpha}})^{\mathrm{T}}\boldsymbol{\alpha} = (\bar{\boldsymbol{\alpha}})^{\mathrm{T}}\bar{\boldsymbol{A}}^{\mathrm{T}}\boldsymbol{\alpha} = (\bar{\boldsymbol{\alpha}})^{\mathrm{T}}\boldsymbol{A\alpha} = \lambda(\bar{\boldsymbol{\alpha}})^{\mathrm{T}}\boldsymbol{\alpha}$$

由于 $\boldsymbol{\alpha} \neq \boldsymbol{0}, \bar{\boldsymbol{\alpha}}^{\mathrm{T}}\boldsymbol{\alpha} > 0$,于是有 $\bar{\lambda} = \lambda$,故 λ 为实数. □

由于实对称矩阵 $\boldsymbol{A}$ 的特征值 λ 都是实数,所以 $(\lambda\boldsymbol{E} - \boldsymbol{A})\boldsymbol{x} = \boldsymbol{0}$ 是实系数线性齐次方程组,于是它的解向量也即 $\boldsymbol{A}$ 的特征向量都是实向量.

定理 4.1.7(性质 7)

实对称矩阵的属于不同特征值的特征向量是正交的

证 设 $\boldsymbol{A\alpha}_1 = \lambda_1\boldsymbol{\alpha}_1, \boldsymbol{A\alpha}_2 = \lambda_2\boldsymbol{\alpha}_2(\lambda_1 \neq \lambda_2)$,则

$$\lambda_2\boldsymbol{\alpha}_2^{\mathrm{T}}\boldsymbol{\alpha}_1 = (\lambda_2\boldsymbol{\alpha}_2)^{\mathrm{T}}\boldsymbol{\alpha}_1 = (\boldsymbol{A\alpha}_2)^{\mathrm{T}}\boldsymbol{\alpha}_1 = \boldsymbol{\alpha}_2^{\mathrm{T}}\boldsymbol{A\alpha}_1 = \boldsymbol{\alpha}_2^{\mathrm{T}}\lambda_1\boldsymbol{\alpha}_1 = \lambda_1\boldsymbol{\alpha}_2^{\mathrm{T}}\boldsymbol{\alpha}_1$$

由于 $\lambda_1 \neq \lambda_2$,所以 $\boldsymbol{\alpha}_2^{\mathrm{T}}\boldsymbol{\alpha}_1 = 0$,即 $\boldsymbol{\alpha}_2$ 与 $\boldsymbol{\alpha}_1$ 正交. □

例 5 已知三阶矩阵 $\boldsymbol{A}$ 的特征值为 1,2,3,$\boldsymbol{A}$ 的属于这 3 个特征值的特征向量分别为 $\boldsymbol{\alpha}_1, \boldsymbol{\alpha}_2, \boldsymbol{\alpha}_3$.

(1) 求 $\boldsymbol{A}^{-1}$ 的特征值和全部特征向量;

(2) 求 $\boldsymbol{A}^*$ 的特征值和全部特征向量;

(3) 求矩阵 $\boldsymbol{B} = 3\boldsymbol{A}^2 + 2\boldsymbol{A} - \boldsymbol{E}$ 的特征值和全部特征向量,并求 $|\boldsymbol{B}|$;

(4) 求矩阵 $\boldsymbol{C} = 9\boldsymbol{A}^{-1} - 2\boldsymbol{A}^*$ 的特征值和全部特征向量,并求 $|\boldsymbol{C}|$.

解　因为 $|\boldsymbol{A}| = 1 \cdot 2 \cdot 3 = 6 \neq 0$，所以矩阵 $\boldsymbol{A}$ 可逆. 设 λ 是 $\boldsymbol{A}$ 的特征值($\lambda \neq 0$)，$\boldsymbol{A}$ 的属于特征值 λ 的特征向量为 $\boldsymbol{\alpha}$. 因为

$$\boldsymbol{A\alpha} = \lambda\boldsymbol{\alpha} \Leftrightarrow \boldsymbol{\alpha} = \lambda\boldsymbol{A}^{-1}\boldsymbol{\alpha} \Leftrightarrow \boldsymbol{A}^{-1}\boldsymbol{\alpha} = \frac{1}{\lambda}\boldsymbol{\alpha}$$

所以 $\frac{1}{\lambda}$ 是 $\boldsymbol{A}^{-1}$ 的特征值，$\boldsymbol{A}^{-1}$ 的属于特征值 $\frac{1}{\lambda}$ 的特征向量仍是 $\boldsymbol{\alpha}$.

因为 $\boldsymbol{A}^* = |\boldsymbol{A}|\boldsymbol{A}^{-1}$，应用多项式矩阵的特征值性质，可得 $\frac{|\boldsymbol{A}|}{\lambda}$ 是 $\boldsymbol{A}^*$ 的特征值，$\boldsymbol{A}^*$ 的属于特征值 $\frac{|\boldsymbol{A}|}{\lambda}$ 的特征向量仍是 $\boldsymbol{\alpha}$.

(1) $\boldsymbol{A}^{-1}$ 的特征值为 $1, \frac{1}{2}, \frac{1}{3}$，$\boldsymbol{A}^{-1}$ 的属于这 3 个特征值的全部特征向量分别为 $C_1\boldsymbol{\alpha}_1, C_2\boldsymbol{\alpha}_2, C_3\boldsymbol{\alpha}_3$，其中 C_1, C_2, C_3 是 3 个全不为零的任意常数.

(2) $\boldsymbol{A}^*$ 的特征值为 6,3,2，$\boldsymbol{A}^*$ 的属于这 3 个特征值的全部特征向量分别为 $C_1\boldsymbol{\alpha}_1, C_2\boldsymbol{\alpha}_2, C_3\boldsymbol{\alpha}_3$，其中 C_1, C_2, C_3 是 3 个全不为零的任意常数.

(3) 记 $P_2(x) = 3x^2 + 2x - 1$，应用多项式矩阵的特征值性质，可得 $\boldsymbol{B} = P_2(\boldsymbol{A})$ 的特征值为 $P_2(1), P_2(2), P_2(3)$，即 4,15,32. $\boldsymbol{B}$ 的属于这 3 个特征值的全部特征向量分别为 $C_1\boldsymbol{\alpha}_1, C_2\boldsymbol{\alpha}_2, C_3\boldsymbol{\alpha}_3$，其中 C_1, C_2, C_3 是 3 个全不为零的任意常数. 且

$$|\boldsymbol{B}| = 4 \cdot 15 \cdot 32 = 1\,920$$

(4) 由于

$$\boldsymbol{C} = 9\boldsymbol{A}^{-1} - 2\boldsymbol{A}^* = 9\boldsymbol{A}^{-1} - 2|\boldsymbol{A}|\boldsymbol{A}^{-1} = (9-12)\boldsymbol{A}^{-1} = -3\boldsymbol{A}^{-1}$$

应用多项式矩阵的特征值性质，可得矩阵 $\boldsymbol{C}$ 的特征值为 $(-3)\cdot 1, (-3)\cdot\frac{1}{2}, (-3)\cdot\frac{1}{3}$，即 $-3, -\frac{3}{2}, -1$，$\boldsymbol{C}$ 的属于这 3 个特征值的全部特征向量分别为 $C_1\boldsymbol{\alpha}_1, C_2\boldsymbol{\alpha}_2, C_3\boldsymbol{\alpha}_3$，其中 C_1, C_2, C_3 是 3 个全不为零的任意常数. 且

$$|\boldsymbol{C}| = (-3)\left(-\frac{3}{2}\right)(-1) = -\frac{9}{2}$$

习题 4.1

A 组

1. 求下列矩阵的特征值和全部特征向量:

1) $\begin{bmatrix} 5 & 0 & 0 \\ 0 & 3 & -2 \\ 0 & -2 & 3 \end{bmatrix}$;　　2) $\begin{bmatrix} 2 & -1 & 2 \\ 5 & -3 & 3 \\ -1 & 0 & -2 \end{bmatrix}$;

3) $\begin{bmatrix} 3 & 2 & -1 \\ -2 & -2 & 2 \\ 3 & 6 & -1 \end{bmatrix}$；　　4) $\begin{bmatrix} 0 & 0 & 0 & 1 \\ 0 & 0 & 1 & 0 \\ 0 & 1 & 0 & 0 \\ 1 & 0 & 0 & 0 \end{bmatrix}$.

2. 若 n 阶矩阵 $\boldsymbol{A}$ 的每一行中 n 个元素之和都等于 k，试证：k 是矩阵 $\boldsymbol{A}$ 的特征值，并且 $(1,1,\cdots,1)^{\mathrm{T}}$ 是 $\boldsymbol{A}$ 的属于 k 的特征向量.

3. 证明：

1) 若 $\boldsymbol{A}^2 = \boldsymbol{E}$，则 $\boldsymbol{A}$ 的特征值只能是 ± 1；

2) 若 $\boldsymbol{A}^2 = \boldsymbol{A}$，则 $\boldsymbol{A}$ 的特征值只能是 0 或 1；

3) 若对某一个正数 m，$\boldsymbol{A}^m = \boldsymbol{O}$，则 $\boldsymbol{A}$ 的特征值只能是 0.

4. 设三阶矩阵 $\boldsymbol{A}$ 有 3 个不同的特征值，$\boldsymbol{\alpha}_1,\boldsymbol{\alpha}_2,\boldsymbol{\alpha}_3$ 分别是矩阵 $\boldsymbol{A}^3-\boldsymbol{E}$ 的属于特征值 $-1,0,7$ 的特征向量，试求矩阵 $\boldsymbol{A}$ 的特征值与特征向量.

5. 证明：一个向量 $\boldsymbol{\alpha}$ 不可能是矩阵 $\boldsymbol{A}$ 的属于不同特征值的特征向量.

6. 设 $\boldsymbol{\alpha}_1,\boldsymbol{\alpha}_2$ 分别是矩阵 $\boldsymbol{A}$ 的属于相异特征值 λ_1,λ_2 的特征向量，证明：$\boldsymbol{\alpha}_1+\boldsymbol{\alpha}_2$ 不可能是 $\boldsymbol{A}$ 的特征向量.

7. 设 $\boldsymbol{\alpha}_1,\boldsymbol{\alpha}_2,\boldsymbol{\alpha}_3$ 分别是矩阵 $\boldsymbol{A}$ 的属于相异特征值 $\lambda_1,\lambda_2,\lambda_3$ 的特征向量，证明：$\boldsymbol{\alpha}_1+\boldsymbol{\alpha}_2+\boldsymbol{\alpha}_3$ 不可能是 $\boldsymbol{A}$ 的特征向量.

8. 设 $\boldsymbol{A},\boldsymbol{B}$ 都是 n 阶矩阵，矩阵 $\boldsymbol{B}$ 的特征多项式为 $f(\lambda)$，证明：$f(\boldsymbol{A})$ 可逆的充要条件是 $\boldsymbol{B}$ 的任一特征值都不是 $\boldsymbol{A}$ 的特征值.

9. 已知三阶矩阵 $\boldsymbol{A}$ 的特征值是 $1,-1,2$，设 $\boldsymbol{B}=\boldsymbol{A}^3-5\boldsymbol{A}^2$，试求：

1) 矩阵 $\boldsymbol{B}$ 的特征值；

2) $|\boldsymbol{B}|$ 与 $|\boldsymbol{A}-5\boldsymbol{E}|$.

10. 设矩阵 $\boldsymbol{A}=\begin{bmatrix} a & -1 & 2 \\ 5 & b & 3 \\ -1 & 0 & -2 \end{bmatrix}$，且 $|\boldsymbol{A}|=-1$，$\boldsymbol{A}^*$ 的特征值 λ_0 所对应的特征向量为 $\boldsymbol{\alpha}=(-1,-1,1)^{\mathrm{T}}$，求常数 λ_0，a 和 b 的值.

B 组

1. 设 $\boldsymbol{A},\boldsymbol{B}$ 都是 n 阶矩阵，证明：$\boldsymbol{AB}$ 与 $\boldsymbol{BA}$ 有相同的特征多项式.

2. 设 c 是非零常数，证明矩阵 $\boldsymbol{A}$ 与 $c\boldsymbol{E}+\boldsymbol{A}$ 不可能有相同的特征多项式，并由此证明不可能存在矩阵 $\boldsymbol{A},\boldsymbol{B}$ 使得 $\boldsymbol{AB}-\boldsymbol{BA}=c\boldsymbol{E}$.

3. 证明：正交矩阵的特征值的模等于 1.

4. 若正交矩阵 $\boldsymbol{A}$ 的行列式 $|\boldsymbol{A}|=-1$，证明：矩阵 $\boldsymbol{A}$ 必有特征值 -1.

5. 设 $\boldsymbol{A},\boldsymbol{B}$ 是两个同阶正交矩阵，且 $|\boldsymbol{A}|=-|\boldsymbol{B}|$，求证：$|\boldsymbol{A}+\boldsymbol{B}|=0$.

4.2 矩阵的相似对角化

4.2.1 相似矩阵

定义 4.2.1(相似变换与相似矩阵) 设 $\boldsymbol{A}$ 是 n 阶矩阵,$\boldsymbol{P}$ 是 n 阶可逆矩阵,对 $\boldsymbol{A}$ 施行运算 $\boldsymbol{P}^{-1}\boldsymbol{AP}$ 称为对 $\boldsymbol{A}$ 作**相似变换**. 若

$$\boxed{\boldsymbol{P}^{-1}\boldsymbol{AP}=\boldsymbol{B}}$$

称 $\boldsymbol{A},\boldsymbol{B}$ 为**相似矩阵**,记为 $\boldsymbol{A}\sim\boldsymbol{B}$,读作 $\boldsymbol{A}$ 相似于 $\boldsymbol{B}$,或 $\boldsymbol{A}$ 与 $\boldsymbol{B}$ 相似,称 $\boldsymbol{P}$ 为将 $\boldsymbol{A}$ 变为 $\boldsymbol{B}$ 的**相似变换矩阵**.

下面来研究相似矩阵的性质.

定理 4.2.1 相似矩阵具有自反性、对称性、传递性.

证 设 $\boldsymbol{A}\sim\boldsymbol{B}$,相似变换矩阵为 $\boldsymbol{P}$,即 $\boldsymbol{P}^{-1}\boldsymbol{AP}=\boldsymbol{B}$.

(1) 因为 $\boldsymbol{E}^{-1}\boldsymbol{AE}=\boldsymbol{A}$,所以 $\boldsymbol{A}\sim\boldsymbol{A}$. 这是自反性.

(2) 令 $\boldsymbol{P}^{-1}=\boldsymbol{Q}$,则有 $\boldsymbol{Q}^{-1}\boldsymbol{BQ}=\boldsymbol{A}$,所以 $\boldsymbol{B}\sim\boldsymbol{A}$. 这是对称性.

(3) 又设 $\boldsymbol{B}\sim\boldsymbol{C}$,相似变换矩阵为 $\boldsymbol{Q}$,即 $\boldsymbol{Q}^{-1}\boldsymbol{BQ}=\boldsymbol{C}$. 令 $\boldsymbol{PQ}=\boldsymbol{M}$,则 $\boldsymbol{M}$ 可逆,且有 $\boldsymbol{M}^{-1}\boldsymbol{AM}=\boldsymbol{C}$,所以 $\boldsymbol{A}\sim\boldsymbol{C}$. 这是传递性. □

定理 4.2.2(相似矩阵的性质) 设 $\boldsymbol{A}\sim\boldsymbol{B}$,相似变换矩阵为 $\boldsymbol{P}$,即 $\boldsymbol{P}^{-1}\boldsymbol{AP}=\boldsymbol{B}$,则

(1) $\boldsymbol{A}$ 与 $\boldsymbol{B}$ 有相等的行列式;

(2) $\boldsymbol{A}$ 与 $\boldsymbol{B}$ 有相同的秩;

(3) $\boldsymbol{A}$ 与 $\boldsymbol{B}$ 有相同的特征值;

(4) $\boldsymbol{A}^{\mathrm{T}}$ 与 $\boldsymbol{B}^{\mathrm{T}}$ 相似;

(5) 当 $\boldsymbol{A}$ 可逆时,$\boldsymbol{A}^{-1}$ 与 $\boldsymbol{B}^{-1}$ 相似,且相似变换矩阵仍为 $\boldsymbol{P}$;

(6) 当 $\boldsymbol{A}$ 可逆时,$\boldsymbol{A}^{*}$ 与 $\boldsymbol{B}^{*}$ 相似,且相似变换矩阵仍为 $\boldsymbol{P}$;

(7) 多项式矩阵 $P_m(\boldsymbol{A})$ 与 $P_m(\boldsymbol{B})$ 相似,且相似变换矩阵仍为 $\boldsymbol{P}$.

这 7 条性质可用数学符号简记为

$$\boxed{\begin{array}{c}\boldsymbol{A}\sim\boldsymbol{B}\Rightarrow|\boldsymbol{A}|=|\boldsymbol{B}|,\quad \mathrm{r}(\boldsymbol{A})=\mathrm{r}(\boldsymbol{B}),\quad |\lambda\boldsymbol{E}-\boldsymbol{A}|=|\lambda\boldsymbol{E}-\boldsymbol{B}|\\ \boldsymbol{A}^{\mathrm{T}}\sim\boldsymbol{B}^{\mathrm{T}},\quad \boldsymbol{A}^{-1}\sim\boldsymbol{B}^{-1},\quad \boldsymbol{A}^{*}\sim\boldsymbol{B}^{*},\quad P_m(\boldsymbol{A})\sim P_m(\boldsymbol{B})\end{array}}$$

证 (1) 对 $\boldsymbol{P}^{-1}\boldsymbol{AP}=\boldsymbol{B}$ 两边取行列式得

$$|\boldsymbol{B}|=|\boldsymbol{P}^{-1}\boldsymbol{AP}|=|\boldsymbol{P}^{-1}||\boldsymbol{A}||\boldsymbol{P}|=|\boldsymbol{P}|^{-1}|\boldsymbol{A}||\boldsymbol{P}|=|\boldsymbol{A}|$$

(2) 对矩阵 $\boldsymbol{A}$ 左乘可逆矩阵 $\boldsymbol{P}^{-1}$ 等价于对 $\boldsymbol{A}$ 施行一系列初等行变换,再右乘可逆矩阵 $\boldsymbol{P}$ 等价于对 $\boldsymbol{A}$ 再施行一系列初等列变换,由于初等变换不改变矩阵的秩,所

以 $\boldsymbol{A}$ 与 $\boldsymbol{B}$ 有相同的秩.

(3) 由于

$$\begin{aligned}|\lambda \boldsymbol{E}-\boldsymbol{B}| &= |\lambda \boldsymbol{E}-\boldsymbol{P}^{-1}\boldsymbol{A}\boldsymbol{P}| = |\lambda \boldsymbol{P}^{-1}\boldsymbol{P}-\boldsymbol{P}^{-1}\boldsymbol{A}\boldsymbol{P}| = |\boldsymbol{P}^{-1}(\lambda \boldsymbol{E}-\boldsymbol{A})\boldsymbol{P}| \\ &= |\boldsymbol{P}^{-1}||\lambda \boldsymbol{E}-\boldsymbol{A}||\boldsymbol{P}| = |\lambda \boldsymbol{E}-\boldsymbol{A}|\end{aligned}$$

所以 $\boldsymbol{A}$ 与 $\boldsymbol{B}$ 有相同的特征多项式,因而 $\boldsymbol{A}$ 与 $\boldsymbol{B}$ 有相同的特征值.

(4) 对 $\boldsymbol{P}^{-1}\boldsymbol{A}\boldsymbol{P}=\boldsymbol{B}$ 两边取转置得

$$\boldsymbol{B}^{\mathrm{T}} = (\boldsymbol{P}^{-1}\boldsymbol{A}\boldsymbol{P})^{\mathrm{T}} = \boldsymbol{P}^{\mathrm{T}}\boldsymbol{A}^{\mathrm{T}}(\boldsymbol{P}^{-1})^{\mathrm{T}} = \boldsymbol{Q}^{-1}\boldsymbol{A}^{\mathrm{T}}\boldsymbol{Q}$$

其中 $\boldsymbol{Q}=(\boldsymbol{P}^{\mathrm{T}})^{-1}=(\boldsymbol{P}^{-1})^{\mathrm{T}}$ 为可逆矩阵,上式表明 $\boldsymbol{A}^{\mathrm{T}}$ 与 $\boldsymbol{B}^{\mathrm{T}}$ 相似.

(5) 对 $\boldsymbol{P}^{-1}\boldsymbol{A}\boldsymbol{P}=\boldsymbol{B}$ 两边取逆得

$$\boldsymbol{B}^{-1} = (\boldsymbol{P}^{-1}\boldsymbol{A}\boldsymbol{P})^{-1} = \boldsymbol{P}^{-1}\boldsymbol{A}^{-1}(\boldsymbol{P}^{-1})^{-1} = \boldsymbol{P}^{-1}\boldsymbol{A}^{-1}\boldsymbol{P}$$

此式表明 $\boldsymbol{A}^{-1}$ 与 $\boldsymbol{B}^{-1}$ 相似,且相似变换矩阵仍为 $\boldsymbol{P}$.

(6) 在(5) 中的等式 $\boldsymbol{B}^{-1}=\boldsymbol{P}^{-1}\boldsymbol{A}^{-1}\boldsymbol{P}$ 两边分别乘以 $|\boldsymbol{B}|$ 与 $|\boldsymbol{A}|$,由于 $|\boldsymbol{B}|=|\boldsymbol{A}|$,所以

$$|\boldsymbol{B}|\boldsymbol{B}^{-1} = |\boldsymbol{A}|(\boldsymbol{P}^{-1}\boldsymbol{A}^{-1}\boldsymbol{P}) = \boldsymbol{P}^{-1}(|\boldsymbol{A}|\boldsymbol{A}^{-1})\boldsymbol{P}$$

因为 $|\boldsymbol{B}|\boldsymbol{B}^{-1}=\boldsymbol{B}^{*}$, $|\boldsymbol{A}|\boldsymbol{A}^{-1}=\boldsymbol{A}^{*}$,代入上式得

$$\boldsymbol{B}^{*} = \boldsymbol{P}^{-1}(\boldsymbol{A}^{*})\boldsymbol{P}$$

此式表明 $\boldsymbol{A}^{*}$ 与 $\boldsymbol{B}^{*}$ 相似,且相似变换矩阵仍为 $\boldsymbol{P}$.

(7) 由于

$$\begin{aligned}\boldsymbol{P}^{-1}(P_m(\boldsymbol{A}))\boldsymbol{P} &= \boldsymbol{P}^{-1}(p_0\boldsymbol{A}^m + p_1\boldsymbol{A}^{m-1} + \cdots + p_{m-1}\boldsymbol{A} + p_m\boldsymbol{E})\boldsymbol{P} \\ &= p_0\boldsymbol{P}^{-1}\boldsymbol{A}^m\boldsymbol{P} + p_1\boldsymbol{P}^{-1}\boldsymbol{A}^{m-1}\boldsymbol{P} + \cdots + p_{m-1}\boldsymbol{P}^{-1}\boldsymbol{A}\boldsymbol{P} + p_m\boldsymbol{P}^{-1}\boldsymbol{E}\boldsymbol{P} \\ &= p_0(\boldsymbol{P}^{-1}\boldsymbol{A}\boldsymbol{P})^m + p_1(\boldsymbol{P}^{-1}\boldsymbol{A}\boldsymbol{P})^{m-1} + \cdots + p_{m-1}\boldsymbol{P}^{-1}\boldsymbol{A}\boldsymbol{P} + p_m\boldsymbol{E} \\ &= p_0\boldsymbol{B}^m + p_1\boldsymbol{B}^{m-1} + \cdots + p_{m-1}\boldsymbol{B} + p_m\boldsymbol{E} = P_m(\boldsymbol{B})\end{aligned}$$

此式表明 $P_m(\boldsymbol{A})$ 与 $P_m(\boldsymbol{B})$ 相似,且相似变换矩阵仍为 $\boldsymbol{P}$. □

例 1 设 $\begin{bmatrix}3&2&4\\0&a&b\\0&4&2\end{bmatrix} \sim \begin{bmatrix}1&2&3\\0&2&3\\0&0&c\end{bmatrix}$,试求 a,b,c.

解 记 $\boldsymbol{A}=\begin{bmatrix}3&2&4\\0&a&b\\0&4&2\end{bmatrix}$,$\boldsymbol{B}=\begin{bmatrix}1&2&3\\0&2&3\\0&0&c\end{bmatrix}$,$\boldsymbol{A}$ 与 $\boldsymbol{B}$ 的特征方程分别为

$$|\lambda \boldsymbol{E}-\boldsymbol{A}| = \begin{vmatrix}\lambda-3 & -2 & -4\\ 0 & \lambda-a & -b\\ 0 & -4 & \lambda-2\end{vmatrix} = (\lambda-3)(\lambda^2-(2+a)\lambda+2a-4b)=0$$

$$|\lambda \boldsymbol{E}-\boldsymbol{B}|=\begin{vmatrix}\lambda-1 & -2 & -3\\ 0 & \lambda-2 & -3\\ 0 & 0 & \lambda-c\end{vmatrix}=(\lambda-1)(\lambda-2)(\lambda-c)=0$$

于是矩阵 $\boldsymbol{A}$ 的一个特征值是 3,另两个特征值是方程

$$\lambda^2-(2+a)\lambda+2a-4b=0 \tag{1}$$

的根.矩阵 $\boldsymbol{B}$ 的特征值为 $1,2,c$. 因为相似矩阵有相同的特征值,因此 $c=3$,且 1 与 2 满足方程(1) 式,将其分别代入(1) 式可得 $\begin{cases}2+a=3,\\ 2a-4b=2,\end{cases}$ 由此解得 $a=1,b=0$. 此时矩阵 $\boldsymbol{A}$ 与 $\boldsymbol{B}$ 有相同的特征值 1,2,3. 故 $a=1,b=0,c=3$.

4.2.2　矩阵的相似对角化

1) 矩阵的相似对角化的定义

定义 4.2.2(相似对角化)　设 $\boldsymbol{A}$ 是 n 阶矩阵,若存在相似变换矩阵 $\boldsymbol{P}$ 和对角矩阵 $\boldsymbol{D}$,使得

$$\boxed{\boldsymbol{P}^{-1}\boldsymbol{A}\boldsymbol{P}=\boldsymbol{D},\quad \boldsymbol{D}=\mathrm{diag}(\lambda_1,\lambda_2,\cdots,\lambda_n)}$$

则称矩阵 $\boldsymbol{A}$ **可相似对角化**(简称 $\boldsymbol{A}$ **可对角化**),称 $\boldsymbol{D}$ 为 $\boldsymbol{A}$ 的**相似对角矩阵**.

2) 矩阵可相似对角化的充要条件

定理 4.2.3　设 $\boldsymbol{A}$ 是 n 阶矩阵,则

$\boldsymbol{A}$ 可相似对角化的充要条件是 $\boldsymbol{A}$ 有 n 个线性无关的特征向量

证　(充分性) 设 $\boldsymbol{A}$ 有 n 个线性无关的特征向量,根据特征向量的定义,存在 n 个特征值 $\lambda_1,\lambda_2,\cdots,\lambda_n$(其中可能有相同的),使得

$$\boldsymbol{A}\boldsymbol{\alpha}_i=\lambda_i\boldsymbol{\alpha}_i\quad (i=1,2,\cdots,n)$$

作矩阵 $\boldsymbol{P}=(\boldsymbol{\alpha}_1,\boldsymbol{\alpha}_2,\cdots,\boldsymbol{\alpha}_n)$,则

$$\begin{aligned}\boldsymbol{A}\boldsymbol{P}&=\boldsymbol{A}(\boldsymbol{\alpha}_1,\boldsymbol{\alpha}_2,\cdots,\boldsymbol{\alpha}_n)=(\boldsymbol{A}\boldsymbol{\alpha}_1,\boldsymbol{A}\boldsymbol{\alpha}_2,\cdots,\boldsymbol{A}\boldsymbol{\alpha}_n)=(\lambda_1\boldsymbol{\alpha}_1,\lambda_2\boldsymbol{\alpha}_2,\cdots,\lambda_n\boldsymbol{\alpha}_n)\\ &=(\boldsymbol{\alpha}_1,\boldsymbol{\alpha}_2,\cdots,\boldsymbol{\alpha}_n)\begin{bmatrix}\lambda_1 & & & \boldsymbol{O}\\ & \lambda_2 & & \\ & & \ddots & \\ \boldsymbol{O} & & & \lambda_n\end{bmatrix}=\boldsymbol{P}\boldsymbol{D}\end{aligned} \tag{2}$$

由于 $\boldsymbol{\alpha}_1,\boldsymbol{\alpha}_2,\cdots,\boldsymbol{\alpha}_n$ 线性无关,所以矩阵 $\boldsymbol{P}$ 可逆,(2) 式等价于 $\boldsymbol{P}^{-1}\boldsymbol{A}\boldsymbol{P}=\boldsymbol{D}$,即矩阵 $\boldsymbol{A}$ 可相似对角化.

（**必要性**）设矩阵 $\boldsymbol{A}$ 可相似对角化，按定义 4.2.2，存在可逆矩阵 $\boldsymbol{P}$ 和对角矩阵 $\boldsymbol{D}$，使得

$$\boldsymbol{P}^{-1}\boldsymbol{A}\boldsymbol{P}=\boldsymbol{D},\quad \boldsymbol{D}=\mathrm{diag}(\lambda_1,\lambda_2,\cdots,\lambda_n) \tag{3}$$

设 $\boldsymbol{P}=(\boldsymbol{\alpha}_1,\boldsymbol{\alpha}_2,\cdots,\boldsymbol{\alpha}_n)$，因 $\boldsymbol{P}$ 可逆，所以 $\boldsymbol{\alpha}_1,\boldsymbol{\alpha}_2,\cdots,\boldsymbol{\alpha}_n$ 线性无关，将 $\boldsymbol{P}=(\boldsymbol{\alpha}_1,\boldsymbol{\alpha}_2,\cdots,\boldsymbol{\alpha}_n)$ 代入(3) 式得

$$\boldsymbol{A}(\boldsymbol{\alpha}_1,\boldsymbol{\alpha}_2,\cdots,\boldsymbol{\alpha}_n)=(\boldsymbol{\alpha}_1,\boldsymbol{\alpha}_2,\cdots,\boldsymbol{\alpha}_n)\begin{bmatrix}\lambda_1 & & & O\\ & \lambda_2 & & \\ & & \ddots & \\ O & & & \lambda_n\end{bmatrix}=(\lambda_1\boldsymbol{\alpha}_1,\lambda_2\boldsymbol{\alpha}_2,\cdots,\lambda_n\boldsymbol{\alpha}_n)$$

$$\Leftrightarrow (\boldsymbol{A}\boldsymbol{\alpha}_1,\boldsymbol{A}\boldsymbol{\alpha}_2,\cdots,\boldsymbol{A}\boldsymbol{\alpha}_n)=(\lambda_1\boldsymbol{\alpha}_1,\lambda_2\boldsymbol{\alpha}_2,\cdots,\lambda_n\boldsymbol{\alpha}_n)$$

$$\Leftrightarrow \boldsymbol{A}\boldsymbol{\alpha}_i=\lambda_i\boldsymbol{\alpha}_i\quad (i=1,2,\cdots,n)$$

应用特征向量的定义得矩阵 $\boldsymbol{A}$ 有 n 个线性无关的特征向量. □

推论 1　对于 n 阶矩阵 $\boldsymbol{A}$，若

$\boldsymbol{A}$ 有 n 个互不相同的特征值，则 $\boldsymbol{A}$ 可相似对角化

证　若 $\boldsymbol{A}$ 有 n 个互不相同的特征值是 $\lambda_1,\lambda_2,\cdots,\lambda_n$，则它们都是特征方程的单根，应用定理 4.1.5 可得矩阵 $\boldsymbol{A}$ 属于 λ_i 有且只有一个特征向量 $\boldsymbol{\alpha}_i(i=1,2,\cdots,n)$. 由于矩阵 $\boldsymbol{A}$ 的属于不同特征值的特征向量是线性无关的，于是 $\boldsymbol{A}$ 有 n 个线性无关的特征向量 $\boldsymbol{\alpha}_1,\boldsymbol{\alpha}_2,\cdots,\boldsymbol{\alpha}_n$，应用定理 4.2.3 即得 $\boldsymbol{A}$ 可相似对角化. □

推论 2　若 $\boldsymbol{A}$ 有 k 个互不相同的特征值是 $\lambda_1,\lambda_2,\cdots,\lambda_k(1\leqslant k<n)$，这些特征值的重数分别为 $s_1,s_2,\cdots,s_k(s_1+s_2+\cdots+s_k=n)$，若

$\dim V_{\lambda_i}=s_i(i=1,2,\cdots,k)$，则 $\boldsymbol{A}$ 可相似对角化

证　因为 $\dim V_{\lambda_i}=s_i$，所以矩阵 $\boldsymbol{A}$ 的属于 λ_i 的线性无关的特征向量有 s_i 个，设其为 $\boldsymbol{\alpha}_{i1},\boldsymbol{\alpha}_{i2},\cdots,\boldsymbol{\alpha}_{is_i}(i=1,2,\cdots,k;s_i\geqslant 1)$，应用定理 4.1.4 可得特征向量组

$$\boldsymbol{\alpha}_{11},\boldsymbol{\alpha}_{12},\cdots,\boldsymbol{\alpha}_{1s_1},\boldsymbol{\alpha}_{21},\boldsymbol{\alpha}_{22},\cdots,\boldsymbol{\alpha}_{2s_2},\cdots,\boldsymbol{\alpha}_{k1},\boldsymbol{\alpha}_{k2},\cdots,\boldsymbol{\alpha}_{ks_k} \tag{4}$$

线性无关. 由于 $s_1+s_2+\cdots+s_k=n$，所以(4) 式是矩阵 $\boldsymbol{A}$ 的 n 个线性无关的特征向量，应用定理 4.2.3 即得 $\boldsymbol{A}$ 可相似对角化. □

3) 矩阵相似对角化的步骤

当矩阵 $\boldsymbol{A}$ 可相似对角化时，定理 4.2.3 的证明过程同时给出了将矩阵 $\boldsymbol{A}$ 相似于对角矩阵 $\boldsymbol{D}$ 的方法. 下面将相似对角化的步骤详述如下.

(1) 写出特征方程 $|\lambda\boldsymbol{E}-\boldsymbol{A}|=0$，求出全部特征值 $\lambda_1,\lambda_2,\cdots,\lambda_k(1\leqslant k\leqslant n)$，这些特征值的重数分别为 $s_1,s_2,\cdots,s_k(s_1+s_2+\cdots+s_k=n)$.

(2) 对每一个特征值 λ_i，求线性方程组 $(\lambda_i \boldsymbol{E} - \boldsymbol{A})\boldsymbol{x} = \boldsymbol{0}$ 的一个基础解系. 这里要求 $\dim V_{\lambda_i} = s_i (i = 1, 2, \cdots, k)$. 若 $\exists \lambda_i (1 \leqslant i \leqslant k)$，有 $\dim V_{\lambda_i} < s_i$，则矩阵 $\boldsymbol{A}$ 不可对角化.

(3) 以上述(2) 中求出的全部特征向量为列向量作出相似变换矩阵 $\boldsymbol{P}$，以特征值为主对角元作出相似对角矩阵 $\boldsymbol{D}$(这里要求矩阵 $\boldsymbol{P}$ 中特征向量的排序应与矩阵 $\boldsymbol{D}$ 中特征值的排序一致)，则有 $\boldsymbol{P}^{-1}\boldsymbol{AP} = \boldsymbol{D}$.

例 2　判断下列矩阵可否相似对角化，并在可相似对角化时，求出相似变换矩阵与相似对角矩阵将矩阵对角化：

(1) $\begin{bmatrix} 1 & 2 \\ -1 & -1 \end{bmatrix}$；(2) $\begin{bmatrix} 2 & 3 & -3 \\ -1 & 2 & 1 \\ 0 & 3 & -1 \end{bmatrix}$；(3) $\begin{bmatrix} 3 & 1 & -1 \\ 1 & 3 & 1 \\ -4 & 4 & 4 \end{bmatrix}$；(4) $\begin{bmatrix} 3 & 2 & 4 \\ 2 & 0 & 2 \\ 4 & 2 & 3 \end{bmatrix}$.

解　(1) 记 $\boldsymbol{A} = \begin{bmatrix} 1 & 2 \\ -1 & -1 \end{bmatrix}$，在第 4.1 节例 2 中我们已经求得矩阵 $\boldsymbol{A}$ 的特征值为 $\lambda_1 = \mathrm{i}, \lambda_2 = -\mathrm{i}$，矩阵 $\boldsymbol{A}$ 属于 λ_1, λ_2 的特征向量分别为 $\boldsymbol{\alpha}_1 = (-1-\mathrm{i}, 1)^{\mathrm{T}}$，$\boldsymbol{\alpha}_2 = (-1+\mathrm{i}, 1)^{\mathrm{T}}$. 由于矩阵 $\boldsymbol{A}$ 有两个不同的特征值，所以矩阵 $\boldsymbol{A}$ 可相似对角化，且相似变换矩阵 $\boldsymbol{P}$ 与相似对角矩阵 $\boldsymbol{D}$ 分别为

$$\boldsymbol{P} = (\boldsymbol{\alpha}_1, \boldsymbol{\alpha}_2) = \begin{bmatrix} -1-\mathrm{i} & -1+\mathrm{i} \\ 1 & 1 \end{bmatrix}, \quad \boldsymbol{D} = \mathrm{diag}(\mathrm{i}, -\mathrm{i})$$

使得 $\boldsymbol{P}^{-1}\boldsymbol{AP} = \boldsymbol{D}$.

(2) 记 $\boldsymbol{A} = \begin{bmatrix} 2 & 3 & -3 \\ -1 & 2 & 1 \\ 0 & 3 & -1 \end{bmatrix}$，则矩阵 $\boldsymbol{A}$ 的特征方程为

$$|\lambda \boldsymbol{E} - \boldsymbol{A}| = \begin{vmatrix} \lambda-2 & -3 & 3 \\ 1 & \lambda-2 & -1 \\ 0 & -3 & \lambda+1 \end{vmatrix} \xlongequal{c_1+c_2+c_3} (\lambda-2)\begin{vmatrix} 1 & -3 & 3 \\ 1 & \lambda-2 & -1 \\ 1 & -3 & \lambda+1 \end{vmatrix}$$

$$\xlongequal[r_3-r_1]{r_2-r_1} (\lambda-2)\begin{vmatrix} 1 & -3 & 3 \\ 0 & \lambda+1 & -4 \\ 0 & 0 & \lambda-2 \end{vmatrix} = (\lambda-2)^2(\lambda+1) = 0$$

解得 $\boldsymbol{A}$ 的特征值为 $\lambda = 2, 2, -1$. 当 $\lambda = 2$ 时，由 $(2\boldsymbol{E} - \boldsymbol{A})\boldsymbol{x} = \boldsymbol{0}$，即

$$\begin{bmatrix} 0 & -3 & 3 \\ 1 & 0 & -1 \\ 0 & -3 & 3 \end{bmatrix}\begin{bmatrix} x_1 \\ x_2 \\ x_3 \end{bmatrix} = \begin{bmatrix} 0 \\ 0 \\ 0 \end{bmatrix}$$

解得基础解系即特征向量为$\boldsymbol{\alpha}_1=(1,1,1)^{\mathrm{T}}$. 由于特征值$\lambda=2$是二重根,矩阵$\boldsymbol{A}$属于$\lambda=2$的线性无关的特征向量只有一个,所以矩阵$\boldsymbol{A}$不可对角化(特征值$\lambda=-1$所对应的特征向量也就无须继续求了).

(3) 记$\boldsymbol{A}=\begin{bmatrix}3&1&-1\\1&3&1\\-4&4&4\end{bmatrix}$,则矩阵$\boldsymbol{A}$的特征方程为

$$|\lambda\boldsymbol{E}-\boldsymbol{A}|=\begin{vmatrix}\lambda-3&-1&1\\-1&\lambda-3&-1\\4&-4&\lambda-4\end{vmatrix}\xlongequal{c_1+c_2}(\lambda-4)\begin{vmatrix}1&-1&1\\1&\lambda-3&-1\\0&-4&\lambda-4\end{vmatrix}$$

$$\xlongequal{r_2-r_1}(\lambda-4)\begin{vmatrix}1&-1&1\\0&\lambda-2&-2\\0&-4&\lambda-4\end{vmatrix}=(\lambda-4)\lambda(\lambda-6)=0$$

解得$\boldsymbol{A}$的特征值为$\lambda=4,6,0$. 因为矩阵$\boldsymbol{A}$有3个互不同的特征值,所以$\boldsymbol{A}$可相似对角化. 当$\lambda=4$时,由$(4\boldsymbol{E}-\boldsymbol{A})\boldsymbol{x}=\boldsymbol{0}$,即

$$\begin{bmatrix}1&-1&1\\-1&1&-1\\4&-4&0\end{bmatrix}\begin{bmatrix}x_1\\x_2\\x_3\end{bmatrix}=\begin{bmatrix}0\\0\\0\end{bmatrix}$$

解得基础解系即特征向量为$\boldsymbol{\alpha}_1=(1,1,0)^{\mathrm{T}}$;当$\lambda=6$时,由$(6\boldsymbol{E}-\boldsymbol{A})\boldsymbol{x}=\boldsymbol{0}$,即

$$\begin{bmatrix}3&-1&1\\-1&3&-1\\4&-4&2\end{bmatrix}\begin{bmatrix}x_1\\x_2\\x_3\end{bmatrix}=\begin{bmatrix}0\\0\\0\end{bmatrix}$$

解得基础解系即特征向量为$\boldsymbol{\alpha}_2=(-1,1,4)^{\mathrm{T}}$;当$\lambda=0$时,由$(0\boldsymbol{E}-\boldsymbol{A})\boldsymbol{x}=\boldsymbol{0}$,即

$$\begin{bmatrix}3&1&-1\\1&3&1\\-4&4&4\end{bmatrix}\begin{bmatrix}x_1\\x_2\\x_3\end{bmatrix}=\begin{bmatrix}0\\0\\0\end{bmatrix}$$

解得基础解系即特征向量为$\boldsymbol{\alpha}_3=(1,-1,2)^{\mathrm{T}}$. 于是相似变换矩阵$\boldsymbol{P}$与相似对角矩阵$\boldsymbol{D}$分别为

$$\boldsymbol{P}=(\boldsymbol{\alpha}_1,\boldsymbol{\alpha}_2,\boldsymbol{\alpha}_3)=\begin{bmatrix}1&-1&1\\1&1&-1\\0&4&2\end{bmatrix},\quad \boldsymbol{D}=\mathrm{diag}(4,6,0)$$

使得$\boldsymbol{P}^{-1}\boldsymbol{A}\boldsymbol{P}=\boldsymbol{D}$.

(4) 记 $\boldsymbol{A}=\begin{bmatrix}3&2&4\\2&0&2\\4&2&3\end{bmatrix}$，则矩阵 $\boldsymbol{A}$ 的特征方程为

$$|\lambda\boldsymbol{E}-\boldsymbol{A}|=\begin{vmatrix}\lambda-3&-2&-4\\-2&\lambda&-2\\-4&-2&\lambda-3\end{vmatrix}\xlongequal{c_1+c_2+c_3}\begin{vmatrix}\lambda-9&-2&-4\\\lambda-4&\lambda&-2\\\lambda-9&-2&\lambda-3\end{vmatrix}$$

$$\xlongequal{r_3-r_1}\begin{vmatrix}\lambda-9&-2&-4\\\lambda-4&\lambda&-2\\0&0&\lambda+1\end{vmatrix}=(\lambda+1)(\lambda^2-9\lambda+2\lambda-8)$$

$$=(\lambda+1)^2(\lambda-8)=0$$

解得 $\boldsymbol{A}$ 的特征值为 $\lambda=8,-1,-1$. 当 $\lambda=-1$ 时，由 $(-\boldsymbol{E}-\boldsymbol{A})\boldsymbol{x}=\boldsymbol{0}$，即

$$\begin{bmatrix}-4&-2&-4\\-2&-1&-2\\-4&-2&-4\end{bmatrix}\begin{bmatrix}x_1\\x_2\\x_3\end{bmatrix}=\begin{bmatrix}0\\0\\0\end{bmatrix}$$

解得基础解系即线性无关的特征向量为 $\boldsymbol{\alpha}_1=(-1,2,0)^{\mathrm{T}}$，$\boldsymbol{\alpha}_2=(-1,0,1)^{\mathrm{T}}$；当 $\lambda=8$ 时，由 $(8\boldsymbol{E}-\boldsymbol{A})\boldsymbol{x}=\boldsymbol{0}$，即

$$\begin{bmatrix}5&-2&-4\\-2&8&-2\\-4&-2&5\end{bmatrix}\begin{bmatrix}x_1\\x_2\\x_3\end{bmatrix}=\begin{bmatrix}0\\0\\0\end{bmatrix}$$

解得基础解系即特征向量为 $\boldsymbol{\alpha}_3=(2,1,2)^{\mathrm{T}}$. 因为矩阵 $\boldsymbol{A}$ 共有 3 个线性无关的特征向量，所以 $\boldsymbol{A}$ 可相似对角化. 于是相似变换矩阵 $\boldsymbol{P}$ 与相似对角矩阵 $\boldsymbol{D}$ 分别为

$$\boldsymbol{P}=(\boldsymbol{\alpha}_3,\boldsymbol{\alpha}_1,\boldsymbol{\alpha}_2)=\begin{bmatrix}2&-1&-1\\1&2&0\\2&0&1\end{bmatrix},\quad \boldsymbol{D}=\mathrm{diag}(8,-1,-1)$$

使得 $\boldsymbol{P}^{-1}\boldsymbol{A}\boldsymbol{P}=\boldsymbol{D}$.

注 1 在此例第(1) 小题中，两个特征值都是复数，由此使得相似变换矩阵 $\boldsymbol{P}$ 与相似对角矩阵 $\boldsymbol{D}$ 的元素中含有复数，这样的矩阵称为**复矩阵**. 当特征值都是实数时，相似变换矩阵 $\boldsymbol{P}$ 与相似对角矩阵 $\boldsymbol{D}$ 就一定是实矩阵.

注 2 在此例的第(2) 与第(4) 小题中有重特征值，我们都是先求重特征值的特征向量，如果求得的线性无关的特征向量的个数小于该特征值的重数，则该矩阵不可对角化，解题结束，其余的单特征值的特征向量也就不必求了.

注 3 写相似对角矩阵时，对于主对角线上特征值的排序如果问题没有要求，

我们一般约定先写正数(从小到大排),再写负数(从大到小排),最后写 0. 例如特征值是 3,1,3,0,-4,-1 时,我们将相似对角矩阵写为

$$\boldsymbol{D}=\operatorname{diag}(1,3,3,-1,-4,0)$$

且相应的相似变换矩阵中特征向量的排序要与特征值的排序相对应. 这样约定的目的只是为了好写标准答案,并无实质性的道理. 如在此例的第(4) 小题中,先求重特征值 $\lambda=-1$ 的特征向量,而写相似对角矩阵 $\boldsymbol{D}$ 时先写特征值 $\lambda=8$.

***例 3** 设 $\boldsymbol{A}=\begin{bmatrix}3&2&2\\2&3&2\\2&2&3\end{bmatrix}$,$\boldsymbol{Q}=\begin{bmatrix}0&1&0\\1&0&1\\0&0&1\end{bmatrix}$,$\boldsymbol{B}=\boldsymbol{Q}^{-1}\boldsymbol{A}^*\boldsymbol{Q}$,这里 $\boldsymbol{A}^*$ 是 $\boldsymbol{A}$ 的伴随矩阵,求:

(1) $\boldsymbol{A}^*$ 的相似变换矩阵和相似对角矩阵将 $\boldsymbol{A}^*$ 对角化;

(2) $\boldsymbol{B}$ 的相似变换矩阵和相似对角矩阵将 $\boldsymbol{B}$ 对角化.

解 (1) $|\boldsymbol{A}|=\begin{vmatrix}3&2&2\\2&3&2\\2&2&3\end{vmatrix}=7$,设 $\boldsymbol{A}\boldsymbol{\alpha}_i=\lambda_i\boldsymbol{\alpha}_i\ (i=1,2,3)$,则

$$|\boldsymbol{A}|\boldsymbol{A}^{-1}\boldsymbol{\alpha}_i=\frac{7}{\lambda_i}\boldsymbol{\alpha}_i\Rightarrow\boldsymbol{A}^*\boldsymbol{\alpha}_i=\frac{7}{\lambda_i}\boldsymbol{\alpha}_i$$

所以 $\boldsymbol{A}^*$ 的特征值是 $\frac{7}{\lambda_i}\ (i=1,2,3)$,$\boldsymbol{A}^*$ 的属于这 3 个特征值的特征向量也是 $\boldsymbol{\alpha}_1$,$\boldsymbol{\alpha}_2$,$\boldsymbol{\alpha}_3$.

现在先来求矩阵 $\boldsymbol{A}$ 的特征值和特征向量. 矩阵 $\boldsymbol{A}$ 的特征方程为

$$|\lambda\boldsymbol{E}-\boldsymbol{A}|=\begin{vmatrix}\lambda-3&-2&-2\\-2&\lambda-3&-2\\-2&-2&\lambda-3\end{vmatrix}\xlongequal{c_1+c_2+c_3}\begin{vmatrix}\lambda-7&-2&-2\\\lambda-7&\lambda-3&-2\\\lambda-7&-2&\lambda-3\end{vmatrix}$$

$$\xrightarrow[r_2-r_1]{r_3-r_1}(\lambda-7)\begin{vmatrix}1&-2&-2\\0&\lambda-1&0\\0&0&\lambda-1\end{vmatrix}=(\lambda-1)^2(\lambda-7)=0$$

解得 $\boldsymbol{A}$ 的特征值为 $\lambda=1,1,7$. 当 $\lambda=1$ 时,由 $(\boldsymbol{E}-\boldsymbol{A})\boldsymbol{x}=\boldsymbol{0}$,即

$$\begin{bmatrix}-2&-2&-2\\-2&-2&-2\\-2&-2&-2\end{bmatrix}\begin{bmatrix}x_1\\x_2\\x_3\end{bmatrix}=\begin{bmatrix}0\\0\\0\end{bmatrix}$$

解得基础解系即线性无关的特征向量为 $\boldsymbol{\alpha}_1=(-1,1,0)^{\mathrm{T}}$,$\boldsymbol{\alpha}_2=(-1,0,1)^{\mathrm{T}}$. 当 $\lambda=7$ 时,由 $(7\boldsymbol{E}-\boldsymbol{A})\boldsymbol{x}=\boldsymbol{0}$,即

$$\begin{bmatrix} 4 & -2 & -2 \\ -2 & 4 & -2 \\ -2 & -2 & 4 \end{bmatrix}\begin{bmatrix} x_1 \\ x_2 \\ x_3 \end{bmatrix} = \begin{bmatrix} 0 \\ 0 \\ 0 \end{bmatrix}$$

解得基础解系即特征向量为 $\boldsymbol{\alpha}_3=(1,1,1)^{\mathrm{T}}$. 故 $\boldsymbol{A}$ 有 3 个线性无关的特征向量 $\boldsymbol{\alpha}_1$, $\boldsymbol{\alpha}_2$, $\boldsymbol{\alpha}_3$. 因此 $\boldsymbol{A}^*$ 的特征值为 $\frac{7}{\lambda_1}=7$, $\frac{7}{\lambda_2}=7$, $\frac{7}{\lambda_3}=1$, $\boldsymbol{A}^*$ 属于这 3 个特征值也有 3 个线性无关的特征向量 $\boldsymbol{\alpha}_1$, $\boldsymbol{\alpha}_2$, $\boldsymbol{\alpha}_3$. 因此 $\boldsymbol{A}^*$ 的相似变换矩阵 $\boldsymbol{P}_1$ 与相似对角矩阵 $\boldsymbol{D}_1$ 分别为

$$\boldsymbol{P}_1=(\boldsymbol{\alpha}_1,\boldsymbol{\alpha}_2,\boldsymbol{\alpha}_3)=\begin{bmatrix} -1 & -1 & 1 \\ 1 & 0 & 1 \\ 0 & 1 & 1 \end{bmatrix},\quad \boldsymbol{D}_1=\mathrm{diag}(7,7,1)$$

使得 $\boldsymbol{P}_1^{-1}\boldsymbol{A}^*\boldsymbol{P}_1=\boldsymbol{D}_1$.

(2) 因为 $\boldsymbol{A}^*\sim\boldsymbol{B}$, 所以 $\boldsymbol{B}$ 与 $\boldsymbol{A}^*$ 有相同的特征值 7, 7, 1. 由于

$$\boldsymbol{A}^*\boldsymbol{\alpha}=\lambda\boldsymbol{\alpha},\quad \boldsymbol{Q}^{-1}\boldsymbol{A}^*\boldsymbol{Q}=\boldsymbol{B}\Rightarrow \boldsymbol{B}\boldsymbol{Q}^{-1}\boldsymbol{\alpha}=\lambda\boldsymbol{Q}^{-1}\boldsymbol{\alpha}$$

所以 $\boldsymbol{B}$ 属于特征值 7, 7, 1 也有 3 个线性无关的特征向量 $\boldsymbol{Q}^{-1}\boldsymbol{\alpha}_1$, $\boldsymbol{Q}^{-1}\boldsymbol{\alpha}_2$, $\boldsymbol{Q}^{-1}\boldsymbol{\alpha}_3$. 记 $\boldsymbol{\beta}_1=\boldsymbol{Q}^{-1}\boldsymbol{\alpha}_1$, $\boldsymbol{\beta}_2=\boldsymbol{Q}^{-1}\boldsymbol{\alpha}_2$, $\boldsymbol{\beta}_3=\boldsymbol{Q}^{-1}\boldsymbol{\alpha}_3$, 下面利用矩阵的初等行变换求 $\boldsymbol{\beta}_1$, $\boldsymbol{\beta}_2$, $\boldsymbol{\beta}_3$, 即

$$(\boldsymbol{Q}\mid\boldsymbol{\alpha}_1,\boldsymbol{\alpha}_2,\boldsymbol{\alpha}_3)\xrightarrow{\text{初等行变换}}(\boldsymbol{E}\mid\boldsymbol{\beta}_1,\boldsymbol{\beta}_2,\boldsymbol{\beta}_3)$$

$$\left[\begin{array}{ccc|ccc} 0 & 1 & 0 & -1 & -1 & 1 \\ 1 & 0 & 1 & 1 & 0 & 1 \\ 0 & 0 & 1 & 0 & 1 & 1 \end{array}\right]\xrightarrow{r_1\leftrightarrow r_2}\left[\begin{array}{ccc|ccc} 1 & 0 & 1 & 1 & 0 & 1 \\ 0 & 1 & 0 & -1 & -1 & 1 \\ 0 & 0 & 1 & 0 & 1 & 1 \end{array}\right]$$

$$\xrightarrow{r_1-r_3}\left[\begin{array}{ccc|ccc} 1 & 0 & 0 & 1 & -1 & 0 \\ 0 & 1 & 0 & -1 & -1 & 1 \\ 0 & 0 & 1 & 0 & 1 & 1 \end{array}\right]$$

于是 $\boldsymbol{B}$ 的相似变换矩阵 $\boldsymbol{P}_2$ 与相似对角矩阵 $\boldsymbol{D}_2$ 分别为

$$\boldsymbol{P}_2=(\boldsymbol{\beta}_1,\boldsymbol{\beta}_2,\boldsymbol{\beta}_3)=\begin{bmatrix} 1 & -1 & 0 \\ -1 & -1 & 1 \\ 0 & 1 & 1 \end{bmatrix},\quad \boldsymbol{D}_2=\mathrm{diag}(7,7,1)$$

使得 $\boldsymbol{P}_2^{-1}\boldsymbol{B}\boldsymbol{P}_2=\boldsymbol{D}_2$.

4.2.3 矩阵在正交变换下的相似对角化

1) 矩阵在正交变换下的相似对角化的定义

定义 4.2.3(正交变换下的相似对角化) 设 $\boldsymbol{A}$ 是 n 阶矩阵,若存在正交矩阵 $\boldsymbol{T}$ 和对角矩阵 $\boldsymbol{D}$,使得

$$\boldsymbol{T}^{-1}\boldsymbol{A}\boldsymbol{T}=\boldsymbol{T}^{\mathrm{T}}\boldsymbol{A}\boldsymbol{T}=\boldsymbol{D},\quad \boldsymbol{D}=\mathrm{diag}(\lambda_1,\lambda_2,\cdots,\lambda_n)$$

则称矩阵 $\boldsymbol{A}$ **可在正交变换下相似对角化**,称 $\boldsymbol{T}$ 为**正交变换矩阵**,称 $\boldsymbol{D}$ 为 $\boldsymbol{A}$ 的**相似对角矩阵**.

2) 实对称矩阵在正交变换下的相似对角化

对于实对称矩阵,我们已经知道它的特征值是实数,特征向量是实向量,属于不同特征值的特征向量是正交的.下面考虑实对称矩阵在正交变换下的相似对角化问题.我们将看到,实对称矩阵一定能在正交变换下相似对角化.

定理 4.2.4 设 $\boldsymbol{A}$ 是 n 阶实对称矩阵,$\boldsymbol{A}$ 的特征值是 $\lambda_1,\lambda_2,\cdots,\lambda_n$(其中可能有重根),则一定存在正交矩阵 $\boldsymbol{T}$,使得

$$\boldsymbol{T}^{-1}\boldsymbol{A}\boldsymbol{T}=\boldsymbol{D},\quad \boldsymbol{D}=\mathrm{diag}(\lambda_1,\lambda_2,\cdots,\lambda_n)$$

即实对称矩阵一定能在正交变换下相似对角化.

*证 对实对称矩阵 $\boldsymbol{A}$ 的阶数 n 应用数学归纳法证明.当 $n=1$ 时,结论显然成立.假设对任意的 $(n-1)$ 阶实对称矩阵结论成立,下面证明对 n 阶实对称矩阵 $\boldsymbol{A}$ 结论成立.

设 λ_1 是 $\boldsymbol{A}$ 的一个特征值,$\boldsymbol{\alpha}_1$ 是 $\boldsymbol{A}$ 的属于特征值 λ_1 的单位特征向量,则有 $\boldsymbol{A}\boldsymbol{\alpha}_1=\lambda_1\boldsymbol{\alpha}_1$,且 $|\boldsymbol{\alpha}_1|=1$.在 $\mathbf{R}^n$ 中选取 $(n-1)$ 个向量 $\boldsymbol{\beta}_2,\boldsymbol{\beta}_3,\cdots,\boldsymbol{\beta}_n$,使得 $\{\boldsymbol{\alpha}_1,\boldsymbol{\beta}_2,\boldsymbol{\beta}_3,\cdots,\boldsymbol{\beta}_n\}$ 是 $\mathbf{R}^n$ 的一个标准正交基.记 $\boldsymbol{T}_1=(\boldsymbol{\alpha}_1,\boldsymbol{\beta}_2,\boldsymbol{\beta}_3,\cdots,\boldsymbol{\beta}_n)$,则 $\boldsymbol{T}_1$ 是正交矩阵.记

$$\boldsymbol{A}\boldsymbol{\beta}_2=(\boldsymbol{\alpha}_1,\boldsymbol{\beta}_2,\boldsymbol{\beta}_3,\cdots,\boldsymbol{\beta}_n)\begin{bmatrix}b_{12}\\b_{22}\\\vdots\\b_{n2}\end{bmatrix},\quad \boldsymbol{A}\boldsymbol{\beta}_3=(\boldsymbol{\alpha}_1,\boldsymbol{\beta}_2,\boldsymbol{\beta}_3,\cdots,\boldsymbol{\beta}_n)\begin{bmatrix}b_{13}\\b_{23}\\\vdots\\b_{n3}\end{bmatrix},\quad\cdots$$

$$\boldsymbol{A}\boldsymbol{\beta}_n=(\boldsymbol{\alpha}_1,\boldsymbol{\beta}_2,\boldsymbol{\beta}_3,\cdots,\boldsymbol{\beta}_n)\begin{bmatrix}b_{1n}\\b_{2n}\\\vdots\\b_{nn}\end{bmatrix}$$

则

$$\boldsymbol{A}\boldsymbol{T}_1=\boldsymbol{A}(\boldsymbol{\alpha}_1,\boldsymbol{\beta}_2,\boldsymbol{\beta}_3,\cdots,\boldsymbol{\beta}_n)=(\lambda_1\boldsymbol{\alpha}_1,\boldsymbol{A}\boldsymbol{\beta}_2,\boldsymbol{A}\boldsymbol{\beta}_3,\cdots,\boldsymbol{A}\boldsymbol{\beta}_n)$$

$$=(\boldsymbol{\alpha}_1,\boldsymbol{\beta}_2,\boldsymbol{\beta}_3,\cdots,\boldsymbol{\beta}_n)\begin{bmatrix}\lambda_1 & b_{12} & \cdots & b_{1n}\\0 & b_{22} & \cdots & b_{2n}\\\vdots & \vdots & & \vdots\\0 & b_{n2} & \cdots & b_{nn}\end{bmatrix}$$

于是有

$$\boldsymbol{T}_1^{-1}\boldsymbol{A}\boldsymbol{T}_1=\begin{bmatrix}\lambda_1 & b_{12} & \cdots & b_{1n}\\0 & b_{22} & \cdots & b_{2n}\\\vdots & \vdots & & \vdots\\0 & b_{n2} & \cdots & b_{nn}\end{bmatrix}\tag{5}$$

由于 $\boldsymbol{T}_1^{-1}=\boldsymbol{T}_1^{\mathrm{T}},\boldsymbol{A}^{\mathrm{T}}=\boldsymbol{A}$，所以$(\boldsymbol{T}_1^{-1}\boldsymbol{A}\boldsymbol{T}_1)^{\mathrm{T}}=\boldsymbol{T}_1^{\mathrm{T}}\boldsymbol{A}^{\mathrm{T}}(\boldsymbol{T}_1^{-1})^{\mathrm{T}}=\boldsymbol{T}_1^{-1}\boldsymbol{A}\boldsymbol{T}_1$，因此 $\boldsymbol{T}_1^{-1}\boldsymbol{A}\boldsymbol{T}_1$ 是实对称矩阵，于是 $b_{12}=b_{13}=\cdots=b_{1n}=0$，且 $\boldsymbol{B}=\begin{bmatrix}b_{22} & b_{23} & \cdots & b_{2n}\\b_{32} & b_{33} & \cdots & b_{3n}\\\vdots & \vdots & & \vdots\\b_{n2} & b_{n3} & \cdots & b_{nn}\end{bmatrix}$是$(n-1)$阶实对称矩阵. 由归纳假设，存在$(n-1)$阶正交矩阵 $\boldsymbol{T}_2$，使得

$$\boldsymbol{T}_2^{-1}\boldsymbol{B}\boldsymbol{T}_2=\mathrm{diag}(\lambda_2,\lambda_3,\cdots,\lambda_n)$$

这里 $\lambda_2,\lambda_3,\cdots,\lambda_n$ 是矩阵$\boldsymbol{B}$ 的特征值，由(5)式可以看出 $\lambda_2,\lambda_3,\cdots,\lambda_n$ 也是矩阵$\boldsymbol{A}$ 的特征值. 令 $\boldsymbol{T}_3=\begin{bmatrix}1 & \boldsymbol{O}\\\boldsymbol{O} & \boldsymbol{T}_2\end{bmatrix}$，由于

$$\boldsymbol{T}_3^{\mathrm{T}}\boldsymbol{T}_3=\begin{bmatrix}1 & \boldsymbol{O}\\\boldsymbol{O} & \boldsymbol{T}_2\end{bmatrix}^{\mathrm{T}}\begin{bmatrix}1 & \boldsymbol{O}\\\boldsymbol{O} & \boldsymbol{T}_2\end{bmatrix}=\begin{bmatrix}1 & \boldsymbol{O}\\\boldsymbol{O} & \boldsymbol{T}_2^{\mathrm{T}}\end{bmatrix}\begin{bmatrix}1 & \boldsymbol{O}\\\boldsymbol{O} & \boldsymbol{T}_2\end{bmatrix}=\begin{bmatrix}1 & \boldsymbol{O}\\\boldsymbol{O} & \boldsymbol{T}_2^{\mathrm{T}}\boldsymbol{T}_2\end{bmatrix}$$

$$=\begin{bmatrix}1 & \boldsymbol{O}\\\boldsymbol{O} & \boldsymbol{E}_{(n-1)\times(n-1)}\end{bmatrix}=\boldsymbol{E}_{n\times n}$$

所以 $\boldsymbol{T}_3$ 是正交矩阵. 因为

$$\boldsymbol{T}_3^{-1}(\boldsymbol{T}_1^{-1}\boldsymbol{A}\boldsymbol{T}_1)\boldsymbol{T}_3=\begin{bmatrix}1 & \boldsymbol{O}\\\boldsymbol{O} & \boldsymbol{T}_2^{-1}\end{bmatrix}\begin{bmatrix}\lambda_1 & \boldsymbol{O}\\\boldsymbol{O} & \boldsymbol{B}\end{bmatrix}\begin{bmatrix}1 & \boldsymbol{O}\\\boldsymbol{O} & \boldsymbol{T}_2\end{bmatrix}=\begin{bmatrix}\lambda_1 & \boldsymbol{O}\\\boldsymbol{O} & \boldsymbol{T}_2^{-1}\boldsymbol{B}\boldsymbol{T}_2\end{bmatrix}$$

$$=\begin{bmatrix}\lambda_1 & & & O\\ & \lambda_2 & & \\ & & \ddots & \\O & & & \lambda_n\end{bmatrix}\tag{6}$$

令 $\boldsymbol{T}=\boldsymbol{T}_1\boldsymbol{T}_3$，因为

$$T^{\mathrm{T}}T=(T_1T_3)^{\mathrm{T}}T_1T_3=T_3^{\mathrm{T}}T_1^{\mathrm{T}}T_1T_3=T_3^{-1}T_1^{-1}T_1T_3=T_3^{-1}ET_3=E$$

所以 T 是正交矩阵，且(6) 式化为 $T^{-1}AT=\mathrm{diag}(\lambda_1,\lambda_2,\cdots,\lambda_n)$. 故定理的结论对 n 阶实对称矩阵 A 成立. 因此定理的结论成立. □

由定理 4.2.4 容易得到下列推论，证明从略.

推论 1

实对称矩阵的每个特征值的特征子空间的维数都等于该特征值的重数

推论 2

实对称矩阵的秩等于其非零特征值的个数

将一个实对称矩阵 A 在正交变换下相似对角化，不但要求相似对角化，而且要求相似变换矩阵 T 为正交矩阵. 所以将一个实对称矩阵 A 在正交变换下相似对角化的步骤，可按相似对角化的步骤进行，增加的工作是将 A 的特征向量组化为标准正交组. 对于 A 的单特征值，只要将特征向量规范化；对于 A 的重特征值，要应用施密特正交规范化方法将属于该特征值的线性无关的特征向量组化为与之等价的标准正交向量组.

例 4 将下列实对称矩阵在正交变换下相似对角化，写出正交变换矩阵和相似对角矩阵：

(1) $\begin{bmatrix}1&2&0\\2&2&-2\\0&-2&3\end{bmatrix}$； (2) $\begin{bmatrix}3&2&4\\2&0&2\\4&2&3\end{bmatrix}$.

解 (1) 记 $A=\begin{bmatrix}1&2&0\\2&2&-2\\0&-2&3\end{bmatrix}$，则矩阵 A 的特征方程为

$$\begin{aligned}|\lambda E-A|&=\begin{vmatrix}\lambda-1&-2&0\\-2&\lambda-2&2\\0&2&\lambda-3\end{vmatrix}\\&=(\lambda-1)(\lambda-2)(\lambda-3)+0+0-0-4(\lambda-1)-4(\lambda-3)\\&=(\lambda-1)(\lambda-2)(\lambda-3)-8(\lambda-2)\\&=(\lambda-2)(\lambda+1)(\lambda-5)=0\end{aligned}$$

解得 A 的特征值为 $\lambda=2,5,-1$. 当 $\lambda=2$ 时，由 $(2E-A)x=\mathbf{0}$，即

$$\begin{bmatrix}1&-2&0\\-2&0&2\\0&2&-1\end{bmatrix}\begin{bmatrix}x_1\\x_2\\x_3\end{bmatrix}=\begin{bmatrix}0\\0\\0\end{bmatrix}$$

解得基础解系即特征向量为 $\boldsymbol{\alpha}_1=(2,1,2)^{\mathrm{T}}$，规范化得

$$\boldsymbol{\gamma}_1=\left(\frac{2}{3},\frac{1}{3},\frac{2}{3}\right)^{\mathrm{T}}$$

当 $\lambda=5$ 时，由 $(5\boldsymbol{E}-\boldsymbol{A})\boldsymbol{x}=\boldsymbol{0}$，即

$$\begin{bmatrix}4 & -2 & 0\\ -2 & 3 & 2\\ 0 & 2 & 2\end{bmatrix}\begin{bmatrix}x_1\\ x_2\\ x_3\end{bmatrix}=\begin{bmatrix}0\\ 0\\ 0\end{bmatrix}$$

解得基础解系即特征向量为 $\boldsymbol{\alpha}_2=(-1,-2,2)^{\mathrm{T}}$，规范化得

$$\boldsymbol{\gamma}_2=\left(-\frac{1}{3},-\frac{2}{3},\frac{2}{3}\right)^{\mathrm{T}}$$

当 $\lambda=-1$ 时，由 $(-\boldsymbol{E}-\boldsymbol{A})\boldsymbol{x}=\boldsymbol{0}$，即

$$\begin{bmatrix}-2 & -2 & 0\\ -2 & -3 & 2\\ 0 & 2 & -4\end{bmatrix}\begin{bmatrix}x_1\\ x_2\\ x_3\end{bmatrix}=\begin{bmatrix}0\\ 0\\ 0\end{bmatrix}$$

解得基础解系即特征向量为 $\boldsymbol{\alpha}_3=(-2,2,1)^{\mathrm{T}}$，规范化得

$$\boldsymbol{\gamma}_3=\left(-\frac{2}{3},\frac{2}{3},\frac{1}{3}\right)^{\mathrm{T}}$$

于是正交变换矩阵 $\boldsymbol{T}$ 与相似对角矩阵 $\boldsymbol{D}$ 分别为

$$\boldsymbol{T}=(\boldsymbol{\gamma}_1,\boldsymbol{\gamma}_2,\boldsymbol{\gamma}_3)=\begin{bmatrix}\frac{2}{3} & -\frac{1}{3} & -\frac{2}{3}\\ \frac{1}{3} & -\frac{2}{3} & \frac{2}{3}\\ \frac{2}{3} & \frac{2}{3} & \frac{1}{3}\end{bmatrix},\quad \boldsymbol{D}=\mathrm{diag}(2,5,-1)$$

使得 $\boldsymbol{T}^{-1}\boldsymbol{A}\boldsymbol{T}=\boldsymbol{T}^{\mathrm{T}}\boldsymbol{A}\boldsymbol{T}=\boldsymbol{D}$.

(2) 记 $\boldsymbol{A}=\begin{bmatrix}3 & 2 & 4\\ 2 & 0 & 2\\ 4 & 2 & 3\end{bmatrix}$. 在前面例 2 第(4) 小题中我们已经求得 $\boldsymbol{A}$ 的特征值为 $\lambda=8,-1,-1$，矩阵 $\boldsymbol{A}$ 属于 $\lambda=8$ 的特征向量为 $\boldsymbol{\alpha}_1=(2,1,2)^{\mathrm{T}}$，矩阵 $\boldsymbol{A}$ 属于 $\lambda=-1$ 的线性无关的特征向量为 $\boldsymbol{\alpha}_2=(-1,2,0)^{\mathrm{T}}$，$\boldsymbol{\alpha}_3=(-1,0,1)^{\mathrm{T}}$. 将特征向量 $\boldsymbol{\alpha}_1=(2,1,2)^{\mathrm{T}}$ 规范化得 $\boldsymbol{\gamma}_1=\left(\frac{2}{3},\frac{1}{3},\frac{2}{3}\right)^{\mathrm{T}}$. 下面应用施密特正交规范化方法将线性无关的特征向量组 $\boldsymbol{\alpha}_2=(-1,2,0)^{\mathrm{T}}$，$\boldsymbol{\alpha}_3=(-1,0,1)^{\mathrm{T}}$ 化为标准正交向量组. 先正

交化，令

$$\boldsymbol{\beta}_2 = \boldsymbol{\alpha}_2 = (-1,2,0)^{\mathrm{T}}$$

$$\boldsymbol{\beta}_3 = \boldsymbol{\alpha}_3 - \frac{(\boldsymbol{\alpha}_3, \boldsymbol{\beta}_2)}{(\boldsymbol{\beta}_2, \boldsymbol{\beta}_2)}\boldsymbol{\beta}_2 = (-1,0,1)^{\mathrm{T}} - \frac{(-1,0,1)\cdot(-1,2,0)^{\mathrm{T}}}{(-1,2,0)\cdot(-1,2,0)^{\mathrm{T}}}(-1,2,0)^{\mathrm{T}}$$

$$= (-1,0,1)^{\mathrm{T}} - \frac{1}{5}(-1,2,0)^{\mathrm{T}} = \left(-\frac{4}{5}, -\frac{2}{5}, 1\right)^{\mathrm{T}}$$

再规范化，令

$$\boldsymbol{\gamma}_2 = \frac{1}{|\boldsymbol{\beta}_2|}\boldsymbol{\beta}_2 = \left(-\frac{\sqrt{5}}{5}, \frac{2\sqrt{5}}{5}, 0\right)^{\mathrm{T}}, \quad \boldsymbol{\gamma}_3 = \frac{1}{|\boldsymbol{\beta}_3|}\boldsymbol{\beta}_3 = \left(-\frac{4\sqrt{5}}{15}, -\frac{2\sqrt{5}}{15}, \frac{\sqrt{5}}{3}\right)^{\mathrm{T}}$$

于是正交变换矩阵 $\boldsymbol{T}$ 与相似对角矩阵 $\boldsymbol{D}$ 分别为

$$\boldsymbol{T} = (\boldsymbol{\gamma}_1, \boldsymbol{\gamma}_2, \boldsymbol{\gamma}_3) = \begin{bmatrix} \frac{2}{3} & -\frac{\sqrt{5}}{5} & -\frac{4\sqrt{5}}{15} \\ \frac{1}{3} & \frac{2\sqrt{5}}{5} & -\frac{2\sqrt{5}}{15} \\ \frac{2}{3} & 0 & \frac{\sqrt{5}}{3} \end{bmatrix}, \quad \boldsymbol{D} = \mathrm{diag}(8, -1, -1)$$

使得 $\boldsymbol{T}^{-1}\boldsymbol{A}\boldsymbol{T} = \boldsymbol{T}^{\mathrm{T}}\boldsymbol{A}\boldsymbol{T} = \boldsymbol{D}$.

例 5　设 $\boldsymbol{A}$ 为四阶实对称矩阵，满足等式 $\boldsymbol{A}^2 - 2\boldsymbol{A} = \boldsymbol{O}$，且 $\mathrm{r}(\boldsymbol{A}) = 2$，求 $\boldsymbol{A}$ 的全部特征值.

解　设 λ 是 $\boldsymbol{A}$ 的特征值，$\boldsymbol{A}$ 的属于 λ 的特征向量是 $\boldsymbol{\alpha}$，则 $\boldsymbol{A}\boldsymbol{\alpha} = \lambda\boldsymbol{\alpha}$，于是

$$(\boldsymbol{A}^2 - 2\boldsymbol{A})\boldsymbol{\alpha} = \boldsymbol{A}^2\boldsymbol{\alpha} - 2\boldsymbol{A}\boldsymbol{\alpha} = \lambda^2\boldsymbol{\alpha} - 2\lambda\boldsymbol{\alpha} = (\lambda^2 - 2\lambda)\boldsymbol{\alpha} = \boldsymbol{0}$$

由于 $\boldsymbol{\alpha} \neq \boldsymbol{0}$，所以 $\lambda^2 - 2\lambda = 0$，解得 $\lambda = 0, 2$. 这表明 $\boldsymbol{A}$ 的特征值 $\lambda \in \{0, 2\}$. 因为 $\mathrm{r}(\boldsymbol{A}) = 2$，所以实对称矩阵 $\boldsymbol{A}$ 有 2 个非零特征值，2 个特征值是 0. 于是 $\boldsymbol{A}$ 的特征值是 2，2，0，0.

习题 4.2

A 组

1. 若 n 阶矩阵 $\boldsymbol{A}$ 的 n 个特征值都相等，且 $\boldsymbol{A}$ 可相似对角化，求证：$\boldsymbol{A}$ 是数量矩阵.

2. 证明：矩阵 $\boldsymbol{A} = \begin{bmatrix} 1 & 2 & 3 \\ 0 & 1 & 4 \\ 0 & 0 & 1 \end{bmatrix}$ 不可相似对角化.

3. 设 $\boldsymbol{A} = \mathrm{diag}(a_1, a_2, a_3, \cdots, a_{n-1}, a_n)$，$\boldsymbol{B} = \mathrm{diag}(a_n, a_{n-1}, \cdots, a_3, a_2, a_1)$，试求可逆矩阵 $\boldsymbol{P}$，使得 $\boldsymbol{P}^{-1}\boldsymbol{AP} = \boldsymbol{B}$.

4. 判断下列矩阵可否相似对角化，在可相似对角化时，求出相似变换矩阵与相似对角矩阵将矩阵对角化：

1) $\begin{bmatrix} 5 & 1 & 2 \\ 0 & 3 & -2 \\ 0 & -2 & 3 \end{bmatrix}$；　2) $\begin{bmatrix} 1 & 1 & 2 \\ 1 & 2 & 1 \\ 2 & 1 & 1 \end{bmatrix}$；

3) $\begin{bmatrix} 5 & 0 & 0 \\ 0 & 3 & -2 \\ 0 & -2 & 3 \end{bmatrix}$；　4) $\begin{bmatrix} 3 & 2 & -1 \\ -2 & -2 & 2 \\ 3 & 6 & -1 \end{bmatrix}$.

5. 已知 $\boldsymbol{A} = \begin{bmatrix} 2 & 0 & 0 \\ 1 & 2 & -1 \\ 1 & 0 & 1 \end{bmatrix}$，求 $\boldsymbol{A}^n (n \in \mathbf{N}^*)$.

6. 设 $\boldsymbol{A}$ 为 n 阶实对称矩阵，且 $\boldsymbol{A}^2 = \boldsymbol{E}$，求证：存在正交矩阵 $\boldsymbol{T}$，使得

$$\boldsymbol{T}^{-1}\boldsymbol{AT} = \boldsymbol{T}^{\mathrm{T}}\boldsymbol{AT} = \begin{bmatrix} \boldsymbol{E}_{r\times r} & \\ & -\boldsymbol{E}_{(n-r)\times(n-r)} \end{bmatrix} \quad (0 \leqslant r \leqslant n)$$

7. 设 $\boldsymbol{A}$ 为实对称矩阵，$\boldsymbol{A}$ 的所有特征值的绝对值都是 1，求证：$\boldsymbol{A}$ 是正交矩阵.

8. 证明：一个秩为 r 的实对称矩阵可以表示为 r 个秩为 1 的实对称矩阵之和.

9. 将下列实对称矩阵在正交变换下相似对角化，写出正交变换矩阵和相似对角矩阵：

1) $\begin{bmatrix} 0 & 1 & 0 \\ 1 & 0 & 1 \\ 0 & 1 & 0 \end{bmatrix}$；　2) $\begin{bmatrix} 4 & 2 & 2 \\ 2 & 4 & 2 \\ 2 & 2 & 4 \end{bmatrix}$；

3) $\begin{bmatrix} 2 & 0 & 4 \\ 0 & 6 & 0 \\ 4 & 0 & 2 \end{bmatrix}$；　4) $\begin{bmatrix} 1 & -2 & -4 \\ -2 & 4 & -2 \\ -4 & -2 & 1 \end{bmatrix}$.

B 组

1. 设 $\boldsymbol{A}$ 为实对称矩阵，$\boldsymbol{B}$ 为实反对称矩阵，且 $\boldsymbol{A} - \boldsymbol{B}$ 可逆，$\boldsymbol{AB} = \boldsymbol{BA}$，求证：$(\boldsymbol{A} + \boldsymbol{B})(\boldsymbol{A} - \boldsymbol{B})^{-1}$ 为正交矩阵.

2. 设 $\boldsymbol{A}$ 为三阶实对称矩阵，$\mathrm{r}(\boldsymbol{A}) = 2$，满足 $\boldsymbol{AB} = \boldsymbol{C}$，这里

$$\boldsymbol{B}=\begin{bmatrix}1 & 1\\1 & -1\\0 & 0\end{bmatrix},\quad \boldsymbol{C}=\begin{bmatrix}1 & -1\\1 & 1\\0 & 0\end{bmatrix}$$

1) 求 $\boldsymbol{A}$ 的特征值和全部特征向量；

2) 求矩阵 $\boldsymbol{A}$.

4.3　二次型的基本概念

二次型的理论起源于解析几何中二次曲线和二次曲面方程的化简与分类，现在已广泛应用于数学、物理等许多学科.

在空间解析几何中我们曾讲过，关于 x,y,z 的二次齐次方程

$$a_{11}x^2+a_{22}y^2+a_{33}z^2+2a_{12}xy+2a_{13}xz+2a_{23}yz=1 \tag{1}$$

通过坐标系的旋转变换一定可将(1) 式中的乘积项 xy,yz,zx 一起消去，化为

$$a'_{11}(x')^2+a'_{22}(y')^2+a'_{33}(z')^2=1 \tag{2}$$

的形式，由(2) 式容易判别二次曲面的类型. 所谓坐标系的旋转变换，就是在 $\mathbf{R}^3$ 中取一个标准正交基 $\boldsymbol{\alpha}_1,\boldsymbol{\alpha}_2,\boldsymbol{\alpha}_3$，假设由自然基 $\boldsymbol{e}_1,\boldsymbol{e}_2,\boldsymbol{e}_3$ 到 $\boldsymbol{\alpha}_1,\boldsymbol{\alpha}_2,\boldsymbol{\alpha}_3$ 的过渡矩阵为 $\boldsymbol{T}$，即

$$(\boldsymbol{\alpha}_1,\boldsymbol{\alpha}_2,\boldsymbol{\alpha}_3)=(\boldsymbol{e}_1,\boldsymbol{e}_2,\boldsymbol{e}_3)\begin{bmatrix}\cos\alpha_1 & \cos\alpha_2 & \cos\alpha_3\\ \cos\beta_1 & \cos\beta_2 & \cos\beta_3\\ \cos\gamma_1 & \cos\gamma_2 & \cos\gamma_3\end{bmatrix},\quad \boldsymbol{T}=\begin{bmatrix}\cos\alpha_1 & \cos\alpha_2 & \cos\alpha_3\\ \cos\beta_1 & \cos\beta_2 & \cos\beta_3\\ \cos\gamma_1 & \cos\gamma_2 & \cos\gamma_3\end{bmatrix}$$

这里 $\boldsymbol{T}$ 是正交矩阵. 作正交变换

$$\begin{bmatrix}x\\y\\z\end{bmatrix}=\begin{bmatrix}\cos\alpha_1 & \cos\alpha_2 & \cos\alpha_3\\ \cos\beta_1 & \cos\beta_2 & \cos\beta_3\\ \cos\gamma_1 & \cos\gamma_2 & \cos\gamma_3\end{bmatrix}\begin{bmatrix}x'\\y'\\z'\end{bmatrix}$$

代入(1) 式将其化为关于新的变量 x',y',z' 的二次齐次方程. 我们要研究的问题是一定存在一个标准正交基 $\boldsymbol{\alpha}_1,\boldsymbol{\alpha}_2,\boldsymbol{\alpha}_3$，使得上述关于变量 x',y',z' 的二次齐次方程中乘积项 $x'y',y'z',z'x'$ 的系数全部为 0，只留下含有平方项的简单形式.

在这一节中，我们要将(1) 式左边的 3 个变量的二次齐次多项式扩充为含 n 个变量 $x_1,x_2,\cdots,x_n$ 的二次齐次多项式，在理论上证明上述方法的可行性，并给出多个具体方法实施.

4.3.1　二次型的矩阵表示

定义 4.3.1(二次型)　关于 n 个实变量 $x_1,x_2,\cdots,x_n$ 的二次齐次多项式

$$\begin{aligned} f(x_1,x_2,\cdots,x_n) = & a_{11}x_1^2 + a_{22}x_2^2 + \cdots + a_{nn}x_n^2 + 2a_{12}x_1x_2 + 2a_{13}x_1x_3 \\ & + \cdots + 2a_{1n}x_1x_n + 2a_{23}x_2x_3 + 2a_{24}x_2x_4 + \cdots + 2a_{2n}x_2x_n \\ & + \cdots + 2a_{n-1,n}x_{n-1}x_n \end{aligned} \tag{3}$$

称为**关于 $x_1,x_2,\cdots,x_n$ 的 n 元二次型.**

当 $i,j=1,2,\cdots,n$, $\forall a_{ij}\in \mathbf{R}$ 时,称(3) 式为**实二次型**;当 $i,j=1,2,\cdots,n$, $\forall a_{ij}\in \mathbf{C}$ 时,称(3) 式为**复二次型**. 本书下面只讨论实二次型,并简称为**二次型**.

若令 $a_{ij}=a_{ji}(i,j=1,2,\cdots,n)$,则(3) 式可简记为

$$f(x_1,x_2,\cdots,x_n)=\sum_{i=1}^{n}\sum_{j=1}^{n}a_{ij}x_ix_j \tag{4}$$

二次型可用矩阵表示. 例如(1) 式的左边可写为

$$\begin{aligned} & a_{11}x^2+a_{22}y^2+a_{33}z^2+2a_{12}xy+2a_{13}xz+2a_{23}yz \\ & = x(a_{11}x+a_{12}y+a_{13}z)+y(a_{12}x+a_{22}y+a_{23}z)+z(a_{13}x+a_{23}y+a_{33}z) \\ & = (x,y,z)\begin{bmatrix} a_{11}x+a_{12}y+a_{13}z \\ a_{12}x+a_{22}y+a_{23}z \\ a_{13}x+a_{23}y+a_{33}z \end{bmatrix} = (x,y,z)\begin{bmatrix} a_{11} & a_{12} & a_{13} \\ a_{12} & a_{22} & a_{23} \\ a_{13} & a_{23} & a_{33} \end{bmatrix}\begin{bmatrix} x \\ y \\ z \end{bmatrix} \end{aligned}$$

同样的,对于二次型(3) 式,我们有下面的定义.

定义 4.3.2(二次型的矩阵表示)　令

$$\boldsymbol{A}=\begin{bmatrix} a_{11} & a_{12} & \cdots & a_{1n} \\ a_{12} & a_{22} & \cdots & a_{2n} \\ \vdots & \vdots & & \vdots \\ a_{1n} & a_{2n} & \cdots & a_{nn} \end{bmatrix},\quad \boldsymbol{x}=\begin{bmatrix} x_1 \\ x_2 \\ \vdots \\ x_n \end{bmatrix}$$

这里 $\boldsymbol{A}$ 为实对称矩阵,则(3) 式化为

$$\boxed{f(\boldsymbol{x})=(x_1,x_2,\cdots,x_n)\begin{bmatrix} a_{11} & a_{12} & \cdots & a_{1n} \\ a_{12} & a_{22} & \cdots & a_{2n} \\ \vdots & \vdots & & \vdots \\ a_{1n} & a_{2n} & \cdots & a_{nn} \end{bmatrix}\begin{bmatrix} x_1 \\ x_2 \\ \vdots \\ x_n \end{bmatrix}=\boldsymbol{x}^{\mathrm{T}}\boldsymbol{A}\boldsymbol{x}} \tag{5}$$

(5) 式称为**二次型 $f(\boldsymbol{x})$ 的矩阵表示**,并称矩阵 $\boldsymbol{A}$ 为**二次型 $f(\boldsymbol{x})$ 的矩阵**. 若矩阵 $\boldsymbol{A}$ 的秩为 r,则称**二次型 $f(\boldsymbol{x})$ 的秩为 r.**

可以证明二次型的矩阵是唯一的.即若

$$f(x_1,x_2,\cdots,x_n)=\boldsymbol{x}^{\mathrm{T}}\boldsymbol{A}\boldsymbol{x},\quad f(x_1,x_2,\cdots,x_n)=\boldsymbol{x}^{\mathrm{T}}\boldsymbol{B}\boldsymbol{x}$$

则 $\boldsymbol{A}=\boldsymbol{B}$. 所以二次型 $f(x_1,x_2,\cdots,x_n)$ 与实对称矩阵 $\boldsymbol{A}$ 一一对应.

例 1 写出二次型 $f(x_1,x_2,x_3)=2x_1^2-x_2^2+3x_3^2-4x_1x_2+6x_1x_3-8x_2x_3$ 的矩阵和矩阵表示,并求该二次型的秩.

解 二次型 $f(x_1,x_2,x_3)$ 的矩阵为 $\boldsymbol{A}=\begin{bmatrix}2&-2&3\\-2&-1&-4\\3&-4&3\end{bmatrix}$,设 $\boldsymbol{x}=(x_1,x_2,x_3)^{\mathrm{T}}$,则二次型 $f(x_1,x_2,x_3)$ 的矩阵表示为

$$f(x_1,x_2,x_3)=(x_1,x_2,x_3)\begin{bmatrix}2&-2&3\\-2&-1&-4\\3&-4&3\end{bmatrix}\begin{bmatrix}x_1\\x_2\\x_3\end{bmatrix}$$

由于

$$\boldsymbol{A}=\begin{bmatrix}2&-2&3\\-2&-1&-4\\3&-4&3\end{bmatrix}\xrightarrow[r_3-r_1]{r_2+r_1}\begin{bmatrix}2&-2&3\\0&-3&-1\\1&-2&0\end{bmatrix}\xrightarrow{r_1\leftrightarrow r_3}\begin{bmatrix}1&-2&0\\0&-3&-1\\2&-2&3\end{bmatrix}$$

$$\xrightarrow[-\frac{1}{3}r_2]{r_3-2r_1}\begin{bmatrix}1&-2&0\\0&1&\frac{1}{3}\\0&2&3\end{bmatrix}\xrightarrow{r_3-2r_2}\begin{bmatrix}1&-2&0\\0&1&\frac{1}{3}\\0&0&\frac{7}{3}\end{bmatrix}$$

所以 $\mathrm{r}(\boldsymbol{A})=3$,于是二次型 $f(\boldsymbol{x})$ 秩是 3.

例 2 已知实对称矩阵 $\boldsymbol{A}=\begin{bmatrix}3&2&-4\\2&1&5\\-4&5&-6\end{bmatrix}$,求二次型 $f(x,y,z)$,使该二次型的矩阵为 $\boldsymbol{A}$.

解 所求二次型为

$$f(x,y,z)=3x^2+y^2-6z^2+4xy-8xz+10yz$$

例 3 设 $\boldsymbol{\alpha}=(a_1,a_2,a_3)^{\mathrm{T}},\boldsymbol{\beta}=(b_1,b_2,b_3)^{\mathrm{T}}$,证明二次型

$$f(x_1,x_2,x_3)=(a_1x_1+a_2x_2+a_3x_3)^2-(b_1x_1+b_2x_2+b_3x_3)^2$$

的矩阵 $\boldsymbol{A}$ 为 $\boldsymbol{\alpha\alpha}^{\mathrm{T}}-\boldsymbol{\beta\beta}^{\mathrm{T}}$,并写出矩阵 $\boldsymbol{A}$.

解 记 $\boldsymbol{x}=(x_1,x_2,x_3)^{\mathrm{T}}$,由于

$$(a_1x_1+a_2x_2+a_3x_3)^2=(x_1a_1+x_2a_2+x_3a_3)(a_1x_1+a_2x_2+a_3x_3)=\boldsymbol{x}^{\mathrm{T}}\boldsymbol{\alpha}\boldsymbol{\alpha}^{\mathrm{T}}\boldsymbol{x}$$

$$(b_1x_1+b_2x_2+b_3x_3)^2=(x_1b_1+x_2b_2+x_3b_3)(b_1x_1+b_2x_2+b_3x_3)=\boldsymbol{x}^{\mathrm{T}}\boldsymbol{\beta}\boldsymbol{\beta}^{\mathrm{T}}\boldsymbol{x}$$

所以

$$f(x_1,x_2,x_3)=\boldsymbol{x}^{\mathrm{T}}\boldsymbol{\alpha}\boldsymbol{\alpha}^{\mathrm{T}}\boldsymbol{x}-\boldsymbol{x}^{\mathrm{T}}\boldsymbol{\beta}\boldsymbol{\beta}^{\mathrm{T}}\boldsymbol{x}=\boldsymbol{x}^{\mathrm{T}}(\boldsymbol{\alpha}\boldsymbol{\alpha}^{\mathrm{T}}-\boldsymbol{\beta}\boldsymbol{\beta}^{\mathrm{T}})\boldsymbol{x}$$

于是所求二次型的矩阵 $\boldsymbol{A}$ 为 $\boldsymbol{\alpha}\boldsymbol{\alpha}^{\mathrm{T}}-\boldsymbol{\beta}\boldsymbol{\beta}^{\mathrm{T}}$. 应用矩阵的乘法与减法得

$$\boldsymbol{A}=\begin{bmatrix} a_1^2-b_1^2 & a_1a_2-b_1b_2 & a_1a_3-b_1b_3 \\ a_2a_1-b_2b_1 & a_2^2-b_2^2 & a_2a_3-b_2b_3 \\ a_3a_1-b_3b_1 & a_3a_2-b_3b_2 & a_3^2-b_3^2 \end{bmatrix}$$

4.3.2 二次型的等价

定义 4.3.3(线性变换) 两组实变量 $x_1,x_2,\cdots,x_n$ 和 $y_1,y_2,\cdots,y_n$ 之间的关系式

$$\begin{cases} x_1=p_{11}y_1+p_{12}y_2+\cdots+p_{1n}y_n, \\ x_2=p_{21}y_1+p_{22}y_2+\cdots+p_{2n}y_n, \\ \quad\vdots \\ x_n=p_{n1}y_1+p_{n2}y_2+\cdots+p_{nn}y_n \end{cases} \tag{6}$$

称为由 $x_1,x_2,\cdots,x_n$ 到 $y_1,y_2,\cdots,y_n$ 的一个**线性变换**,其中 $p_{ij}\in\mathbf{R},i,j=1,2,\cdots,n$. 称矩阵

$$\boldsymbol{P}=\begin{bmatrix} p_{11} & p_{12} & \cdots & p_{1n} \\ p_{21} & p_{22} & \cdots & p_{2n} \\ \vdots & \vdots & & \vdots \\ p_{n1} & p_{n2} & \cdots & p_{nn} \end{bmatrix}$$

为**线性变换(6)的矩阵**. 若 $\boldsymbol{P}$ 是可逆矩阵,则称(6)为**非退化的线性变换**. 下文中我们只考虑非退化的线性变换.

令 $\boldsymbol{x}=(x_1,x_2,\cdots,x_n)^{\mathrm{T}},\boldsymbol{y}=(y_1,y_2,\cdots,y_n)^{\mathrm{T}}$,则非退化的线性变换(6)可简记为

$$\boldsymbol{x}=\boldsymbol{P}\boldsymbol{y}\quad(|\boldsymbol{P}|\neq0)$$

在非退化的线性变换 $\boldsymbol{x}=\boldsymbol{P}\boldsymbol{y}$ 下,二次型 $f(x_1,x_2,\cdots,x_n)$ 化为

$$f(\boldsymbol{x})=\boldsymbol{x}^{\mathrm{T}}\boldsymbol{A}\boldsymbol{x}=(\boldsymbol{P}\boldsymbol{y})^{\mathrm{T}}\boldsymbol{A}(\boldsymbol{P}\boldsymbol{y})=\boldsymbol{y}^{\mathrm{T}}(\boldsymbol{P}^{\mathrm{T}}\boldsymbol{A}\boldsymbol{P})\boldsymbol{y}=g(\boldsymbol{y})$$

记 $\boldsymbol{B}=\boldsymbol{P}^{\mathrm{T}}\boldsymbol{A}\boldsymbol{P}$,称 $g(\boldsymbol{y})=\boldsymbol{y}^{\mathrm{T}}\boldsymbol{B}\boldsymbol{y}$ 为**关于** $y_1,y_2,\cdots,y_n$ **的二次型**,此二次型的矩阵为

B. 并称二次型 $f(\boldsymbol{x})$ 与二次型 $g(\boldsymbol{y})$ **等价**. 当矩阵 $\boldsymbol{B}$ 是对角矩阵时,二次型 $g(\boldsymbol{y})$ 中只含关于变量 $y_1,y_2,\cdots,y_n$ 的平方项.

定义 4.3.4(二次型的标准型与规范型) 只含实变量 $x_1,x_2,\cdots,x_n$ 的平方项的二次型

$$f(x_1,x_2,\cdots,x_n)=d_1x_1^2+d_2x_2^2+\cdots+d_nx_n^2 \tag{7}$$

称为**二次型的标准型**(其中 $d_i\in\mathbf{R}(i=1,2,\cdots,n)$ 且不全为 0). 二次型的标准型(7) 式中,若系数 $d_i\in\{1,-1,0\}(i=1,2,\cdots,n)$,则称(7) 式为**二次型的规范型**.

二次型的标准型(7) 式的矩阵为 $\mathrm{diag}(d_1,d_2,\cdots,d_n)$;二次型的规范型的矩阵为

$$\mathrm{diag}(\underbrace{1,1,\cdots,1}_{p个},\underbrace{-1,-1,\cdots,-1}_{(r-p)个},\underbrace{0,0,\cdots,0}_{(n-r)个})$$

显然它们都是对角矩阵. 二次型化为标准型与规范型的问题,我们将在第 4.5 节继续研究.

习题 4.3

A 组

1. 写出下列二次型的矩阵表示式,并求二次型的秩:

1) $f(x_1,x_2,x_3)=x_1^2+4x_2^2+2x_3^2-4x_1x_2+2x_1x_3$;

2) $f(x_1,x_2,x_3)=2x_1x_2+2x_1x_3$;

3) $f(x_1,x_2,x_3)=x_1^2+2x_2^2+3x_3^2+4x_1x_2-4x_2x_3$;

4) $f(x_1,x_2,x_3,x_4)=x_1^2+x_3^2+2x_4^2+4x_1x_2+2x_1x_3+4x_1x_4+2x_2x_3+2x_2x_4+2x_3x_4$.

2. 求二次型 $f(x_1,x_2,x_3)=(a_1x_1+a_2x_2+a_3x_3)^2$ 的矩阵表示式.

3. 设 $\boldsymbol{A}=\begin{bmatrix}2&0&0\\0&4&0\\0&0&-1\end{bmatrix}$,求二次型 $f(x_1,x_2,x_3)$,使它的矩阵为 $\boldsymbol{A}$.

4. 设 $\boldsymbol{A}=\begin{bmatrix}0&1&2\\1&-1&3\\2&3&4\end{bmatrix}$,求二次型 $f(x_1,x_2,x_3)$,使它的矩阵为 $\boldsymbol{A}$.

5. 设 $\boldsymbol{A}=\begin{bmatrix}0&0&0&3\\0&3&-6&0\\0&-6&12&-4\\3&0&-4&0\end{bmatrix}$,求二次型 $f(x_1,x_2,x_3,x_4)$,使它的矩阵为 $\boldsymbol{A}$.

B 组

1. 设二次型 $f(\boldsymbol{x})=\boldsymbol{x}^{\mathrm{T}}\boldsymbol{A}\boldsymbol{x}$ 的矩阵 $\boldsymbol{A}$ 有特征值 λ_0，求证：存在 $\boldsymbol{x}_0=(a_1,a_2,\cdots,a_n)^{\mathrm{T}}$，使得

$$f(\boldsymbol{x}_0)=\boldsymbol{x}_0^{\mathrm{T}}\boldsymbol{A}\boldsymbol{x}_0=\lambda_0(a_1^2+a_2^2+\cdots+a_n^2)$$

4.4　矩阵的合同对角化

4.4.1　合同矩阵

定义 4.4.1(合同变换与合同矩阵)　设 $\boldsymbol{A}$ 是 n 阶矩阵，$\boldsymbol{P}$ 是 n 阶可逆矩阵，对 $\boldsymbol{A}$ 施行运算 $\boldsymbol{P}^{\mathrm{T}}\boldsymbol{A}\boldsymbol{P}$ 称为对 $\boldsymbol{A}$ 作**合同变换**. 若

$$\boxed{\boldsymbol{P}^{\mathrm{T}}\boldsymbol{A}\boldsymbol{P}=\boldsymbol{B}}$$

称 $\boldsymbol{A},\boldsymbol{B}$ 为**合同矩阵**，记为 $\boldsymbol{A}\simeq\boldsymbol{B}$，读作 $\boldsymbol{A}$ 合同于 $\boldsymbol{B}$，或 $\boldsymbol{A}$ 与 $\boldsymbol{B}$ 合同，称 $\boldsymbol{P}$ 为将 $\boldsymbol{A}$ 变为 $\boldsymbol{B}$ 的**合同变换矩阵**.

下面来研究合同矩阵的性质.

定理 4.4.1　合同矩阵具有自反性、对称性、传递性.

证　设 $\boldsymbol{A}\simeq\boldsymbol{B}$，合同变换矩阵为 $\boldsymbol{P}$，即 $\boldsymbol{P}^{\mathrm{T}}\boldsymbol{A}\boldsymbol{P}=\boldsymbol{B}$.

(1) 因为 $\boldsymbol{E}^{\mathrm{T}}\boldsymbol{A}\boldsymbol{E}=\boldsymbol{A}$，所以 $\boldsymbol{A}\simeq\boldsymbol{A}$. 这是自反性.

(2) 令 $\boldsymbol{P}^{-1}=\boldsymbol{Q}$，则有 $\boldsymbol{Q}^{\mathrm{T}}\boldsymbol{B}\boldsymbol{Q}=\boldsymbol{A}$，所以 $\boldsymbol{B}\simeq\boldsymbol{A}$. 这是对称性.

(3) 又设 $\boldsymbol{B}\simeq\boldsymbol{C}$，合同变换矩阵为 $\boldsymbol{Q}$，即 $\boldsymbol{Q}^{\mathrm{T}}\boldsymbol{B}\boldsymbol{Q}=\boldsymbol{C}$. 令 $\boldsymbol{P}\boldsymbol{Q}=\boldsymbol{M}$，则 $\boldsymbol{M}$ 可逆，且有 $\boldsymbol{M}^{\mathrm{T}}\boldsymbol{A}\boldsymbol{M}=\boldsymbol{C}$，所以 $\boldsymbol{A}\simeq\boldsymbol{C}$. 这是传递性. □

定理 4.4.2(合同矩阵的性质)　设 $\boldsymbol{A}\simeq\boldsymbol{B}$，合同变换矩阵为 $\boldsymbol{P}$，即 $\boldsymbol{P}^{\mathrm{T}}\boldsymbol{A}\boldsymbol{P}=\boldsymbol{B}$，则

(1) $\boldsymbol{A}$ 与 $\boldsymbol{B}$ 有相同的秩；

(2) $\boldsymbol{A}^{\mathrm{T}}$ 与 $\boldsymbol{B}^{\mathrm{T}}$ 合同，且合同变换矩阵仍为 $\boldsymbol{P}$；

(3) 当 $\boldsymbol{A}$ 可逆时，$\boldsymbol{A}^{-1}$ 与 $\boldsymbol{B}^{-1}$ 合同；

(4) 当 $\boldsymbol{A}$ 可逆时，$\boldsymbol{A}^*$ 与 $\boldsymbol{B}^*$ 合同.

这 4 条性质用数学符号可简记为

$$\boxed{\boldsymbol{A}\simeq\boldsymbol{B}\Rightarrow \mathrm{r}(\boldsymbol{A})=\mathrm{r}(\boldsymbol{B}),\quad \boldsymbol{A}^{\mathrm{T}}\simeq\boldsymbol{B}^{\mathrm{T}},\quad \boldsymbol{A}^{-1}\simeq\boldsymbol{B}^{-1},\quad \boldsymbol{A}^*\simeq\boldsymbol{B}^*}$$

证　(1) 对矩阵 $\boldsymbol{A}$ 左乘可逆矩阵 $\boldsymbol{P}^{\mathrm{T}}$ 等价于对 $\boldsymbol{A}$ 施行一系列初等行变换，对矩阵 $\boldsymbol{A}$ 右乘可逆矩阵 $\boldsymbol{P}$ 等价于对 $\boldsymbol{A}$ 再施行一系列初等列变换，由于初等变换不改变矩阵的秩，所以 $\boldsymbol{A}$ 与 $\boldsymbol{B}$ 有相同的秩.

(2) 对 $\boldsymbol{P}^{\mathrm{T}}\boldsymbol{A}\boldsymbol{P}=\boldsymbol{B}$ 两边取转置得

$$\boldsymbol{B}^{\mathrm{T}}=(\boldsymbol{P}^{\mathrm{T}}\boldsymbol{A}\boldsymbol{P})^{\mathrm{T}}=\boldsymbol{P}^{\mathrm{T}}\boldsymbol{A}^{\mathrm{T}}\boldsymbol{P}$$

上式表明 $\boldsymbol{A}^{\mathrm{T}}$ 与 $\boldsymbol{B}^{\mathrm{T}}$ 合同,且合同变换矩阵仍为 $\boldsymbol{P}$.

(3) 对 $\boldsymbol{P}^{\mathrm{T}}\boldsymbol{A}\boldsymbol{P}=\boldsymbol{B}$ 两边取逆得

$$\boldsymbol{B}^{-1}=(\boldsymbol{P}^{\mathrm{T}}\boldsymbol{A}\boldsymbol{P})^{-1}=\boldsymbol{P}^{-1}\boldsymbol{A}^{-1}(\boldsymbol{P}^{\mathrm{T}})^{-1}=\boldsymbol{P}^{-1}\boldsymbol{A}^{-1}(\boldsymbol{P}^{-1})^{\mathrm{T}}=\boldsymbol{Q}^{\mathrm{T}}\boldsymbol{A}^{-1}\boldsymbol{Q}$$

其中 $\boldsymbol{Q}=(\boldsymbol{P}^{-1})^{\mathrm{T}}$ 为可逆矩阵,上式表明 $\boldsymbol{A}^{-1}$ 与 $\boldsymbol{B}^{-1}$ 合同.

(4) 在(3)中的等式 $\boldsymbol{B}^{-1}=\boldsymbol{Q}^{\mathrm{T}}\boldsymbol{A}^{-1}\boldsymbol{Q}$ 两边分别乘以 $|\boldsymbol{B}|$ 与 $|\boldsymbol{P}|^2|\boldsymbol{A}|$,由于 $|\boldsymbol{B}|=|\boldsymbol{P}|^2|\boldsymbol{A}|$,所以

$$|\boldsymbol{B}|\boldsymbol{B}^{-1}=|\boldsymbol{P}|^2|\boldsymbol{A}|(\boldsymbol{Q}^{\mathrm{T}}\boldsymbol{A}^{-1}\boldsymbol{Q})=(|\boldsymbol{P}|\boldsymbol{Q})^{\mathrm{T}}(|\boldsymbol{A}|\boldsymbol{A}^{-1})(|\boldsymbol{P}|\boldsymbol{Q})$$

因为 $|\boldsymbol{B}|\boldsymbol{B}^{-1}=\boldsymbol{B}^*$, $|\boldsymbol{A}|\boldsymbol{A}^{-1}=\boldsymbol{A}^*$,代入上式得

$$\boldsymbol{B}^*=(|\boldsymbol{P}|\boldsymbol{Q})^{\mathrm{T}}\boldsymbol{A}^*(|\boldsymbol{P}|\boldsymbol{Q})$$

此式表明 $\boldsymbol{A}^*$ 与 $\boldsymbol{B}^*$ 合同. □

4.4.2 矩阵的合同对角化

1) 矩阵的合同对角化的定义

定义 4.4.2(合同对角化) 设 $\boldsymbol{A}$ 是 n 阶矩阵,若存在合同变换矩阵 $\boldsymbol{P}$ 和对角矩阵 $\boldsymbol{D}$,使得

$$\boxed{\boldsymbol{P}^{\mathrm{T}}\boldsymbol{A}\boldsymbol{P}=\boldsymbol{D},\quad \boldsymbol{D}=\mathrm{diag}(d_1,d_2,\cdots,d_n)}$$

则称矩阵 $\boldsymbol{A}$ **可合同对角化**,称 $\boldsymbol{D}$ 为 $\boldsymbol{A}$ 的**合同对角矩阵**.

关于一般的 n 阶矩阵合同对角化的问题,这里不予讨论.下面来研究与二次型有着密切联系的实对称矩阵的合同对角化.

2) 实对称矩阵的合同对角化

定理 4.4.3 实对称矩阵一定能合同对角化.即

$$\boxed{\text{若 } \boldsymbol{A}^{\mathrm{T}}=\boldsymbol{A}\text{,则存在可逆矩阵 } \boldsymbol{P}\text{,使得 } \boldsymbol{P}^{\mathrm{T}}\boldsymbol{A}\boldsymbol{P}=\mathrm{diag}(d_1,d_2,\cdots,d_n)}$$

***证** 设 $\boldsymbol{A}$ 为 n 阶实对称矩阵,我们来证明存在有限个 n 阶初等矩阵 $\boldsymbol{E}_1,\boldsymbol{E}_2,\cdots,\boldsymbol{E}_k$ 使得

$$\boldsymbol{E}_k^{\mathrm{T}}\boldsymbol{E}_{k-1}^{\mathrm{T}}\cdots\boldsymbol{E}_2^{\mathrm{T}}\boldsymbol{E}_1^{\mathrm{T}}\boldsymbol{A}\boldsymbol{E}_1\boldsymbol{E}_2\cdots\boldsymbol{E}_{k-1}\boldsymbol{E}_k=\boldsymbol{D} \tag{1}$$

这里 $\boldsymbol{D}$ 为对角矩阵.对 $\boldsymbol{A}$ 的阶数 n 使用数学归纳法.

当 $n=1$ 时,(1) 式显然成立.

假设对$(n-1)$阶实对称矩阵，结论(1)式成立. 现在考虑实对称矩阵$\boldsymbol{A}=(a_{ij})_{n\times n}$. 若$\boldsymbol{A}=\boldsymbol{O}$，因为零矩阵可视为对角矩阵，所以(1)成立；若$\boldsymbol{A}\neq\boldsymbol{O}$，下面分两种情况讨论.

(1) 设$\boldsymbol{A}$的主对角元不全为0. 若$a_{11}\neq 0$，则令$d_1=a_{11}$；若$a_{11}=0$，则$\exists\, a_{ii}\neq 0, i\neq 1$，此时互换$\boldsymbol{A}$的第1列与第$i$列，再互换的第1行与第$i$行，就可将$a_{ii}$调至矩阵的左上角，这相当于用初等矩阵$\boldsymbol{E}_{1i}$右乘$\boldsymbol{A}$，再用初等矩阵$\boldsymbol{E}_{1i}=\boldsymbol{E}_{1i}^{\mathrm{T}}$左乘$\boldsymbol{A}$，则$\boldsymbol{E}_{1i}^{\mathrm{T}}\boldsymbol{A}\boldsymbol{E}_{1i}$的(1,1)元变为$d_1=a_{ii}\neq 0$. 记$\boldsymbol{E}_1=\boldsymbol{E}_{1i}$，有$\boldsymbol{E}_{1i}^{\mathrm{T}}\boldsymbol{A}\boldsymbol{E}_{1i}=\boldsymbol{E}_1^{\mathrm{T}}\boldsymbol{A}\boldsymbol{E}_1$，记$\boldsymbol{E}_1^{\mathrm{T}}\boldsymbol{A}\boldsymbol{E}_1=\boldsymbol{B}$，则$\boldsymbol{B}$的(1,1)元$d_1\neq 0$，且$\boldsymbol{B}$为$n$阶实对称矩阵. 所以不妨设$\boldsymbol{A}$的(1,1)元为$d_1\neq 0$. 若$\boldsymbol{A}$中$a_{1j}\neq 0(2\leqslant j\leqslant n)$，用$\left(-\dfrac{a_{1j}}{d_1}\right)$乘$\boldsymbol{A}$的第1列后加到第$j$列，再用$\left(-\dfrac{a_{1j}}{d_1}\right)$乘$\boldsymbol{A}$的第1行后加到第$j$行，则将$\boldsymbol{A}$的$(1,j)$元与$(j,1)$元化为0. 记$k=-\dfrac{a_{1j}}{d_1}$，这相当于用初等矩阵$\boldsymbol{E}_{1j}(k)$右乘$\boldsymbol{A}$，再用初等矩阵$\boldsymbol{E}_{j1}(k)=\boldsymbol{E}_{1j}^{\mathrm{T}}(k)$左乘$\boldsymbol{A}$，于是$\boldsymbol{E}_{1j}^{\mathrm{T}}(k)\boldsymbol{A}\boldsymbol{E}_{1j}(k)$的$(1,j)$元与$(j,1)$元变为0. 将$j$取遍$2,3,\cdots,n$，逐次进行上述初等变换，因此存在初等矩阵$\boldsymbol{E}_1,\boldsymbol{E}_2,\cdots,\boldsymbol{E}_l$，使得

$$\boldsymbol{E}_l^{\mathrm{T}}\cdots\boldsymbol{E}_2^{\mathrm{T}}\boldsymbol{E}_1^{\mathrm{T}}\boldsymbol{A}\boldsymbol{E}_1\boldsymbol{E}_2\cdots\boldsymbol{E}_l=\begin{bmatrix}d_1 & \boldsymbol{O}\\ \boldsymbol{O} & \boldsymbol{A}_1\end{bmatrix}=\boldsymbol{B}_1$$

由于$\boldsymbol{A}$为n阶实对称矩阵，所以$\boldsymbol{B}_1$也是n阶实对称矩阵，从而$\boldsymbol{A}_1$为$(n-1)$阶实对称矩阵. 根据归纳假设，存在$(n-1)$阶初等矩阵$\boldsymbol{K}_{l+1},\boldsymbol{K}_{l+2},\cdots,\boldsymbol{K}_k$使得

$$\boldsymbol{K}_k^{\mathrm{T}}\cdots\boldsymbol{K}_{l+2}^{\mathrm{T}}\boldsymbol{K}_{l+1}^{\mathrm{T}}\boldsymbol{A}_1\boldsymbol{K}_{l+1}\boldsymbol{K}_{l+2}\cdots\boldsymbol{K}_k=\mathrm{diag}(d_2,d_3,\cdots,d_n)$$

令$\boldsymbol{E}_i=\begin{bmatrix}1 & \boldsymbol{O}\\ \boldsymbol{O} & \boldsymbol{K}_i\end{bmatrix}(i=l+1,l+2,\cdots,k)$，这里$\boldsymbol{E}_i$显然是$n$阶初等矩阵，且有

$$\begin{aligned}
&\boldsymbol{E}_k^{\mathrm{T}}\cdots\boldsymbol{E}_{l+2}^{\mathrm{T}}\boldsymbol{E}_{l+1}^{\mathrm{T}}\boldsymbol{E}_l^{\mathrm{T}}\cdots\boldsymbol{E}_2^{\mathrm{T}}\boldsymbol{E}_1^{\mathrm{T}}\boldsymbol{A}\boldsymbol{E}_1\boldsymbol{E}_2\cdots\boldsymbol{E}_l\boldsymbol{E}_{l+1}\boldsymbol{E}_{l+2}\cdots\boldsymbol{E}_k\\
&\quad=\boldsymbol{E}_k^{\mathrm{T}}\cdots\boldsymbol{E}_{l+2}^{\mathrm{T}}\boldsymbol{E}_{l+1}^{\mathrm{T}}\boldsymbol{B}_1\boldsymbol{E}_{l+1}\boldsymbol{E}_{l+2}\cdots\boldsymbol{E}_k\\
&\quad=\begin{bmatrix}1 & \boldsymbol{O}\\ \boldsymbol{O} & \boldsymbol{K}_k^{\mathrm{T}}\end{bmatrix}\cdots\begin{bmatrix}1 & \boldsymbol{O}\\ \boldsymbol{O} & \boldsymbol{K}_{l+2}^{\mathrm{T}}\end{bmatrix}\begin{bmatrix}1 & \boldsymbol{O}\\ \boldsymbol{O} & \boldsymbol{K}_{l+1}^{\mathrm{T}}\end{bmatrix}\begin{bmatrix}d_1 & \boldsymbol{O}\\ \boldsymbol{O} & \boldsymbol{A}_1\end{bmatrix}\begin{bmatrix}1 & \boldsymbol{O}\\ \boldsymbol{O} & \boldsymbol{K}_{l+1}\end{bmatrix}\begin{bmatrix}1 & \boldsymbol{O}\\ \boldsymbol{O} & \boldsymbol{K}_{l+2}\end{bmatrix}\cdots\begin{bmatrix}1 & \boldsymbol{O}\\ \boldsymbol{O} & \boldsymbol{K}_k\end{bmatrix}\\
&\quad=\begin{bmatrix}1 & \boldsymbol{O}\\ \boldsymbol{O} & \boldsymbol{K}_k^{\mathrm{T}}\end{bmatrix}\cdots\begin{bmatrix}1 & \boldsymbol{O}\\ \boldsymbol{O} & \boldsymbol{K}_{l+2}^{\mathrm{T}}\end{bmatrix}\begin{bmatrix}d_1 & \boldsymbol{O}\\ \boldsymbol{O} & \boldsymbol{K}_{l+1}^{\mathrm{T}}\boldsymbol{A}_1\boldsymbol{K}_{l+1}\end{bmatrix}\begin{bmatrix}1 & \boldsymbol{O}\\ \boldsymbol{O} & \boldsymbol{K}_{l+2}\end{bmatrix}\cdots\begin{bmatrix}1 & \boldsymbol{O}\\ \boldsymbol{O} & \boldsymbol{K}_k\end{bmatrix}\\
&\quad=\begin{bmatrix}1 & \boldsymbol{O}\\ \boldsymbol{O} & \boldsymbol{K}_k^{\mathrm{T}}\end{bmatrix}\cdots\begin{bmatrix}d_1 & \boldsymbol{O}\\ \boldsymbol{O} & \boldsymbol{K}_{l+2}^{\mathrm{T}}\boldsymbol{K}_{l+1}^{\mathrm{T}}\boldsymbol{A}_1\boldsymbol{K}_{l+1}\boldsymbol{K}_{l+2}\end{bmatrix}\cdots\begin{bmatrix}1 & \boldsymbol{O}\\ \boldsymbol{O} & \boldsymbol{K}_k\end{bmatrix}\\
&\quad=\begin{bmatrix}d_1 & \boldsymbol{O}\\ \boldsymbol{O} & \boldsymbol{K}_k^{\mathrm{T}}\cdots\boldsymbol{K}_{l+2}^{\mathrm{T}}\boldsymbol{K}_{l+1}^{\mathrm{T}}\boldsymbol{A}_1\boldsymbol{K}_{l+1}\boldsymbol{K}_{l+2}\cdots\boldsymbol{K}_k\end{bmatrix}
\end{aligned}$$

$$=\begin{bmatrix} d_1 & \boldsymbol{O} \\ \boldsymbol{O} & \mathrm{diag}(d_2,d_3,\cdots,d_n) \end{bmatrix}=\mathrm{diag}(d_1,d_2,d_3,\cdots,d_n) \tag{2}$$

因此结论(1) 式成立.

(2) 设 $\forall i\in\{1,2,\cdots,n\}$，$a_{ii}=0$，由于 $\boldsymbol{A}\neq\boldsymbol{O}$，所以 $\exists a_{ij}\neq 0(i\neq j)$. 将 $\boldsymbol{A}$ 的第 j 列加到第 i 列，再将 $\boldsymbol{A}$ 的第 j 行加到第 i 行，这相当于用初等矩阵 $\boldsymbol{E}_{ji}(1)$ 右乘 $\boldsymbol{A}$，再用初等矩阵 $\boldsymbol{E}_{ij}(1)=\boldsymbol{E}_{ji}^{\mathrm{T}}(1)$ 左乘 $\boldsymbol{A}$，于是 $\boldsymbol{E}_{ji}^{\mathrm{T}}(1)\boldsymbol{A}\boldsymbol{E}_{ji}(1)$ 的 (i,i) 元化为 $2a_{ij}\neq 0$，从而问题化为上述第(1) 种情况. 因此结论(1) 式也成立.

在(2) 式中令 $\boldsymbol{P}=\boldsymbol{E}_1\boldsymbol{E}_2\cdots\boldsymbol{E}_{k-1}\boldsymbol{E}_k$，$\boldsymbol{D}=\mathrm{diag}(d_1,d_2,d_3,\cdots,d_n)$，则 $\boldsymbol{P}$ 是可逆矩阵，使得

$$\boldsymbol{P}^{\mathrm{T}}\boldsymbol{A}\boldsymbol{P}=\mathrm{diag}(d_1,d_2,\cdots,d_n)$$ □

*3) 用成对的初等行、列变换法求实对称矩阵的合同变换矩阵 $\boldsymbol{P}$ 与合同对角矩阵 $\boldsymbol{D}$

定理 4.4.3 不但在理论上证明了实对称矩阵一定可合同于对角矩阵，而且定理证明的过程同时给出了将实对称矩阵合同于对角矩阵的具体方法. 为了使用的方便，我们将此方法称为**成对的初等行、列变换法**，简称为**初等变换法**.

设 $\boldsymbol{A}$ 是 n 阶实对称矩阵，根据定理 4.4.3，存在初等矩阵 $\boldsymbol{E}_1,\boldsymbol{E}_2,\cdots,\boldsymbol{E}_k$ 使得

$$\boldsymbol{E}_k^{\mathrm{T}}\boldsymbol{E}_{k-1}^{\mathrm{T}}\cdots\boldsymbol{E}_2^{\mathrm{T}}\boldsymbol{E}_1^{\mathrm{T}}\boldsymbol{A}\boldsymbol{E}_1\boldsymbol{E}_2\cdots\boldsymbol{E}_{k-1}\boldsymbol{E}_k=\boldsymbol{D} \tag{3}$$

其中 $\boldsymbol{D}=\mathrm{diag}(d_1,d_2,d_3,\cdots,d_n)$. 记

$$\boldsymbol{P}=\boldsymbol{E}_1\boldsymbol{E}_2\cdots\boldsymbol{E}_{k-1}\boldsymbol{E}_k\Leftrightarrow\boldsymbol{P}=\boldsymbol{E}\boldsymbol{E}_1\boldsymbol{E}_2\cdots\boldsymbol{E}_{k-1}\boldsymbol{E}_k \tag{4}$$

其中 $\boldsymbol{E}$ 是 n 阶单位矩阵. (3) 式与(4) 式表示对 $\boldsymbol{A}$ 施行 k 次成对的初等行、列变换化为对角矩阵 $\boldsymbol{D}$，则对 $\boldsymbol{E}$ 施行同样的 k 次初等列变换就化为 $\boldsymbol{P}$，对 $\boldsymbol{E}$ 施行同样的 k 次初等行变换就化为 $\boldsymbol{P}^{\mathrm{T}}$. 因此得到下面的求合同变换矩阵 $\boldsymbol{P}$ 和合同对角矩阵 $\boldsymbol{D}$ 的方法：

将矩阵 $\boldsymbol{A}$ 与两个单位矩阵 $\boldsymbol{E}$ 排在一起形成一个形如 $\begin{bmatrix}\boldsymbol{E} & \boldsymbol{A} \\ & \boldsymbol{E}\end{bmatrix}$ 的特殊矩阵，对 $\boldsymbol{A}$ 施行成对的初等行、列变换化为对角矩阵 $\boldsymbol{D}$，则 $\begin{bmatrix}\boldsymbol{E} & \boldsymbol{A} \\ & \boldsymbol{E}\end{bmatrix}$ 与此同时化为 $\begin{bmatrix}\boldsymbol{P}^{\mathrm{T}} & \boldsymbol{D} \\ & \boldsymbol{P}\end{bmatrix}$，其中 $\boldsymbol{P}$ 即为所求的合同变换矩阵，$\boldsymbol{D}$ 即为所求的合同对角矩阵. 即

$$\begin{bmatrix}\boldsymbol{E} & \boldsymbol{A} \\ & \boldsymbol{E}\end{bmatrix}\xrightarrow[\boldsymbol{E}\text{跟着}\boldsymbol{A}\text{变换}]{\text{对}\boldsymbol{A}\text{施行成对的行、列变换}}\begin{bmatrix}\boldsymbol{P}^{\mathrm{T}} & \boldsymbol{D} \\ & \boldsymbol{P}\end{bmatrix},\quad \boldsymbol{D}=\mathrm{diag}(d_1,d_2,d_3,\cdots,d_n)$$

在应用上式时，为简化计算，可省去用初等行变换求 $\boldsymbol{P}^{\mathrm{T}}$，即

$$\boxed{\begin{bmatrix} A \\ E \end{bmatrix} \xrightarrow[\textbf{E}\text{跟着}\textbf{A}\text{列变换}]{\text{对}\textbf{A}\text{施行成对的行、列变换}} \begin{bmatrix} D \\ P \end{bmatrix}, \quad D = \mathrm{diag}(d_1, d_2, d_3, \cdots, d_n)}$$

例 1 设 $A = \begin{bmatrix} 0 & -1 & 1 \\ -1 & 1 & 0 \\ 1 & 0 & 1 \end{bmatrix}$，试求合同变换矩阵 P 和对角矩阵 D，使得 A 合同于 D.

解 采用成对的初等行、列变换法，有

$$\begin{bmatrix} A \\ E \end{bmatrix} = \begin{bmatrix} 0 & -1 & 1 \\ -1 & 1 & 0 \\ 1 & 0 & 1 \\ 1 & 0 & 0 \\ 0 & 1 & 0 \\ 0 & 0 & 1 \end{bmatrix} \xrightarrow[c_1 \leftrightarrow c_2]{r_1 \leftrightarrow r_2} \begin{bmatrix} 1 & -1 & 0 \\ -1 & 0 & 1 \\ 0 & 1 & 1 \\ 0 & 1 & 0 \\ 1 & 0 & 0 \\ 0 & 0 & 1 \end{bmatrix} \xrightarrow[c_2 + c_1]{r_2 + r_1} \begin{bmatrix} 1 & 0 & 0 \\ 0 & -1 & 1 \\ 0 & 1 & 1 \\ 0 & 1 & 0 \\ 1 & 1 & 0 \\ 0 & 0 & 1 \end{bmatrix} \xrightarrow[c_3 + c_2]{r_3 + r_2} \begin{bmatrix} 1 & 0 & 0 \\ 0 & -1 & 0 \\ 0 & 0 & 2 \\ 0 & 1 & 1 \\ 1 & 1 & 1 \\ 0 & 0 & 1 \end{bmatrix}$$

于是合同变换矩阵为 $P = \begin{bmatrix} 0 & 1 & 1 \\ 1 & 1 & 1 \\ 0 & 0 & 1 \end{bmatrix}$，$D = \mathrm{diag}(1, -1, 2)$，使得 $P^{\mathrm{T}}AP = D$.

4.4.3 矩阵在正交变换下的合同对角化

1) 矩阵在正交变换下的合同对角化的定义

定义 4.4.3(正交变换下的合同对角化) 设 A 是 n 阶矩阵，若存在正交矩阵 T 和对角矩阵 D，使得

$$\boxed{T^{\mathrm{T}}AT = D, \quad D = \mathrm{diag}(d_1, d_2, \cdots, d_n)}$$

则称矩阵 A **可在正交变换下合同对角化**，称 T 为**正交变换矩阵**，称 D 为 A 的**合同对角矩阵**.

2) 实对称矩阵在正交变换下的合同对角化

定理 4.4.4 设 A 是 n 阶实对称矩阵，A 的特征值是 $\lambda_1, \lambda_2, \cdots, \lambda_n$（其中可能有重根），则存在正交矩阵 T，使得

$$\boxed{T^{\mathrm{T}}AT = D, \quad D = \mathrm{diag}(\lambda_1, \lambda_2, \cdots, \lambda_n)}$$

即实对称矩阵一定能在正交变换下合同对角化.

证 因 A 是 n 阶实对称矩阵，应用定理 4.2.4，一定存在正交矩阵 T，使得

$$T^{-1}AT = \mathrm{diag}(\lambda_1, \lambda_2, \cdots, \lambda_n)$$

由于 $\boldsymbol{T}$ 是正交矩阵，所以有

$$\boldsymbol{T}^{-1}\boldsymbol{A}\boldsymbol{T}=\mathrm{diag}(\lambda_1,\lambda_2,\cdots,\lambda_n)\Leftrightarrow \boldsymbol{T}^{\mathrm{T}}\boldsymbol{A}\boldsymbol{T}=\mathrm{diag}(\lambda_1,\lambda_2,\cdots,\lambda_n) \qquad \square$$

由定理 4.2.4 与定理 4.4.4 可知实对称矩阵在正交变换下的合同对角化等价于在正交变换下的相似对角化，因此将实对称矩阵在正交变换下合同对角化的过程与第 4.2.3 小节中将实对称矩阵在正交变换下相似对角化的过程完全相同.

例 2 设 $\boldsymbol{A}=\begin{bmatrix}0&-1&1\\-1&1&0\\1&0&1\end{bmatrix}$，试求正交变换矩阵 $\boldsymbol{T}$ 和对角矩阵 $\boldsymbol{D}$，使得 $\boldsymbol{A}$ 在正交变换下合同于 $\boldsymbol{D}$.

解 矩阵 $\boldsymbol{A}$ 的特征方程为

$$\begin{aligned}|\lambda\boldsymbol{E}-\boldsymbol{A}|&=\begin{vmatrix}\lambda&1&-1\\1&\lambda-1&0\\-1&0&\lambda-1\end{vmatrix}=\lambda(\lambda-1)^2+0+0-2(\lambda-1)\\&=(\lambda-1)(\lambda-2)(\lambda+1)=0\end{aligned}$$

解得 $\boldsymbol{A}$ 的特征值为 $\lambda=1,2,-1$. 当 $\lambda=1$ 时，由 $(\boldsymbol{E}-\boldsymbol{A})\boldsymbol{x}=\boldsymbol{0}$，即

$$\begin{bmatrix}1&1&-1\\1&0&0\\-1&0&0\end{bmatrix}\begin{bmatrix}x_1\\x_2\\x_3\end{bmatrix}=\begin{bmatrix}0\\0\\0\end{bmatrix}$$

解得基础解系即特征向量为 $\boldsymbol{\alpha}_1=(0,1,1)^{\mathrm{T}}$，规范化得 $\boldsymbol{\gamma}_1=\left(0,\frac{1}{\sqrt{2}},\frac{1}{\sqrt{2}}\right)^{\mathrm{T}}$. 当 $\lambda=2$ 时，由 $(2\boldsymbol{E}-\boldsymbol{A})\boldsymbol{x}=\boldsymbol{0}$，即

$$\begin{bmatrix}2&1&-1\\1&1&0\\-1&0&1\end{bmatrix}\begin{bmatrix}x_1\\x_2\\x_3\end{bmatrix}=\begin{bmatrix}0\\0\\0\end{bmatrix}$$

解得基础解系即特征向量为 $\boldsymbol{\alpha}_2=(1,-1,1)^{\mathrm{T}}$，规范化得 $\boldsymbol{\gamma}_2=\left(\frac{1}{\sqrt{3}},\frac{-1}{\sqrt{3}},\frac{1}{\sqrt{3}}\right)^{\mathrm{T}}$. 当 $\lambda=-1$ 时，由 $(-\boldsymbol{E}-\boldsymbol{A})\boldsymbol{x}=\boldsymbol{0}$，即

$$\begin{bmatrix}-1&1&-1\\1&-2&0\\-1&0&-2\end{bmatrix}\begin{bmatrix}x_1\\x_2\\x_3\end{bmatrix}=\begin{bmatrix}0\\0\\0\end{bmatrix}$$

解得基础解系即特征向量为 $\boldsymbol{\alpha}_3=(-2,-1,1)^{\mathrm{T}}$，规范化得 $\boldsymbol{\gamma}_3=\left(\frac{-2}{\sqrt{6}},\frac{-1}{\sqrt{6}},\frac{1}{\sqrt{6}}\right)^{\mathrm{T}}$.

于是正交变换矩阵 $\boldsymbol{T}$ 与合同对角矩阵 $\boldsymbol{D}$ 分别为

$$\boldsymbol{T}=(\boldsymbol{\gamma}_1,\boldsymbol{\gamma}_2,\boldsymbol{\gamma}_3)=\begin{bmatrix}0 & \frac{1}{\sqrt{3}} & \frac{-2}{\sqrt{6}}\\ \frac{1}{\sqrt{2}} & \frac{-1}{\sqrt{3}} & \frac{-1}{\sqrt{6}}\\ \frac{1}{\sqrt{2}} & \frac{1}{\sqrt{3}} & \frac{1}{\sqrt{6}}\end{bmatrix},\quad \boldsymbol{D}=\mathrm{diag}(1,2,-1)$$

使得 $\boldsymbol{T}^{\mathrm{T}}\boldsymbol{A}\boldsymbol{T}=\boldsymbol{D}$.

习题 4.4

A 组

1. 设 $\boldsymbol{A}$ 是可逆对称矩阵,证明:$\boldsymbol{A}^{-1}$ 与 $\boldsymbol{A}$ 是合同矩阵.

2. 设

$$\boldsymbol{A}=\begin{bmatrix}\lambda_1 & & & \\ & \lambda_2 & & \\ & & \ddots & \\ & & & \lambda_n\end{bmatrix},\quad \boldsymbol{B}=\begin{bmatrix}\lambda_{i_1} & & & \\ & \lambda_{i_2} & & \\ & & \ddots & \\ & & & \lambda_{i_n}\end{bmatrix}$$

其中 $i_1,i_2,\cdots,i_n$ 是 $1,2,\cdots,n$ 的一个排列,证明:$\boldsymbol{A}\simeq\boldsymbol{B}$.

3. 对下列矩阵 $\boldsymbol{A}$,求正交矩阵 $\boldsymbol{T}$,使得 $\boldsymbol{A}$ 合同于对角矩阵 $\boldsymbol{D}$:

1) $\boldsymbol{A}=\begin{bmatrix}3 & -2 & 0\\ -2 & 2 & -2\\ 0 & -2 & 1\end{bmatrix}$;2) $\boldsymbol{A}=\begin{bmatrix}1 & 0 & -1\\ 0 & 2 & 0\\ -1 & 0 & -1\end{bmatrix}$;3) $\boldsymbol{A}=\begin{bmatrix}1 & 2 & 4\\ 2 & -2 & 2\\ 4 & 2 & 1\end{bmatrix}$.

4. 对下列矩阵 $\boldsymbol{A}$,用成对的初等行、列变换求可逆矩阵 $\boldsymbol{P}$,使得 $\boldsymbol{A}$ 合同于对角矩阵 $\boldsymbol{D}$:

1) $\boldsymbol{A}=\begin{bmatrix}0 & 1 & 2\\ 1 & -1 & 3\\ 2 & 3 & 4\end{bmatrix}$;　2) $\boldsymbol{A}=\begin{bmatrix}1 & 0 & -1\\ 0 & 2 & 6\\ -1 & 6 & -1\end{bmatrix}$;　3) $\boldsymbol{A}=\begin{bmatrix}0 & 1 & -3\\ 1 & 0 & 1\\ -3 & 1 & 0\end{bmatrix}$.

B 组

1. 对下列矩阵 $\boldsymbol{A}$,用成对的初等行、列变换求可逆矩阵 $\boldsymbol{P}$,使得 $\boldsymbol{A}$ 合同于对角矩阵 $\boldsymbol{D}$:

$$A = \begin{bmatrix} 0 & 0 & 0 & 3 \\ 0 & 3 & -6 & 0 \\ 0 & -6 & 12 & -4 \\ 3 & 0 & -4 & 0 \end{bmatrix}$$

4.5 二次型的标准型

4.5.1 二次型的标准型与规范型

由上两节中我们已经知道，二次型 $f(\boldsymbol{x}) = \boldsymbol{x}^{\mathrm{T}}\boldsymbol{A}\boldsymbol{x}$ 与二次型 $g(\boldsymbol{y}) = \boldsymbol{y}^{\mathrm{T}}\boldsymbol{B}\boldsymbol{y}$ 等价时，二次型的矩阵 $\boldsymbol{A}$ 与 $\boldsymbol{B}$ 合同，即存在合同变换矩阵 $\boldsymbol{P}$ 使得 $\boldsymbol{P}^{\mathrm{T}}\boldsymbol{A}\boldsymbol{P} = \boldsymbol{B}$，且将二次型 $f(\boldsymbol{x})$ 化为二次型 $g(\boldsymbol{y})$ 的可逆线性变换为 $\boldsymbol{x} = \boldsymbol{P}\boldsymbol{y}$，此可逆线性变换常称为合同变换.

我们还知道，二次型的标准型与规范型的矩阵是对角矩阵. 由于二次型与其矩阵一一对应，所以将二次型化为标准型或规范型等价于将二次型的矩阵（实对称矩阵）合同于对角矩阵. 将定理 4.4.3 与定理 4.4.4 应用于二次型，我们有下面的定理.

定理 4.5.1 对于实二次型 $f(\boldsymbol{x}) = \boldsymbol{x}^{\mathrm{T}}\boldsymbol{A}\boldsymbol{x}$，一定存在合同变换 $\boldsymbol{x} = \boldsymbol{P}\boldsymbol{y}$，将二次型 $f(\boldsymbol{x})$ 化为标准型，即

$$\boxed{f(\boldsymbol{x}) = \boldsymbol{x}^{\mathrm{T}}\boldsymbol{A}\boldsymbol{x} = \boldsymbol{y}^{\mathrm{T}}\boldsymbol{D}\boldsymbol{y} = d_1 y_1^2 + d_2 y_2^2 + \cdots + d_n y_n^2} \tag{1}$$

其中 $\boldsymbol{P}$ 为可逆矩阵，$\boldsymbol{D} = \boldsymbol{P}^{\mathrm{T}}\boldsymbol{A}\boldsymbol{P} = \mathrm{diag}(d_1, d_2, \cdots, d_n)$，$d_i \in \mathbf{R}(i = 1, 2, \cdots, n)$ 且不全为零.

定理 4.5.2 对于实二次型 $f(\boldsymbol{x}) = \boldsymbol{x}^{\mathrm{T}}\boldsymbol{A}\boldsymbol{x}$，一定存在正交变换 $\boldsymbol{x} = \boldsymbol{T}\boldsymbol{y}$，将二次型 $f(\boldsymbol{x})$ 化为标准型，即

$$\boxed{f(\boldsymbol{x}) = \boldsymbol{x}^{\mathrm{T}}\boldsymbol{A}\boldsymbol{x} = \boldsymbol{y}^{\mathrm{T}}\boldsymbol{D}\boldsymbol{y} = \lambda_1 y_1^2 + \lambda_2 y_2^2 + \cdots + \lambda_n y_n^2} \tag{2}$$

其中 $\boldsymbol{T}$ 为正交矩阵，$\boldsymbol{D} = \boldsymbol{T}^{\mathrm{T}}\boldsymbol{A}\boldsymbol{T} = \mathrm{diag}(\lambda_1, \lambda_2, \cdots, \lambda_n)$，$\lambda_1, \lambda_2, \cdots, \lambda_n$ 是矩阵 $\boldsymbol{A}$ 的特征值.

例 1 设 $\boldsymbol{\alpha} = (a_1, a_2, a_3)^{\mathrm{T}}$，$\boldsymbol{\beta} = (b_1, b_2, b_3)^{\mathrm{T}}$，$|\boldsymbol{\alpha}| = |\boldsymbol{\beta}| = 1$，且 $\boldsymbol{\alpha}$ 与 $\boldsymbol{\beta}$ 正交，证明：二次型

$$f(x_1, x_2, x_3) = (a_1 x_1 + a_2 x_2 + a_3 x_3)^2 - (b_1 x_1 + b_2 x_2 + b_3 x_3)^2 \tag{3}$$

的标准型是 $y_1^2 - y_2^2$.

解 在第 4.3 节例 3 中我们已经求得二次型(3) 的矩阵为 $\boldsymbol{A} = \boldsymbol{\alpha}\boldsymbol{\alpha}^{\mathrm{T}} - \boldsymbol{\beta}\boldsymbol{\beta}^{\mathrm{T}}$. 由

于

$$A\boldsymbol{\alpha}=(\boldsymbol{\alpha}\boldsymbol{\alpha}^{\mathrm{T}}-\boldsymbol{\beta}\boldsymbol{\beta}^{\mathrm{T}})\boldsymbol{\alpha}=\boldsymbol{\alpha}\boldsymbol{\alpha}^{\mathrm{T}}\boldsymbol{\alpha}-\boldsymbol{\beta}\boldsymbol{\beta}^{\mathrm{T}}\boldsymbol{\alpha}=\boldsymbol{\alpha}-\mathbf{0}=\boldsymbol{\alpha}$$

$$A\boldsymbol{\beta}=(\boldsymbol{\alpha}\boldsymbol{\alpha}^{\mathrm{T}}-\boldsymbol{\beta}\boldsymbol{\beta}^{\mathrm{T}})\boldsymbol{\beta}=\boldsymbol{\alpha}\boldsymbol{\alpha}^{\mathrm{T}}\boldsymbol{\beta}-\boldsymbol{\beta}\boldsymbol{\beta}^{\mathrm{T}}\boldsymbol{\beta}=\mathbf{0}-\boldsymbol{\beta}=-\boldsymbol{\beta}$$

所以 $\boldsymbol{A}$ 有特征值 $\lambda=1,-1$，对应的特征向量分别为 $\boldsymbol{\alpha}$ 与 $\boldsymbol{\beta}$. 由于

$$\mathrm{r}(\boldsymbol{A})=\mathrm{r}(\boldsymbol{\alpha}\boldsymbol{\alpha}^{\mathrm{T}}-\boldsymbol{\beta}\boldsymbol{\beta}^{\mathrm{T}})\leqslant\mathrm{r}(\boldsymbol{\alpha}\boldsymbol{\alpha}^{\mathrm{T}})+\mathrm{r}(\boldsymbol{\beta}\boldsymbol{\beta}^{\mathrm{T}})=2$$

所以 $\mathrm{r}(\boldsymbol{A})=2$，因此 $\boldsymbol{A}$ 还有一个特征值 $\lambda=0$，于是所求二次型的标准型为 $y_1^2-y_2^2$.

上述两个定理在理论上解决了二次型一定可化为标准型. 下面讨论二次型化为规范型的问题.

定理 4.5.3　对任一实二次型 $f(\boldsymbol{x})=\boldsymbol{x}^{\mathrm{T}}\boldsymbol{A}\boldsymbol{x}$，一定存在合同变换 $\boldsymbol{x}=\boldsymbol{Q}\boldsymbol{z}$，将二次型 $f(\boldsymbol{x})$ 化为规范型，即

$$\boxed{f(\boldsymbol{x})=\boldsymbol{x}^{\mathrm{T}}\boldsymbol{A}\boldsymbol{x}=\boldsymbol{z}^{\mathrm{T}}(\boldsymbol{Q}^{\mathrm{T}}\boldsymbol{A}\boldsymbol{Q})\boldsymbol{z}=z_1^2+z_2^2+\cdots+z_p^2-z_{p+1}^2-\cdots-z_r^2}\qquad(4)$$

其中 $\boldsymbol{Q}$ 是可逆矩阵，且

$$\boldsymbol{Q}^{\mathrm{T}}\boldsymbol{A}\boldsymbol{Q}=\mathrm{diag}(\underbrace{1,1,\cdots,1}_{p个},\underbrace{-1,-1,\cdots,-1}_{(r-p)个},\underbrace{0,0,\cdots,0}_{(n-r)个}),\quad 0\leqslant p\leqslant r,\ 1\leqslant r\leqslant n$$

证　首先应用定理 4.5.1，令 $\boldsymbol{x}=\boldsymbol{P}\boldsymbol{y}(|\boldsymbol{P}|\neq0)$，将二次型 $f(\boldsymbol{x})$ 化为

$$f(\boldsymbol{x})=\boldsymbol{x}^{\mathrm{T}}\boldsymbol{A}\boldsymbol{x}=\boldsymbol{y}^{\mathrm{T}}\boldsymbol{D}\boldsymbol{y}=d_1y_1^2+d_2y_2^2+\cdots+d_ny_n^2$$

其中 $\boldsymbol{D}=\mathrm{diag}(d_1,d_2,\cdots,d_n)$，不妨设

$$d_1>0,d_2>0,\cdots,d_p>0,d_{p+1}<0,\cdots,d_r<0,d_{r+1}=0,\cdots,d_n=0$$

其中 $0\leqslant p\leqslant r,1\leqslant r\leqslant n$. 继续施行合同变换

$$\begin{bmatrix}y_1\\y_2\\\vdots\\y_n\end{bmatrix}=\mathrm{diag}\Big(\underbrace{\frac{1}{\sqrt{d_1}},\frac{1}{\sqrt{d_2}},\cdots,\frac{1}{\sqrt{d_p}}}_{p个},\underbrace{\frac{1}{\sqrt{-d_{p+1}}},\frac{1}{\sqrt{-d_{p+2}}},\cdots,\frac{1}{\sqrt{-d_r}}}_{(r-p)个},\underbrace{1,1,\cdots,1}_{(n-r)个}\Big)\begin{bmatrix}z_1\\z_2\\\vdots\\z_n\end{bmatrix}$$

记

$$\boldsymbol{P}_1=\mathrm{diag}\Big(\underbrace{\frac{1}{\sqrt{d_1}},\frac{1}{\sqrt{d_2}},\cdots,\frac{1}{\sqrt{d_p}}}_{p个},\underbrace{\frac{1}{\sqrt{-d_{p+1}}},\frac{1}{\sqrt{-d_{p+2}}},\cdots,\frac{1}{\sqrt{-d_r}}}_{(r-p)个},\underbrace{1,1,\cdots,1}_{(n-r)个}\Big),\boldsymbol{z}=\begin{bmatrix}z_1\\z_2\\\vdots\\z_n\end{bmatrix}$$

则有 $\boldsymbol{y}=\boldsymbol{P}_1\boldsymbol{z}\Rightarrow\boldsymbol{x}=\boldsymbol{P}\boldsymbol{y}=\boldsymbol{P}\boldsymbol{P}_1\boldsymbol{z}=\boldsymbol{Q}\boldsymbol{z}(\boldsymbol{Q}=\boldsymbol{P}\boldsymbol{P}_1)$，且

$$\boldsymbol{Q}^{\mathrm{T}}\boldsymbol{A}\boldsymbol{Q} = (\boldsymbol{P}\boldsymbol{P}_1)^{\mathrm{T}}\boldsymbol{A}(\boldsymbol{P}\boldsymbol{P}_1) = \boldsymbol{P}_1^{\mathrm{T}}(\boldsymbol{P}^{\mathrm{T}}\boldsymbol{A}\boldsymbol{P})\boldsymbol{P}_1 = \boldsymbol{P}_1^{\mathrm{T}}\boldsymbol{D}\boldsymbol{P}_1$$
$$= \mathrm{diag}\{\underbrace{1,1,\cdots,1}_{p\text{个}},\underbrace{-1,-1,\cdots,-1}_{(r-p)\text{个}},\underbrace{0,0,\cdots,0}_{(n-r)\text{个}}\}$$

于是有

$$f(\boldsymbol{x}) = \boldsymbol{x}^{\mathrm{T}}\boldsymbol{A}\boldsymbol{x} = \boldsymbol{z}^{\mathrm{T}}(\boldsymbol{Q}^{\mathrm{T}}\boldsymbol{A}\boldsymbol{Q})\boldsymbol{z} = z_1^2 + z_2^2 + \cdots + z_p^2 - z_{p+1}^2 - \cdots - z_r^2 \qquad \square$$

这一定理不但在理论上证明了二次型一定可化为规范型，而且定理证明的过程同时给出了将二次型化为规范型的具体方法.

下面几小节举例介绍二次型化为标准型或规范型的具体方法.

4.5.2 化二次型为标准型的配方法

下面举两个典型的例子介绍用配方法化二次型为标准型.

例 2 (1) 用配方法将二次型

$$f(x_1,x_2,x_3) = x_1^2 + 5x_2^2 + x_3^2 - 4x_1x_2 + 6x_1x_3 - 8x_2x_3 \tag{5}$$

化为标准型，写出所用的合同变换；

(2) 将二次型(5)式化为规范型，写出所用的合同变换.

解 (1) 先将所有含 x_1 的项集中在一起配成完全平方，再将所有含 x_2 的项集中在一起配成完全平方，最后将所有含 x_3 的项集中在一起配成完全平方，得

$$\begin{aligned} f(x_1,x_2,x_3) &= (x_1^2 - 4x_1x_2 + 6x_1x_3) - 8x_2x_3 + 5x_2^2 + x_3^2 \\ &= (x_1 - 2x_2 + 3x_3)^2 - 4x_2^2 - 9x_3^2 + 12x_2x_3 - 8x_2x_3 + 5x_2^2 + x_3^2 \\ &= (x_1 - 2x_2 + 3x_3)^2 + (x_2^2 + 4x_2x_3) - 8x_3^2 \\ &= (x_1 - 2x_2 + 3x_3)^2 + (x_2 + 2x_3)^2 - 4x_3^2 - 8x_3^2 \\ &= (x_1 - 2x_2 + 3x_3)^2 + (x_2 + 2x_3)^2 - 12x_3^2 \end{aligned}$$

令

$$\begin{cases} y_1 = x_1 - 2x_2 + 3x_3, \\ y_2 = x_2 + 2x_3, \\ y_3 = x_3 \end{cases} \quad \text{得合同变换为} \quad \begin{cases} x_1 = y_1 + 2y_2 - 7y_3, \\ x_2 = y_2 - 2y_3, \\ x_3 = y_3 \end{cases}$$

则二次型 $f(x_1,x_2,x_3)$ 化为标准型为

$$f(x_1,x_2,x_3) = g(y_1,y_2,y_3) = y_1^2 + y_2^2 - 12y_3^2$$

(2) 应用上面(1) 中的标准型，令

$$\begin{cases} y_1 = z_1, \\ y_2 = z_2, \\ y_3 = \dfrac{1}{\sqrt{12}} z_3 \end{cases} \quad \text{得合同变换为} \quad \begin{cases} x_1 = z_1 + 2z_2 - \dfrac{7}{\sqrt{12}} z_3, \\ x_2 = z_2 - \dfrac{2}{\sqrt{12}} z_3, \\ x_3 = \dfrac{1}{\sqrt{12}} z_3 \end{cases}$$

则二次型 $f(x_1, x_2, x_3)$ 化为规范型为

$$f(x_1, x_2, x_3) = h(z_1, z_2, z_3) = z_1^2 + z_2^2 - z_3^2$$

例 3　用配方法将二次型 $f(x_1, x_2, x_3) = x_1x_2 + x_1x_3 - 3x_2x_3$ 化为标准型,写出所用的合同变换.

解　这里的二次型中不含平方项,先利用乘积项 x_1x_2 导出平方项,令

$$\begin{cases} x_1 = y_1 + y_2, \\ x_2 = y_1 - y_2, \\ x_3 = y_3 \end{cases}$$

则

$$\begin{aligned} f(x_1, x_2, x_3) &= (y_1 + y_2)(y_1 - y_2) + (y_1 + y_2)y_3 - 3(y_1 - y_2)y_3 \\ &= y_1^2 - y_2^2 - 2y_1y_3 + 4y_2y_3 \end{aligned}$$

再配成完全平方得

$$\begin{aligned} f(x_1, x_2, x_3) &= y_1^2 - 2y_1y_3 - y_2^2 + 4y_2y_3 = (y_1 - y_3)^2 - y_2^2 + 4y_2y_3 - y_3^2 \\ &= (y_1 - y_3)^2 - (y_2 - 2y_3)^2 + 3y_3^2 \end{aligned}$$

令 $\begin{cases} z_1 = y_1 - y_3, \\ z_2 = y_2 - 2y_3, \\ z_3 = y_3, \end{cases}$ 即 $\begin{cases} y_1 = z_1 + z_3, \\ y_2 = z_2 + 2z_3, \\ y_3 = z_3, \end{cases}$ 得合同变换为 $\begin{cases} x_1 = z_1 + z_2 + 3z_3, \\ x_2 = z_1 - z_2 - z_3, \\ x_3 = z_3, \end{cases}$ 则二次型 $f(x_1, x_2, x_3)$ 化为标准型为

$$f(x_1, x_2, x_3) = g(z_1, z_2, z_3) = z_1^2 - z_2^2 + 3z_3^2$$

4.5.3　化二次型为标准型的正交变换法

例 4　用正交变换法将二次型

$$f(x_1, x_2, x_3) = 2x_1^2 + 2x_2^2 + 3x_3^2 + 2x_1x_2$$

化为标准型,写出所用的正交变换.

解 二次型 $f(x_1,x_2,x_3)$ 的矩阵为 $\boldsymbol{A}=\begin{bmatrix}2&1&0\\1&2&0\\0&0&3\end{bmatrix}$. 矩阵 $\boldsymbol{A}$ 的特征方程为

$$|\lambda\boldsymbol{E}-\boldsymbol{A}|=\begin{vmatrix}\lambda-2&-1&0\\-1&\lambda-2&0\\0&0&\lambda-3\end{vmatrix}=(\lambda-3)(\lambda^2-4\lambda+3)=(\lambda-1)(\lambda-3)^2$$

解得 $\boldsymbol{A}$ 的特征值为 $\lambda=1,3,3$. 当 $\lambda=1$ 时,由 $(\boldsymbol{E}-\boldsymbol{A})\boldsymbol{x}=\boldsymbol{0}$,即

$$\begin{bmatrix}-1&-1&0\\-1&-1&0\\0&0&-2\end{bmatrix}\begin{bmatrix}x_1\\x_2\\x_3\end{bmatrix}=\begin{bmatrix}0\\0\\0\end{bmatrix}$$

解得基础解系即线性无关特征向量为 $\boldsymbol{\alpha}_1=(-1,1,0)^{\mathrm{T}}$, 规范化得 $\boldsymbol{\gamma}_1=\left(-\frac{1}{\sqrt{2}},\frac{1}{\sqrt{2}},0\right)^{\mathrm{T}}$. 当 $\lambda=3$ 时,由 $(3\boldsymbol{E}-\boldsymbol{A})\boldsymbol{x}=\boldsymbol{0}$,即

$$\begin{bmatrix}1&-1&0\\-1&1&0\\0&0&0\end{bmatrix}\begin{bmatrix}x_1\\x_2\\x_3\end{bmatrix}=\begin{bmatrix}0\\0\\0\end{bmatrix}$$

解得基础解系即线性无关的特征向量为 $\boldsymbol{\alpha}_2=(1,1,0)^{\mathrm{T}}$,$\boldsymbol{\alpha}_3=(0,0,1)^{\mathrm{T}}$. 由于 $\boldsymbol{\alpha}_2$ 与 $\boldsymbol{\alpha}_3$ 正交,只要规范化得 $\boldsymbol{\gamma}_2=\left(\frac{1}{\sqrt{2}},\frac{1}{\sqrt{2}},0\right)^{\mathrm{T}}$,$\boldsymbol{\gamma}_3=(0,0,1)^{\mathrm{T}}$. 于是正交变换矩阵 $\boldsymbol{T}$ 与合同对角矩阵 $\boldsymbol{D}$ 分别为

$$\boldsymbol{T}=(\boldsymbol{\gamma}_1,\boldsymbol{\gamma}_2,\boldsymbol{\gamma}_3)=\begin{bmatrix}\frac{-1}{\sqrt{2}}&\frac{1}{\sqrt{2}}&0\\\frac{1}{\sqrt{2}}&\frac{1}{\sqrt{2}}&0\\0&0&1\end{bmatrix},\quad \boldsymbol{D}=\mathrm{diag}(1,3,3)$$

取正交变换 $\begin{bmatrix}x_1\\x_2\\x_3\end{bmatrix}=\begin{bmatrix}\frac{-1}{\sqrt{2}}&\frac{1}{\sqrt{2}}&0\\\frac{1}{\sqrt{2}}&\frac{1}{\sqrt{2}}&0\\0&0&1\end{bmatrix}\begin{bmatrix}y_1\\y_2\\y_3\end{bmatrix}$,则所求的二次型的标准型为

$$g(\boldsymbol{y})=y_1^2+3y_2^2+3y_3^2$$

例 5 设二次型

$$f(x_1,x_2,x_3)=2x_1^2+3x_2^2+ax_3^2+2bx_2x_3 \quad (b>0)$$

经正交变换 $\boldsymbol{x}=\boldsymbol{Ty}$ 化为标准型 $f=y_1^2+2y_2^2+5y_3^2$，求常数 a，b 的值，并求所用的正交变换矩阵 $\boldsymbol{T}$.

解 二次型的矩阵为 $\boldsymbol{A}=\begin{bmatrix}2&0&0\\0&3&b\\0&b&a\end{bmatrix}$. 因为是正交变换，所以二次型 f 的标准型中平方项的系数为矩阵 $\boldsymbol{A}$ 的特征值，即 $\lambda=1,2,5$. 应用定理 4.1.1 得 $\boldsymbol{A}$ 的行列式 $|\boldsymbol{A}|=2(3a-b^2)=\boldsymbol{A}$ 的特征值的乘积 $=10$，$\boldsymbol{A}$ 的主对角元之和 $a_{11}+a_{22}+a_{33}=5+a=\boldsymbol{A}$ 的特征值之和 $=8$，于是 $a=3$，$b=2$，即 $\boldsymbol{A}=\begin{bmatrix}2&0&0\\0&3&2\\0&2&3\end{bmatrix}$. 当 $\lambda=1$ 时，由 $(\boldsymbol{E}-\boldsymbol{A})\boldsymbol{x}=\boldsymbol{0}$，即

$$\begin{bmatrix}-1&0&0\\0&-2&-2\\0&-2&-2\end{bmatrix}\begin{bmatrix}x_1\\x_2\\x_3\end{bmatrix}=\begin{bmatrix}0\\0\\0\end{bmatrix}$$

解得基础解系即特征向量为 $\boldsymbol{\alpha}_1=(0,-1,1)^{\mathrm{T}}$，规范化得 $\boldsymbol{\gamma}_1=\left(0,\frac{-1}{\sqrt{2}},\frac{1}{\sqrt{2}}\right)^{\mathrm{T}}$. 当 $\lambda=2$ 时，由 $(2\boldsymbol{E}-\boldsymbol{A})\boldsymbol{x}=\boldsymbol{0}$，即

$$\begin{bmatrix}0&0&0\\0&-1&-2\\0&-2&-1\end{bmatrix}\begin{bmatrix}x_1\\x_2\\x_3\end{bmatrix}=\begin{bmatrix}0\\0\\0\end{bmatrix}$$

解得基础解系即特征向量为 $\boldsymbol{\alpha}_2=(1,0,0)^{\mathrm{T}}$，令 $\boldsymbol{\gamma}_2=(1,0,0)^{\mathrm{T}}$. 当 $\lambda=5$ 时，由 $(5\boldsymbol{E}-\boldsymbol{A})\boldsymbol{x}=\boldsymbol{0}$，即

$$\begin{bmatrix}3&0&0\\0&2&-2\\0&-2&2\end{bmatrix}\begin{bmatrix}x_1\\x_2\\x_3\end{bmatrix}=\begin{bmatrix}0\\0\\0\end{bmatrix}$$

解得基础解系即特征向量为 $\boldsymbol{\alpha}_3=(0,1,1)^{\mathrm{T}}$，规范化得 $\boldsymbol{\gamma}_3=\left(0,\frac{1}{\sqrt{2}},\frac{1}{\sqrt{2}}\right)^{\mathrm{T}}$. 于是所求的正交变换矩阵 $\boldsymbol{T}$ 为

$$\boldsymbol{T}=(\boldsymbol{\gamma}_1,\boldsymbol{\gamma}_2,\boldsymbol{\gamma}_3)=\begin{bmatrix}0&1&0\\ \frac{-1}{\sqrt{2}}&0&\frac{1}{\sqrt{2}}\\ \frac{1}{\sqrt{2}}&0&\frac{1}{\sqrt{2}}\end{bmatrix}$$

*4.5.4 化二次型为标准型的初等变换法

应用实对称矩阵合同于对角矩阵的初等变换法，即成对的初等行、列变换法，我们可得将二次型化为标准型的初等变换法. 现举例如下.

例 6(同例 2)　用初等变换法将二次型

$$f(x_1,x_2,x_3)=x_1^2+5x_2^2+x_3^2-4x_1x_2+6x_1x_3-8x_2x_3$$

化为标准型，写出所用的合同变换.

解　二次型 $f(x_1,x_2,x_3)$ 的矩阵为 $\begin{bmatrix}1&-2&3\\-2&5&-4\\3&-4&1\end{bmatrix}$. 应用成对的初等行、列变换，有

$$\begin{bmatrix}1&-2&3\\-2&5&-4\\3&-4&1\\1&0&0\\0&1&0\\0&0&1\end{bmatrix}\xrightarrow[c_2+2c_1]{r_2+2r_1}\begin{bmatrix}1&0&3\\0&1&2\\3&2&1\\1&2&0\\0&1&0\\0&0&1\end{bmatrix}\xrightarrow[c_3-3c_1]{r_3-3r_1}\begin{bmatrix}1&0&0\\0&1&2\\0&2&-8\\1&2&-3\\0&1&0\\0&0&1\end{bmatrix}\xrightarrow[c_3-2c_2]{r_3-2r_2}\begin{bmatrix}1&0&0\\0&1&0\\0&0&-12\\1&2&-7\\0&1&-2\\0&0&1\end{bmatrix}$$

所以合同变换矩阵与合同对角矩阵分别为

$$\boldsymbol{P}=\begin{bmatrix}1&2&-7\\0&1&-2\\0&0&1\end{bmatrix},\quad \boldsymbol{D}=\begin{bmatrix}1&0&0\\0&1&0\\0&0&-12\end{bmatrix}$$

取合同变换 $\begin{bmatrix}x_1\\x_2\\x_3\end{bmatrix}=\begin{bmatrix}1&2&-7\\0&1&-2\\0&0&1\end{bmatrix}\begin{bmatrix}y_1\\y_2\\y_3\end{bmatrix}$，则所求的二次型的标准型为

$$g(\boldsymbol{y})=y_1^2+y_2^2-12y_3^2$$

例 7(同例 3)　用初等变换法将二次型 $f(x_1,x_2,x_3)=x_1x_2+x_1x_3-3x_2x_3$ 化为标准型，写出所用的合同变换.

解　二次型 $f(x_1,x_2,x_3)$ 的矩阵为 $\begin{bmatrix} 0 & \frac{1}{2} & \frac{1}{2} \\ \frac{1}{2} & 0 & -\frac{3}{2} \\ \frac{1}{2} & -\frac{3}{2} & 0 \end{bmatrix}$. 应用成对的初等行、列变换，有

$$\begin{bmatrix} 0 & \frac{1}{2} & \frac{1}{2} \\ \frac{1}{2} & 0 & -\frac{3}{2} \\ \frac{1}{2} & -\frac{3}{2} & 0 \\ 1 & 0 & 0 \\ 0 & 1 & 0 \\ 0 & 0 & 1 \end{bmatrix} \xrightarrow[c_1+c_2]{r_1+r_2} \begin{bmatrix} 1 & \frac{1}{2} & -1 \\ \frac{1}{2} & 0 & -\frac{3}{2} \\ -1 & -\frac{3}{2} & 0 \\ 1 & 0 & 0 \\ 1 & 1 & 0 \\ 0 & 0 & 1 \end{bmatrix} \xrightarrow[\substack{c_2-\frac{1}{2}c_1 \\ c_3+c_1}]{\substack{r_2-\frac{1}{2}r_1 \\ r_3+r_1}} \begin{bmatrix} 1 & 0 & 0 \\ 0 & -\frac{1}{4} & -1 \\ 0 & -1 & -1 \\ 1 & -\frac{1}{2} & 1 \\ 1 & \frac{1}{2} & 1 \\ 0 & 0 & 1 \end{bmatrix}$$

$$\xrightarrow[2c_2]{2r_2} \begin{bmatrix} 1 & 0 & 0 \\ 0 & -1 & -2 \\ 0 & -2 & -1 \\ 1 & -1 & 1 \\ 1 & 1 & 1 \\ 0 & 0 & 1 \end{bmatrix} \xrightarrow[c_3-2c_2]{r_3-2r_2} \begin{bmatrix} 1 & 0 & 0 \\ 0 & -1 & 0 \\ 0 & 0 & 3 \\ 1 & -1 & 3 \\ 1 & 1 & -1 \\ 0 & 0 & 1 \end{bmatrix}$$

所以合同变换矩阵与合同对角矩阵分别为

$$\boldsymbol{P} = \begin{bmatrix} 1 & -1 & 3 \\ 1 & 1 & -1 \\ 0 & 0 & 1 \end{bmatrix}, \quad \boldsymbol{D} = \begin{bmatrix} 1 & 0 & 0 \\ 0 & -1 & 0 \\ 0 & 0 & 3 \end{bmatrix}$$

取合同变换 $\begin{bmatrix} x_1 \\ x_2 \\ x_3 \end{bmatrix} = \begin{bmatrix} 1 & -1 & 3 \\ 1 & 1 & -1 \\ 0 & 0 & 1 \end{bmatrix} \begin{bmatrix} y_1 \\ y_2 \\ y_3 \end{bmatrix}$，则所求的二次型的标准型为

$$g(\boldsymbol{y}) = y_1^2 - y_2^2 + 3y_3^2$$

4.5.5　惯性定理

根据定理 4.5.2，任一实二次型 $f = \boldsymbol{x}^{\mathrm{T}}\boldsymbol{A}\boldsymbol{x}$ 总可用正交变换化为以 $\boldsymbol{A}$ 的特征值作为系数的标准型，所以二次型的秩总等于二次型的矩阵 $\boldsymbol{A}$ 的非零特征值的个数.

二次型 $f=\boldsymbol{x}^{\mathrm{T}}\boldsymbol{A}\boldsymbol{x}$ 不管用何种合同变换化为规范型，此标准型中所含平方项的项数总等于该二次型的秩. 现在我们来证明，此标准型中系数为 $+1$ 的平方项的项数 p 也是唯一确定的. 这就是著名的惯性定理.

定理 4.5.4(惯性定理)　对任一秩为 r 的 n 元实二次型 $f(\boldsymbol{x})=\boldsymbol{x}^{\mathrm{T}}\boldsymbol{A}\boldsymbol{x}$，不论采用怎样的合同变换化为规范型，其标准型中系数为 $+1$ 的平方项的项数 p 与系数为 -1 的平方项的项数 q 都是唯一确定的.

证　用反证法. 假设采用两种合同变换

$$\boldsymbol{x}=\boldsymbol{P}\boldsymbol{y}\quad(|\boldsymbol{P}|\neq 0)\quad 与\quad \boldsymbol{x}=\boldsymbol{Q}\boldsymbol{z}\quad(|\boldsymbol{Q}|\neq 0)$$

将原二次型分为两个规范型

$$f(\boldsymbol{x})=y_1^2+y_2^2+\cdots+y_p^2-y_{p+1}^2-\cdots-y_r^2 \tag{6}$$

$$f(\boldsymbol{x})=z_1^2+z_2^2+\cdots+z_l^2-z_{l+1}^2-\cdots-z_r^2 \tag{7}$$

不妨设 $l<p\leqslant r$. 由 $\boldsymbol{x}=\boldsymbol{P}\boldsymbol{y}$ 与 $\boldsymbol{x}=\boldsymbol{Q}\boldsymbol{z}$ 可得 $\boldsymbol{z}=\boldsymbol{Q}^{-1}\boldsymbol{P}\boldsymbol{y}$，记 $\boldsymbol{Q}^{-1}\boldsymbol{P}=\boldsymbol{C}=(c_{ij})$，则有

$$\begin{bmatrix} z_1\\ z_2\\ \vdots\\ z_n \end{bmatrix}=\begin{bmatrix} c_{11} & c_{12} & \cdots & c_{1n}\\ c_{21} & c_{22} & \cdots & c_{2n}\\ \vdots & \vdots & & \vdots\\ c_{n1} & c_{n2} & \cdots & c_{nn} \end{bmatrix}\begin{bmatrix} y_1\\ y_2\\ \vdots\\ y_n \end{bmatrix} \tag{8}$$

考虑线性齐次方程组

$$\begin{cases} c_{11}y_1+c_{12}y_2+\cdots+c_{1n}y_n=0,\\ \vdots\\ c_{l1}y_1+c_{l2}y_2+\cdots+c_{ln}y_n=0,\\ y_{p+1}=0,\\ \vdots\\ y_n=0 \end{cases} \tag{9}$$

此方程组的系数矩阵 $\boldsymbol{A}_1$ 是 $m\times n$ 矩阵，其中 $m=l+(n-p)=n-(p-l)<n$，所以 $\mathrm{r}(\boldsymbol{A}_1)\leqslant m<n$，因此方程组(9) 有非零解，记为

$$\boldsymbol{y}_0=(y_1^0,y_2^0,\cdots,y_l^0,y_{l+1}^0,\cdots,y_p^0,0,\cdots,0)^{\mathrm{T}} \tag{10}$$

其中 $y_1^0,y_2^0,\cdots,y_l^0,y_{l+1}^0,\cdots,y_p^0$ 不全为零. 将(10) 式代入(8) 式得

$$\boldsymbol{z}_0=(0,0,\cdots,0,z_{l+1}^0,\cdots,z_p^0,z_{p+1}^0,\cdots,z_n^0)^{\mathrm{T}} \tag{11}$$

由此得 $\boldsymbol{x}_0=\boldsymbol{P}\boldsymbol{y}_0$ 与 $\boldsymbol{x}_0=\boldsymbol{Q}\boldsymbol{z}_0$，分别代入(6)式与(7)式，得

$$f(\boldsymbol{x}_0)=(y_1^0)^2+(y_2^0)^2+\cdots+(y_p^0)^2>0$$

与

$$f(\boldsymbol{x}_0)=-(z_{l+1}^0)^2-(z_{l+2}^0)^2-\cdots-(z_r^0)^2\leqslant 0$$

此为矛盾式. 于是(6)式与(7)式中 $p=l$，即二次型 $f(\boldsymbol{x})$ 的规范型中系数为 $+1$ 的平方项的项数 p 由二次型 $f(\boldsymbol{x})$ 的矩阵 $\boldsymbol{A}$ 唯一确定，与合同变换无关. 由于二次型 $f(\boldsymbol{x})$ 的规范型中平方项的总项数为 $\mathrm{r}(\boldsymbol{A})=r$，所以二次型 $f(\boldsymbol{x})$ 的规范型中系数为 -1 的平方项的项数 $q=r-p$ 也由二次型 $f(\boldsymbol{x})$ 的矩阵 $\boldsymbol{A}$ 唯一确定的，与所用的合同变换无关. □

定义 4.5.1(惯性指数)　设二次型 $f(\boldsymbol{x})$ 的矩阵为 $\boldsymbol{A}$. 二次型 $f(\boldsymbol{x})$ 的规范型中系数为 $+1$ 的平方项的项数 p 称为该**二次型 $f(\boldsymbol{x})$ 的正惯性指数**，也称为**矩阵 $\boldsymbol{A}$ 的正惯性指数**，而系数为 -1 的平方项的项数 q 称为该**二次型 $f(\boldsymbol{x})$ 的负惯性指数**，也称为**矩阵 $\boldsymbol{A}$ 的负惯性指数**，并称 $p-q$ 为**符号差**.

定理 4.5.4 表明二次型的正、负惯性指数是唯一确定的. 定理 4.5.3 的证明过程揭示了二次型的规范型与标准型的联系，由此可知二次型的正惯性指数等于二次型的矩阵 $\boldsymbol{A}$ 的正特征值的个数，负惯性指数等于二次型的矩阵 $\boldsymbol{A}$ 的负特征值的个数. 二次型的规范型是唯一的(这里需约定先写系数为 $+1$ 的平方项)，但是二次型的标准型不是唯一的，它与所用的合同变换有关. 但二次型的标准型中系数为正数的平方项的项数等于正惯性指数，系数为负数的平方项的项数等于负惯性指数. 因此有下面的定理.

定理 4.5.5　(1) 对于二次型 $f(\boldsymbol{x})=\boldsymbol{x}^{\mathrm{T}}\boldsymbol{A}\boldsymbol{x}$ 与 $g(\boldsymbol{y})=\boldsymbol{y}^{\mathrm{T}}\boldsymbol{B}\boldsymbol{y}$，有

二次型 $f(\boldsymbol{x})$ 与 $g(\boldsymbol{y})$ 等价 $\Leftrightarrow$ $f(\boldsymbol{x})$ 与 $g(\boldsymbol{y})$ 的秩相等，且正惯性指数相等

(2) 与(1)平行的是，对于实对称矩阵 $\boldsymbol{A}$ 与 $\boldsymbol{B}$，有

$\boldsymbol{A}$ 与 $\boldsymbol{B}$ 合同 $\Leftrightarrow$ $\boldsymbol{A}$ 与 $\boldsymbol{B}$ 的秩相等，且正惯性指数相等

例 8　下列矩阵中哪些是合同矩阵？哪些是相似矩阵？

$$\boldsymbol{A}=\begin{bmatrix}2&0&0&0\\0&3&0&0\\0&0&-1&0\\0&0&0&0\end{bmatrix},\quad \boldsymbol{B}=\begin{bmatrix}1&0&0&0\\0&2&0&0\\0&0&0&0\\0&0&0&3\end{bmatrix},\quad \boldsymbol{C}=\begin{bmatrix}1&0&0&0\\0&2&0&0\\0&0&2&0\\0&0&0&0\end{bmatrix}$$

$$D=\begin{bmatrix}2&0&0&0\\0&1&0&0\\0&0&-1&0\\0&0&0&0\end{bmatrix},\quad E=\begin{bmatrix}0&0&0&0\\0&2&0&0\\0&0&0&1\\0&0&1&0\end{bmatrix},\quad F=\begin{bmatrix}1&0&0&0\\0&2&0&0\\0&0&1&-1\\0&0&-1&1\end{bmatrix}$$

解　这6个矩阵都是实对称矩阵. 先来求它们的特征值. 矩阵$\boldsymbol{A}$的特征值显然为$\lambda=2,3,-1,0$;矩阵$\boldsymbol{B}$的特征值显然为$\lambda=1,2,3,0$;矩阵$\boldsymbol{C}$的特征值显然为$\lambda=1,2,2,0$;矩阵$\boldsymbol{D}$的特征值显然为$\lambda=1,2,-1,0$;矩阵$\boldsymbol{E}$的特征值容易求得为$\lambda=1,2,-1,0$;矩阵$\boldsymbol{F}$的特征值容易求得为$\lambda=1,2,2,0$. 由于两个实对称矩阵合同的充要条件是它们有相同的秩和相同的正惯性指数,而实对称矩阵的秩等于其非零特征值的个数,正惯性指数等于其正特征值的个数. 所以由下表可以看出

$$\boldsymbol{A}\simeq\boldsymbol{D}\simeq\boldsymbol{E},\quad \boldsymbol{B}\simeq\boldsymbol{C}\simeq\boldsymbol{F}$$

矩阵	$\boldsymbol{A}$	$\boldsymbol{B}$	$\boldsymbol{C}$	$\boldsymbol{D}$	$\boldsymbol{E}$	$\boldsymbol{F}$
特征值	2,3,−1,0	1,2,3,0	1,2,2,0	1,2,−1,0	1,2,−1,0	1,2,2,0
秩	3	3	3	3	3	3
正惯性指数	2	3	3	2	2	3

由于两个实对称矩阵相似的充要条件是它们有相同的特征值,所以有

$$\boldsymbol{C}\sim\boldsymbol{F},\quad \boldsymbol{D}\sim\boldsymbol{E}$$

习题 4.5

A 组

1. 用配方法将下列二次型化为标准型:

1) $f(x_1,x_2,x_3)=x_1^2+4x_2^2+2x_3^2-4x_1x_2+2x_1x_3$;

2) $f(x_1,x_2,x_3)=2x_1x_2+2x_1x_3$;

3) $f(x_1,x_2,x_3)=x_1^2+2x_2^2+3x_3^2+4x_1x_2-4x_2x_3$;

4) $f(x_1,x_2,x_3,x_4)=x_1^2+x_3^2+2x_4^2+4x_1x_2+2x_1x_3+4x_1x_4+2x_2x_3+2x_2x_4+2x_3x_4$.

2. 用正交变换法将下列二次型化为标准型:

1) $f(x_1,x_2,x_3)=x_1^2+x_2^2+x_3^2+4x_1x_2+4x_1x_3+4x_2x_3$;

2) $f(x_1,x_2,x_3)=2x_1^2+5x_2^2+5x_3^2+4x_1x_2-4x_1x_3-8x_2x_3$;

3) $f(x_1,x_2,x_3)=x_1^2-2x_2^2-2x_3^2-4x_1x_2+4x_1x_3+8x_2x_3$；

4) $f(x_1,x_2,x_3)=2x_1^2+2x_2^2+2x_3^2-2x_1x_2-2x_1x_3-2x_2x_3$.

3. 求二次型 $f(x_1,x_2,\cdots,x_n)=\sum\limits_{1\leqslant i<j\leqslant n}x_ix_j$ 的矩阵$\boldsymbol{A}$ 及$\boldsymbol{A}$ 的特征值,并写出二次型的规范型.

4. 设实对称矩阵 $\boldsymbol{A}$ 合同于 $\boldsymbol{B}=\begin{bmatrix}0&1&0\\1&0&0\\0&0&-2\end{bmatrix}$,求二次型 $\boldsymbol{x}^{\mathrm{T}}\boldsymbol{A}\boldsymbol{x}$ 的规范型.

5. 下列矩阵中哪些是合同矩阵?哪些是相似矩阵?

$$\boldsymbol{A}=\begin{bmatrix}1&1&0\\1&1&0\\0&0&4\end{bmatrix},\quad \boldsymbol{B}=\begin{bmatrix}3&0&0\\0&1&1\\0&1&1\end{bmatrix},\quad \boldsymbol{C}=\begin{bmatrix}2&0&0\\0&2&2\\0&2&2\end{bmatrix},\quad \boldsymbol{D}=\begin{bmatrix}2&2&0\\2&2&0\\0&0&0\end{bmatrix}$$

6. 已知二次型

$$f(x_1,x_2,x_3)=x_1^2+(1-a)x_2^2+(1-a)x_3^2+2(1+a)x_2x_3$$

的秩为 2.

1) 求 a 的值；

2) 用正交变换将 $f(x_1,x_2,x_3)$ 化成标准型.

7. 将三阶实对称矩阵的集合按合同关系分类,可以分为多少类?每一类里写出一个最简单的矩阵(即合同规范型).

8. 用成对的初等行、列变换化下列二次型为标准型,并写出合同变换:

1) $f(x_1,x_2,x_3)=x_1^2+x_2^2+x_3^2+4x_1x_2+4x_1x_3+4x_2x_3$；

2) $f(x_1,x_2,x_3)=x_1^2-2x_2^2-2x_3^2-4x_1x_2+4x_1x_3+8x_2x_3$.

B 组

1. 设二次型

$$f(x_1,x_2,x_3)=x_1^2+x_2^2+x_3^2+2ax_1x_2+2x_1x_3+2bx_2x_3$$

经正交变换 $\boldsymbol{x}=\boldsymbol{T}\boldsymbol{y}$ 化为标准型 $f=y_2^2+2y_3^2$,求常数 a,b 的值,并求所用的正交变换矩阵 $\boldsymbol{T}$.

2. 设 $\boldsymbol{A}$ 是实对称矩阵,$\forall\,\boldsymbol{x}\in\mathbf{R}^n$,有 $\boldsymbol{x}^{\mathrm{T}}\boldsymbol{A}\boldsymbol{x}=0$,证明:$\boldsymbol{A}=\boldsymbol{O}$.

4.6 正定二次型与正定矩阵

4.6.1 二次型的分类

n 元二次型 $f(\boldsymbol{x})=\boldsymbol{x}^{\mathrm{T}}\boldsymbol{A}\boldsymbol{x}$ 是定义在 $\mathbf{R}^n$ 上的 n 元函数，当 $\boldsymbol{x}=\mathbf{0}$ 时，$f(\mathbf{0})=0$；当 $\boldsymbol{x}\neq\mathbf{0}$ 时，$f(\boldsymbol{x})\in\mathbf{R}$. 根据二次型的取值，我们将二次型分为 5 类.

定义 4.6.1(二次型的分类) 对于二次型 $f(\boldsymbol{x})=\boldsymbol{x}^{\mathrm{T}}\boldsymbol{A}\boldsymbol{x}$，若 $\forall\,\boldsymbol{x}\neq\mathbf{0}$，有

(1) $f(\boldsymbol{x})=\boldsymbol{x}^{\mathrm{T}}\boldsymbol{A}\boldsymbol{x}>0$，称二次型 $f(\boldsymbol{x})$ 为**正定二次型**，并称 $\boldsymbol{A}$ 为**正定矩阵**

(2) $f(\boldsymbol{x})=\boldsymbol{x}^{\mathrm{T}}\boldsymbol{A}\boldsymbol{x}<0$，则称二次型 $f(\boldsymbol{x})$ 为**负定二次型**，并称 $\boldsymbol{A}$ 为**负定矩阵**；

(3) $f(\boldsymbol{x})=\boldsymbol{x}^{\mathrm{T}}\boldsymbol{A}\boldsymbol{x}\geqslant 0$，则称二次型 $f(\boldsymbol{x})$ 为**半正定二次型**，并称 $\boldsymbol{A}$ 为**半正定矩阵**；

(4) $f(\boldsymbol{x})=\boldsymbol{x}^{\mathrm{T}}\boldsymbol{A}\boldsymbol{x}\leqslant 0$，则称二次型 $f(\boldsymbol{x})$ 为**半负定二次型**，并称 $\boldsymbol{A}$ 为**半负定矩阵**；

(5) $\exists\,\boldsymbol{x}_1,\boldsymbol{x}_2$ 使得 $f(\boldsymbol{x}_1)>0$，$f(\boldsymbol{x}_2)<0$，则称 $f(\boldsymbol{x})$ 为**不定二次型**，并称 $\boldsymbol{A}$ 为**不定矩阵**.

下面我们重点研究正定二次型和正定矩阵.

4.6.2 正定二次型与正定矩阵的判别法

先来看一个大家熟悉的二次多项式的例子.

例 1 证明：二元二次型 $f(x,y)=ax^2+bxy+cy^2$ 是正定二次型的充要条件是 $a>0$，$\Delta=b^2-4ac<0$.

证 当 $y\neq 0$ 时，令 $\dfrac{x}{y}=u$，则

$$f(x,y)=y^2\left(a\left(\frac{x}{y}\right)^2+b\,\frac{x}{y}+c\right)=y^2(au^2+bu+c)$$

由中学代数知识可得 $au^2+bu+c>0$ 的充要条件是 $a>0$，$\Delta=b^2-4ac<0$. 于是当 $y\neq 0$ 时有 $f(x,y)=y^2(au^2+bu+c)>0$ 的充要条件是 $a>0$，$\Delta=b^2-4ac<0$. 当 $y=0$，$x\neq 0$ 时，$f(x,0)=ax^2>0$ 的充要条件是 $a>0$. 故 $(x,y)\neq(0,0)$ 时 $f(x,y)=ax^2+bxy+cy^2>0$ 的充要条件是 $a>0$，$\Delta=b^2-4ac<0$.

现在来考察 n 元二次型 $f(\boldsymbol{x})=\boldsymbol{x}^{\mathrm{T}}\boldsymbol{A}\boldsymbol{x}$.

定理 4.6.1 (1) 对于 n 元二次型 $f(\boldsymbol{x})=\boldsymbol{x}^{\mathrm{T}}\boldsymbol{A}\boldsymbol{x}$，有

$$\boxed{f(x)\text{ 是正定二次型}\Leftrightarrow \boldsymbol{A}\text{ 的正惯性指数 }p=n}$$

(2) 对于 n 阶实对称矩阵 $\boldsymbol{A}$，有

A 是正定矩阵 $\Leftrightarrow A$ 的特征值都是正数

证 (1) 设二次型 $f(\boldsymbol{x})=\boldsymbol{x}^{\mathrm{T}}\boldsymbol{A}\boldsymbol{x}$ 经合同变换 $\boldsymbol{x}=\boldsymbol{P}\boldsymbol{y}(|\boldsymbol{P}|\neq 0)$ 化为标准型

$$f(\boldsymbol{x})=\boldsymbol{x}^{\mathrm{T}}\boldsymbol{A}\boldsymbol{x}=g(\boldsymbol{y})=\boldsymbol{y}^{\mathrm{T}}\boldsymbol{D}\boldsymbol{y}=d_1y_1^2+d_2y_2^2+\cdots+d_ny_n^2$$

(**充分性**) 设正惯性指数 $p=n$,则 $d_i>0(i=1,2,\cdots,n)$. $\forall\,\boldsymbol{x}\neq\boldsymbol{0}$ 有 $\boldsymbol{y}=\boldsymbol{P}^{-1}\boldsymbol{x}\neq\boldsymbol{0}$,于是

$$f(\boldsymbol{x})=\boldsymbol{x}^{\mathrm{T}}\boldsymbol{A}\boldsymbol{x}=g(\boldsymbol{y})=\boldsymbol{y}^{\mathrm{T}}\boldsymbol{D}\boldsymbol{y}=d_1y_1^2+d_2y_2^2+\cdots+d_ny_n^2>0$$

因此二次型 $f(\boldsymbol{x})=\boldsymbol{x}^{\mathrm{T}}\boldsymbol{A}\boldsymbol{x}$ 是正定二次型.

(**必要性**) 用反证法. 设正惯性指数 $p<n$,不妨设 $d_n\leqslant 0$. 取 $\boldsymbol{y}_0=(0,0,\cdots,0,1)^{\mathrm{T}}$,记 $\boldsymbol{x}_0=\boldsymbol{P}\boldsymbol{y}_0$,则 $\boldsymbol{x}_0\neq\boldsymbol{0}$,且有 $f(\boldsymbol{x}_0)=\boldsymbol{x}_0^{\mathrm{T}}\boldsymbol{A}\boldsymbol{x}_0=d_n\leqslant 0$. 此与二次型 $f(\boldsymbol{x})=\boldsymbol{x}^{\mathrm{T}}\boldsymbol{A}\boldsymbol{x}$ 是正定二次型的条件矛盾. 所以正惯性指数 $p=n$.

(2) 设 $\boldsymbol{A}$ 为正定矩阵,故二次型 $f(\boldsymbol{x})=\boldsymbol{x}^{\mathrm{T}}\boldsymbol{A}\boldsymbol{x}$ 是正定二次型. 应用上面(1)的结论得 $\boldsymbol{A}$ 为正定矩阵的充要条件是 $\boldsymbol{A}$ 的正惯性指数 $p=n$,这等价于 $\boldsymbol{A}$ 的特征值都是正数. □

例 2(同例 1) 证明:二元二次型 $f(x,y)=ax^2+bxy+cy^2$ 是正定二次型的充要条件是 $a>0,\Delta=b^2-4ac<0$.

解 二次型 $f(x,y)$ 的矩阵为 $\boldsymbol{A}=\begin{bmatrix}a & \frac{b}{2}\\ \frac{b}{2} & c\end{bmatrix}$,特征方程为

$$\begin{vmatrix}\lambda-a & -\frac{b}{2}\\ -\frac{b}{2} & \lambda-c\end{vmatrix}=\lambda^2-(a+c)\lambda+ac-\frac{b^2}{4}=0$$

设矩阵 $\boldsymbol{A}$ 的特征值为 λ_1,λ_2,根据定理 4.6.1 得二次型 $f(x,y)$ 为正定二次型的充要条件是 $\lambda_1>0,\lambda_2>0$,这等价于

$$\begin{cases}\lambda_1\lambda_2=ac-\frac{b^2}{4}>0,\\ \lambda_1+\lambda_2=a+c>0\end{cases}\Leftrightarrow b^2-4ac<0,a>0$$

定理 4.6.2 设 $\boldsymbol{A}$ 为实对称矩阵,则

$\boldsymbol{A}$ 为正定矩阵 $\Leftrightarrow \boldsymbol{A}\simeq\boldsymbol{E}\Leftrightarrow\boldsymbol{A}=\boldsymbol{C}^{\mathrm{T}}\boldsymbol{C}\quad(\lvert\boldsymbol{C}\rvert\neq 0)$

证 由定理 4.6.1 得 $\boldsymbol{A}$ 为 n 阶正定矩阵 $\Leftrightarrow\boldsymbol{A}$ 的正惯性指数 $p=n$. 这表明二次型 $f(\boldsymbol{x})$ 的规范型是

$$f(\boldsymbol{x})=\boldsymbol{x}^{\mathrm{T}}\boldsymbol{A}\boldsymbol{x}=g(\boldsymbol{y})=y_1^2+y_2^2+\cdots+y_n^2 \tag{1}$$

由于标准型(1) 式的矩阵是单位矩阵 $\boldsymbol{E}$，所以 $\boldsymbol{A}$ 的正惯性指数 $p=n\Leftrightarrow \boldsymbol{A}\simeq\boldsymbol{E}\Leftrightarrow$ 存在可逆矩阵 $\boldsymbol{Q}$ 使得 $\boldsymbol{Q}^{\mathrm{T}}\boldsymbol{A}\boldsymbol{Q}=\boldsymbol{E}$，令 $\boldsymbol{C}=\boldsymbol{Q}^{-1}$，则有 $\boldsymbol{A}=(\boldsymbol{Q}^{\mathrm{T}})^{-1}\boldsymbol{E}\boldsymbol{Q}^{-1}=\boldsymbol{C}^{\mathrm{T}}\boldsymbol{C}$. □

定理 4.6.3(胡尔维茨①定理 1) 设 $\boldsymbol{A}$ 为实对称矩阵，则

$$\boxed{\boldsymbol{A}\text{ 为正定矩阵}\Leftrightarrow\boldsymbol{A}\text{ 的各阶顺序主子式都是正数}}$$

所谓顺序主子式，它是由矩阵 $\boldsymbol{A}=(a_{ij})$ 的左上角的元素构成的一阶行列式、二阶行列式，直到 n 阶行列式. 即

$$A_1=a_{11}>0,\quad A_2=\begin{vmatrix}a_{11}&a_{12}\\a_{12}&a_{22}\end{vmatrix}>0$$

$$A_3=\begin{vmatrix}a_{11}&a_{12}&a_{13}\\a_{12}&a_{22}&a_{23}\\a_{13}&a_{23}&a_{33}\end{vmatrix}>0,\quad\cdots,\quad A_n=\begin{vmatrix}a_{11}&a_{12}&\cdots&a_{1n}\\a_{12}&a_{22}&\cdots&a_{2n}\\\vdots&\vdots&&\vdots\\a_{1n}&a_{2n}&\cdots&a_{nn}\end{vmatrix}>0$$

此定理的证明从略.

* **定理 4.6.4(胡尔维茨定理 2)** 设 $\boldsymbol{A}$ 为实对称矩阵，则

$$\boxed{\boldsymbol{A}\text{ 为负定矩阵}\Leftrightarrow\boldsymbol{A}\text{ 的各阶顺序主子式负正相间}}$$

即

$$A_1=a_{11}<0,\quad A_2=\begin{vmatrix}a_{11}&a_{12}\\a_{12}&a_{22}\end{vmatrix}>0$$

$$A_3=\begin{vmatrix}a_{11}&a_{12}&a_{13}\\a_{12}&a_{22}&a_{23}\\a_{13}&a_{23}&a_{33}\end{vmatrix}<0,\quad\cdots,\quad(-1)^nA_n=\begin{vmatrix}a_{11}&a_{12}&\cdots&a_{1n}\\a_{12}&a_{22}&\cdots&a_{2n}\\\vdots&\vdots&&\vdots\\a_{1n}&a_{2n}&\cdots&a_{nn}\end{vmatrix}>0$$

证 $\boldsymbol{A}$ 为负定矩阵 $\Leftrightarrow -\boldsymbol{A}$ 为正定矩阵，应用胡尔维茨定理 1 得

$$A_1'=-a_{11}>0,\quad A_2'=\begin{vmatrix}-a_{11}&-a_{12}\\-a_{12}&-a_{22}\end{vmatrix}>0$$

$$A_3'=\begin{vmatrix}-a_{11}&-a_{12}&-a_{13}\\-a_{12}&-a_{22}&-a_{23}\\-a_{13}&-a_{23}&-a_{33}\end{vmatrix}>0,\cdots,A_n'=\begin{vmatrix}-a_{11}&-a_{12}&\cdots&-a_{1n}\\-a_{12}&-a_{22}&\cdots&-a_{2n}\\\vdots&\vdots&&\vdots\\-a_{1n}&-a_{2n}&\cdots&-a_{nn}\end{vmatrix}>0$$

①胡尔维茨(Hurwitz)，1859—1919，德国数学家.

应用行列式的性质即得所求结论. □

例 3　判别二次型 $f(x_1,x_2,x_3)=5x_1^2+x_2^2+5x_3^2+4x_1x_2-8x_1x_3-4x_2x_3$ 是否正定.

解法 1(顺序主子式法)　$f(x_1,x_2,x_3)$ 的矩阵 $\boldsymbol{A}=\begin{bmatrix}5&2&-4\\2&1&-2\\-4&-2&5\end{bmatrix}$. 它的顺序主子式为

$$A_1=5>0,\quad A_2=\begin{vmatrix}5&2\\2&1\end{vmatrix}=1>0,\quad A_3=\begin{vmatrix}5&2&-4\\2&1&-2\\-4&-2&5\end{vmatrix}=1>0$$

因所有顺序主子式都是正数,所以二次型 $f(x_1,x_2,x_3)$ 是正定二次型.

解法 2(特征值法)　$f(x_1,x_2,x_3)$ 的矩阵 $\boldsymbol{A}$ 的特征方程为

$$\begin{vmatrix}\lambda-5&-2&4\\-2&\lambda-1&2\\4&2&\lambda-5\end{vmatrix}=\begin{vmatrix}\lambda-1&-2&4\\0&\lambda-1&2\\\lambda-1&2&\lambda-5\end{vmatrix}=(\lambda-1)\begin{vmatrix}1&-2&4\\0&\lambda-1&2\\1&2&\lambda-5\end{vmatrix}$$

$$=(\lambda-1)\begin{vmatrix}1&-2&4\\0&\lambda-1&2\\0&4&\lambda-9\end{vmatrix}=(\lambda-1)(\lambda^2-10\lambda+9-8)$$

$$=(\lambda-1)(\lambda^2-10\lambda+1)=0$$

解得特征值为 $\lambda_1=1,\lambda_2=5+2\sqrt{6},\lambda_3=5-2\sqrt{6}$,其中 λ_1,λ_2 显然大于0,$\lambda_3=5-2\sqrt{6}>5-2\sqrt{6.25}=0$,因此 $\boldsymbol{A}$ 的所有特征值都是正数,所以二次型 $f(x_1,x_2,x_3)$ 为正定二次型.

解法 3(配方法)　用配方法求其标准型,有

$$\begin{aligned}f(x_1,x_2,x_3)&=\frac{1}{5}((5x_1+2x_2-4x_3)^2-4x_2^2-16x_3^2+16x_2x_3+5x_2^2+25x_3^2-20x_2x_3)\\&=\frac{1}{5}((5x_1+2x_2-4x_3)^2+x_2^2-4x_2x_3+9x_3^2)\\&=\frac{1}{5}((5x_1+2x_2-4x_3)^2+(x_2-2x_3)^2+5x_3^2)\\&=\frac{1}{5}y_1^2+\frac{1}{5}y_2^2+y_3^2\end{aligned}$$

其中 $\boldsymbol{y}=\boldsymbol{P}^{-1}\boldsymbol{x},\boldsymbol{P}^{-1}=\begin{bmatrix}5&2&-4\\0&1&-2\\0&0&1\end{bmatrix}$,因此二次型 $f(x_1,x_2,x_3)$ 的正惯性指数 $p=$

3,所以二次型 $f(x_1,x_2,x_3)$ 为正定二次型.

*解法 4(初等变换法)　运用成对的初等行、列变换法,得

$$\begin{bmatrix} A \\ E \end{bmatrix}=\begin{bmatrix} 5 & 2 & -4 \\ 2 & 1 & -2 \\ -4 & -2 & 5 \\ 1 & 0 & 0 \\ 0 & 1 & 0 \\ 0 & 0 & 1 \end{bmatrix}\xrightarrow[c_1\leftrightarrow c_2]{r_1\leftrightarrow r_2}\begin{bmatrix} 1 & 2 & -2 \\ 2 & 5 & -4 \\ -2 & -4 & 5 \\ 0 & 1 & 0 \\ 1 & 0 & 0 \\ 0 & 0 & 1 \end{bmatrix}\xrightarrow[c_2-2c_1]{r_2-2r_1}\begin{bmatrix} 1 & 0 & -2 \\ 0 & 1 & 0 \\ -2 & 0 & 5 \\ 0 & 1 & 0 \\ 1 & -2 & 0 \\ 0 & 0 & 1 \end{bmatrix}$$

$$\xrightarrow[c_3+2c_1]{r_3+2r_1}\begin{bmatrix} 1 & 0 & 0 \\ 0 & 1 & 0 \\ 0 & 0 & 1 \\ 0 & 1 & 0 \\ 1 & -2 & 2 \\ 0 & 0 & 1 \end{bmatrix}=\begin{bmatrix} D \\ P \end{bmatrix}$$

令 $x=Py$,$P=\begin{bmatrix} 0 & 1 & 0 \\ 1 & -2 & 2 \\ 0 & 0 & 1 \end{bmatrix}$,则二次型 $f(x_1,x_2,x_3)$ 化为标准型为 $f(x_1,x_2,x_3)=y_1^2+y_2^2+y_3^2$,因此正惯性指数 $p=3$,所以二次型 $f(x_1,x_2,x_3)$ 为正定二次型.

例 4　设 A 为 $m\times n$ 矩阵,E 为 n 阶单位矩阵,若 $B=\lambda E+A^{\mathrm{T}}A$,求证:$\lambda>0$ 时 B 为正定矩阵.

证　因为

$$B^{\mathrm{T}}=(\lambda E+A^{\mathrm{T}}A)^{\mathrm{T}}=(\lambda E)^{\mathrm{T}}+(A^{\mathrm{T}}A)^{\mathrm{T}}=\lambda E+A^{\mathrm{T}}(A^{\mathrm{T}})^{\mathrm{T}}=\lambda E+A^{\mathrm{T}}A=B$$

所以 B 是实对称矩阵. $\forall x\neq 0$,有

$$x^{\mathrm{T}}Bx=x^{\mathrm{T}}(\lambda E+A^{\mathrm{T}}A)x=\lambda x^{\mathrm{T}}x+x^{\mathrm{T}}(A^{\mathrm{T}}A)x=\lambda x^{\mathrm{T}}x+(Ax)^{\mathrm{T}}(Ax)$$

由于 $\lambda>0$,$x^{\mathrm{T}}x=|x|^2>0$,$(Ax)^{\mathrm{T}}(Ax)=|Ax|^2\geqslant 0$,因此 $\forall x\neq 0$ 有 $x^{\mathrm{T}}Bx>0$,所以 B 为正定矩阵. □

习题 4.6

A 组

1. 设 A,B 为同阶正定矩阵,证明:$A+B$ 为正定矩阵.
2. 设 A 为可逆矩阵,证明:$A^{\mathrm{T}}A$ 为正定矩阵.
3. 设 A 为正定矩阵,证明:A^{-1} 与 A^* 皆为正定矩阵.

4. 设 $\boldsymbol{A}$ 为正定矩阵,证明:$|\boldsymbol{A}+\boldsymbol{E}|>1$.

5. 设 $\boldsymbol{A}$ 为正定矩阵,证明:存在正定矩阵 $\boldsymbol{M}$,使得 $\boldsymbol{A}=\boldsymbol{M}^2$.

6. 用两种方法判别下列二次型是否是正定二次型:

1) $f(x_1,x_2,x_3)=2x_1^2+5x_2^2+5x_3^2+4x_1x_2-4x_1x_3-8x_2x_3$;

2) $f(x_1,x_2,x_3)=5x_1^2+6x_2^2+4x_3^2-4x_1x_2-4x_2x_3$;

3) $f(x_1,x_2,x_3)=2x_1^2+2x_2^2+2x_3^2-2x_1x_2-2x_1x_3-2x_2x_3$;

4) $f(x_1,x_2,x_3,x_4)=4x_1^2+4x_2^2+4x_3^2+4x_4^2+2x_1x_2-2x_1x_4-2x_2x_3+2x_3x_4$.

7. 证明:二次型 $f(x_1,x_2,\cdots,x_n)=\boldsymbol{x}^{\mathrm{T}}\boldsymbol{A}\boldsymbol{x}$ 在 $\sum\limits_{i=1}^{n}x_i^2=1$ 的条件下的最大值等于矩阵 $\boldsymbol{A}$ 的最大特征值.

B 组

1. 设二次型 $f(x)=\boldsymbol{x}^{\mathrm{T}}\boldsymbol{A}\boldsymbol{x}$ 为不定二次型,证明:存在 $\boldsymbol{x}\neq\boldsymbol{0}$,使得 $f(\boldsymbol{x})=0$.

2. 设 $\boldsymbol{A}$ 为实对称矩阵,$|\boldsymbol{A}|<0$,证明:存在 $\boldsymbol{x}\neq\boldsymbol{0}$,使得 $\boldsymbol{x}^{\mathrm{T}}\boldsymbol{A}\boldsymbol{x}<0$.

3. 设 $f(x_1,x_2,\cdots,x_n)$ 是二次型,$g(x_1,x_2,\cdots,x_n)$ 是正定二次型,证明:存在合同变换 $\boldsymbol{x}=\boldsymbol{Q}\boldsymbol{y}$,分别将二次型 f 与 g 化为 $\lambda_1y_1^2+\lambda_2y_2^2+\cdots+\lambda_ny_n^2$ 与 $y_1^2+y_2^2+\cdots+y_n^2$.

*5 线性空间与线性变换

在第3.4节中我们介绍了向量空间V,它是$\mathbf{R}^n$的非空子集,在V中定义有加法与数乘两种运算,满足定理2.2.2关于矩阵的线性运算的8条性质.这一章我们将向量空间概念抽象推广,引进一般的线性空间概念,并介绍线性变换的基本概念.

5.1 线性空间的基本概念

5.1.1 线性空间的定义

定义5.1.1(线性空间) 设V是非空集合,在V中定义有加法"+"和数乘"·"两种运算,使得

$$\boxed{\forall \boldsymbol{\alpha},\boldsymbol{\beta} \in V \Rightarrow \boldsymbol{\alpha}+\boldsymbol{\beta} \in V;\quad \forall \boldsymbol{\alpha} \in V, k \in \mathbf{R} \Rightarrow k \cdot \boldsymbol{\alpha} \in V}$$

并且这两种运算满足下列8条性质:$\forall \boldsymbol{\alpha},\boldsymbol{\beta},\boldsymbol{\gamma} \in V, k,l \in \mathbf{R}$,有

(1) $\boldsymbol{\alpha}+\boldsymbol{\beta}=\boldsymbol{\beta}+\boldsymbol{\alpha}$; **(加法交换律)**

(2) $(\boldsymbol{\alpha}+\boldsymbol{\beta})+\boldsymbol{\gamma}=\boldsymbol{\alpha}+(\boldsymbol{\beta}+\boldsymbol{\gamma})$; **(加法结合律)**

(3) $\exists \mathbf{0} \in V$,使得$\boldsymbol{\alpha}+\mathbf{0}=\boldsymbol{\alpha}$; **(存在零元素)**

(4) $\exists \boldsymbol{\alpha}' \in V$,使得$\boldsymbol{\alpha}+\boldsymbol{\alpha}'=\mathbf{0}$; **(存在负元素)**

(5) $1 \in \mathbf{R} \Rightarrow 1 \cdot \boldsymbol{\alpha}=\boldsymbol{\alpha}$; **(单位律)**

(6) $k \cdot (l \cdot \boldsymbol{\alpha})=(kl) \cdot \boldsymbol{\alpha}$; **(数乘结合律)**

(7) $k \cdot (\boldsymbol{\alpha}+\boldsymbol{\beta})=k \cdot \boldsymbol{\alpha}+k \cdot \boldsymbol{\beta}$; **(数乘分配律 Ⅰ)**

(8) $(k+l) \cdot \boldsymbol{\alpha}=k \cdot \boldsymbol{\alpha}+l \cdot \boldsymbol{\alpha}$, **(数乘分配律 Ⅱ)**

则称V为**线性空间**,并称V的元素为**向量**.

例1 对于矩阵的加法与数乘,全体$m \times n$矩阵的集合

$$V=\{\mathbf{A}_{m\times n}=(a_{ij})_{m\times n} \mid a_{ij} \in \mathbf{R}\}$$

构成一线性空间,记为$\mathbf{R}^{m\times n}$.(证明留给读者)

例2 对于多项式的加法与数乘,实系数的次数小于n的一元多项式与零多项式的集合

$$P_k(x) \quad (0 \leqslant k < n)$$

构成一线性空间.(证明留给读者)

例3　对于函数的加法及数与函数的乘法,定义在某区间 X 上所有连续函数的集合构成一线性空间.(证明留给读者)

例4　设 $V=\mathbf{R}^{+}$,在 V 中加法"$\oplus$"与数乘"$\circ$"①定义如下:$\forall x,y\in V,k\in\mathbf{R}$,有

$$x\oplus y\xlongequal{\text{def}}xy,\quad k\circ x\xlongequal{\text{def}}x^{k}$$

求证:V 是一线性空间.

证　当 $x,y\in\mathbf{R}^{+},k\in\mathbf{R}$ 时,由定义有

$$x\oplus y=xy\in\mathbf{R}^{+},\quad k\circ x=x^{k}\in\mathbf{R}^{+}$$

下面逐一验证 8 条性质.设 $x,y,z\in V,k,l\in\mathbf{R}$,有

(1) $x\oplus y=xy,y\oplus x=yx=xy$,故加法交换律成立;

(2) $(x\oplus y)\oplus z=xy\oplus z=xyz,x\oplus(y\oplus z)=x\oplus yz=xyz$,故加法结合律成立;

(3) $\exists 1\in V$,使得 $x\oplus 1=1\cdot x=x$,故存在零元素 1;

(4) $\exists\frac{1}{x}\in V$,使得 $x\oplus\frac{1}{x}=x\cdot\frac{1}{x}=1$,故存在负元素 $\frac{1}{x}$;

(5) $1\in\mathbf{R}\Rightarrow 1\circ x=x^{1}=x$,故单位律成立;

(6) $k\circ(l\circ x)=k\circ(x^{l})=x^{kl},(kl)\circ x=x^{kl}$,故数乘结合律成立;

(7) $k\circ(x\oplus y)=k\circ(xy)=(xy)^{k},(k\circ x)\oplus(k\circ y)=x^{k}\oplus y^{k}=(xy)^{k}$,故数乘分配律 Ⅰ 成立;

(8) $(k+l)\circ x=x^{k+l},(k\circ x)\oplus(l\circ x)=x^{k}x^{l}=x^{k+l}$,故数乘分配律 Ⅱ 成立.

所以 V 是一线性空间. □

定义 5.1.2(子空间)　设 V 是一线性空间,W 是 V 的非空子集,若

$$\forall x,y\in W,k\in\mathbf{R},\quad 有\quad x+y\in W,kx\in W$$

则称 W 是 V 的**子空间**.

仅含一个零元素的线性空间称为**零空间**.任一线性空间 V 的零元素构成的零空间是该线性空间 V 的子空间.

设 V 是一线性空间,$\boldsymbol{\alpha}_1,\boldsymbol{\alpha}_2,\cdots,\boldsymbol{\alpha}_n\in V$,则

①为了与通常意义下的加法"+"和数乘"·"区别,这里加法采用记号"$\oplus$",数乘采用记号"$\circ$".

$$L(\boldsymbol{\alpha}_1,\boldsymbol{\alpha}_2,\cdots,\boldsymbol{\alpha}_n)\xlongequal{\text{def}}\left\{\boldsymbol{\alpha}\,\middle|\,\boldsymbol{\alpha}=\sum_{i=1}^{n}k_i\boldsymbol{\alpha}_i,k_i\in\mathbf{R}\right\}$$

是 V 的一个子空间,称 $L(\boldsymbol{\alpha}_1,\boldsymbol{\alpha}_2,\cdots,\boldsymbol{\alpha}_n)$ 为由 $\boldsymbol{\alpha}_1,\boldsymbol{\alpha}_2,\cdots,\boldsymbol{\alpha}_n$ **生成的子空间**.

可以证明,线性空间 V 的两个子空间 W_1 与 W_2 的交集 $W_1\cap W_2$ 及和集 $W_1\cup W_2$ 也是 V 的子空间,分别称为 W_1 与 W_2 的**交空间**与**和空间**.

5.1.2 线性空间的基与维数

线性空间是向量空间 $\mathbf{R}^n$ 的推广,所以我们在线性空间 V 中也可以像 $\mathbf{R}^n$ 中一样定义向量组的线性相关与线性无关的概念,定义向量组的极大无关组概念,定义两个向量组等价的概念.由于在语言的叙述上是完全一样的,这里就不再赘述了.下面在这些基本概念的基础上,我们来定义线性空间的基与维数.

定义 5.1.3(基·维数) 设 V 是线性空间,$\boldsymbol{\alpha}_1,\boldsymbol{\alpha}_2,\cdots,\boldsymbol{\alpha}_n\in V$,若

(1) $\boldsymbol{\alpha}_1,\boldsymbol{\alpha}_2,\cdots,\boldsymbol{\alpha}_n$ 线性无关;
(2) $\forall\boldsymbol{\alpha}\in V$,有 $\boldsymbol{\alpha}\in L(\boldsymbol{\alpha}_1,\boldsymbol{\alpha}_2,\cdots,\boldsymbol{\alpha}_n)$

则称向量 $\boldsymbol{\alpha}_1,\boldsymbol{\alpha}_2,\cdots,\boldsymbol{\alpha}_n$ 是**线性空间 V 的一个基**.基所含向量的个数 n 称为**线性空间的维数**,记为 $\dim V=n$.并称 V 是 **n 维线性空间**.

例 5 求线性空间 $\mathbf{R}^{2\times2}$ 的一个基与维数.

解 $\forall\boldsymbol{A}_{2\times2}=\begin{bmatrix}a_{11}&a_{12}\\a_{21}&a_{22}\end{bmatrix}\in\mathbf{R}^{2\times2}$,有

$$\boldsymbol{A}_{2\times2}=\begin{bmatrix}a_{11}&a_{12}\\a_{21}&a_{22}\end{bmatrix}=a_{11}\begin{bmatrix}1&0\\0&0\end{bmatrix}+a_{12}\begin{bmatrix}0&1\\0&0\end{bmatrix}+a_{21}\begin{bmatrix}0&0\\1&0\end{bmatrix}+a_{22}\begin{bmatrix}0&0\\0&1\end{bmatrix}$$

记

$$\boldsymbol{e}_1=\begin{bmatrix}1&0\\0&0\end{bmatrix},\quad\boldsymbol{e}_2=\begin{bmatrix}0&1\\0&0\end{bmatrix},\quad\boldsymbol{e}_3=\begin{bmatrix}0&0\\1&0\end{bmatrix},\quad\boldsymbol{e}_4=\begin{bmatrix}0&0\\0&1\end{bmatrix}$$

令 $k_1\boldsymbol{e}_1+k_2\boldsymbol{e}_2+k_3\boldsymbol{e}_3+k_4\boldsymbol{e}_4=\boldsymbol{O}$,则有$\begin{bmatrix}k_1&k_2\\k_3&k_4\end{bmatrix}=\begin{bmatrix}0&0\\0&0\end{bmatrix}$,即 $k_1=k_2=k_3=k_4=0$,所以向量 $\boldsymbol{e}_1,\boldsymbol{e}_2,\boldsymbol{e}_3,\boldsymbol{e}_4$ 线性无关.且 $\boldsymbol{A}_{2\times2}=a_{11}\boldsymbol{e}_1+a_{12}\boldsymbol{e}_2+a_{21}\boldsymbol{e}_3+a_{22}\boldsymbol{e}_4$,所以

$$\boldsymbol{A}_{2\times2}\in L(\boldsymbol{e}_1,\boldsymbol{e}_2,\boldsymbol{e}_3,\boldsymbol{e}_4)$$

于是 $\boldsymbol{e}_1,\boldsymbol{e}_2,\boldsymbol{e}_3,\boldsymbol{e}_4$ 是线性空间 $\mathbf{R}^{2\times2}$ 的一个基,$\dim(\mathbf{R}^{2\times2})=4$.

5.1.3 向量的坐标

定义 5.1.4(向量的坐标) 设 V 是一线性空间,$\boldsymbol{\alpha}_1,\boldsymbol{\alpha}_2,\cdots,\boldsymbol{\alpha}_n$ 是 V 的一个基,$\forall\boldsymbol{\alpha}\in V$,若

$$\boldsymbol{\alpha}=\sum_{i=1}^{n}x_i\boldsymbol{\alpha}_i=(\boldsymbol{\alpha}_1,\boldsymbol{\alpha}_2,\cdots,\boldsymbol{\alpha}_n)\begin{bmatrix}x_1\\x_2\\\vdots\\x_n\end{bmatrix}$$

则称 $\boldsymbol{x}=(x_1,x_2,\cdots,x_n)^{\mathrm{T}}$ 为向量 $\boldsymbol{\alpha}$ 在基 $\boldsymbol{\alpha}_1,\boldsymbol{\alpha}_2,\cdots,\boldsymbol{\alpha}_n$ 下的**坐标**.

例 6　求证向量

$$\boldsymbol{\alpha}_1=\begin{bmatrix}1&0\\0&0\end{bmatrix},\quad \boldsymbol{\alpha}_2=\begin{bmatrix}1&1\\0&0\end{bmatrix},\quad \boldsymbol{\alpha}_3=\begin{bmatrix}1&1\\1&0\end{bmatrix},\quad \boldsymbol{\alpha}_4=\begin{bmatrix}1&1\\1&1\end{bmatrix}$$

是 $\mathbf{R}^{2\times 2}$ 的一个基,并求向量 $\boldsymbol{\alpha}=\begin{bmatrix}1&2\\3&4\end{bmatrix}$在该基下的坐标.

解　令 $k_1\boldsymbol{\alpha}_1+k_2\boldsymbol{\alpha}_2+k_3\boldsymbol{\alpha}_3+k_4\boldsymbol{\alpha}_4=\boldsymbol{O}$,则有

$$\begin{bmatrix}k_1+k_2+k_3+k_4 & k_2+k_3+k_4\\ k_3+k_4 & k_4\end{bmatrix}=\begin{bmatrix}0&0\\0&0\end{bmatrix}$$

由此解得 $k_1=k_2=k_3=k_4=0$,所以向量 $\boldsymbol{\alpha}_1,\boldsymbol{\alpha}_2,\boldsymbol{\alpha}_3,\boldsymbol{\alpha}_4$ 线性无关. 由例 5 知 $\mathbf{R}^{2\times 2}$ 的维数是 4,所以向量 $\boldsymbol{\alpha}_1,\boldsymbol{\alpha}_2,\boldsymbol{\alpha}_3,\boldsymbol{\alpha}_4$ 是 $\mathbf{R}^{2\times 2}$ 的一个基.

令 $\boldsymbol{\alpha}=k_1\boldsymbol{\alpha}_1+k_2\boldsymbol{\alpha}_2+k_3\boldsymbol{\alpha}_3+k_4\boldsymbol{\alpha}_4$,则有

$$\begin{cases}k_1+k_2+k_3+k_4=1,\\k_2+k_3+k_4=2,\\k_3+k_4=3,\\k_4=4\end{cases}$$

容易解得 $k_1=-1,k_2=-1,k_3=-1,k_4=4$,所以向量 $\boldsymbol{\alpha}=\begin{bmatrix}1&2\\3&4\end{bmatrix}$在基 $\boldsymbol{\alpha}_1,\boldsymbol{\alpha}_2,\boldsymbol{\alpha}_3,\boldsymbol{\alpha}_4$ 下的坐标是 $(-1,-1,-1,4)^{\mathrm{T}}$.

5.1.4　基变换公式与坐标变换公式

与向量空间 $\mathbf{R}^n$ 一样,为了介绍基变换公式,我们先来定义过渡矩阵概念.

定义 5.1.5(过渡矩阵与基变换公式)　设 V 是一线性空间,向量 $\boldsymbol{\alpha}_1,\boldsymbol{\alpha}_2,\cdots,\boldsymbol{\alpha}_n$ 与 $\boldsymbol{\beta}_1,\boldsymbol{\beta}_2,\cdots,\boldsymbol{\beta}_n$ 是 V 的两个基,向量 $\boldsymbol{\beta}_1,\boldsymbol{\beta}_2,\cdots,\boldsymbol{\beta}_n$ 在基 $\boldsymbol{\alpha}_1,\boldsymbol{\alpha}_2,\cdots,\boldsymbol{\alpha}_n$ 下的坐标分别为 $\boldsymbol{x}_1,\boldsymbol{x}_2,\cdots,\boldsymbol{x}_n$. 记矩阵

$$\boldsymbol{C}=(\boldsymbol{x}_1,\boldsymbol{x}_2,\cdots,\boldsymbol{x}_n)=(c_{ij})_{n\times n}$$

称 $\boldsymbol{C}$ 为**由基 $\boldsymbol{\alpha}_1,\boldsymbol{\alpha}_2,\cdots,\boldsymbol{\alpha}_n$ 到基 $\boldsymbol{\beta}_1,\boldsymbol{\beta}_2,\cdots,\boldsymbol{\beta}_n$ 的过渡矩阵**,则有

$$\boxed{(\boldsymbol{\beta}_1,\boldsymbol{\beta}_2,\cdots,\boldsymbol{\beta}_n)=(\boldsymbol{\alpha}_1,\boldsymbol{\alpha}_2,\cdots,\boldsymbol{\alpha}_n)(c_{ij})_{n\times n}} \tag{1}$$

(1) 式称为**基变换公式**.

定理 5.1.1(坐标变换公式) 设V是一线性空间,$\boldsymbol{\alpha}_1,\boldsymbol{\alpha}_2,\cdots,\boldsymbol{\alpha}_n$与$\boldsymbol{\beta}_1,\boldsymbol{\beta}_2,\cdots,\boldsymbol{\beta}_n$是$V$的两个基,由基$\boldsymbol{\alpha}_1,\boldsymbol{\alpha}_2,\cdots,\boldsymbol{\alpha}_n$到基$\boldsymbol{\beta}_1,\boldsymbol{\beta}_2,\cdots,\boldsymbol{\beta}_n$的过渡矩阵是$\boldsymbol{C}$,则矩阵$\boldsymbol{C}$可逆. 若向量$\boldsymbol{\alpha}$在基$\boldsymbol{\alpha}_1,\boldsymbol{\alpha}_2,\cdots,\boldsymbol{\alpha}_n$与基$\boldsymbol{\beta}_1,\boldsymbol{\beta}_2,\cdots,\boldsymbol{\beta}_n$下的坐标分别为$\boldsymbol{x}$与$\boldsymbol{y}$,则

$$\boxed{\boldsymbol{x}=\boldsymbol{C}\boldsymbol{y}} \tag{2}$$

(2) 式称为**坐标变换公式**.

证 设矩阵$\boldsymbol{C}=(c_{ij})_{n\times n}$,由基变换公式有

$$(\boldsymbol{\beta}_1,\boldsymbol{\beta}_2,\cdots,\boldsymbol{\beta}_n)=(\boldsymbol{\alpha}_1,\boldsymbol{\alpha}_2,\cdots,\boldsymbol{\alpha}_n)(c_{ij})_{n\times n}$$

设由基$\boldsymbol{\beta}_1,\boldsymbol{\beta}_2,\cdots,\boldsymbol{\beta}_n$到基$\boldsymbol{\alpha}_1,\boldsymbol{\alpha}_2,\cdots,\boldsymbol{\alpha}_n$的过渡矩阵为$\boldsymbol{D}=(d_{ij})_{n\times n}$,则有

$$(\boldsymbol{\alpha}_1,\boldsymbol{\alpha}_2,\cdots,\boldsymbol{\alpha}_n)=(\boldsymbol{\beta}_1,\boldsymbol{\beta}_2,\cdots,\boldsymbol{\beta}_n)(d_{ij})_{n\times n}$$

故有

$$(\boldsymbol{\beta}_1,\boldsymbol{\beta}_2,\cdots,\boldsymbol{\beta}_n)=(\boldsymbol{\beta}_1,\boldsymbol{\beta}_2,\cdots,\boldsymbol{\beta}_n)(d_{ij})_{n\times n}(c_{ij})_{n\times n}$$

于是$\boldsymbol{DC}=(d_{ij})_{n\times n}(c_{ij})_{n\times n}=\boldsymbol{E}$,因此$\boldsymbol{C}$是可逆矩阵. 设

$$\boldsymbol{x}=(x_1,x_2,\cdots,x_n)^{\mathrm{T}},\quad \boldsymbol{y}=(y_1,y_2,\cdots,y_n)^{\mathrm{T}}$$

由于

$$\begin{aligned}\boldsymbol{\alpha}&=(\boldsymbol{\alpha}_1,\boldsymbol{\alpha}_2,\cdots,\boldsymbol{\alpha}_n)(x_1,x_2,\cdots,x_n)^{\mathrm{T}}=(\boldsymbol{\beta}_1,\boldsymbol{\beta}_2,\cdots,\boldsymbol{\beta}_n)(y_1,y_2,\cdots,y_n)^{\mathrm{T}}\\&=(\boldsymbol{\alpha}_1,\boldsymbol{\alpha}_2,\cdots,\boldsymbol{\alpha}_n)(c_{ij})_{n\times n}(y_1,y_2,\cdots,y_n)^{\mathrm{T}}\end{aligned}$$

应用向量$\boldsymbol{\alpha}$在基$\boldsymbol{\alpha}_1,\boldsymbol{\alpha}_2,\cdots,\boldsymbol{\alpha}_n$下的坐标的唯一性,得

$$\boldsymbol{x}=(x_1,x_2,\cdots,x_n)^{\mathrm{T}}=(c_{ij})_{n\times n}(y_1,y_2,\cdots,y_n)^{\mathrm{T}}=\boldsymbol{C}\boldsymbol{y}$$ □

例 7 在线性空间$\mathbf{R}^{2\times 2}$中,求由基

$$\boldsymbol{e}_1=\begin{bmatrix}1&0\\0&0\end{bmatrix},\quad \boldsymbol{e}_2=\begin{bmatrix}0&1\\0&0\end{bmatrix},\quad \boldsymbol{e}_3=\begin{bmatrix}0&0\\1&0\end{bmatrix},\quad \boldsymbol{e}_4=\begin{bmatrix}0&0\\0&1\end{bmatrix}$$

到基

$$\boldsymbol{\alpha}_1=\begin{bmatrix}1&0\\0&0\end{bmatrix},\quad \boldsymbol{\alpha}_2=\begin{bmatrix}1&1\\0&0\end{bmatrix},\quad \boldsymbol{\alpha}_3=\begin{bmatrix}1&1\\1&0\end{bmatrix},\quad \boldsymbol{\alpha}_4=\begin{bmatrix}1&1\\1&1\end{bmatrix}$$

的过渡矩阵,并求向量$\boldsymbol{\alpha}=\begin{bmatrix}2&1\\-1&3\end{bmatrix}$在上述两个基下的坐标.

解　由于

$$\boldsymbol{\alpha}_1=\boldsymbol{e}_1=(\boldsymbol{e}_1,\boldsymbol{e}_2,\boldsymbol{e}_3,\boldsymbol{e}_4)\begin{bmatrix}1\\0\\0\\0\end{bmatrix}$$

$$\boldsymbol{\alpha}_2=\boldsymbol{e}_1+\boldsymbol{e}_2=(\boldsymbol{e}_1,\boldsymbol{e}_2,\boldsymbol{e}_3,\boldsymbol{e}_4)\begin{bmatrix}1\\1\\0\\0\end{bmatrix}$$

$$\boldsymbol{\alpha}_3=\boldsymbol{e}_1+\boldsymbol{e}_2+\boldsymbol{e}_3=(\boldsymbol{e}_1,\boldsymbol{e}_2,\boldsymbol{e}_3,\boldsymbol{e}_4)\begin{bmatrix}1\\1\\1\\0\end{bmatrix}$$

$$\boldsymbol{\alpha}_4=\boldsymbol{e}_1+\boldsymbol{e}_2+\boldsymbol{e}_3+\boldsymbol{e}_4=(\boldsymbol{e}_1,\boldsymbol{e}_2,\boldsymbol{e}_3,\boldsymbol{e}_4)\begin{bmatrix}1\\1\\1\\1\end{bmatrix}$$

所以

$$(\boldsymbol{\alpha}_1,\boldsymbol{\alpha}_2,\boldsymbol{\alpha}_3,\boldsymbol{\alpha}_4)=(\boldsymbol{e}_1,\boldsymbol{e}_2,\boldsymbol{e}_3,\boldsymbol{e}_4)\begin{bmatrix}1&1&1&1\\0&1&1&1\\0&0&1&1\\0&0&0&1\end{bmatrix}$$

于是由基 $\boldsymbol{e}_1,\boldsymbol{e}_2,\boldsymbol{e}_3,\boldsymbol{e}_4$ 到基 $\boldsymbol{\alpha}_1,\boldsymbol{\alpha}_2,\boldsymbol{\alpha}_3,\boldsymbol{\alpha}_4$ 的过渡矩阵为 $\boldsymbol{C}=\begin{bmatrix}1&1&1&1\\0&1&1&1\\0&0&1&1\\0&0&0&1\end{bmatrix}$.

由于

$$\boldsymbol{\alpha}=\begin{bmatrix}2&1\\-1&3\end{bmatrix}=2\begin{bmatrix}1&0\\0&0\end{bmatrix}+\begin{bmatrix}0&1\\0&0\end{bmatrix}-\begin{bmatrix}0&0\\1&0\end{bmatrix}+3\begin{bmatrix}0&0\\0&1\end{bmatrix}$$

$$=2\boldsymbol{e}_1+\boldsymbol{e}_2-\boldsymbol{e}_3+3\boldsymbol{e}_4=(\boldsymbol{e}_1,\boldsymbol{e}_2,\boldsymbol{e}_3,\boldsymbol{e}_4)\begin{bmatrix}2\\1\\-1\\3\end{bmatrix}$$

所以向量 $\boldsymbol{\alpha}=\begin{bmatrix}2 & 1\\ -1 & 3\end{bmatrix}$在基 $\boldsymbol{e}_1,\boldsymbol{e}_2,\boldsymbol{e}_3,\boldsymbol{e}_4$ 下的坐标为 $\boldsymbol{x}=(2,1,-1,3)^{\mathrm{T}}$. 设$\boldsymbol{\alpha}$在基 $\boldsymbol{\alpha}_1,\boldsymbol{\alpha}_2,\boldsymbol{\alpha}_3,\boldsymbol{\alpha}_4$ 下的坐标为 $\boldsymbol{y}$,则 $\boldsymbol{y}=\boldsymbol{C}^{-1}\boldsymbol{x}$. 采用初等行变换,有

$$(\boldsymbol{C}\mid\boldsymbol{x})=\left[\begin{array}{cccc|c}1&1&1&1&2\\0&1&1&1&1\\0&0&1&1&-1\\0&0&0&1&3\end{array}\right]\xrightarrow[r_3-r_4]{\substack{r_1-r_4\\r_2-r_4}}\left[\begin{array}{cccc|c}1&1&1&0&-1\\0&1&1&0&-2\\0&0&1&0&-4\\0&0&0&1&3\end{array}\right]$$

$$\xrightarrow[r_2-r_3]{r_1-r_3}\left[\begin{array}{cccc|c}1&1&0&0&3\\0&1&0&0&2\\0&0&1&0&-4\\0&0&0&1&3\end{array}\right]\xrightarrow{r_1-r_2}\left[\begin{array}{cccc|c}1&0&0&0&1\\0&1&0&0&2\\0&0&1&0&-4\\0&0&0&1&3\end{array}\right]=(\boldsymbol{E}\mid\boldsymbol{y})$$

于是 $\boldsymbol{\alpha}$ 在基$\boldsymbol{\alpha}_1,\boldsymbol{\alpha}_2,\boldsymbol{\alpha}_3,\boldsymbol{\alpha}_4$ 下的坐标为 $\boldsymbol{y}=(1,2,-4,3)^{\mathrm{T}}$.

习题 5.1

A 组

1. 判别下列集合对指定的运算是否构成线性空间:

1) $\left\{\boldsymbol{A}_{n\times n}=(a_{ij})_{n\times n}\,\middle|\,a_{ij}\in\mathbf{R},\sum_{i=1}^{n}a_{ii}=0\right\}$,对矩阵的线性运算;

2) $\{\boldsymbol{A}\mid\boldsymbol{A}^{\mathrm{T}}=\boldsymbol{A}\}$,对矩阵的线性运算;

3) $\{f(x)\mid f(x)>0\}$,对函数的四则运算.

2. 对于下列 n 阶矩阵的集合所构成的线性空间,分别求它们的一个基及维数:

1) 对称矩阵;

2) 上三角矩阵;

3) 主对角元之和等于 0 的矩阵.

3. 已知线性空间 $\mathbf{R}^{2\times 2}$ 的两个基

$$\boldsymbol{e}_1=\begin{bmatrix}1&0\\0&0\end{bmatrix},\quad \boldsymbol{e}_2=\begin{bmatrix}0&1\\0&0\end{bmatrix},\quad \boldsymbol{e}_3=\begin{bmatrix}0&0\\1&0\end{bmatrix},\quad \boldsymbol{e}_4=\begin{bmatrix}0&0\\0&1\end{bmatrix}$$

与

$$\boldsymbol{\beta}_1=\begin{bmatrix}0&1\\1&1\end{bmatrix},\quad \boldsymbol{\beta}_2=\begin{bmatrix}1&0\\1&1\end{bmatrix},\quad \boldsymbol{\beta}_3=\begin{bmatrix}1&1\\0&1\end{bmatrix},\quad \boldsymbol{\beta}_4=\begin{bmatrix}1&1\\1&0\end{bmatrix}$$

1) 求由基 $\boldsymbol{e}_1,\boldsymbol{e}_2,\boldsymbol{e}_3,\boldsymbol{e}_4$ 到基 $\boldsymbol{\beta}_1,\boldsymbol{\beta}_2,\boldsymbol{\beta}_3,\boldsymbol{\beta}_4$ 的过渡矩阵;

2) 求向量 $\boldsymbol{\beta}=\begin{bmatrix}0&1\\2&-3\end{bmatrix}$在基 $\boldsymbol{e}_1,\boldsymbol{e}_2,\boldsymbol{e}_3,\boldsymbol{e}_4$ 下的坐标;

3) 求向量 $\boldsymbol{\beta}=\begin{bmatrix}0 & 1\\2 & -3\end{bmatrix}$ 在基 $\boldsymbol{\beta}_1,\boldsymbol{\beta}_2,\boldsymbol{\beta}_3,\boldsymbol{\beta}_4$ 下的坐标.

5.2　线性变换的基本概念

5.2.1　线性变换的定义

线性变换是线性空间到其自身的一类特殊映射.

定义 5.2.1(线性变换)　设 V 是一线性空间,映射 $\sigma:V\to V$ 满足下列条件:

(1) $\forall \boldsymbol{\alpha},\boldsymbol{\beta}\in V$,则 $\sigma(\boldsymbol{\alpha}+\boldsymbol{\beta})=\sigma(\boldsymbol{\alpha})+\sigma(\boldsymbol{\beta})$;
(2) $\forall \boldsymbol{\alpha}\in V,k\in \mathbf{R}$,则 $\sigma(k\boldsymbol{\alpha})=k\sigma(\boldsymbol{\alpha})$

则称 σ 为 V 上的**线性变换**.

5.2.2　线性变换的矩阵

定义 5.2.2　设 V 是 n 维线性空间,向量 $\boldsymbol{\alpha}_1,\boldsymbol{\alpha}_2,\cdots,\boldsymbol{\alpha}_n$ 是 V 的一个基,σ 是 V 上的线性变换. 若 $\sigma(\boldsymbol{\alpha}_i)$ 在基 $\boldsymbol{\alpha}_1,\boldsymbol{\alpha}_2,\cdots,\boldsymbol{\alpha}_n$ 下的坐标为 $\boldsymbol{x}_i(i=1,2,\cdots,n)$,记 $\mathbf{A}=(\boldsymbol{x}_1,\boldsymbol{x}_2,\cdots,\boldsymbol{x}_n)$,称矩阵 $\mathbf{A}=(a_{ij})_{n\times n}$ 为**线性变换 σ 在基 $\boldsymbol{\alpha}_1,\boldsymbol{\alpha}_2,\cdots,\boldsymbol{\alpha}_n$ 下的矩阵.**

若 $\mathbf{A}=(a_{ij})_{n\times n}$ 是线性变换 σ 在基 $\boldsymbol{\alpha}_1,\boldsymbol{\alpha}_2,\cdots,\boldsymbol{\alpha}_n$ 下的矩阵,则有

$$\sigma(\boldsymbol{\alpha}_1,\boldsymbol{\alpha}_2,\cdots,\boldsymbol{\alpha}_n)=(\sigma(\boldsymbol{\alpha}_1),\sigma(\boldsymbol{\alpha}_2),\cdots,\sigma(\boldsymbol{\alpha}_n))=(\boldsymbol{\alpha}_1,\boldsymbol{\alpha}_2,\cdots,\boldsymbol{\alpha}_n)(a_{ij})_{n\times n}$$

定理 5.2.1　设 V 是 n 维线性空间,向量 $\boldsymbol{\alpha}_1,\boldsymbol{\alpha}_2,\cdots,\boldsymbol{\alpha}_n$ 是 V 的一个基,σ 是 V 上的线性变换,σ 在基 $\boldsymbol{\alpha}_1,\boldsymbol{\alpha}_2,\cdots,\boldsymbol{\alpha}_n$ 下的矩阵为 $\mathbf{A}=(a_{ij})_{n\times n}$. 若向量 $\boldsymbol{\alpha}\in V$,$\boldsymbol{\alpha}$ 在基 $\boldsymbol{\alpha}_1,\boldsymbol{\alpha}_2,\cdots,\boldsymbol{\alpha}_n$ 下的坐标为 $\boldsymbol{x}$,$\sigma(\boldsymbol{\alpha})$ 在基 $\boldsymbol{\alpha}_1,\boldsymbol{\alpha}_2,\cdots,\boldsymbol{\alpha}_n$ 下的坐标为 $\boldsymbol{y}$,则

$$\boxed{\boldsymbol{y}=\boldsymbol{A}\boldsymbol{x}}$$

证　设 $\boldsymbol{x}=(x_1,x_2,\cdots,x_n)^{\mathrm{T}}$,$\boldsymbol{y}=(y_1,y_2,\cdots,y_n)^{\mathrm{T}}$,则

$$\boldsymbol{\alpha}=(\boldsymbol{\alpha}_1,\boldsymbol{\alpha}_2,\cdots,\boldsymbol{\alpha}_n)\begin{bmatrix}x_1\\x_2\\\vdots\\x_n\end{bmatrix}$$

应用线性变换 σ 的线性性质,有

$$\sigma(\boldsymbol{\alpha})=\sigma\Big(\sum_{j=1}^{n}x_j\boldsymbol{\alpha}_j\Big)=\sum_{j=1}^{n}x_j\sigma(\boldsymbol{\alpha}_j)=\sum_{j=1}^{n}x_j\Big(\sum_{i=1}^{n}a_{ij}\boldsymbol{\alpha}_i\Big)=\sum_{i=1}^{n}\Big(\sum_{j=1}^{n}a_{ij}x_j\Big)\boldsymbol{\alpha}_i$$

$$=(\boldsymbol{\alpha}_1,\boldsymbol{\alpha}_2,\cdots,\boldsymbol{\alpha}_n)\begin{bmatrix}\sum_{j=1}^{n}a_{1j}x_j\\ \sum_{j=1}^{n}a_{2j}x_j\\ \vdots\\ \sum_{j=1}^{n}a_{nj}x_j\end{bmatrix}=(\boldsymbol{\alpha}_1,\boldsymbol{\alpha}_2,\cdots,\boldsymbol{\alpha}_n)\begin{bmatrix}y_1\\ y_2\\ \vdots\\ y_n\end{bmatrix}$$

由向量的坐标表示的唯一性,得

$$\boldsymbol{y}=\begin{bmatrix}y_1\\ y_2\\ \vdots\\ y_n\end{bmatrix}=\begin{bmatrix}\sum_{j=1}^{n}a_{1j}x_j\\ \sum_{j=1}^{n}a_{2j}x_j\\ \vdots\\ \sum_{j=1}^{n}a_{nj}x_j\end{bmatrix}=\begin{bmatrix}a_{11}&a_{12}&\cdots&a_{1n}\\ a_{21}&a_{22}&\cdots&a_{2n}\\ \vdots&\vdots&&\vdots\\ a_{n1}&a_{n2}&\cdots&a_{nn}\end{bmatrix}\begin{bmatrix}x_1\\ x_2\\ \vdots\\ x_n\end{bmatrix}$$

即 $\boldsymbol{y}=\boldsymbol{A}\boldsymbol{x}$. □

5.2.3 不同基下线性变换的矩阵间的关系

为了研究不同基下线性变换的矩阵之间的关系,先证明一个预备定理.

定理 5.2.2 设 V 是 n 维线性空间,向量 $\boldsymbol{\alpha}_1,\boldsymbol{\alpha}_2,\cdots,\boldsymbol{\alpha}_n$ 与 $\boldsymbol{\beta}_1,\boldsymbol{\beta}_2,\cdots,\boldsymbol{\beta}_n$ 是 V 的两个基,σ 是 V 上的线性变换,若由基 $\boldsymbol{\alpha}_1,\boldsymbol{\alpha}_2,\cdots,\boldsymbol{\alpha}_n$ 到 $\boldsymbol{\beta}_1,\boldsymbol{\beta}_2,\cdots,\boldsymbol{\beta}_n$ 的过渡矩阵是 $\boldsymbol{C}=(c_{ij})_{n\times n}$,则

$$\boxed{\sigma(\boldsymbol{\beta}_1,\boldsymbol{\beta}_2,\cdots,\boldsymbol{\beta}_n)=\sigma((\boldsymbol{\alpha}_1,\boldsymbol{\alpha}_2,\cdots,\boldsymbol{\alpha}_n)(c_{ij})_{n\times n})=(\sigma(\boldsymbol{\alpha}_1,\boldsymbol{\alpha}_2,\cdots,\boldsymbol{\alpha}_n))(c_{ij})_{n\times n}}$$

证 应用线性变换 σ 的线性性质,有

$$\begin{aligned}\sigma(\boldsymbol{\beta}_1,\boldsymbol{\beta}_2,\cdots,\boldsymbol{\beta}_n)&=(\sigma(\boldsymbol{\beta}_1),\sigma(\boldsymbol{\beta}_2),\cdots,\sigma(\boldsymbol{\beta}_n))\\&=\left(\sigma\left(\sum_{i=1}^{n}c_{i1}\boldsymbol{\alpha}_i\right),\sigma\left(\sum_{i=1}^{n}c_{i2}\boldsymbol{\alpha}_i\right),\cdots,\sigma\left(\sum_{i=1}^{n}c_{in}\boldsymbol{\alpha}_i\right)\right)\\&=\left(\sum_{i=1}^{n}c_{i1}\sigma(\boldsymbol{\alpha}_i),\sum_{i=1}^{n}c_{i2}\sigma(\boldsymbol{\alpha}_i),\cdots,\sum_{i=1}^{n}c_{in}\sigma(\boldsymbol{\alpha}_i)\right)\\&=(\sigma(\boldsymbol{\alpha}_1),\sigma(\boldsymbol{\alpha}_2),\cdots,\sigma(\boldsymbol{\alpha}_n))(c_{ij})_{n\times n}\\&=(\sigma(\boldsymbol{\alpha}_1,\boldsymbol{\alpha}_2,\cdots,\boldsymbol{\alpha}_n))(c_{ij})_{n\times n}\end{aligned}$$
□

下面研究不同基下线性变换的矩阵之间的关系.

定理 5.2.3　设V是n维线性空间，向量$\boldsymbol{\alpha}_1,\boldsymbol{\alpha}_2,\cdots,\boldsymbol{\alpha}_n$与$\boldsymbol{\beta}_1,\boldsymbol{\beta}_2,\cdots,\boldsymbol{\beta}_n$是$V$的两个基，$\sigma$是$V$上的线性变换，若由基$\boldsymbol{\alpha}_1,\boldsymbol{\alpha}_2,\cdots,\boldsymbol{\alpha}_n$到$\boldsymbol{\beta}_1,\boldsymbol{\beta}_2,\cdots,\boldsymbol{\beta}_n$的过渡矩阵是$\boldsymbol{C}=(c_{ij})_{n\times n}$，$\sigma$在基$\boldsymbol{\alpha}_1,\boldsymbol{\alpha}_2,\cdots,\boldsymbol{\alpha}_n$与基$\boldsymbol{\beta}_1,\boldsymbol{\beta}_2,\cdots,\boldsymbol{\beta}_n$下的矩阵分别为$\boldsymbol{A}$与$\boldsymbol{B}$，则

$$\boxed{\boldsymbol{C}^{-1}\boldsymbol{A}\boldsymbol{C}=\boldsymbol{B}}$$

即$\boldsymbol{A}\sim\boldsymbol{B}$，相似变换矩阵为$\boldsymbol{C}$.

证　由条件得

$$\sigma(\boldsymbol{\alpha}_1,\boldsymbol{\alpha}_2,\cdots,\boldsymbol{\alpha}_n)=(\sigma(\boldsymbol{\alpha}_1),\sigma(\boldsymbol{\alpha}_2),\cdots,\sigma(\boldsymbol{\alpha}_n))=(\boldsymbol{\alpha}_1,\boldsymbol{\alpha}_2,\cdots,\boldsymbol{\alpha}_n)(a_{ij})_{n\times n}$$

$$\sigma(\boldsymbol{\beta}_1,\boldsymbol{\beta}_2,\cdots,\boldsymbol{\beta}_n)=(\sigma(\boldsymbol{\beta}_1),\sigma(\boldsymbol{\beta}_2),\cdots,\sigma(\boldsymbol{\beta}_n))=(\boldsymbol{\beta}_1,\boldsymbol{\beta}_2,\cdots,\boldsymbol{\beta}_n)(b_{ij})_{n\times n}$$

$$(\boldsymbol{\beta}_1,\boldsymbol{\beta}_2,\cdots,\boldsymbol{\beta}_n)=(\boldsymbol{\alpha}_1,\boldsymbol{\alpha}_2,\cdots,\boldsymbol{\alpha}_n)(c_{ij})_{n\times n}$$

于是

$$\sigma(\boldsymbol{\beta}_1,\boldsymbol{\beta}_2,\cdots,\boldsymbol{\beta}_n)=(\boldsymbol{\beta}_1,\boldsymbol{\beta}_2,\cdots,\boldsymbol{\beta}_n)(b_{ij})_{n\times n}=(\boldsymbol{\alpha}_1,\boldsymbol{\alpha}_2,\cdots,\boldsymbol{\alpha}_n)(c_{ij})_{n\times n}(b_{ij})_{n\times n}\quad(1)$$

又应用定理 5.2.2 得

$$\begin{aligned}\sigma(\boldsymbol{\beta}_1,\boldsymbol{\beta}_2,\cdots,\boldsymbol{\beta}_n)&=\sigma((\boldsymbol{\alpha}_1,\boldsymbol{\alpha}_2,\cdots,\boldsymbol{\alpha}_n)(c_{ij})_{n\times n})=(\sigma(\boldsymbol{\alpha}_1,\boldsymbol{\alpha}_2,\cdots,\boldsymbol{\alpha}_n))(c_{ij})_{n\times n}\\&=(\boldsymbol{\alpha}_1,\boldsymbol{\alpha}_2,\cdots,\boldsymbol{\alpha}_n)(a_{ij})_{n\times n}(c_{ij})_{n\times n}\end{aligned}\quad(2)$$

比较(1)，(2) 两式，即得$\boldsymbol{CB}=\boldsymbol{AC}$，因$\boldsymbol{C}$可逆，故有$\boldsymbol{C}^{-1}\boldsymbol{AC}=\boldsymbol{B}$.　□

例 1　设$V=P_4(x)$为次数小于 4 的实系数一元多项式的全体构成的线性空间，$\forall f(x)\in V$，定义

$$\sigma(f(x))=f'(x)$$

(1) 求证：σ是V上的线性变换；

(2) 证明：向量$1,x,x^2,x^3$与$1,1+x,x+x^2,x^2+x^3$是V的两个基；

(3) 求由基$1,x,x^2,x^3$到基$1,1+x,x+x^2,x^2+x^3$的过渡矩阵$\boldsymbol{C}$；

(4) 求线性变换σ在基$1,x,x^2,x^3$下的矩阵$\boldsymbol{A}$；

(5) 求线性变换σ在基$1,1+x,x+x^2,x^2+x^3$下的矩阵$\boldsymbol{B}$.

解　(1) $\forall f(x),g(x)\in V,k,l\in\mathbf{R}$，有

$$\begin{aligned}\sigma(kf(x)+lg(x))&=(kf(x)+lg(x))'=kf'(x)+lg'(x)\\&=k\sigma(f(x))+l\sigma(g(x))\end{aligned}$$

所以σ是V上的线性变换.

(2) 令$k_1\cdot 1+k_2x+k_3x^2+k_4x^3=0$，此式$\forall x\in\mathbf{R}$成立的充要条件是$k_1=k_2=k_3=k_4=0$，所以向量$1,x,x^2,x^3$线性无关. $\forall f(x)=a_0+a_1x+a_2x^2+a_3x^3\in V$，显然$f(x)$可由向量$1,x,x^2,x^3$线性表示，故向量$1,x,x^2,x^3$是$V$的一个基.

令

$$k_1 \cdot 1 + k_2(1+x) + k_3(x+x^2) + k_4(x^2+x^3) = 0$$

化简得

$$(k_1+k_2) + (k_2+k_3)x + (k_3+k_4)x^2 + k_4x^3 = 0$$

此式 $\forall x \in \mathbf{R}$ 成立的充要条件是 $k_1+k_2=0, k_2+k_3=0, k_3+k_4=0, k_4=0$，此方程组有唯一解 $k_1=k_2=k_3=k_4=0$，所以向量 $1, 1+x, x+x^2, x^2+x^3$ 线性无关. $\forall f(x) = a_0 + a_1x + a_2x^2 + a_3x^3 \in V$，令 $f(x) = a_0 + a_1x + a_2x^2 + a_3x^3 = k_1 \cdot 1 + k_2(1+x) + k_3(x+x^2) + k_4(x^2+x^3)$，可得

$$\begin{cases} k_1+k_2=a_0, \\ k_2+k_3=a_1, \\ k_3+k_4=a_2, \\ k_4=a_3 \end{cases} \tag{3}$$

此方程组的系数行列式 $\begin{vmatrix} 1 & 1 & 0 & 0 \\ 0 & 1 & 1 & 0 \\ 0 & 0 & 1 & 1 \\ 0 & 0 & 0 & 1 \end{vmatrix} = 1 \neq 0$，因此方程组(3) 有唯一解，所以 $f(x)$ 可由向量 $1, 1+x, x+x^2, x^2+x^3$ 线性表示，故 $1, 1+x, x+x^2, x^2+x^3$ 是 V 的一个基.

(3) 由于

$$(1, 1+x, x+x^2, x^2+x^3) = (1, x, x^2, x^3)\begin{bmatrix} 1 & 1 & 0 & 0 \\ 0 & 1 & 1 & 0 \\ 0 & 0 & 1 & 1 \\ 0 & 0 & 0 & 1 \end{bmatrix}$$

所以由基 $1, x, x^2, x^3$ 到基 $1, 1+x, x+x^2, x^2+x^3$ 的过渡矩阵

$$\boldsymbol{C} = \begin{bmatrix} 1 & 1 & 0 & 0 \\ 0 & 1 & 1 & 0 \\ 0 & 0 & 1 & 1 \\ 0 & 0 & 0 & 1 \end{bmatrix}$$

(4) 由于

$$\sigma(1, x, x^2, x^3) = (0, 1, 2x, 3x^2) = (1, x, x^2, x^3)\begin{bmatrix} 0 & 1 & 0 & 0 \\ 0 & 0 & 2 & 0 \\ 0 & 0 & 0 & 3 \\ 0 & 0 & 0 & 0 \end{bmatrix}$$

所以线性变换 σ 在基 $1,x,x^2,x^3$ 下的矩阵 $\boldsymbol{A}=\begin{bmatrix}0&1&0&0\\0&0&2&0\\0&0&0&3\\0&0&0&0\end{bmatrix}$.

(5) **方法 1**　由于 $\sigma(1,1+x,x+x^2,x^2+x^3)=(0,1,1+2x,2x+3x^2)$，令

$$(0,1,1+2x,2x+3x^2)=(1,1+x,x+x^2,x^2+x^3)\begin{bmatrix}0&1&k_1&k_3\\0&0&k_2&k_4\\0&0&0&k_5\\0&0&0&0\end{bmatrix}$$

(这里右端矩阵的第 1 列与第 2 列是能确定的；在第 3 列与第 4 列中，应用多项式的次数只取了 5 个未知量，而不是 8 个未知量) 上式化为

$$\begin{cases}1+2x=k_1+k_2(1+x),\\2x+3x^2=k_3+k_4(1+x)+k_5(x+x^2)\end{cases}\Leftrightarrow\begin{cases}k_1+k_2=1,\\k_2=2,\\k_3+k_4=0,\\k_4+k_5=2,\\k_5=3\end{cases}$$

解得 $k_5=3,k_4=-1,k_3=1,k_2=2,k_1=-1$，于是线性变换 σ 在基 $1,1+x,x+x^2,x^2+x^3$ 下的矩阵 $\boldsymbol{B}=\begin{bmatrix}0&1&-1&1\\0&0&2&-1\\0&0&0&3\\0&0&0&0\end{bmatrix}$.

方法 2　应用公式 $\boldsymbol{B}=\boldsymbol{C}^{-1}\boldsymbol{AC}$，先求 $\boldsymbol{C}^{-1}$. 采用初等行变换，有

$$(\boldsymbol{C}\mid\boldsymbol{E})=\begin{bmatrix}1&1&0&0&1&0&0&0\\0&1&1&0&0&1&0&0\\0&0&1&1&0&0&1&0\\0&0&0&1&0&0&0&1\end{bmatrix}\rightarrow\begin{bmatrix}1&0&0&0&1&-1&1&-1\\0&1&0&0&0&1&-1&1\\0&0&1&0&0&0&1&-1\\0&0&0&1&0&0&0&1\end{bmatrix}$$

所以 $\boldsymbol{C}^{-1}=\begin{bmatrix}1&-1&1&-1\\0&1&-1&1\\0&0&1&-1\\0&0&0&1\end{bmatrix}$，故

$$\boldsymbol{B}=\boldsymbol{C}^{-1}\boldsymbol{AC}=\begin{bmatrix}1&-1&1&-1\\0&1&-1&1\\0&0&1&-1\\0&0&0&1\end{bmatrix}\begin{bmatrix}0&1&0&0\\0&0&2&0\\0&0&0&3\\0&0&0&0\end{bmatrix}\begin{bmatrix}1&1&0&0\\0&1&1&0\\0&0&1&1\\0&0&0&1\end{bmatrix}$$

$$= \begin{bmatrix} 0 & 1 & -1 & 1 \\ 0 & 0 & 2 & -1 \\ 0 & 0 & 0 & 3 \\ 0 & 0 & 0 & 0 \end{bmatrix}$$

习题 5.2

A 组

1. 在 $\mathbf{R}^{2\times2}$ 中线性变换 $\sigma:\sigma(\boldsymbol{A}) = \boldsymbol{A}^*$，$\boldsymbol{A}^*$ 为 $\boldsymbol{A}$ 的伴随矩阵，求 σ 在基

$$\boldsymbol{e}_1 = \begin{bmatrix} 1 & 0 \\ 0 & 0 \end{bmatrix}, \quad \boldsymbol{e}_2 = \begin{bmatrix} 0 & 1 \\ 0 & 0 \end{bmatrix}, \quad \boldsymbol{e}_3 = \begin{bmatrix} 0 & 0 \\ 1 & 0 \end{bmatrix}, \quad \boldsymbol{e}_4 = \begin{bmatrix} 0 & 0 \\ 0 & 1 \end{bmatrix}$$

下的矩阵.

2. 在 $\mathbf{R}^3$ 中线性变换 $\sigma:\sigma\begin{bmatrix} x \\ y \\ z \end{bmatrix} = \begin{bmatrix} x+y \\ x-y+z \\ 2z \end{bmatrix}$.

1) 求 σ 在基 $\boldsymbol{\alpha}_1 = (1,0,0)^{\mathrm{T}}, \boldsymbol{\alpha}_2 = (0,1,0)^{\mathrm{T}}, \boldsymbol{\alpha}_3 = (0,0,1)^{\mathrm{T}}$ 下的矩阵 $\boldsymbol{A}$；

2) 若 $\boldsymbol{\beta}_1 = (1,0,0)^{\mathrm{T}}, \boldsymbol{\beta}_2 = (1,1,0)^{\mathrm{T}}, \boldsymbol{\beta}_3 = (1,1,1)^{\mathrm{T}}$ 为 $\mathbf{R}^3$ 的另一个基，求由基 $\boldsymbol{\alpha}_1, \boldsymbol{\alpha}_2, \boldsymbol{\alpha}_3$ 到基 $\boldsymbol{\beta}_1, \boldsymbol{\beta}_2, \boldsymbol{\beta}_3$ 的过渡矩阵 $\boldsymbol{C}$；

3) 求 σ 在基 $\boldsymbol{\beta}_1, \boldsymbol{\beta}_2, \boldsymbol{\beta}_3$ 下的矩阵 $\boldsymbol{B}$；

4) 求向量 $\boldsymbol{\alpha} = (1,2,3)^{\mathrm{T}}$ 在基 $\boldsymbol{\beta}_1, \boldsymbol{\beta}_2, \boldsymbol{\beta}_3$ 下的坐标；

5) 求 $\sigma(\boldsymbol{\alpha})$ 在上述两个基下的坐标.

3. 设 V 为次数小于 4 的实系数一元多项式的全体的线性空间，V 上的线性变换 σ 定义为 $\forall f(x) \in V, \sigma(f(x)) = f''(x)$，求线性变换 σ 在基 $1, x, x^2, x^3$ 下的矩阵 $\boldsymbol{A}$.

4. 设向量 $\boldsymbol{\alpha}_1, \boldsymbol{\alpha}_2, \boldsymbol{\alpha}_3$ 与 $\boldsymbol{\beta}_1, \boldsymbol{\beta}_2, \boldsymbol{\beta}_3$ 是线性空间 V 的两个基，$\boldsymbol{\alpha}_1 = \boldsymbol{\beta}_1 - \boldsymbol{\beta}_2, \boldsymbol{\alpha}_2 = \boldsymbol{\beta}_2 - \boldsymbol{\beta}_3, \boldsymbol{\alpha}_3 = 2\boldsymbol{\beta}_3 - \boldsymbol{\beta}_1$，$\sigma$ 是线性空间 V 上的线性变换，若 $\sigma(\boldsymbol{\alpha}_1) = \boldsymbol{\beta}_1 + \boldsymbol{\beta}_2, \sigma(\boldsymbol{\alpha}_2) = \boldsymbol{\beta}_2 + \boldsymbol{\beta}_3, \sigma(\boldsymbol{\alpha}_3) = \boldsymbol{\beta}_3 + \boldsymbol{\beta}_1$.

1) 求由基 $\boldsymbol{\alpha}_1, \boldsymbol{\alpha}_2, \boldsymbol{\alpha}_3$ 到 $\boldsymbol{\beta}_1, \boldsymbol{\beta}_2, \boldsymbol{\beta}_3$ 的过渡矩阵 $\boldsymbol{C}$；

2) 求线性变换 σ 在两个基 $\boldsymbol{\alpha}_1, \boldsymbol{\alpha}_2, \boldsymbol{\alpha}_3$ 与 $\boldsymbol{\beta}_1, \boldsymbol{\beta}_2, \boldsymbol{\beta}_3$ 下的矩阵 $\boldsymbol{A}$ 与 $\boldsymbol{B}$；

3) 写出线性变换 σ 在两个基 $\boldsymbol{\alpha}_1, \boldsymbol{\alpha}_2, \boldsymbol{\alpha}_3$ 与 $\boldsymbol{\beta}_1, \boldsymbol{\beta}_2, \boldsymbol{\beta}_3$ 下的矩阵 $\boldsymbol{A}$ 与 $\boldsymbol{B}$ 的关系.

习题答案与提示

习题 1.1

A组 **1.** 1) 一阶,线性;2) 一阶,非线性;3) 二阶,线性;4) 二阶,非线性;5) 三阶,非线性;6) 三阶,线性. **2.** 1) $y'=y$;2) $y^2(y')^2+y^2=1$;3) $y=xy'+(y')^2$;4) $y''-3y'+2y=0$;5) $(x-1)y''-xy'+y=0$;6) $(x-1)y''-xy'+y=2x-2-x^2$.

习题 1.2

A组 **1.** 1) $\ln y=Cx$;2) $(1+x^2)y^2=C$;3) $\sin y=\ln|1+x|-x+C$;4) $2^x+2^{-y}=C$;5) $\ln^2x+\ln^2y=C$;6) $(e^x+1)(e^y-1)=C$;7) $\frac{1}{2}y^2+y+\ln|y-1|=-\frac{1}{x}+C$.

2. 1) $y=C\exp\left(\frac{y}{x}\right)$;2) $y^2=x^2+Cy$;3) $\sin\frac{y}{x}=Cx$;4) $y=-x\ln\ln|Cx|$;5) $\ln|Cx|=\cot\left(\frac{1}{2}\ln\frac{y}{x}\right)$, $y=xe^{2k\pi}$, $k\in\mathbf{Z}$. **3.** 1) $y=(1+2x)(C+\ln|1+2x|)+1$;2) $y=e^x(C+\ln|x|)$;3) $y=x(C+\sin x)$;4) $xy=(C+x^3)e^{-x}$;5) $x=Ce^{-y}+e^y$;6) $x=Cy^3+y^2$.
4. 1) $\frac{1}{xy}+\frac{1}{2}\ln^2x=C$, $y=0$;2) $6xy^2-\cos(2xy)=C$;3) $x^2\sin y+x^2+3y\sin x=C$;4) $4y\ln x+y^4=C$. **5.** $A=-2$, $x-2x^2+2y^2=Cxy^2$. **6.** 1) $\sqrt{4x+2y-1}-2\ln|\sqrt{4x+2y-1}+2|=x+C$;2) $y=\arctan(x+y)+C$;3) $(y+2)^2=C(x+y-1)$, $y=1-x$;4) $y^2=Cx^2-2x$;5) $y^{-2}=x^4(2e^x+C)$;6) $\cos y=(x^2-1)\ln|C(x^2-1)|$;7) $e^y=Cx^2-x$.

B组 **1.** $\sin\frac{y-2x}{x+1}=C(x+1)$. **2.** $x^2=Ce^{2y}+2y$. **3.** $P(x,y)=xy^4+2x^3y^2+\varphi(x)$, $\varphi(x)$ 为任意可导函数;$\frac{1}{2}x^2y^4+\frac{1}{2}x^4y^2+\int_0^x\varphi(x)\mathrm{d}x=C$.

习题 1.3

A组 **1.** 1) $y=C_1(x-C_1\ln|C_1+x|)+C_2$;2) $y=C_1(x-e^{-x})+C_2$;3) $y=C_1\tan(C_1x+C_2)$;4) $4(e^y+C_1)=(x+C_2)^2$. **2.** $y=C_1(x-1)+C_2(x^2-1)+1$. **3.** $y=C_1e^x+C_2e^{2x}+x$, $y''-3y'+2y=2x-3$. **4.** $y=C_1e^x+C_2e^{-x}+xe^x$, $\alpha=0$, $\beta=-1$, $\gamma=2$. **5.** 1) $y=C_1e^{2x}+C_2e^{\frac{x}{2}}$;2) $y=e^{2x}(C_1\cos x+C_2\sin x)$. **6.** 1) $y=C_1e^{-x}+C_2e^{3x}+\frac{1}{5}e^{4x}$;2) $y=C_1\cos x+C_2\sin x+2(x-1)e^x$;3) $y=C_1e^x+C_2e^{-x}+x^2+2$;4) $y=C_1e^x+C_2e^{2x}+\frac{3}{10}\cos x+\frac{1}{10}\sin x$;

5) $y=C_1e^x+C_2e^{4x}-(2x^2-2x+3)e^{2x}$;6) $y=C_1\cos x+C_2\sin x-\frac{1}{4}x^2\cos x+\frac{1}{4}x\sin x$;

7) $y=C_1+C_2e^x-x-\frac{1}{10}(2\cos 2x+\sin 2x)$;8) $y=C_1\cos 3x+C_2\sin 3x+\frac{1}{12}x^2\sin 3x+\frac{1}{36}x\cos 3x$.

7. 1) $y=e^{-\frac{3}{4}x}\left(C_1\cos\left(\frac{\sqrt{7}}{4}x\right)+C_2\sin\left(\frac{\sqrt{7}}{4}x\right)\right)+C_3$;2) $y=C_1e^x+C_2e^{2x}+C_3e^{3x}$;3) $y=e^x(C_1+C_2x)+C_3e^{-2x}$;4) $y=C_1e^x+C_2e^{2x}+C_3e^{3x}+\frac{1}{6}e^{4x}$. **8.** 1) $y=\sqrt{x}\left(C_1\cos\left(\frac{\sqrt{3}}{2}\ln x\right)+C_2\sin\left(\frac{\sqrt{3}}{2}\ln x\right)\right)+x^2$;2) $y=x(C_1\cos(\ln x)+C_2\sin(\ln x))+x\ln x$;3) $y=C_1\frac{x}{2}+C_2\frac{1}{x}+e^x\left(1-\frac{1}{x}\right)$. **9.** 1) $y=C_1e^x+C_2e^{2x}-e^{2x}\sin e^{-x}$;2) $y=e^x(C_1+C_2x+x\ln|x|)$;3) $y=C_1\cos 3x+C_2\sin 3x-\frac{\cos 2x}{\cos x}$;4) $y=C_1\cos 3x+C_2\sin 3x-x\cos x+\sin x\cdot\ln|\sin x|$.

B组 **1.** (提示)应用常数变易法求特解. **2.** 当$\lambda=5$时,$\tilde{y}=-\frac{1}{4}xe^x\cos 2x$;当$\lambda\neq 5$时,$\tilde{y}=\frac{1}{\lambda-5}e^x\sin 2x$. **3.** $y=e^x+\frac{1}{2}e^{-x}-\frac{1}{2}\cos x-\frac{1}{2}x\sin x$. **4.** $y'''+3y''+3y'+y=8e^x$.

5. $\tilde{y}=xe^{x^2}$.(提示)运用幂级数解法,令$y=\sum_{n=0}^{\infty}a_nx^n$,首先得到$a_{n+2}=\frac{2}{n+1}a_n$,由此可得$a_{2n}=0$,$a_{2n+1}=\frac{1}{n!}$.

习题 1.4

A组 **1.** $(C\pm x)y=2a^2$. **2.** $x^2+y^2=Cx$. **3.** $xy=Cx^3+2a^2$. **4.** $y=5x-6x^2+1$. **5.** 60 min. **6.** 约 1.78 s,约 16.58 m. **7.** $y=\tan x$. **8.** $y=e^x$.

9. $x(t)=\frac{1}{b^2}(a-F)m\left(1-\exp\left(-\frac{b}{m}t\right)\right)+\frac{1}{b}(F-a)t$.

B组 **1.** $\sqrt{\frac{8}{g}}\ln(8+\sqrt{63})$. **2.** $\frac{3}{\sqrt{g}}\ln(9+\sqrt{80})$. **3.** 1) $f'(x)=-\frac{e^{-x}}{1+x}$.

习题 2.1

A组 **1.** 1) 160;2) $-3pqrs$;3) 1. **2.** (提示)应用行列式的性质化左边为右边. **3.** 1) $a^n+(-1)^{n+1}b^n$;2) $(-b)^{n-1}\left(\sum_{k=1}^{n}a_k-b\right)$;3) $\prod_{k=1}^{n}k!$;4) $(-1)^{\frac{1}{2}(n-1)(n-2)}n!$.(提示)通过相邻两列多次对调化为对角形行列式. **4.** 1) $n+1$.(提示)先导出关系式$D_n-D_{n-1}=D_{n-1}-D_{n-2}$.

2) $\frac{\alpha^{n+1}-\beta^{n+1}}{\alpha-\beta}$.(提示)先导出关系式

$$D_n-\alpha D_{n-1}=\beta(D_{n-1}-\alpha D_{n-2}),\quad D_n-\beta D_{n-1}=\alpha(D_{n-1}-\beta D_{n-2})$$

B组 **1.** $a_0x^n+a_1x^{n-1}+\cdots+a_{n-1}x+a_n$.

习题 2.2

A 组 **1.** 1) $\begin{bmatrix}2&0\\-2&0\end{bmatrix}$, $\begin{bmatrix}0&0\\0&0\end{bmatrix}$; 2) $\begin{bmatrix}-4&3\\9&2\end{bmatrix}$, $\begin{bmatrix}10&5\\15&20\end{bmatrix}$; 3) $\begin{bmatrix}22&-28\\-28&36\\13&-17\end{bmatrix}$; 4) $\begin{bmatrix}15&15\\4&12\end{bmatrix}$; 5) $\begin{bmatrix}10&15&23\\0&5&-1\\5&5&12\end{bmatrix}$; 6) $x+2y+3z+4u$; 7) $\begin{bmatrix}x&2x&3x&4x\\y&2y&3y&4y\\z&2z&3z&4z\\u&2u&3u&4u\end{bmatrix}$. **2.** $\begin{bmatrix}\lambda^2&2\lambda&1\\0&\lambda^2&2\lambda\\0&0&\lambda^2\end{bmatrix}$, $\begin{bmatrix}\lambda^3&3\lambda^2&3\lambda\\0&\lambda^3&3\lambda^2\\0&0&\lambda^3\end{bmatrix}$, $\begin{bmatrix}\lambda^n&n\lambda^{n-1}&\frac{n}{2}(n-1)\lambda^{n-2}\\0&\lambda^n&n\lambda^{n-1}\\0&0&\lambda^n\end{bmatrix}$. **3.** 皆错. 反例: $\boldsymbol{A}=\begin{bmatrix}1&1\\-1&-1\end{bmatrix}$, $\boldsymbol{B}=\begin{bmatrix}1&-1\\-1&1\end{bmatrix}$. **4.** $\begin{bmatrix}1&0&3&2\\-1&0&-3&-2\\-6&11&19&14\end{bmatrix}$. **5.** 1) 2; 2) -12; 3) -1. **6.** -2.

B 组 **1.** 1)（**提示**）考察 $\begin{bmatrix}\boldsymbol{E}&\boldsymbol{O}\\-\boldsymbol{A}&\boldsymbol{E}\end{bmatrix}\begin{bmatrix}\boldsymbol{E}&\boldsymbol{B}\\\boldsymbol{A}&\boldsymbol{E}\end{bmatrix}$,并应用行列式的有关定理; 2)（**提示**）考察 $\begin{bmatrix}\boldsymbol{E}&\boldsymbol{B}\\\boldsymbol{A}&\boldsymbol{E}\end{bmatrix}\begin{bmatrix}\boldsymbol{E}&\boldsymbol{O}\\-\boldsymbol{A}&\boldsymbol{E}\end{bmatrix}$,并应用行列式的有关定理与上面 1) 的结果.

习题 2.3

A 组 **1.** 1) $\begin{bmatrix}1&0&0\\0&2&0\\0&0&1\end{bmatrix}$; 2) $\begin{bmatrix}1&0&0\\0&0&1\\0&1&0\end{bmatrix}$; 3) $\begin{bmatrix}1&0&0\\0&1&0\\0&2&1\end{bmatrix}$. **2.** 1) $\begin{bmatrix}0&0&1\\0&1&0\\1&0&0\end{bmatrix}$; 2) $\begin{bmatrix}1&0\\0&\frac{1}{2}\end{bmatrix}$; 3) $\begin{bmatrix}1&0&0\\0&1&1\\0&0&1\end{bmatrix}$. **3.** $\begin{bmatrix}1&2&0&3&1\\0&1&2&1&-1\\0&0&0&2&3\\0&0&0&0&0\end{bmatrix}$. **4.** $\begin{bmatrix}0&1&0&3&0&3\\0&0&1&2&0&6\\0&0&0&0&1&0\\0&0&0&0&0&0\end{bmatrix}$. **5.** $\begin{bmatrix}1&0&0&0&0&0\\0&1&0&0&0&0\\0&0&1&0&0&0\\0&0&0&0&0&0\end{bmatrix}$.

习题 2.4

A 组 **1.** 1) 2; 2) 2; 3) 3. **2.** 2. **3.** 2. **4.** 3.

习题 2.5

A 组 **1.** 1)（**提示**）利用 $\boldsymbol{AA}^*=|\boldsymbol{A}|\boldsymbol{E}$,两边求行列式; 2)（**提示**）利用 $\boldsymbol{A}^*(\boldsymbol{A}^*)^*=|\boldsymbol{A}^*|\boldsymbol{E}$ 与 $\boldsymbol{AA}^*=|\boldsymbol{A}|\boldsymbol{E}$,并利用上面 1) 的结果; 3) 对上面 2) 的结果取行列式. **2.**（**提示**）$(\boldsymbol{E}-\boldsymbol{A})(\boldsymbol{E}+\boldsymbol{A}+\boldsymbol{A}^2+\cdots+\boldsymbol{A}^{k-1})=\boldsymbol{E}$. **3.** $\boldsymbol{A}^{-1}=\boldsymbol{E}-\boldsymbol{A}$, $(\boldsymbol{E}-\boldsymbol{A})^{-1}=\boldsymbol{A}$. **4.** $(\boldsymbol{A}+\boldsymbol{E})^{-1}=\boldsymbol{A}-3\boldsymbol{E}$, $(\boldsymbol{A}$

$-3E)^{-1}=A+E$.　**5.** $A^{-1}=-\frac{1}{3}(A+2E)$.　**6.** 1) $\begin{bmatrix}1&-2&7\\0&1&-2\\0&0&1\end{bmatrix}$;2) $\begin{bmatrix}-1&2&0\\2&-\frac{7}{2}&\frac{1}{2}\\-1&\frac{5}{2}&-\frac{1}{2}\end{bmatrix}$.

7. 1) $\begin{bmatrix}1&-2&7\\0&1&-2\\0&0&1\end{bmatrix}$;2) $\begin{bmatrix}-1&2&0\\2&-\frac{7}{2}&\frac{1}{2}\\-1&\frac{5}{2}&-\frac{1}{2}\end{bmatrix}$;3) $\frac{1}{9}\begin{bmatrix}-2&4&1\\6&-3&-3\\1&-2&-5\end{bmatrix}$;4) $\frac{1}{15}\begin{bmatrix}-2&1&5\\16&7&-10\\-5&-5&5\end{bmatrix}$;

5) $\frac{1}{4}\begin{bmatrix}1&1&1&1\\1&1&-1&-1\\1&-1&1&-1\\1&-1&-1&1\end{bmatrix}$.　**8.** 1) $\begin{bmatrix}2&-1&0&0\\-3&2&0&0\\0&0&-3&-4\\0&0&\frac{1}{2}&\frac{1}{2}\end{bmatrix}$;2) $\begin{bmatrix}4&-\frac{3}{2}&0&0&0\\-1&\frac{1}{2}&0&0&0\\0&0&-\frac{1}{6}&-\frac{1}{6}&\frac{1}{2}\\0&0&-\frac{2}{3}&\frac{1}{3}&0\\0&0&\frac{7}{6}&\frac{1}{6}&-\frac{1}{2}\end{bmatrix}$;

3) $\begin{bmatrix}0&0&3&-1\\0&0&-5&2\\-5&2&0&0\\3&-1&0&0\end{bmatrix}$.　**9.** $\begin{bmatrix}1\\-1\\-3\end{bmatrix}$.　**10.** 1) $\begin{bmatrix}1\\-1\\-3\end{bmatrix}$;2) $\frac{1}{31}\begin{bmatrix}-50&15\\-21&28\\15&11\\109&-135\end{bmatrix}$.

11. 1) $(x_1,x_2,x_3,x_4)^{\mathrm{T}}=(3,-4,-1,1)^{\mathrm{T}}$;2) $(x_1,x_2,x_3,x_4)^{\mathrm{T}}=(1,-1,-1,1)^{\mathrm{T}}$.

B组　**1.** (提示) $(E+BA)(E-B(E+AB)^{-1}A)=E$.　**2.** (提示) 应用初等变换化 A 为标准型矩阵,将此标准型矩阵写为 r 个秩为 1 的矩阵的和.　**3.** (提示) 应用初等变换化 A 为标准型矩阵 B,于是存在可逆矩阵 P,Q,使得 $A=PBQ$,将 P 分为 $1\times n$ 块,将 B 分为 $n\times n$ 块,将 Q 分为 $n\times 1$ 块,利用矩阵的分块乘法.

习题 3.1

A组　**1.** (提示) 应用向量组线性相关的定义.

2. 1) 线性无关. (提示) 因 $\begin{vmatrix}3&2&4\\1&5&-3\\4&-1&7\end{vmatrix}=-26\neq 0$. 2) 线性无关. (提示) 因 $\begin{vmatrix}2&0&1\\0&1&-1\\1&-2&1\end{vmatrix}=-3\neq 0$. 3) 线性相关. (提示) 因 $\begin{vmatrix}2&-1&3&2\\-1&2&-1&-1\\3&3&2&3\\2&3&2&2\end{vmatrix}=0$.

3. 选(C).(**提示**)因 $\begin{vmatrix} 1 & -1 & 0 \\ -1 & 1 & 0 \\ c_1 & c_3 & c_4 \end{vmatrix} = 0$.

4. 是线性相关.(**提示**)因

$$(\boldsymbol{\alpha}_1-\boldsymbol{\alpha}_2,\boldsymbol{\alpha}_2-\boldsymbol{\alpha}_3,\boldsymbol{\alpha}_3-\boldsymbol{\alpha}_1)=(\boldsymbol{\alpha}_1,\boldsymbol{\alpha}_2,\boldsymbol{\alpha}_3)\begin{bmatrix} 1 & 0 & -1 \\ -1 & 1 & 0 \\ 0 & -1 & 1 \end{bmatrix},\ \begin{vmatrix} 1 & 0 & -1 \\ -1 & 1 & 0 \\ 0 & -1 & 1 \end{vmatrix}=0$$

5. 是线性相关.(**提示**)因

$$(\boldsymbol{\alpha}_1+\boldsymbol{\alpha}_2,\boldsymbol{\alpha}_2+\boldsymbol{\alpha}_3,\boldsymbol{\alpha}_3+\boldsymbol{\alpha}_4,\boldsymbol{\alpha}_4+\boldsymbol{\alpha}_1)=(\boldsymbol{\alpha}_1,\boldsymbol{\alpha}_2,\boldsymbol{\alpha}_3,\boldsymbol{\alpha}_4)\begin{bmatrix} 1 & 0 & 0 & 1 \\ 1 & 1 & 0 & 0 \\ 0 & 1 & 1 & 0 \\ 0 & 0 & 1 & 1 \end{bmatrix}$$

$$\begin{vmatrix} 1 & 0 & 0 & 1 \\ 1 & 1 & 0 & 0 \\ 0 & 1 & 1 & 0 \\ 0 & 0 & 1 & 1 \end{vmatrix}=\begin{vmatrix} 1 & 0 & 0 & 1 \\ 0 & 1 & 0 & -1 \\ 0 & 1 & 1 & 0 \\ 0 & 0 & 1 & 1 \end{vmatrix}=\begin{vmatrix} 1 & 0 & -1 \\ 1 & 1 & 0 \\ 0 & 1 & 1 \end{vmatrix}=0$$

6. (**提示**)因

$$(\boldsymbol{\alpha}_1+\boldsymbol{\alpha}_2,\boldsymbol{\alpha}_2+\boldsymbol{\alpha}_3,\boldsymbol{\alpha}_3+\boldsymbol{\alpha}_1)=(\boldsymbol{\alpha}_1,\boldsymbol{\alpha}_2,\boldsymbol{\alpha}_3)\begin{bmatrix} 1 & 0 & 1 \\ 1 & 1 & 0 \\ 0 & 1 & 1 \end{bmatrix},\ \begin{vmatrix} 1 & 0 & 1 \\ 1 & 1 & 0 \\ 0 & 1 & 1 \end{vmatrix}=1+1=2\neq 0$$

7. (**提示**)因

$$(\boldsymbol{\beta}-\boldsymbol{\alpha}_1,\boldsymbol{\beta}-\boldsymbol{\alpha}_2,\cdots,\boldsymbol{\beta}-\boldsymbol{\alpha}_m)=(\boldsymbol{\alpha}_1,\boldsymbol{\alpha}_2,\cdots,\boldsymbol{\alpha}_m)\begin{bmatrix} 0 & 1 & \cdots & 1 & 1 \\ 1 & 0 & \cdots & 1 & 1 \\ \vdots & \vdots & & \vdots & \vdots \\ 1 & 1 & \cdots & 0 & 1 \\ 1 & 1 & \cdots & 1 & 0 \end{bmatrix}$$

$$\begin{vmatrix} 0 & 1 & \cdots & 1 & 1 \\ 1 & 0 & \cdots & 1 & 1 \\ \vdots & \vdots & & \vdots & \vdots \\ 1 & 1 & \cdots & 0 & 1 \\ 1 & 1 & \cdots & 1 & 0 \end{vmatrix}=(m-1)\begin{vmatrix} 1 & 1 & \cdots & 1 & 1 \\ 1 & 0 & \cdots & 1 & 1 \\ \vdots & \vdots & & \vdots & \vdots \\ 1 & 1 & \cdots & 0 & 1 \\ 1 & 1 & \cdots & 1 & 0 \end{vmatrix}=(m-1)\begin{vmatrix} 1 & 1 & \cdots & 1 & 1 \\ 0 & -1 & \cdots & 0 & 0 \\ \vdots & \vdots & & \vdots & \vdots \\ 0 & 0 & \cdots & -1 & 0 \\ 0 & 0 & \cdots & 0 & -1 \end{vmatrix}$$

$$=(-1)^{m-1}(m-1)\neq 0$$

8. (**提示**)因

$$(\boldsymbol{\alpha}_1+\boldsymbol{\alpha}_2,\boldsymbol{\alpha}_2+\boldsymbol{\alpha}_3,\cdots,\boldsymbol{\alpha}_{n-1}+\boldsymbol{\alpha}_n,\boldsymbol{\alpha}_n+\boldsymbol{\alpha}_1)=(\boldsymbol{\alpha}_1,\boldsymbol{\alpha}_2,\cdots,\boldsymbol{\alpha}_n)\begin{bmatrix}1&0&0&\cdots&0&1\\1&1&0&\cdots&0&0\\0&1&1&\cdots&0&0\\\vdots&\vdots&\vdots&&\vdots&\vdots\\0&0&0&\cdots&1&0\\0&0&0&\cdots&1&1\end{bmatrix}$$

$$\begin{vmatrix}1&0&0&\cdots&0&1\\1&1&0&\cdots&0&0\\0&1&1&\cdots&0&0\\\vdots&\vdots&\vdots&&\vdots&\vdots\\0&0&0&\cdots&1&0\\0&0&0&\cdots&1&1\end{vmatrix}=1+(-1)^{n+1}=\begin{cases}0, & n\text{为偶数},\\2, & n\text{为奇数}\end{cases}$$

9. 选(A).(**提示**)因 $\boldsymbol{B}\neq\boldsymbol{O}$,所以 $\boldsymbol{B}$ 中存在一列向量

$$\boldsymbol{b}_j=\begin{bmatrix}b_{1j}\\b_{2j}\\\vdots\\b_{nj}\end{bmatrix}\neq\begin{bmatrix}0\\0\\\vdots\\0\end{bmatrix},\quad\text{则}\quad\boldsymbol{A}\boldsymbol{b}_j=(\boldsymbol{\alpha}_1,\boldsymbol{\alpha}_2,\cdots,\boldsymbol{\alpha}_n)\begin{bmatrix}b_{1j}\\b_{2j}\\\vdots\\b_{nj}\end{bmatrix}=\boldsymbol{0}$$

所以 $\boldsymbol{A}$ 的列向量组线性相关;同理,由 $\boldsymbol{B}^{\mathrm{T}}\boldsymbol{A}^{\mathrm{T}}=(\boldsymbol{AB})^{\mathrm{T}}=\boldsymbol{O},\boldsymbol{A}^{\mathrm{T}}\neq\boldsymbol{O}$,可得 $\boldsymbol{B}^{\mathrm{T}}$ 的列向量组线性相关,即 $\boldsymbol{B}$ 的行向量组线性相关.

B组 **1.** 线性无关.(**提示**)令 $k_1\boldsymbol{\alpha}_1+k_2\boldsymbol{\alpha}_2+\cdots+k_m\boldsymbol{\alpha}_m+k_{m+1}\boldsymbol{\beta}=\boldsymbol{0}$,因为 $\boldsymbol{\alpha}_1^{\mathrm{T}}\boldsymbol{\beta}=0,\boldsymbol{\alpha}_2^{\mathrm{T}}\boldsymbol{\beta}=0,\cdots,\boldsymbol{\alpha}_m^{\mathrm{T}}\boldsymbol{\beta}=0,\boldsymbol{\beta}^{\mathrm{T}}\boldsymbol{\beta}>0$,所以 $(k_1\boldsymbol{\alpha}_1+k_2\boldsymbol{\alpha}_2+\cdots+k_m\boldsymbol{\alpha}_m+k_{m+1}\boldsymbol{\beta})^{\mathrm{T}}\boldsymbol{\beta}=k_1\boldsymbol{\alpha}_1^{\mathrm{T}}\boldsymbol{\beta}+k_2\boldsymbol{\alpha}_2^{\mathrm{T}}\boldsymbol{\beta}+\cdots+k_m\boldsymbol{\alpha}_m^{\mathrm{T}}\boldsymbol{\beta}+k_{m+1}\boldsymbol{\beta}^{\mathrm{T}}\boldsymbol{\beta}=k_{m+1}\boldsymbol{\beta}^{\mathrm{T}}\boldsymbol{\beta}=\boldsymbol{0}^{\mathrm{T}}\boldsymbol{\beta}=0\Rightarrow k_{m+1}=0\Rightarrow k_1\boldsymbol{\alpha}_1+k_2\boldsymbol{\alpha}_2+\cdots+k_m\boldsymbol{\alpha}_m=\boldsymbol{0}$,而 $\boldsymbol{\alpha}_1,\boldsymbol{\alpha}_2,\cdots,\boldsymbol{\alpha}_m$ 线性无关,故 $k_1=k_2=\cdots=k_m=0$.

习题 3.2

A组 **1.**(**提示**)1) 考虑线性方程组 $\boldsymbol{Ax}=\boldsymbol{0}$,应用克莱姆法则;2) 考虑线性方程组 $\boldsymbol{A}^{\mathrm{T}}\boldsymbol{x}=\boldsymbol{0}$,应用克莱姆法则. **2.**(**提示**)只要证明向量 $\boldsymbol{\alpha}_n$ 可由 $\boldsymbol{\alpha}_1,\boldsymbol{\alpha}_2,\cdots,\boldsymbol{\alpha}_{n-1},\boldsymbol{\beta}$ 线性表示. **3.**(**提示**)应用 $\boldsymbol{\alpha}_1,\boldsymbol{\alpha}_2,\cdots,\boldsymbol{\alpha}_n,\boldsymbol{\beta},\boldsymbol{\gamma}$ 线性相关的定义,令 $k_1\boldsymbol{\alpha}_1+k_2\boldsymbol{\alpha}_2+\cdots+k_r\boldsymbol{\alpha}_r+k_{r+1}\boldsymbol{\beta}+k_{r+2}\boldsymbol{\gamma}=\boldsymbol{0}$,首先证明其中 $\boldsymbol{\beta}$ 与 $\boldsymbol{\gamma}$ 的系数 k_{r+1},k_{r+2} 至少有一个不等于0,然后分3种情况讨论. **4.** 1) 极大无关组为 $\boldsymbol{\alpha}_1,\boldsymbol{\alpha}_2,\boldsymbol{\alpha}_3$;$\boldsymbol{\alpha}_4=-3\boldsymbol{\alpha}_1+5\boldsymbol{\alpha}_2-\boldsymbol{\alpha}_3$. 2) 极大无关组为 $\boldsymbol{\alpha}_1,\boldsymbol{\alpha}_2,\boldsymbol{\alpha}_4$;$\boldsymbol{\alpha}_3=\boldsymbol{\alpha}_1-5\boldsymbol{\alpha}_2$. **5.** 1) $r=2$,极大无关组为 $(1,2,4)^{\mathrm{T}},(3,1,7)^{\mathrm{T}}$;2) $r=3$,极大无关组为矩阵左边的3个列向量;3) $r=4$,极大无关组为矩阵的4个列向量. **6.** 选(B).(**提示**)因为

$$\boldsymbol{AB}=(\boldsymbol{\alpha}_1,\boldsymbol{\alpha}_2,\cdots,\boldsymbol{\alpha}_n)\begin{bmatrix}b_{11}&b_{12}&\cdots&b_{1n}\\b_{21}&b_{22}&\cdots&b_{2n}\\\vdots&\vdots&&\vdots\\b_{n1}&b_{n2}&\cdots&b_{nn}\end{bmatrix}=\boldsymbol{C}=(\boldsymbol{\gamma}_1,\boldsymbol{\gamma}_2,\cdots,\boldsymbol{\gamma}_n)$$

所以$\boldsymbol{C}$的列向量都可由$\boldsymbol{A}$的列向量组线性表示. 因为矩阵$\boldsymbol{B}$可逆,所以$\boldsymbol{CB}^{-1}=\boldsymbol{A}$,同理可得$\boldsymbol{A}$的列向量都可由$\boldsymbol{C}$的列向量组线性表示.

B组 1. 选(D).(**提示**)记$\boldsymbol{A}=(\boldsymbol{\alpha}_1,\boldsymbol{\alpha}_2,\cdots,\boldsymbol{\alpha}_p)$,因向量$\boldsymbol{\alpha}_1,\boldsymbol{\alpha}_2,\cdots,\boldsymbol{\alpha}_p$线性无关,所以矩阵$\boldsymbol{A}$的标准型为$\begin{bmatrix}\boldsymbol{E}_{p\times p}\\ \boldsymbol{O}\end{bmatrix}$;记$\boldsymbol{B}=(\boldsymbol{\beta}_1,\boldsymbol{\beta}_2,\cdots,\boldsymbol{\beta}_p)$,若向量$\boldsymbol{\beta}_1,\boldsymbol{\beta}_2,\cdots,\boldsymbol{\beta}_p$线性无关,则矩阵$\boldsymbol{B}$的标准型也为$\begin{bmatrix}\boldsymbol{E}_{p\times p}\\ \boldsymbol{O}\end{bmatrix}$,所以$\boldsymbol{A}$与$\boldsymbol{B}$等价. 反之,若矩阵$(\boldsymbol{\beta}_1,\boldsymbol{\beta}_2,\cdots,\boldsymbol{\beta}_p)$与矩阵$(\boldsymbol{\alpha}_1,\boldsymbol{\alpha}_2,\cdots,\boldsymbol{\alpha}_p)$等价,则它们的标准型都是$\begin{bmatrix}\boldsymbol{E}_{p\times p}\\ \boldsymbol{O}\end{bmatrix}$,由此可得向量$\boldsymbol{\beta}_1,\boldsymbol{\beta}_2,\cdots,\boldsymbol{\beta}_p$线性无关. 反例:设$\boldsymbol{\alpha}_1=(1,0,0)^{\mathrm{T}},\boldsymbol{\alpha}_2=(0,1,0)$;$\boldsymbol{\beta}_1=(0,1,0)^{\mathrm{T}},\boldsymbol{\beta}_2=(0,0,1)^{\mathrm{T}}$. 可知向量$\boldsymbol{\alpha}_1,\boldsymbol{\alpha}_2$与向量$\boldsymbol{\beta}_1,\boldsymbol{\beta}_2$皆线性无关,但(A),(B),(C)都不对.

习题 3.3

A组 1. 1) 列秩 = 行秩 = 矩阵的秩 = 2;2) 列秩 = 行秩 = 矩阵的秩 = 3. **2.** 1) $\mathrm{r}(\boldsymbol{A})=1,\mathrm{r}(\boldsymbol{B})=1,\mathrm{r}(\boldsymbol{A}+\boldsymbol{B})=1$;2) $\mathrm{r}(\boldsymbol{A})=2,\mathrm{r}(\boldsymbol{B})=1,\mathrm{r}(\boldsymbol{A}+\boldsymbol{B})=2$. **3.** 1) $\mathrm{r}(\boldsymbol{A})=1,\mathrm{r}(\boldsymbol{B})=1,\mathrm{r}(\boldsymbol{AB})=1$;2) $\mathrm{r}(\boldsymbol{A})=1,\mathrm{r}(\boldsymbol{B})=1,\mathrm{r}(\boldsymbol{AB})=1$;3) $\mathrm{r}(\boldsymbol{A})=2,\mathrm{r}(\boldsymbol{B})=1,\mathrm{r}(\boldsymbol{AB})=1$;4) $\mathrm{r}(\boldsymbol{A})=3,\mathrm{r}(\boldsymbol{B})=2,\mathrm{r}(\boldsymbol{AB})=2$. **4.** (**提示**) 应用西尔维斯特积秩定理,$\boldsymbol{AB}$是m阶矩阵,$\mathrm{r}(\boldsymbol{AB})\leqslant\mathrm{r}(\boldsymbol{A})\leqslant n<m$. **5.** (**提示**) 应用西尔维斯特积秩定理. **6.** (**提示**)$\boldsymbol{A}$可逆时可得$\boldsymbol{A}=\boldsymbol{E}$,$\boldsymbol{A}$不可逆时$|\boldsymbol{A}|=0$. **7.** 1. (**提示**)$\mathrm{r}(\boldsymbol{A}^*)=5,\mathrm{r}(\boldsymbol{B}^*)=1$,应用西尔维斯特积秩定理.

B组 1. (**提示**) 由$\boldsymbol{A}(\boldsymbol{A}-\boldsymbol{E})=\boldsymbol{O},\boldsymbol{A}+(\boldsymbol{E}-\boldsymbol{A})=\boldsymbol{E}$,分别应用西尔维斯特积秩定理与和秩定理.

习题 3.4

A组 1. 1) 是;2) 不是. **2.** (**提示**) 首先证明$\boldsymbol{\alpha}_1,\boldsymbol{\alpha}_2,\cdots,\boldsymbol{\alpha}_m$线性无关,再证任一$m$维向量可由$\boldsymbol{\alpha}_1,\boldsymbol{\alpha}_2,\cdots,\boldsymbol{\alpha}_m$线性表示. **3.** 1) 维数是1,$\boldsymbol{\alpha}=(1,2,1)^{\mathrm{T}}$;2) 维数是3,$\boldsymbol{\alpha}_1=(-1,1,0,0)^{\mathrm{T}},\boldsymbol{\alpha}_2=(-1,0,1,0)^{\mathrm{T}},\boldsymbol{\alpha}_3=(-1,0,0,1)^{\mathrm{T}}$. **4.** $\boldsymbol{\alpha}_1,\boldsymbol{\alpha}_2,\boldsymbol{\alpha}_3=(1,0,0,0)^{\mathrm{T}},\boldsymbol{\alpha}_4=(0,0,0,1)^{\mathrm{T}}$.

5. 2) $\boldsymbol{C}=\begin{bmatrix}1&0&\cdots&0&0\\1&1&\cdots&0&0\\ \vdots&\vdots&&\vdots&\vdots\\1&1&\cdots&1&0\\1&1&\cdots&1&1\end{bmatrix}$;3) $\boldsymbol{C}^{-1}\boldsymbol{x}$. **6.** 1) $\boldsymbol{C}=\begin{bmatrix}1&0&0&1\\1&1&0&1\\0&1&1&1\\0&0&1&0\end{bmatrix}$;2) $\begin{bmatrix}1\\0\\0\\0\end{bmatrix}$;3) $\begin{bmatrix}0\\-1\\0\\1\end{bmatrix}$.

7. 1) $\boldsymbol{\gamma}_1=\left(\frac{1}{\sqrt{2}},\frac{1}{\sqrt{2}},0\right)^{\mathrm{T}},\boldsymbol{\gamma}_2=\left(\frac{1}{\sqrt{3}},\frac{-1}{\sqrt{3}},\frac{1}{\sqrt{3}}\right)^{\mathrm{T}},\boldsymbol{\gamma}_3=\left(\frac{-1}{\sqrt{6}},\frac{1}{\sqrt{6}},\frac{2}{\sqrt{6}}\right)^{\mathrm{T}}$;2) $\boldsymbol{\gamma}_1=\left(\frac{1}{\sqrt{3}},\frac{1}{\sqrt{3}},\frac{1}{\sqrt{3}}\right)^{\mathrm{T}}$, $\boldsymbol{\gamma}_2=\left(-\frac{1}{\sqrt{2}},0,\frac{1}{\sqrt{2}}\right)^{\mathrm{T}},\boldsymbol{\gamma}_3=\left(\frac{1}{\sqrt{6}},\frac{-2}{\sqrt{6}},\frac{1}{\sqrt{6}}\right)^{\mathrm{T}}$;3) $\boldsymbol{\gamma}_1=\left(\frac{1}{\sqrt{2}},0,\frac{1}{\sqrt{2}},0\right)^{\mathrm{T}},\boldsymbol{\gamma}_2=\left(0,\frac{1}{\sqrt{2}},0,\frac{1}{\sqrt{2}}\right)^{\mathrm{T}}$, $\boldsymbol{\gamma}_3=\left(\frac{1}{2},-\frac{1}{2},-\frac{1}{2},\frac{1}{2}\right)^{\mathrm{T}},\boldsymbol{\gamma}_4=\left(-\frac{1}{2},-\frac{1}{2},\frac{1}{2},\frac{1}{2}\right)^{\mathrm{T}}$. **8.** $\boldsymbol{\alpha}_3=\left(\frac{2}{3},-\frac{2}{3},-\frac{1}{3}\right)^{\mathrm{T}}$.

9. (**提示**)$\boldsymbol{A}$是n阶矩阵,由$\boldsymbol{\alpha}^{\mathrm{T}}\boldsymbol{\alpha}=1,\boldsymbol{A}^{\mathrm{T}}\boldsymbol{A}=\boldsymbol{E}$证明. **10.** (**提示**)$\boldsymbol{A},\boldsymbol{B}$是$2n$阶矩阵,由$\boldsymbol{P}^{\mathrm{T}}\boldsymbol{P}=$

$\boldsymbol{E},\boldsymbol{A}^{\mathrm{T}}\boldsymbol{A}=\frac{1}{2}\begin{bmatrix}2\boldsymbol{E} & \boldsymbol{O}\\ \boldsymbol{O} & 2\boldsymbol{E}\end{bmatrix}=\boldsymbol{E},\boldsymbol{B}^{\mathrm{T}}\boldsymbol{B}=\frac{1}{2}\begin{bmatrix}2\boldsymbol{E} & \boldsymbol{O}\\ \boldsymbol{O} & 2\boldsymbol{E}\end{bmatrix}=\boldsymbol{E}$ 证明.

B 组 **1.**（提示）应用正交矩阵的行向量组是标准正交组，先确定 $a_{11}=\pm 1$；再确定 $a_{12}=0,a_{22}=\pm 1$；接着确定 $a_{13}=0,a_{23}=0,a_{33}=\pm 1;\cdots$；最后得 $a_{nn}=\pm 1$. **2.**（提示）应用施密特正交规范化公式得

$$\boldsymbol{\alpha}_1=\boldsymbol{\beta}_1,\quad \boldsymbol{\alpha}_2=\boldsymbol{\beta}_2+\frac{(\boldsymbol{\alpha}_2,\boldsymbol{\beta}_1)}{(\boldsymbol{\beta}_1,\boldsymbol{\beta}_1)}\boldsymbol{\beta}_1,\quad \cdots$$

$$\boldsymbol{\alpha}_n=\boldsymbol{\beta}_n+\frac{(\boldsymbol{\alpha}_n,\boldsymbol{\beta}_1)}{(\boldsymbol{\beta}_1,\boldsymbol{\beta}_1)}\boldsymbol{\beta}_1+\frac{(\boldsymbol{\alpha}_n,\boldsymbol{\beta}_2)}{(\boldsymbol{\beta}_2,\boldsymbol{\beta}_2)}\boldsymbol{\beta}_2+\cdots+\frac{(\boldsymbol{\alpha}_n,\boldsymbol{\beta}_{n-1})}{(\boldsymbol{\beta}_{n-1},\boldsymbol{\beta}_{n-1})}\boldsymbol{\beta}_{n-1}$$

所以 $(\boldsymbol{\alpha}_1,\boldsymbol{\alpha}_2,\cdots,\boldsymbol{\alpha}_n)=(\boldsymbol{\beta}_1,\boldsymbol{\beta}_2,\cdots,\boldsymbol{\beta}_n)\boldsymbol{C}$，$\boldsymbol{C}$ 是上三角矩阵，主对角元皆等于 1，且

$$|\boldsymbol{\alpha}_1|=|\boldsymbol{\beta}_1|,\quad |\boldsymbol{\alpha}_2|\geqslant|\boldsymbol{\beta}_2|,\quad \cdots,\quad |\boldsymbol{\alpha}_n|\geqslant|\boldsymbol{\beta}_n|$$

习题 3.5

A 组 **1.** 1) 有非零解；2) 有无穷多解. **2.** 1) $\lambda\neq -2$ 且 $\lambda\neq 1$ 时仅有零解，$\lambda=-2$ 或 $\lambda=1$ 时有非零解；2) $\lambda\neq -2$ 且 $\lambda\neq 1$ 时有唯一解，$\lambda=-2$ 时无解，$\lambda=1$ 时有无穷多解；3) $a=0$ 时无解，$a\neq b,a\neq 0$ 时有唯一解，$a=b\neq 0$ 时有无穷多解. **3.**（提示）线性齐次方程组 $\boldsymbol{Ax}=\boldsymbol{0}$ 有非零解 $\Leftrightarrow$ 存在非零矩阵 $\boldsymbol{B}$ 使得 $\boldsymbol{AB}=\boldsymbol{O}\Leftrightarrow|\boldsymbol{A}|=0$. **4.**（提示）线性齐次方程组 $\boldsymbol{Ax}=\boldsymbol{0}$ 有非零解 $\Leftrightarrow$ 存在非零矩阵 $\boldsymbol{B}$ 使得 $\boldsymbol{AB}=\boldsymbol{O}\Leftrightarrow \mathrm{r}(\boldsymbol{A})<n$. **5.**（提示）将增广矩阵化为阶梯形，最后一个非零行为 $\left(0,0,\cdots,0,\sum_{k=1}^{n}b_k\right)$. **6.**（提示）$\boldsymbol{A}(k_1\boldsymbol{\alpha}_1+k_2\boldsymbol{\alpha}_2+\cdots+k_s\boldsymbol{\alpha}_s)=k_1\boldsymbol{b}+k_2\boldsymbol{b}+\cdots+k_s\boldsymbol{b}=(k_1+k_2+\cdots+k_s)\boldsymbol{b}=\boldsymbol{b}$. **7.** $a=1,\boldsymbol{x}=(x_1,x_2,x_3)^{\mathrm{T}}=(-C_1-C_2,C_1,C_2)^{\mathrm{T}},|\boldsymbol{B}|=0$.（提示）由 $|\boldsymbol{A}|=0$ 求 a，应用初等行变换化 $\boldsymbol{A}$ 为最简阶梯形，写出一般解，应用西尔维斯特秩定理推出 $\mathrm{r}(\boldsymbol{B})\leqslant 2$.

B 组 **1.**（提示）记原方程组的系数矩阵为 $\boldsymbol{A}$，设 $\boldsymbol{B}=\begin{bmatrix}\boldsymbol{A}\\ \boldsymbol{\beta}\end{bmatrix}$，则 $\boldsymbol{Ax}=\boldsymbol{0}$ 的解全是 $b_1x_1+b_2x_2+\cdots+b_nx_n=0$ 的解 $\Leftrightarrow\boldsymbol{Ax}=\boldsymbol{0}$ 与 $\boldsymbol{Bx}=\boldsymbol{0}$ 是同解方程组 $\Leftrightarrow\mathrm{r}(\boldsymbol{A})=\mathrm{r}(\boldsymbol{B})=\mathrm{r}\begin{bmatrix}\boldsymbol{A}\\ \boldsymbol{\beta}\end{bmatrix}\Leftrightarrow\boldsymbol{\beta}$ 可由 $\boldsymbol{A}$ 的行向量组线性表示.

习题 3.6

A 组 **1.**（提示）因为两个线性齐次方程组同解，则它们的解空间的维数相等. 再应用线性齐次方程组 $\boldsymbol{Bx}=\boldsymbol{0}$ 的解空间的维数是 $n-\mathrm{r}(\boldsymbol{B})$. **2.** 1) 基础解系 $\boldsymbol{\beta}_1=(1,2,0,0)^{\mathrm{T}},\boldsymbol{\beta}_2=(-1,0,2,0)^{\mathrm{T}}$，通解 $\boldsymbol{x}=C_1\boldsymbol{\beta}_1+C_2\boldsymbol{\beta}_2$，$C_1,C_2$ 为任意常数；2) 基础解系 $\boldsymbol{\beta}=(-19,7,1)^{\mathrm{T}}$，通解 $x=C\boldsymbol{\beta}$，C 为任意常数；3) 基础解系 $\boldsymbol{\beta}_1=(3,3,2,0)^{\mathrm{T}},\boldsymbol{\beta}_2=(-3,7,0,4)^{\mathrm{T}}$，通解 $\boldsymbol{x}=C_1\boldsymbol{\beta}_1+C_2\boldsymbol{\beta}_2$，$C_1,C_2$ 为任意常数 **3.** 1) 特解 $\bar{\boldsymbol{x}}=(1,1,0,0)^{\mathrm{T}}$，导出组的基础解系 $\boldsymbol{\beta}_1=(1,-2,1,0)^{\mathrm{T}},\boldsymbol{\beta}_2=(-3,1,0,1)^{\mathrm{T}}$，通解 $\boldsymbol{x}=C_1\boldsymbol{\beta}_1+C_2\boldsymbol{\beta}_2+\bar{\boldsymbol{x}}$，$C_1,C_2$ 为任意常数；2) 特解 $\bar{\boldsymbol{x}}=(1,1,0,0)^{\mathrm{T}}$，导出组的基础解

系 $\boldsymbol{\beta}_1=(-4,-3,1,0)^{\mathrm{T}}$，$\boldsymbol{\beta}_2=(1,-4,0,1)^{\mathrm{T}}$，通解 $\boldsymbol{x}=C_1\boldsymbol{\beta}_1+C_2\boldsymbol{\beta}_2+\tilde{\boldsymbol{x}}$，$C_1$，$C_2$ 为任意常数；3) 特解 $\tilde{\boldsymbol{x}}=\left(-4,\dfrac{5}{2},0,-2,0\right)^{\mathrm{T}}$，导出组的基础解系 $\boldsymbol{\beta}_1=(-1,1,1,0,0)^{\mathrm{T}}$，$\boldsymbol{\beta}_2=\left(6,-\dfrac{5}{2},0,3,1\right)^{\mathrm{T}}$，通解 $\boldsymbol{x}=C_1\boldsymbol{\beta}_1+C_2\boldsymbol{\beta}_2+\tilde{\boldsymbol{x}}$，$C_1$，$C_2$ 为任意常数. **4.** 1) $\lambda\neq-2$ 且 $\lambda\neq1$ 时有唯一解，$\boldsymbol{x}=\left(-\dfrac{\lambda+1}{\lambda+2},\dfrac{1}{\lambda+2},\dfrac{(\lambda+1)^2}{\lambda+2}\right)^{\mathrm{T}}$；$\lambda=1$ 时有无穷多解，特解 $\tilde{\boldsymbol{x}}=(1,0,0)^{\mathrm{T}}$，导出组的基础解系 $\boldsymbol{\beta}_1=(-1,1,0)^{\mathrm{T}}$，$\boldsymbol{\beta}_2=(-1,0,1)^{\mathrm{T}}$，通解 $\boldsymbol{x}=C_1\boldsymbol{\beta}_1+C_2\boldsymbol{\beta}_2+\tilde{\boldsymbol{x}}$，$C_1$，$C_2$ 为任意常数. 2) $a\neq b$，$a\neq0$ 时有唯一解，$\boldsymbol{x}=\left(1-\dfrac{1}{a},\dfrac{1}{a},0\right)^{\mathrm{T}}$；$a=b\neq0$ 时有无穷多解，特解 $\tilde{\boldsymbol{x}}=\left(1-\dfrac{1}{a},\dfrac{1}{a},0\right)^{\mathrm{T}}$，导出组的基础解系 $\boldsymbol{\beta}=(0,1,1)^{\mathrm{T}}$，通解 $\boldsymbol{x}=C\boldsymbol{\beta}+\tilde{\boldsymbol{x}}$，$C$ 为任意常数. **5.** 1) $\lambda=-1$，$a=-2$；2) $\boldsymbol{x}=C(1,0,1)^{\mathrm{T}}+\left(\dfrac{3}{2},-\dfrac{1}{2},0\right)$，$C$ 为任意常数. **6.** $\boldsymbol{\alpha}_k=(a_{k1},a_{k2},\cdots,a_{kn})^{\mathrm{T}}(k=1,2,\cdots,m)$.（**提示**）由于 $\boldsymbol{AB}^{\mathrm{T}}=\boldsymbol{O}$，得 $\boldsymbol{BA}^{\mathrm{T}}=\boldsymbol{O}$，所以矩阵 $\boldsymbol{A}^{\mathrm{T}}$ 的列向量组（即 $\boldsymbol{A}$ 的行向量组的转置）是方程组 $\boldsymbol{Bx}=\boldsymbol{0}$ 的解. 由于 $\mathrm{r}(\boldsymbol{A})=m$，所以矩阵 $\boldsymbol{A}$ 的行向量组线性无关，于是 $\boldsymbol{A}^{\mathrm{T}}$ 的列向量组线性无关. 由于 $\mathrm{r}(\boldsymbol{B})=n-m$，所以方程组 $\boldsymbol{Bx}=\boldsymbol{0}$ 的解空间的维数是 $n-(n-m)=m$，所以 $\boldsymbol{A}^{\mathrm{T}}$ 的列向量组 $\boldsymbol{\alpha}_k=(a_{k1},a_{k2},\cdots,a_{kn})^{\mathrm{T}}(k=1,2,\cdots,m)$ 是一个基础解系. **7.**（**提示**）$\mathrm{r}(\boldsymbol{A})=n-1$，$|\boldsymbol{A}|=0$，因为 $\boldsymbol{AA}^*=|\boldsymbol{A}|\boldsymbol{E}=\boldsymbol{O}$，所以 $\boldsymbol{A}^*$ 的列向量是方程组 $\boldsymbol{Ax}=\boldsymbol{0}$ 的解，$\boldsymbol{A}^*$ 的第 k 列 $(A_{k1},A_{k2},\cdots,A_{kn})^{\mathrm{T}}$ 是其一个非零解. 因解空间的维数是 $n-\mathrm{r}(\boldsymbol{A})=1$，所以 $(A_{k1},A_{k2},\cdots,A_{kn})^{\mathrm{T}}$ 是一个基础解系.

8.（**提示**）1) 令 $k_1\boldsymbol{\beta}_1+k_2\boldsymbol{\beta}_2+\cdots+k_{n-r}\boldsymbol{\beta}_{n-r}+k_{n-r+1}\tilde{\boldsymbol{x}}=\boldsymbol{0}$，两边左乘矩阵 $\boldsymbol{A}$，可推得 $k_{n-r+1}=0$，于是 $k_1\boldsymbol{\beta}_1+k_2\boldsymbol{\beta}_2+\cdots+k_{n-r}\boldsymbol{\beta}_{n-r}=\boldsymbol{0}$，因为 $\boldsymbol{\beta}_1,\boldsymbol{\beta}_2,\cdots,\boldsymbol{\beta}_{n-r}$ 线性无关，又推出 $k_1=k_2=\cdots=k_{n-r}=0$，因此向量 $\boldsymbol{\beta}_1,\boldsymbol{\beta}_2,\cdots,\boldsymbol{\beta}_{n-r},\tilde{\boldsymbol{x}}$ 线性无关；2) 证明方法与 1) 相同；3) 因为方程 $\boldsymbol{Ax}=\boldsymbol{b}$ 的任一解可由 $\boldsymbol{\beta}_1,\boldsymbol{\beta}_2,\cdots,\boldsymbol{\beta}_{n-r},\tilde{\boldsymbol{x}}$ 线性表示，而向量组 $\{\boldsymbol{\beta}_1,\boldsymbol{\beta}_2,\cdots,\boldsymbol{\beta}_{n-r},\tilde{\boldsymbol{x}}\}$ 与 $\{\boldsymbol{\beta}_1+\tilde{\boldsymbol{x}},\boldsymbol{\beta}_2+\tilde{\boldsymbol{x}},\cdots,\boldsymbol{\beta}_{n-r}+\tilde{\boldsymbol{x}},\tilde{\boldsymbol{x}}\}$ 显然等价，且 $\{\boldsymbol{\beta}_1+\tilde{\boldsymbol{x}},\boldsymbol{\beta}_2+\tilde{\boldsymbol{x}},\cdots,\boldsymbol{\beta}_{n-r}+\tilde{\boldsymbol{x}},\tilde{\boldsymbol{x}}\}$ 是 $\boldsymbol{Ax}=\boldsymbol{b}$ 的一个解组.

B 组 **1.**（**提示**）设原线性非齐次方程组有解为 $(x_1^0,x_2^0,\cdots,x_n^0)^{\mathrm{T}}$，则线性齐次方程组

$$\begin{cases}a_{11}x_1+a_{12}x_2+\cdots+a_{1n}x_n+b_1x_{n+1}=0,\\a_{21}x_1+a_{22}x_2+\cdots+a_{2n}x_n+b_2x_{n+1}=0,\\\vdots\\a_{n1}x_1+a_{n2}x_2+\cdots+a_{nn}x_n+b_nx_{n+1}=0,\\a_{n+1,1}x_1+a_{n+1,2}x_2+\cdots+a_{n+1,n}x_n+b_{n+1}x_{n+1}=0\end{cases}$$

有非零解 $(x_1^0,x_2^0,\cdots,x_n^0,-1)^{\mathrm{T}}$，其充要条件是系数行列式为零. 反例：行列式 $\begin{vmatrix}1&1&1\\1&1&2\\1&1&3\end{vmatrix}=0$，但方程组 $\begin{cases}x_1+x_2=1,\\x_1+x_2=2,\\x_1+x_2=3\end{cases}$ 无解. **2.**（**提示**）令 $\boldsymbol{A}=(\boldsymbol{\alpha}_1,\boldsymbol{\alpha}_2,\cdots,\boldsymbol{\alpha}_s)$，求方程组 $\boldsymbol{A}^{\mathrm{T}}\boldsymbol{x}=\boldsymbol{0}$ 的一个基础解系 $\boldsymbol{\beta}_1,\boldsymbol{\beta}_2,\cdots,\boldsymbol{\beta}_{n-s}$，令 $\boldsymbol{B}=(\boldsymbol{\beta}_1,\boldsymbol{\beta}_2,\cdots,\boldsymbol{\beta}_{n-s})$，则 $\boldsymbol{B}^{\mathrm{T}}\boldsymbol{x}=\boldsymbol{0}$ 为所求的方程组. 证明参见 A 组第 6 题的答案提示. **3.**（**提示**）记（Ⅰ）的系数矩阵为 $\boldsymbol{A}=(\boldsymbol{\alpha}_1,\boldsymbol{\alpha}_2,\cdots,\boldsymbol{\alpha}_n)$，常数列为 $\boldsymbol{b}$，则方程组（Ⅰ）

有解的充要条件是 $\boldsymbol{b}=k_1\boldsymbol{\alpha}_1+k_2\boldsymbol{\alpha}_2+\cdots+k_n\boldsymbol{\alpha}_n \Rightarrow \boldsymbol{b}^{\mathrm{T}}-k_1\boldsymbol{\alpha}_1^{\mathrm{T}}-k_2\boldsymbol{\alpha}_2^{\mathrm{T}}+\cdots-k_n\boldsymbol{\alpha}_n^{\mathrm{T}}=\boldsymbol{0}^{\mathrm{T}}$. 对方程组(Ⅱ)施行初等变换:第1个方程乘$(-k_1)$,第2个方程乘$(-k_2)$,…,第$n$个方程乘$(-k_n)$,一起加到第$(n+1)$个方程上去,则方程组(Ⅱ)的第$(n+1)$个方程化为$0=1$,所以方程组(Ⅱ)无解.

习题 4.1

A组 **1.** 1) $\lambda=5,5,1$,$\lambda=5$时,$C_1(1,0,0)^{\mathrm{T}}+C_2(0,1,-1)^{\mathrm{T}}$,$\lambda=1$时,$C_3(0,1,1)^{\mathrm{T}}$;2) $\lambda=-1,-1,-1$,$\lambda=-1$时,$C(1,1,-1)^{\mathrm{T}}$;3) $\lambda=2,2,-4$,$\lambda=2$时,$C_1(-2,1,0)^{\mathrm{T}}+C_2(1,0,1)^{\mathrm{T}}$,$\lambda=-4$时,$C_3(1,-2,3)^{\mathrm{T}}$;4) $\lambda=1,1,-1,-1$,$\lambda=1$时,$C_1(0,1,1,0)^{\mathrm{T}}+C_2(1,0,0,1)^{\mathrm{T}}$,$\lambda=-1$时,$C_3(0,-1,1,0)^{\mathrm{T}}+C_4(-1,0,0,1)^{\mathrm{T}}$. **2.** (提示)应用 $\boldsymbol{A\alpha}=k\boldsymbol{\alpha}$,$\boldsymbol{\alpha}=(1,1,\cdots,1)^{\mathrm{T}}$. **3.** (提示)1) 应用$\boldsymbol{A\alpha}=\lambda\boldsymbol{\alpha}\Rightarrow\boldsymbol{A}^2\boldsymbol{\alpha}=\lambda^2\boldsymbol{\alpha}\Rightarrow\lambda^2=1$;2) 应用$\boldsymbol{A\alpha}=\lambda\boldsymbol{\alpha}\Rightarrow\boldsymbol{A}^2\boldsymbol{\alpha}=\lambda^2\boldsymbol{\alpha}\Rightarrow\lambda\boldsymbol{\alpha}=\lambda^2\boldsymbol{\alpha}\Rightarrow\lambda^2=\lambda$;3) 应用$\boldsymbol{A\alpha}=\lambda\boldsymbol{\alpha}\Rightarrow\boldsymbol{A}^2\boldsymbol{\alpha}=\lambda^2\boldsymbol{\alpha}\Rightarrow\boldsymbol{A}^m\boldsymbol{\alpha}=\lambda^m\boldsymbol{\alpha}\Rightarrow\lambda^m=0$. **4.** (提示)$\lambda=0,1,2$,$\lambda=0$时$C_1\boldsymbol{\alpha}_1$,$\lambda=1$时$C_2\boldsymbol{\alpha}_2$,$\lambda=2$时$C_3\boldsymbol{\alpha}_3$. **5.** (提示)用反证法. $\boldsymbol{A\alpha}=\lambda_1\boldsymbol{\alpha}$,$\boldsymbol{A\alpha}=\lambda_2\boldsymbol{\alpha}(\lambda_1\neq\lambda_2)\Rightarrow\boldsymbol{\alpha}=\boldsymbol{0}$. **6.** (提示)用反证法. 设$\boldsymbol{A}(\boldsymbol{\alpha}_1+\boldsymbol{\alpha}_2)=\lambda(\boldsymbol{\alpha}_1+\boldsymbol{\alpha}_2)=\lambda_1\boldsymbol{\alpha}_1+\lambda_2\boldsymbol{\alpha}_2(\lambda_1\neq\lambda_2)\Rightarrow(\lambda_1-\lambda)\boldsymbol{\alpha}_1+(\lambda_2-\lambda)\boldsymbol{\alpha}_2=\boldsymbol{0}\Rightarrow\lambda=\lambda_1=\lambda_2$. **7.** (提示)用反证法,同上题. **8.** (提示)设矩阵$\boldsymbol{A}$的特征值为$\lambda_1,\lambda_2,\cdots,\lambda_n$,则$f(\boldsymbol{A})$的特征值为$f(\lambda_1),f(\lambda_2),\cdots,f(\lambda_n)$. $f(\boldsymbol{A})$可逆$\Leftrightarrow|f(\boldsymbol{A})|\neq0\Leftrightarrow f(\lambda_i)\neq0(i=1,2,\cdots,n)\Leftrightarrow$矩阵$\boldsymbol{B}$没有特征值$\lambda_1,\lambda_2,\cdots,\lambda_n$. **9.** 1) $-4,-6,-12$;2) $|\boldsymbol{B}|=-288$,$|\boldsymbol{A}-5\boldsymbol{E}|=-72$. **10.** $\lambda_0=1$,$a=2$,$b=-3$.(提示)$\boldsymbol{A}$可逆,$\boldsymbol{A}^*=|\boldsymbol{A}|\boldsymbol{A}^{-1}=-\boldsymbol{A}^{-1}$,$\boldsymbol{A}^*\boldsymbol{\alpha}=\lambda_0\boldsymbol{\alpha}\Leftrightarrow\lambda_0\boldsymbol{A\alpha}=-\boldsymbol{\alpha}\Leftrightarrow\lambda_0\begin{bmatrix}3-a\\-2-b\\-1\end{bmatrix}=\begin{bmatrix}1\\1\\-1\end{bmatrix}$.

B组 **1.** (提示)设$\boldsymbol{AB}$有特征值λ,$\boldsymbol{AB}$的属于λ的特征向量为$\boldsymbol{\alpha}$,则$\boldsymbol{AB\alpha}=\lambda\boldsymbol{\alpha}\Rightarrow\boldsymbol{BA}(\boldsymbol{B\alpha})=\lambda(\boldsymbol{B\alpha})$,所以当$\boldsymbol{B\alpha}\neq\boldsymbol{0}$时,$\boldsymbol{BA}$有特征值$\lambda$,$\boldsymbol{BA}$的属于$\lambda$的特征向量为$\boldsymbol{B\alpha}$;当$\boldsymbol{B\alpha}=\boldsymbol{0}$时,$\lambda\boldsymbol{\alpha}=\boldsymbol{0}\Rightarrow\lambda=0\Rightarrow|\boldsymbol{AB}|=0\Rightarrow|\boldsymbol{BA}|=0\Rightarrow\boldsymbol{BA}$有特征值$\lambda=0$. 于是$\boldsymbol{AB}$的特征值都是$\boldsymbol{BA}$的特征值. 反之可得$\boldsymbol{BA}$的特征值都是$\boldsymbol{AB}$的特征值. **2.** (提示)第1问:设矩阵$\boldsymbol{A}$的特征值为$\lambda_1,\lambda_2,\cdots,\lambda_n$,则$c\boldsymbol{E}+\boldsymbol{A}$的特征值为$c+\lambda_1,c+\lambda_2,\cdots,c+\lambda_n$,因为特征值不可能完全相同,所以它们的特征多项式不可能相同. 第2问:用反证法. 设存在$\boldsymbol{A},\boldsymbol{B}$,使得$\boldsymbol{AB}-\boldsymbol{BA}=c\boldsymbol{E}\Rightarrow c\boldsymbol{E}+\boldsymbol{BA}=\boldsymbol{AB}$,于是$c\boldsymbol{E}+\boldsymbol{BA}$与$\boldsymbol{AB}$有相同的特征值,而由第1题,$\boldsymbol{AB}$与$\boldsymbol{BA}$有相同的特征值,所以$c\boldsymbol{E}+\boldsymbol{BA}$与$\boldsymbol{BA}$有相同的特征值,这与第1问矛盾. **3.** (提示)设$\boldsymbol{A}$为正交矩阵,则$\boldsymbol{A}^{\mathrm{T}}=\boldsymbol{A}^{-1}$. 设$\boldsymbol{A}$有特征值$\lambda$,$\boldsymbol{A}$的属于$\lambda$的特征向量为$\boldsymbol{\alpha}$,则$\boldsymbol{A\alpha}=\lambda\boldsymbol{\alpha}$,两边取共轭得$\boldsymbol{A}\bar{\boldsymbol{\alpha}}=\bar{\lambda}\bar{\boldsymbol{\alpha}}$,再两边取转置得$(\bar{\boldsymbol{\alpha}})^{\mathrm{T}}\boldsymbol{A}^{\mathrm{T}}=\bar{\lambda}(\bar{\boldsymbol{\alpha}})^{\mathrm{T}}$,此式与$\boldsymbol{A\alpha}=\lambda\boldsymbol{\alpha}$两边分别相乘得$(\bar{\boldsymbol{\alpha}})^{\mathrm{T}}\boldsymbol{A}^{\mathrm{T}}\boldsymbol{A\alpha}=\bar{\lambda}\lambda(\bar{\boldsymbol{\alpha}})^{\mathrm{T}}\boldsymbol{\alpha}$,因为$(\bar{\boldsymbol{\alpha}})^{\mathrm{T}}\boldsymbol{A}^{\mathrm{T}}\boldsymbol{A\alpha}=(\bar{\boldsymbol{\alpha}})^{\mathrm{T}}\boldsymbol{A}^{-1}\boldsymbol{A\alpha}=(\bar{\boldsymbol{\alpha}})^{\mathrm{T}}\boldsymbol{\alpha}$,所以$(\bar{\boldsymbol{\alpha}})^{\mathrm{T}}\boldsymbol{\alpha}=\bar{\lambda}\lambda(\bar{\boldsymbol{\alpha}})^{\mathrm{T}}\boldsymbol{\alpha}$,由于$(\bar{\boldsymbol{\alpha}})^{\mathrm{T}}\boldsymbol{\alpha}>0$,所以$\bar{\lambda}\lambda=1$,即$|\lambda|=1$. **4.** (提示)由于$\boldsymbol{A}$的复特征值$\lambda_1$与它的共轭复数$\bar{\lambda}_1$成对出现,$\lambda_1\bar{\lambda}_1=1$;$\boldsymbol{A}$的实特征值$\lambda_2$的模等于1,故$\lambda_2=\pm1$. 由于$|\boldsymbol{A}|=-1$,可得$\boldsymbol{A}$的所有特征值的乘积为$-1$. 因此$\boldsymbol{A}$的特征值中至少有一个是$-1$. **5.** (提示)$\boldsymbol{A},\boldsymbol{B}$是正交矩阵,$\boldsymbol{B}^{-1}$也是正交矩阵,$\boldsymbol{AB}^{-1}$也是正交矩阵,所以$|\boldsymbol{AB}^{-1}|=\dfrac{|\boldsymbol{A}|}{|\boldsymbol{B}|}=-1$,应用第4题的结论,可得$\boldsymbol{AB}^{-1}$有特征值$-1$. 于是$|-\boldsymbol{E}-\boldsymbol{AB}^{-1}|=0\Rightarrow(-1)^n|\boldsymbol{E}+\boldsymbol{AB}^{-1}|=$

$(-1)^n \mid BB^{-1}+AB^{-1} \mid = (-1)^n \mid (B+A)B^{-1} \mid = 0 \Rightarrow \mid A+B \mid \mid B^{-1} \mid = 0 \Rightarrow \mid A+B \mid = 0.$

习题 4.2

A组 **1.（提示）** 设 $\boldsymbol{A}$ 的 n 个特征值为 λ，则存在可逆矩阵 $\boldsymbol{P}$，使得 $\boldsymbol{P}^{-1}\boldsymbol{AP}=\lambda\boldsymbol{E}$，于是 $\boldsymbol{A}=\boldsymbol{P}(\lambda\boldsymbol{E})\boldsymbol{P}^{-1}=\lambda\boldsymbol{E}$. **2.（提示）** 用反证法. 仿第1题可推出 $\boldsymbol{A}=\boldsymbol{E}$. **3.（提示）** $\boldsymbol{A}$ 的特征值为 $a_1, a_2, \cdots, a_{n-1}, a_n$，$\boldsymbol{A}$ 的属于这些特征值的特征向量分别是 $\boldsymbol{e}_1, \boldsymbol{e}_2, \cdots, \boldsymbol{e}_n$（自然基），取 $\boldsymbol{P}=(\boldsymbol{e}_n, \boldsymbol{e}_{n-1}, \cdots, \boldsymbol{e}_2, \boldsymbol{e}_1)$. **4.** 1) $\lambda=5,5,1$，$\boldsymbol{A}$ 的属于特征值5的线性无关的特征向量只有一个 $\boldsymbol{\alpha}=(1,0,0)^{\mathrm{T}}$，所以矩阵 $\boldsymbol{A}$ 不可相似对角化；2) $\boldsymbol{P}=\begin{bmatrix}1 & 1 & -1\\ -2 & 1 & 0\\ 1 & 1 & 1\end{bmatrix}$，$\boldsymbol{P}^{-1}\boldsymbol{AP}=\mathrm{diag}(1,4,-1)$；3) $\boldsymbol{P}=\begin{bmatrix}1 & 0 & 0\\ 0 & -1 & 1\\ 0 & 1 & 1\end{bmatrix}$，$\boldsymbol{P}^{-1}\boldsymbol{AP}=\mathrm{diag}(5,5,1)$；4) $\boldsymbol{P}=\begin{bmatrix}-2 & 1 & 1\\ 1 & 0 & -2\\ 0 & 1 & 3\end{bmatrix}$，$\boldsymbol{P}^{-1}\boldsymbol{AP}=\mathrm{diag}(2,2,-4)$.

5. $\begin{bmatrix}2^n & 0 & 0\\ 2^n-1 & 2^n & 1-2^n\\ 2^n-1 & 0 & 1\end{bmatrix}$. **6.（提示）** 先证 $\boldsymbol{A}$ 的特征值只能取1或-1，再应用实对称矩阵在正交变换下一定可相似对角化. **7.（提示）** 存在正交矩阵 $\boldsymbol{T}$ 使得 $\boldsymbol{T}^{-1}\boldsymbol{AT}=\boldsymbol{T}^{\mathrm{T}}\boldsymbol{AT}=\boldsymbol{D}$，且 $\boldsymbol{D}=\mathrm{diag}(1,\cdots,1,-1,\cdots,-1)$，$\boldsymbol{D}^{\mathrm{T}}\boldsymbol{D}=\boldsymbol{E}$，$\boldsymbol{A}=\boldsymbol{TDT}^{-1}=\boldsymbol{TDT}^{\mathrm{T}}$，$\boldsymbol{A}^{\mathrm{T}}\boldsymbol{A}=(\boldsymbol{TDT}^{\mathrm{T}})^{\mathrm{T}}(\boldsymbol{TDT}^{-1})=(\boldsymbol{TD}^{\mathrm{T}}\boldsymbol{T}^{\mathrm{T}})(\boldsymbol{TDT}^{-1})=\boldsymbol{TD}^{\mathrm{T}}\boldsymbol{DT}^{-1}=\boldsymbol{TT}^{-1}=\boldsymbol{E}$. **8.（提示）** $\boldsymbol{A}$ 有 r 个特征值不等于0，记为 $\lambda_1,\lambda_2,\cdots,\lambda_r$，有 $(n-r)$ 个特征值为0. 存在正交矩阵 $\boldsymbol{T}$，使得 $\boldsymbol{T}^{-1}\boldsymbol{AT}=\boldsymbol{T}^{\mathrm{T}}\boldsymbol{AT}=\mathrm{diag}(\lambda_1,\lambda_2,\cdots,\lambda_r,0,\cdots,0)$，于是 $\boldsymbol{A}=\boldsymbol{T}\mathrm{diag}(\lambda_1,\lambda_2,\cdots,\lambda_r,0,\cdots,0)\boldsymbol{T}^{-1}=\boldsymbol{T}\mathrm{diag}(\lambda_1,0,\cdots,0)\boldsymbol{T}^{-1}+\boldsymbol{T}\mathrm{diag}(0,\lambda_2,0,\cdots,0)\boldsymbol{T}^{-1}+\cdots+\boldsymbol{T}\mathrm{diag}(0,\cdots,0,\lambda_r,0,\cdots,0)\boldsymbol{T}^{-1}$. **9.** 1) $\boldsymbol{T}=\begin{bmatrix}\frac{1}{2} & \frac{1}{2} & -\frac{1}{2}\\ \frac{\sqrt{2}}{2} & -\frac{\sqrt{2}}{2} & 0\\ \frac{1}{2} & \frac{1}{2} & \frac{1}{2}\end{bmatrix}$，$\boldsymbol{D}=\mathrm{diag}(\sqrt{2},-\sqrt{2},0)$；

2) $\boldsymbol{T}=\begin{bmatrix}0 & \frac{1}{\sqrt{2}} & \frac{1}{\sqrt{2}}\\ 1 & 0 & 0\\ 0 & \frac{1}{\sqrt{2}} & -\frac{1}{\sqrt{2}}\end{bmatrix}$，$\boldsymbol{D}=\mathrm{diag}(6,6,-2)$；3) $\boldsymbol{T}=\begin{bmatrix}-\frac{1}{\sqrt{2}} & -\frac{1}{\sqrt{6}} & \frac{1}{\sqrt{3}}\\ \frac{1}{\sqrt{2}} & -\frac{1}{\sqrt{6}} & \frac{1}{\sqrt{3}}\\ 0 & \frac{2}{\sqrt{6}} & \frac{1}{\sqrt{3}}\end{bmatrix}$，$\boldsymbol{D}=\mathrm{diag}(2,2,8)$；

4) $\boldsymbol{T}=\begin{bmatrix}-\frac{\sqrt{5}}{5} & -\frac{4\sqrt{5}}{15} & \frac{2}{3}\\ \frac{2\sqrt{5}}{5} & -\frac{2\sqrt{5}}{15} & \frac{1}{3}\\ 0 & \frac{\sqrt{5}}{3} & \frac{2}{3}\end{bmatrix}$，$\boldsymbol{D}=\mathrm{diag}(5,5,-4)$.

B组 1. (提示) 因为$(\boldsymbol{A}+\boldsymbol{B})^{\mathrm{T}}=\boldsymbol{A}^{\mathrm{T}}+\boldsymbol{B}^{\mathrm{T}}=\boldsymbol{A}-\boldsymbol{B}\Rightarrow(\boldsymbol{A}+\boldsymbol{B})^{\mathrm{T}}$可逆$\Rightarrow\boldsymbol{A}+\boldsymbol{B}$可逆,令$\boldsymbol{C}=(\boldsymbol{A}+\boldsymbol{B})(\boldsymbol{A}-\boldsymbol{B})^{-1}$,则$\boldsymbol{C}^{\mathrm{T}}=((\boldsymbol{A}-\boldsymbol{B})^{-1})^{\mathrm{T}}(\boldsymbol{A}+\boldsymbol{B})^{\mathrm{T}}=(\boldsymbol{A}+\boldsymbol{B})^{-1}(\boldsymbol{A}-\boldsymbol{B})$,$\boldsymbol{C}^{\mathrm{T}}\boldsymbol{C}=(\boldsymbol{A}+\boldsymbol{B})^{-1}(\boldsymbol{A}-\boldsymbol{B})(\boldsymbol{A}+\boldsymbol{B})(\boldsymbol{A}-\boldsymbol{B})^{-1}=(\boldsymbol{A}+\boldsymbol{B})^{-1}(\boldsymbol{A}+\boldsymbol{B})(\boldsymbol{A}-\boldsymbol{B})(\boldsymbol{A}-\boldsymbol{B})^{-1}=\boldsymbol{E}\boldsymbol{E}=\boldsymbol{E}$. 2. 1) $\lambda=1,-1,0$,特征向量分别为$k_1(1,1,0)^{\mathrm{T}},k_2(1,-1,0)^{\mathrm{T}},k_3(0,0,1)^{\mathrm{T}}$;2) $\boldsymbol{A}=\begin{bmatrix}0&1&0\\1&0&0\\0&0&0\end{bmatrix}$. (提示) $\mathrm{r}(\boldsymbol{A})=2$,推知$\boldsymbol{A}$有特征值0,其特征向量$(0,0,1)^{\mathrm{T}}$利用$\boldsymbol{A}$的不同特征向量正交得到,应用实对称矩阵可在正交变换下相似对角化得$\boldsymbol{P}^{-1}\boldsymbol{A}\boldsymbol{P}=\boldsymbol{D}=\mathrm{diag}(1,-1,0)$,所以$\boldsymbol{A}=\boldsymbol{P}\boldsymbol{D}\boldsymbol{P}^{\mathrm{T}}$.

习题 4.3

A组 1. 1) $f(x_1,x_2,x_3)=(x_1,x_2,x_3)\begin{bmatrix}1&-2&1\\-2&4&0\\1&0&2\end{bmatrix}\begin{bmatrix}x_1\\x_2\\x_3\end{bmatrix}$,$\mathrm{r}(\boldsymbol{A})=3$;2) $f(x_1,x_2,x_3)=(x_1,x_2,x_3)\begin{bmatrix}0&1&1\\1&0&0\\1&0&0\end{bmatrix}\begin{bmatrix}x_1\\x_2\\x_3\end{bmatrix}$,$\mathrm{r}(\boldsymbol{A})=2$;3) $f(x_1,x_2,x_3)=(x_1,x_2,x_3)\begin{bmatrix}1&2&0\\2&2&-2\\0&-2&3\end{bmatrix}\begin{bmatrix}x_1\\x_2\\x_3\end{bmatrix}$,$\mathrm{r}(\boldsymbol{A})=3$;4) $f(x_1,x_2,x_3,x_4)=(x_1,x_2,x_3,x_4)\begin{bmatrix}1&2&1&2\\2&0&1&1\\1&1&1&1\\2&1&1&2\end{bmatrix}\begin{bmatrix}x_1\\x_2\\x_3\\x_4\end{bmatrix}$,$\mathrm{r}(\boldsymbol{A})=3$.

2. $f(x_1,x_2,x_3)=(x_1,x_2,x_3)\begin{bmatrix}a_1^2&a_1a_2&a_1a_3\\a_1a_2&a_2^2&a_2a_3\\a_1a_3&a_2a_3&a_3^2\end{bmatrix}\begin{bmatrix}x_1\\x_2\\x_3\end{bmatrix}$. 3. $f(x_1,x_2,x_3)=2x_1^2+4x_2^2-x_3^2$.

4. $f(x_1,x_2,x_3)=-x_2^2+4x_3^2+2x_1x_2+4x_1x_3+6x_2x_3$.

5. $f(x_1,x_2,x_3,x_4)=3x_2^2+12x_3^2+6x_1x_4-12x_2x_3-8x_3x_4$.

B组 1. (提示) 设矩阵$\boldsymbol{A}$属于特征值λ_0的特征向量为$\boldsymbol{x}_0=(a_1,a_2,\cdots,a_n)^{\mathrm{T}}$,则$\boldsymbol{A}\boldsymbol{x}_0=\lambda_0\boldsymbol{x}_0$,两边取转置,并应用$\boldsymbol{A}^{\mathrm{T}}=\boldsymbol{A}$得$\boldsymbol{x}_0^{\mathrm{T}}\boldsymbol{A}^{\mathrm{T}}=\boldsymbol{x}_0^{\mathrm{T}}\boldsymbol{A}=\lambda_0\boldsymbol{x}_0^{\mathrm{T}}$,两边右乘$\boldsymbol{x}_0$得$\boldsymbol{x}_0^{\mathrm{T}}\boldsymbol{A}\boldsymbol{x}_0=\lambda_0\boldsymbol{x}_0^{\mathrm{T}}\boldsymbol{x}_0=\lambda_0(a_1^2+a_2^2+\cdots+a_n^2)$.

习题 4.4

A组 1. (提示) $\boldsymbol{A}^{\mathrm{T}}\boldsymbol{A}^{-1}\boldsymbol{A}=\boldsymbol{A}^{\mathrm{T}}=\boldsymbol{A}\Rightarrow\boldsymbol{A}^{-1}\simeq\boldsymbol{A}$. 2. (提示) $\boldsymbol{B}$的特征值$\lambda_{i_1},\lambda_{i_2},\cdots,\lambda_{i_n}$重排序为$\lambda_1,\lambda_2,\cdots,\lambda_n$. 又因为$\boldsymbol{B}$是实对称矩阵,故存在正交矩阵$\boldsymbol{P}$使得$\boldsymbol{P}^{-1}\boldsymbol{B}\boldsymbol{P}=\boldsymbol{P}^{\mathrm{T}}\boldsymbol{B}\boldsymbol{P}=\mathrm{diag}(\lambda_1,\lambda_2,\cdots,\lambda_n)=\boldsymbol{A}$.

3. 1) $\boldsymbol{T}=\begin{bmatrix}\frac{2}{3}&\frac{2}{3}&\frac{1}{3}\\\frac{1}{3}&-\frac{2}{3}&\frac{2}{3}\\-\frac{2}{3}&\frac{1}{3}&\frac{2}{3}\end{bmatrix}$,$\boldsymbol{D}=\mathrm{diag}(2,5,-1)$;2) $\boldsymbol{T}=\begin{bmatrix}0&\frac{-1-\sqrt{2}}{\sqrt{4+2\sqrt{2}}}&\frac{-1+\sqrt{2}}{\sqrt{4-2\sqrt{2}}}\\1&0&0\\0&\frac{1}{\sqrt{4+2\sqrt{2}}}&\frac{1}{\sqrt{4-2\sqrt{2}}}\end{bmatrix}$,$\boldsymbol{D}=$

$\operatorname{diag}(2,\sqrt{2},-\sqrt{2})$;3) $\boldsymbol{T}=\begin{bmatrix}\frac{2}{3}&\frac{\sqrt{5}}{5}&\frac{4\sqrt{5}}{15}\\ \frac{1}{3}&-\frac{2\sqrt{5}}{5}&\frac{2\sqrt{5}}{15}\\ \frac{2}{3}&0&\frac{-\sqrt{5}}{3}\end{bmatrix}$,$\boldsymbol{D}=\operatorname{diag}(6,-3,-3)$.

4. 1) $\boldsymbol{P}=\begin{bmatrix}0&1&-5\\1&1&-2\\0&0&1\end{bmatrix}$,$\boldsymbol{D}=\operatorname{diag}(-1,1,-12)$;2) $\boldsymbol{P}=\begin{bmatrix}1&0&1\\0&1&-3\\0&0&1\end{bmatrix}$,$\boldsymbol{D}=\operatorname{diag}(1,2,-20)$;

3) $\boldsymbol{P}=\begin{bmatrix}1&-\frac{1}{2}&-1\\1&\frac{1}{2}&3\\0&0&1\end{bmatrix}$,$\boldsymbol{D}=\operatorname{diag}\left(2,-\frac{1}{2},6\right)$.

B组 **1.** $\boldsymbol{P}=\begin{bmatrix}0&1&\frac{2}{3}&-1\\1&0&2&-\frac{3}{2}\\0&0&1&-\frac{3}{4}\\0&1&\frac{2}{3}&0\end{bmatrix}$,$\boldsymbol{D}=\operatorname{diag}\left(3,6,-\frac{8}{3},0\right)$.

习题 4.5

A组 **1.** 答案不唯一.1) $\begin{cases}x_1=y_1-y_2+4y_3,\\x_2=y_3,\\x_3=y_2-2y_3,\end{cases}$ $f(x_1,x_2,x_3)=g(\boldsymbol{y})=y_1^2+y_2^2-4y_3^2$;

2) $\begin{cases}x_1=z_1-z_2,\\x_2=z_1+z_2-z_3,\\x_3=z_3,\end{cases}$ $f(x_1,x_2,x_3)=g(\boldsymbol{z})=2z_1^2-2z_2^2$;3) $\begin{cases}x_1=y_1-2y_2+2y_3,\\x_2=y_2-y_3,\\x_3=y_3,\end{cases}$ $f(x_1,x_2,x_3)=g(\boldsymbol{y})=y_1^2-2y_2^2+5y_3^2$;4) $\begin{cases}x_1=y_1-y_2-y_3-y_4,\\x_2=-\frac{1}{2}y_2+\frac{1}{2}y_3-y_4,\\x_3=2y_2+y_4,\\x_4=y_4,\end{cases}$ $f(x_1,x_2,x_3,x_4)=g(\boldsymbol{y})=y_1^2+y_2^2-y_3^2$.

2. 1) $\boldsymbol{x}=\boldsymbol{T}\boldsymbol{y}$,$\boldsymbol{T}=\begin{bmatrix}\frac{1}{\sqrt{3}}&\frac{-1}{\sqrt{2}}&\frac{1}{\sqrt{6}}\\ \frac{1}{\sqrt{3}}&\frac{1}{\sqrt{2}}&\frac{1}{\sqrt{6}}\\ \frac{1}{\sqrt{3}}&0&\frac{-2}{\sqrt{6}}\end{bmatrix}$,$f(x_1,x_2,x_3)=g(\boldsymbol{y})=5y_1^2-y_2^2-y_3^2$;

2) $\boldsymbol{x}=\boldsymbol{T}\boldsymbol{y},\boldsymbol{T}=\begin{bmatrix}\frac{2}{\sqrt{5}} & \frac{-2}{3\sqrt{5}} & \frac{1}{3}\\ 0 & \frac{5}{3\sqrt{5}} & \frac{2}{3}\\ \frac{1}{\sqrt{5}} & \frac{4}{3\sqrt{5}} & \frac{-2}{3}\end{bmatrix},f(x_1,x_2,x_3)=g(\boldsymbol{y})=y_1^2+y_2^2+10y_3^2$;

3) $\boldsymbol{x}=\boldsymbol{T}\boldsymbol{y},\boldsymbol{T}=\begin{bmatrix}\frac{-2}{\sqrt{5}} & \frac{2}{3\sqrt{5}} & \frac{1}{3}\\ \frac{1}{\sqrt{5}} & \frac{4}{3\sqrt{5}} & \frac{2}{3}\\ 0 & \frac{5}{3\sqrt{5}} & \frac{-2}{3}\end{bmatrix},f(x_1,x_2,x_3)=g(\boldsymbol{y})=2y_1^2+2y_2^2-7y_3^2$;

4) $\boldsymbol{x}=\boldsymbol{T}\boldsymbol{y},\boldsymbol{T}=\begin{bmatrix}\frac{-1}{\sqrt{2}} & \frac{-1}{\sqrt{6}} & \frac{1}{\sqrt{3}}\\ \frac{1}{\sqrt{2}} & \frac{-1}{\sqrt{6}} & \frac{1}{\sqrt{3}}\\ 0 & \frac{2}{\sqrt{6}} & \frac{1}{\sqrt{3}}\end{bmatrix},f(x_1,x_2,x_3)=g(\boldsymbol{y})=3y_1^2+3y_2^2$.

3. $\boldsymbol{A}=\begin{bmatrix}0 & \frac{1}{2} & \cdots & \frac{1}{2}\\ \frac{1}{2} & 0 & \cdots & \frac{1}{2}\\ \vdots & \vdots & & \vdots\\ \frac{1}{2} & \frac{1}{2} & \cdots & 0\end{bmatrix},\lambda=\frac{n-1}{2},-\frac{1}{2},-\frac{1}{2},\cdots,-\frac{1}{2},f=y_1^2-y_2^2-\cdots-y_n^2$.

4. $f=y_1^2-y_2^2-y_3^2$. **5.** $\boldsymbol{A}\simeq\boldsymbol{B}\simeq\boldsymbol{C},\boldsymbol{A}\sim\boldsymbol{C}$. **6.** 1) $a=0$;2) $\boldsymbol{x}=\boldsymbol{T}\boldsymbol{y},\boldsymbol{T}=\begin{bmatrix}1 & 0 & 0\\ 0 & \frac{1}{\sqrt{2}} & \frac{-1}{\sqrt{2}}\\ 0 & \frac{1}{\sqrt{2}} & \frac{1}{\sqrt{2}}\end{bmatrix}$,

$f(x_1,x_2,x_3)=g(\boldsymbol{y})=y_1^2+2y_2^2$.

7. 10类. $\begin{bmatrix}0 & & \\ & 0 & \\ & & 0\end{bmatrix},\begin{bmatrix}1 & & \\ & 0 & \\ & & 0\end{bmatrix},\begin{bmatrix}-1 & & \\ & 0 & \\ & & 0\end{bmatrix},\begin{bmatrix}1 & & \\ & 1 & \\ & & 0\end{bmatrix},\begin{bmatrix}1 & & \\ & -1 & \\ & & 0\end{bmatrix},\begin{bmatrix}-1 & & \\ & -1 & \\ & & 0\end{bmatrix}$,

$\begin{bmatrix}1 & & \\ & 1 & \\ & & 1\end{bmatrix},\begin{bmatrix}1 & & \\ & 1 & \\ & & -1\end{bmatrix},\begin{bmatrix}1 & & \\ & -1 & \\ & & -1\end{bmatrix},\begin{bmatrix}-1 & & \\ & -1 & \\ & & -1\end{bmatrix}$. **8.** 1) $\boldsymbol{x}=\boldsymbol{P}\boldsymbol{y}$,

$\boldsymbol{P}=\begin{bmatrix}1 & -2 & -\frac{2}{3}\\ 0 & 1 & -\frac{2}{3}\\ 0 & 0 & 1\end{bmatrix},f(x_1,x_2,x_3)=g(\boldsymbol{y})=y_1^2-3y_2^2-\frac{5}{3}y_3^2$;2) $\boldsymbol{x}=\boldsymbol{P}\boldsymbol{y},\boldsymbol{P}=\begin{bmatrix}1 & 2 & \frac{2}{3}\\ 0 & 1 & \frac{4}{3}\\ 0 & 0 & 1\end{bmatrix}$,

$f(x_1,x_2,x_3)=g(\boldsymbol{y})=y_1^2-6y_2^2+\frac{14}{3}y_3^2$.

B组 1. $a=b=0,\boldsymbol{T}=\begin{bmatrix}0 & \frac{1}{\sqrt{2}} & \frac{-1}{\sqrt{2}}\\ 1 & 0 & 0\\ 0 & \frac{1}{\sqrt{2}} & \frac{1}{\sqrt{2}}\end{bmatrix}$. 2. 设$\boldsymbol{e}_1,\boldsymbol{e}_2,\cdots\boldsymbol{e}_n$是$\mathbf{R}^n$的自然基,记$\boldsymbol{A}=(a_{ij})$,由于$\boldsymbol{e}_i^{\mathrm{T}}\boldsymbol{A}\boldsymbol{e}_j=a_{ij},i,j=1,2,\cdots,n$,所以$\forall a_{ij}=0$,于是$\boldsymbol{A}=\boldsymbol{O}$.

习题 4.6

A组 1.(提示)考察$\boldsymbol{x}^{\mathrm{T}}(\boldsymbol{A}+\boldsymbol{B})\boldsymbol{x}=\boldsymbol{x}^{\mathrm{T}}\boldsymbol{A}\boldsymbol{x}+\boldsymbol{x}^{\mathrm{T}}\boldsymbol{B}\boldsymbol{x}>0$. 2.(提示)$(\boldsymbol{A}^{\mathrm{T}}\boldsymbol{A})^{\mathrm{T}}=\boldsymbol{A}^{\mathrm{T}}\boldsymbol{A},\forall\boldsymbol{x}\neq\boldsymbol{0}$有$\boldsymbol{x}^{\mathrm{T}}(\boldsymbol{A}^{\mathrm{T}}\boldsymbol{A})\boldsymbol{x}=(\boldsymbol{A}\boldsymbol{x})^{\mathrm{T}}(\boldsymbol{A}\boldsymbol{x})=|\boldsymbol{A}\boldsymbol{x}|^2>0$. 3.(提示)$\boldsymbol{A}^{-1}$与$\boldsymbol{A}^*$都是实对称矩阵.$\boldsymbol{A}$的特征值$\lambda_i>0(i=1,2,\cdots,n)$,$|\boldsymbol{A}|>0,\boldsymbol{A}^*=|\boldsymbol{A}|\boldsymbol{A}^{-1}$.$\boldsymbol{A}^{-1}$的特征值为$\frac{1}{\lambda_i}>0(i=1,2,\cdots,n)$,$\boldsymbol{A}^*$的特征值为$\frac{|\boldsymbol{A}|}{\lambda_i}>0(i=1,2,\cdots,n)$. 4.(提示)$\boldsymbol{A}$的特征值$\lambda_i>0(i=1,2,\cdots,n)$,$\boldsymbol{A}+\boldsymbol{E}$的特征值$\lambda_i+1>1(i=1,2,\cdots,n)$,$|\boldsymbol{A}+\boldsymbol{E}|=\prod\limits_{i=1}^{n}(\lambda_i+1)>1$. 5.(提示)$\boldsymbol{A}$的特征值$\lambda_i>0(i=1,2,\cdots,n)$,存在正交矩阵$\boldsymbol{T}$,使$\boldsymbol{T}^{\mathrm{T}}\boldsymbol{A}\boldsymbol{T}=\mathrm{diag}(\lambda_1,\lambda_2,\cdots,\lambda_n)$,记$\boldsymbol{C}=\mathrm{diag}(\sqrt{\lambda_1},\sqrt{\lambda_2},\cdots,\sqrt{\lambda_n})$,则$\boldsymbol{A}=\boldsymbol{T}\boldsymbol{C}\boldsymbol{C}\boldsymbol{T}^{-1}=\boldsymbol{T}\boldsymbol{C}\boldsymbol{T}^{-1}\boldsymbol{T}\boldsymbol{C}\boldsymbol{T}^{-1}=\boldsymbol{M}^2,\boldsymbol{M}=\boldsymbol{T}\boldsymbol{C}\boldsymbol{T}^{-1}$为正定矩阵. 6. 1) 正定二次型,顺序主子式大于0,特征值为1,1,10;2) 正定二次型,顺序主子式皆大于0;3) 非正定二次型,特征值为3,3,0;4) 正定二次型,顺序主子式大于0,特征值为2,4,4,6. 7.(提示)设$\boldsymbol{A}$的特征值为$\lambda_i(i=1,2,\cdots,n)$,存在正交矩阵$\boldsymbol{T}$,使得$\boldsymbol{x}=\boldsymbol{T}\boldsymbol{y}$,$f(\boldsymbol{x})=\boldsymbol{y}^{\mathrm{T}}\boldsymbol{D}\boldsymbol{y}=\lambda_1y_1^2+\lambda_2y_2^2+\cdots+\lambda_ny_n^2\leqslant\max\limits_{1\leqslant i\leqslant n}\{\lambda_i\}(y_1^2+y_2^2+\cdots+y_n^2)$,由于$\boldsymbol{y}^{\mathrm{T}}\boldsymbol{y}=(\boldsymbol{T}^{-1}\boldsymbol{x})^{\mathrm{T}}(\boldsymbol{T}^{-1}\boldsymbol{x})=\sum\limits_{i=1}^{n}x_i^2=1$,所以$f(\boldsymbol{x})\leqslant\max\limits_{1\leqslant i\leqslant n}\{\lambda_i\}$.记$\max\limits_{1\leqslant i\leqslant n}\{\lambda_i\}=\lambda_k$,取向量$\boldsymbol{y}_0=(y_1,y_2,\cdots,y_n)$,其中$y_k=1$,其他分量皆等于0,则$\boldsymbol{y}_0^{\mathrm{T}}\boldsymbol{D}\boldsymbol{y}_0=\lambda_k$.

B组 1.(提示)由条件得二次型$f(\boldsymbol{x})=\boldsymbol{x}^{\mathrm{T}}\boldsymbol{A}\boldsymbol{x}$的正惯性指数$p$满足$1\leqslant p<\mathrm{r}(\boldsymbol{A})$,则二次型的规范型$g(\boldsymbol{y})$中存在系数为$+1$的平方项,譬如$+y_i^2$项,且存在系数为$-1$的平方项,譬如$-y_j^2$项,取向量$\boldsymbol{y}_0=(y_1,y_2,\cdots,y_n)\neq\boldsymbol{0}$,其中$y_i=y_j=1$,其他分量皆等于0,则$g(\boldsymbol{y}_0)=0$.
2.(提示)由条件得二次型$f(\boldsymbol{x})=\boldsymbol{x}^{\mathrm{T}}\boldsymbol{A}\boldsymbol{x}$的负惯性指数$q$满足$1\leqslant q\leqslant n$,则二次型的规范型$g(\boldsymbol{y})$中存在系数为$-1$的平方项,譬如$-y_j^2$.取向量$\boldsymbol{y}_0=(y_1,y_2,\cdots,y_n)\neq\boldsymbol{0}$,其中$y_j=1$,其他分量皆等于0,则$g(\boldsymbol{y}_0)<0$. 3.(提示)设$f=\boldsymbol{x}^{\mathrm{T}}\boldsymbol{A}\boldsymbol{x}$与$g=\boldsymbol{x}^{\mathrm{T}}\boldsymbol{B}\boldsymbol{x}$,因$g$是正定二次型,故存在合同变换$\boldsymbol{x}=\boldsymbol{P}\boldsymbol{z}$使得$\boldsymbol{P}^{\mathrm{T}}\boldsymbol{B}\boldsymbol{P}=\boldsymbol{E}$,记$\boldsymbol{P}^{\mathrm{T}}\boldsymbol{A}\boldsymbol{P}=\boldsymbol{C}$,$\boldsymbol{C}$为实对称矩阵,设$\boldsymbol{C}$的特征值为$\lambda_1,\lambda_2,\cdots,\lambda_n$,存在正交矩阵$\boldsymbol{T}$,令$\boldsymbol{z}=\boldsymbol{T}\boldsymbol{y}$,使得$\boldsymbol{T}^{\mathrm{T}}\boldsymbol{C}\boldsymbol{T}=\boldsymbol{D}=\mathrm{diag}(\lambda_1,\lambda_2,\cdots,\lambda_n)$,在合同变换$\boldsymbol{x}=\boldsymbol{Q}\boldsymbol{y}(\boldsymbol{Q}=\boldsymbol{P}\boldsymbol{T})$下$\boldsymbol{Q}^{\mathrm{T}}\boldsymbol{A}\boldsymbol{Q}=\boldsymbol{T}^{\mathrm{T}}(\boldsymbol{P}^{\mathrm{T}}\boldsymbol{A}\boldsymbol{P})\boldsymbol{T}=\boldsymbol{T}^{\mathrm{T}}\boldsymbol{C}\boldsymbol{T}=\boldsymbol{D}$,$\boldsymbol{Q}^{\mathrm{T}}\boldsymbol{B}\boldsymbol{Q}=\boldsymbol{T}^{\mathrm{T}}(\boldsymbol{P}^{\mathrm{T}}\boldsymbol{B}\boldsymbol{P})\boldsymbol{T}=\boldsymbol{T}^{\mathrm{T}}\boldsymbol{E}\boldsymbol{T}=\boldsymbol{T}^{-1}\boldsymbol{T}=\boldsymbol{E}$.

习题 5.1

A组 1. 1) 是;2) 是;3) 不是. 2. 1) 基:$\{\boldsymbol{A}_{ij}+\boldsymbol{A}_{ji}\mid i\leqslant j\}$,其中$\boldsymbol{A}_{ij}$为$(i,j)$元是1,其余元皆为0的$n$阶矩阵,维数是$\frac{1}{2}n(n+1)$;2) 基:$\{\boldsymbol{A}_{ij}\mid i\leqslant j\}$,其中$\boldsymbol{A}_{ij}$同上,维数是$\frac{1}{2}n(n+1)$;

3) 基：$\{A_{ij} \mid i \neq j\} \cup \{A_{11}-A_{22}, A_{11}-A_{33}, \cdots, A_{11}-A_{nn}\}$，其中 A_{ij} 同上，维数是 n^2-1.

3. 1) $C=\begin{bmatrix}0&1&1&1\\1&0&1&1\\1&1&0&1\\1&1&1&0\end{bmatrix}$；2) $\begin{bmatrix}0\\1\\2\\-3\end{bmatrix}$；3) $\begin{bmatrix}0\\-1\\-2\\3\end{bmatrix}$.

习题 5.2

A 组　**1.** $\begin{bmatrix}0&0&0&1\\0&-1&0&0\\0&0&-1&0\\1&0&0&0\end{bmatrix}$.　**2.** 1) $A=\begin{bmatrix}1&1&0\\1&-1&1\\0&0&2\end{bmatrix}$；2) $C=\begin{bmatrix}1&1&1\\0&1&1\\0&0&1\end{bmatrix}$；3) $B=\begin{bmatrix}0&2&1\\1&0&-1\\0&0&2\end{bmatrix}$；4) $\begin{bmatrix}-1\\-1\\3\end{bmatrix}$；5) $\begin{bmatrix}3\\2\\6\end{bmatrix}$，$\begin{bmatrix}1\\-4\\6\end{bmatrix}$.　**3.** $A=\begin{bmatrix}0&0&2&0\\0&0&0&6\\0&0&0&0\\0&0&0&0\end{bmatrix}$.（提示）$\sigma(1,x,x^2,x^3)=(0,0,2,6x)=(1,x,x^2,x^3)\begin{bmatrix}0&0&2&0\\0&0&0&6\\0&0&0&0\\0&0&0&0\end{bmatrix}$.　**4.** 1) $C=\begin{bmatrix}2&1&1\\2&2&1\\1&1&1\end{bmatrix}$；2) $A=\begin{bmatrix}3&2&3\\4&3&3\\2&2&2\end{bmatrix}$，$B=\begin{bmatrix}3&2&2\\4&3&2\\3&3&2\end{bmatrix}$；3) $A \sim B, C^{-1}AC=B$.